Grundlehren der
mathematischen Wissenschaften 23
A Series of Comprehensive Studies in Mathematics

Moritz Pasch

Vorlesungen über die neuere Geometrie

Zweite Auflage

mit einem Anhang

Max Dehn

Die Grundlegung der Geometrie
in historischer Entwicklung

Reprint
Springer-Verlag
Berlin Heidelberg New York 1976

ISBN-13:978-3-642-65612-5   e-ISBN-13:978-3-642-65611-8
DOI: 10.1007/978-3-642-65611-8

Das Werk ist urheberrechtlich geschützt. Die dadurch begründeten Rechte, insbesondere die der Übersetzung, des Nachdruckes, der Entnahme von Abbildungen, der Funksendung, der Wiedergabe auf photomechanischem oder ähnlichem Wege und der Speicherung in Datenverarbeitungsanlagen bleiben, auch bei nur auszugsweiser Verwertung, vorbehalten. Bei Vervielfältigungen für gewerbliche Zwecke ist gem. § 54 UrhG eine Vergütung an den Verlag zu zahlen, deren Höhe mit dem Verlag zu vereinbaren ist.
Copyright 1926 by Julius Springer in Berlin.
Softcover reprint of the hardcover 2nd edition 1926

Reproduktion und Druck: fotokop wilhelm weihert kg, Darmstadt
Einband: Konrad Triltsch, Graphischer Betrieb, Würzburg

DIE GRUNDLEHREN DER
MATHEMATISCHEN WISSENSCHAFTEN

IN EINZELDARSTELLUNGEN MIT BESONDERER
BERÜCKSICHTIGUNG DER ANWENDUNGSGEBIETE

GEMEINSAM MIT

W. BLASCHKE   M. BORN   C. RUNGE
HAMBURG   GÖTTINGEN   GÖTTINGEN

HERAUSGEGEBEN VON

R. COURANT
GÖTTINGEN

BAND XXIII

VORLESUNGEN
ÜBER NEUERE GEOMETRIE
VON
M. PASCH und M. DEHN

BERLIN
VERLAG VON JULIUS SPRINGER
1926

VORLESUNGEN ÜBER NEUERE GEOMETRIE

VON

MORITZ PASCH
PROFESSOR AN DER UNIVERSITÄT GIESSEN

ZWEITE AUFLAGE

MIT EINEM ANHANG:

DIE GRUNDLEGUNG DER GEOMETRIE IN HISTORISCHER ENTWICKLUNG

VON

MAX DEHN
PROFESSOR AN DER UNIVERSITÄT
FRANKFURT A. M.

MIT INSGESAMT 115 ABBILDUNGEN

BERLIN
VERLAG VON JULIUS SPRINGER
1926

Vorwort zur ersten Auflage der Vorlesungen über neuere Geometrie.

Bei den bisherigen Bestrebungen, die grundlegenden Teile der Geometrie in eine Gestalt zu bringen, welche den mit der Zeit verschärften Anforderungen entspricht, ist der empirische Ursprung der Geometrie nicht mit voller Entschiedenheit zur Geltung gekommen. Wenn man die Geometrie als eine Wissenschaft auffaßt, welche, durch gewisse Naturbeobachtungen hervorgerufen, aus den unmittelbar beobachteten Gesetzen einfacher Erscheinungen ohne jede Zutat und auf rein deduktivem Wege die Gesetze komplizierterer Erscheinungen zu gewinnen sucht, so ist man freilich genötigt, manche überlieferte Vorstellung auszuscheiden oder ihr eine andere als die übliche Bedeutung beizulegen; dadurch wird aber das von der Geometrie zu verarbeitende Material auf seinen wahren Umfang zurückgeführt und einer Reihe von Kontroversen der Boden genommen.

Diese Auffassung suchen die folgenden Blätter in aller Strenge durchzuführen. Mag man immerhin mit der Geometrie noch mancherlei Spekulationen verbinden; die erfolgreiche Anwendung, welche die Geometrie fortwährend in den Naturwissenschaften und im praktischen Leben erfährt, beruht jedenfalls nur darauf, daß die geometrischen Begriffe ursprünglich genau den empirischen Objekten entsprachen, wenn sie auch allmählich mit einem Netz von künstlichen Begriffen übersponnen wurden, um die theoretische Entwicklung zu fördern; und indem man sich von vornherein auf den empirischen Kern beschränkt, bleibt der Geometrie der Charakter der Naturwissenschaft erhalten, vor deren anderen Teilen jene sich dadurch auszeichnet, daß sie nur eine sehr geringe Anzahl von Begriffen und Gesetzen unmittelbar aus der Erfahrung zu entnehmen braucht.

Die Arbeit befaßt sich im wesentlichen nur mit den projektiven Eigenschaften der Figuren und geht nicht weiter, als nötig erschien, um etwas Abgerundetes zu geben. Sie beginnt mit der Aufzählung der erforderlichen Grundbegriffe und Grundsätze und schließt mit der Einführung der Koordinaten und der Koordinatenrechnung für Punkte und Ebenen; eine wesentliche Folge der oben entwickelten Auffassung ist es, daß der Begriff des Punktes erst in seiner letzten Gestalt die Merkmale erhält, welche man sonst von vornherein mit dem sogenannten „mathematischen Punkte" zu verbinden pflegt. Perspektivität, Kollineation und Reziprozität werden in Betracht gezogen, imaginäre Elemente und krumme Gebilde bleiben jedoch ausgeschlossen. Daß die projektive Geometrie unabhängig von der Parallelentheorie besteht und sich ohne deren Zuziehung begründen läßt, hat zuerst Herr F. Klein bemerkt und mehrfach erörtert. Vollständig aber konnte ich die Maßbegriffe nicht vermeiden, ohne den eingenommenen Standpunkt zu beeinträchtigen, und mußte deshalb die Lehre von der Kongruenz hineinziehen, welche bei dieser Gelegenheit bis zur Aufstellung des Polarsystems, worin jeder Ebene der Durchschnittspunkt ihrer Senkrechten entspricht, fortgeführt wird.

Schließlich sei bemerkt, daß die vorliegende Schrift aus akademischen Vorlesungen hervorgegangen ist, welche zuerst im Wintersemester 1873/74 gehalten wurden.

Gießen, im März 1882.

M. Pasch.

Vorwort zur zweiten Auflage der Vorlesungen über neuere Geometrie.

Das Werk, das ich im Jahre 1873 in Angriff genommen und 1882 im Verlag von B. G. Teubner veröffentlicht habe, ist seit einigen Jahren vergriffen. Eine neue Auflage, die wünnchenswert schien, ist jetzt durch die Bereitwilligkeit der Verlagsbuchhandlung Julius Springer zustande gekommen.

Eine der ersten Aufgaben, die ich seinerzeit in dem Buche zu lösen hatte, war die: Die Einführung uneigentlicher Punkte, Geraden und Ebenen rein geometrisch zu begründen. Die Betrachtungen, die ich zu dem Zweck anstellte, waren recht verwickelt; ich konnte sie hinterher erheblich vereinfachen, indem ich einen sinnreichen Gedanken von Reyes y Prosper (1888) benutzte. Als eine spanische Übersetzung meines Buches veranstaltet wurde (Lecciones de Geometría moderna, Madrid 1913), konnte ich darin die erwähnten Vereinfachungen anbringen und damit gewisse Ergänzungen verbinden. Mittels der so entstandenen Zusätze wurde eine „zweite Ausgabe" meines Buches (B. G.Teubner 1912) hergestellt, indem die Zusätze an das alte Buch angeheftet wurden. Den Inhalt dieser Zusätze mit dem alten Text zu verschmelzen, war eine Hauptaufgabe für die zweite Auflage des Werkes, dessen Studium dadurch erleichtert wird. Das Werk jedoch in dem Sinn neu zu bearbeiten, wie es bei Neuauflagen, zumal nach so langer Zeit, meist geschieht, konnte nicht in meiner Absicht liegen; es hätte sonst eine neues Buch werden müssen, das das alte nicht ersetzt. Ich habe nur an gewissen Stellen geebnet und abgerundet, andere Stellen mehr ausgearbeitet, so besonders am Schluß die Einführung des mathematischen Punktes durch Zuziehung des Begriffs von Zahlen erster, zweiter und dritter Stufe.

Meine Darstellung war getragen von dem Bestreben, meine Ansicht vom Wesen des mathematischen Beweises bis zurück in die ersten Anfänge der Geometrie zur Geltung zu bringen. In einem gleichzeitig erschienenen Werke (Einleitung in die Differential- und Integralrechnung, 1882) versuchte ich, mit derselben Strenge die Infinitesimalrechnung zu begründen, ohne jedoch auf diesem Gebiete auf die ersten Anfänge zurückzugehen. Die Übertragung der an der Geometrie gewonnenen Einsichten auf die Zahlenlehre in ihren Anfängen bot in der Tat neue erhebliche Schwierigkeiten, der Angriffspunkt lag sehr versteckt, die Durchmusterung des Stoffes führte aber mit Notwendigkeit zu ihm hin. Von dem erkannten Angriffspunkte aus konnte ich endlich eine folgerichtige Darstellung der Analysis versuchen und bald weitere Ausführungen folgen lassen (Grundlagen der Analysis, 1909; Veränderliche und Funktion, 1914).

Als ich diese Arbeiten begann, war die von Kronecker aufgestellte „Forderung der Entscheidbarkeit" mir zwar bekannt, aber ihre Berechtigung hatte ich nicht eingesehen und mich ihr daher nicht angeschlossen. Indem mich aber die fortschreitende Untersuchung immer mehr nötigte, die Gedankengänge zu zergliedern, wurde ich zur ernsten Prüfung jener Forderung geführt und kam schließlich zu der Erkenntnis, daß diese Forderung bei genauem Zusehen schon unabweisbar auftritt, wenn man den ersten Grund zu einem axiomatischen Aufbau der Mathematik legen will[1]). Wenn bei solchen Untersuchungen vielfach irgendein Bestand von mathematischen Begriffen und Sätzen, wie die auf die natürlichen Zahlen bezüglichen, als etwas Fertiges hingestellt wird, so habe ich im Gegenteil die Auffassung durchgeführt, daß ohne eine erschöpfende Zergliederung auch solcher Bestände ein Urteil über die Begründung der Mathematik nicht gewonnen werden kann[2]).

Es wäre verfehlt gewesen, diese Gedanken bei Gelegenheit der Neuauflage in die Geometrie hineintragen zu wollen, vielmehr konnte ich den in dem Buche vertretenen Standpunkt nur beibehalten. Wenn nach alledem der Leser fast um ein halbes Jahrhundert zurückversetzt wird, so kann er wenigstens für das Gebiet der Geometrie sich darüber zu unterrichten wünschen, welchen Platz das Buch seinerzeit in der Grundlegung der Geometrie eingenommen hat, und wohin die

---

[1]) Siehe Jahresber. d. Dt. Mathematiker-Vereinigung, Bd. 27 (1918) S. 228 ff
[2]) Siehe Arch. d. Mathem. u. Physik, Bd. 28 (1919), S. 17 ff.; Mathem. Z. Bd. 11 (1921), S. 124 ff.; Bd. 20 (1924), S. 231 ff.; Bd. 25 (1926), S. 166 ff.

rastlose Arbeit zahlreicher Mathematiker an der Begründung der Geometrie geführt hat. Mit Dankbarkeit und Freude verzeichne ich daher die Bereitwilligkeit, mit der Herr Dehn es übernommen hat, eine Darstellung der gedachten Art als „Anhang" für die Neuauflage meines Buches zu verfassen.

Gießen, im Juni 1926.

M. Pasch.

Vorwort zum Anhang.

Herausgeber und Verleger haben gewünscht, daß der neuen Auflage der „Vorlesungen über neuere Geometrie" ein kurzer Überblick über die Forschungen auf dem Gebiete der Grundlagen der Geometrie, insbesondere über die neueren Ergebnisse hinzugefügt werde. Nachdem Herr Pasch diesem Wunsche freundlichst seine Zustimmung gegeben hatte, habe ich gern die Ausführung übernommen.

Der Anhang entspricht etwa einer zweistündigen Semestervorlesung, in welcher der Dozent über alle ihm wichtig erscheinenden Fragen berichtet, die wichtigsten Probleme ausführlich behandelt, vor allem aber zu selbständigen Arbeiten und zur Lektüre der klassischen Werke Anregung gibt.

Frankfurt a. M., im August 1926.

M. Dehn.

Inhaltsverzeichnis.

Vorlesungen über neuere Geometrie.
Von M. Pasch-Gießen.

Seite

Einleitung 1
- § 1. Von der geraden Linie 3
- § 2. Von den Ebenen 19
- § 3. Vom Strahlenbüschel 27
- § 4. Vom Ebenenbüschel 30
- § 5. Vom Strahlenbündel 33
- § 6. Ausgedehntere Anwendung des Wortes „Punkt" 40
- § 7. Ausgedehntere Anwendung des Wortes „Gerade" 45
- § 8. Ausgedehntere Anwendung des Wortes „Ebene" 52
- § 9. Ausgedehntere Anwendung des Wortes „zwischen" 59
- § 10. Perspektive Figuren 67
- § 11. Harmonische Gebilde 77
- § 12. Von der Reziprozität 86
- § 13. Von den kongruenten Figuren 92
- § 14. Ausdehnung der Kongruenz auf beliebige Elemente 102
- § 15. Herleitung einiger graphischen Sätze 107
- § 16. Projektive einförmige Gebilde 115
- § 17. Kollineare Figuren 123
- § 18. Reziproke Figuren 127
- § 19. Kongruente Figuren in der eigentlichen Ebene 132
- § 20. Die absoluten Polarsysteme 140
- § 21. Doppelverhältnis 149
- § 22. Koordinaten 160
- § 23. Die stetige Zahlenreihe in der Geometrie 171

Die Grundlegung der Geometrie in historischer Entwicklung.
Von M. Dehn-Frankfurt.

Einleitung 185
- A. Anfang 185
- B. Hauptpunkte der Entwicklung 187
  Parallelenaxiom. — Stetigkeitsvoraussetzungen. — Projektive Geometrie. — Vollständige Axiomsysteme. — Mathematik und Logik.

Erstes Kapitel. Das Parallelpostulat.
- § 1. Das Postulat und ihm äquivalente Voraussetzungen 189
- § 2. Erste Fortschritte über Euklid 191
- § 3. Die Begründung der Geometrie ohne Parallelenpostulat durch Lobatschewskij und Bolyai 197

Inhaltsverzeichnis.

§ 4. Differentialgeometrische Untersuchungen. Riemann und Helmholtz . . . 196
§ 5. Unmöglichkeit, das Parallelenpostulat zu beweisen 199
  Flächen konstanter Krümmung. Cayleysche Maßbestimmung.
§ 6. Die nichteuklidischen Raumformen 207

Zweites Kapitel. Grundlegung der projektiven Geometrie.
§ 1. Projektive und nichteuklidische Geometrie 209
§ 2. Gliederung der grundlegenden Sätze in der projektiven Geometrie. 213
  I. Das rationale Netz und seine Erweiterung 214
    a) elementargeometrisch, b) projektiv.
  II. Rechnung mit Streckenverhältnissen auf Grund der Sätze von Desargues und Pascal. 218
    Dehnung und Schiebung. — Dehnungsgrößen. — Rechnungsgesetze. — Analytische Geometrie. — Desarguesscher und Pascalscher Satz folgen aus dem Fundamentalsatz der projektiven Geometrie. — Desarguesscher Satz und Fundamentalsatz folgen aus dem Pascalschen Satz. — Übersicht.
§ 3. Beweis der grundlegenden Sätze der projektiven Geometrie 229
  Desarguesscher Satz. — Pascalscher Satz mit und ohne Benutzung des Raumes resp. des Parallelenpostulates.
§ 4. Die Form der Sätze der projektiven Geometrie. Das Dualitätstheorem 237

Drittes Kapitel. Die Stetigkeit.
§ 1. Das Stetigkeitspostulat bei Euklid und Archimedes 239
§ 2. Nichtarchimedische Geometrien. 240
  Zahlsysteme. a) Ein nichtarchimedisches Zahlsystem. — b) Ein nichtprojektives Zahlsystem. — c) Nichtarchimedische Raumformen. — d) Archimedisches Postulat und Parallelenpostulat.

Viertes Kapitel. Systeme von Postulaten.
§ 1. Die Postulate in Euklids Elementen 249
§ 2. Vollständige Axiomsysteme 250
§ 3. Infinitesimalgeometrische Axiomsysteme 253
§ 4. Beziehung der Axiome untereinander 255
  1. Unabhängigkeit der Axiome voneinander. — 2. Gültigkeit von Postulaten vermittels Konstruktion. — 3. Widerspruchslosigkeit der Axiomsysteme. — Verfahren der vollständigen Induktion.

Fünftes Kapitel. Inhaltslehre.
§ 1. Postulate der Inhaltslehre 262
  Abhängigkeit der Postulate voneinander.
§ 2. Die Lehre vom Polygoninhalt 267
  Topologische Voraussetzungen. — Inhaltsmaß.
§ 3. Die Rechnung mit Inhaltsgrößen im Vergleich zu der Rechnung mit Streckenverhältnissen 270

Sachverzeichnis. 272

Einleitung.

Die neuere Geometrie bildet, ihrer Entstehung nach, einen Gegensatz nicht so sehr zur Geometrie der Alten, wie zur analytischen Geometrie. Von der Geometrie der Alten, wie sie von Euklid zusammengefaßt, nachher stetig erweitert und vielfach umgestaltet, aber in ihrem Charakter nicht wesentlich verändert worden ist, gibt ein Teil die zum Studium der analytischen Geometrie erforderlichen Vorkenntnisse; man kann diesen Teil die Elemente nennen und jene Geometrie überhaupt die elementare wegen der gleichförmigen Einfachheit ihres Verfahrens. Die analytische Geometrie ist dem Stoffe nach eine Fortsetzung, der Methode nach ein Gegensatz zu den Elementen. In diesen tritt die Zahl nur auf, soweit die Natur des Problems sie bedingt, das Beweismittel ist sonst nur Konstruktion. Jene dagegen nimmt die Zahlenlehre, die Analysis, überall zu Hilfe, indem sie gerade danach strebt, jede geometrische Aufgabe auf eine Rechnung zurückzuführen; die Konstruktion wird dabei freilich nicht gänzlich ausgeschlossen.

Daß zur Lösung der höheren Probleme, soweit es sich nicht geradezu um die Auffindung von Zahlenwerten handelt, die analytische Geometrie nicht die einzige fruchtbare Methode ist, ward bewiesen durch die Weiterentwicklung der reinen Geometrie. Vorbereitet zum Teil durch die reichlich fließenden Resultate der Rechnung, wurden Gesichtspunkte entdeckt, die möglichst ohne Rechnung gestatteten, verwickelte Beziehungen nicht minder leicht, als es auf dem andern Wege gelungen war oder gelingen konnte, zu beherrschen. Diese Schöpfung, die ihre Hilfsmittel unmittelbar aus der Natur des Gegenstandes entnahm, wurde von der elementaren und von der analytischen Geometrie als reine, höhere, synthetische, auch neuere synthetische oder neuere unterschieden.

Auch die neuere Geometrie stützt sich auf die elementare. Aber obwohl man beide dem Verfahren nach als reine Geometrie bezeichnen kann, so wird man dennoch, wenn der Übergang von den Elementen vermittelt ist, durch die Verschiedenheit des Gepräges überrascht. In der elementaren Geometrie sind die Begriffe möglichst eng begrenzt, in der neueren sind sie weit und umfassend. In jener erfordern die verschiedenen Fälle der in einem Lehrsatz behandelten Figur in der Regel ebenso viele Unterscheidungen beim Beweis, in dieser werden alle Fälle durch einen einzigen Beweis umspannt. Die analytische Geometrie hat von der synthetischen gelernt. Sie hat die neuen Gesichtspunkte sich zu eigen gemacht und verarbeitet, und bei weiterer Verschmelzung wird vielleicht eine höhere Geometrie mit einheitlichem Charakter entstehen. Die niedere Geometrie dagegen, wie sie überliefert zu werden pflegt, ist von der modernen noch wenig beeinflußt. Sollte es nun in der Sache selbst begründet sein, daß die elementaren Fragen auf schwerfälligem Wege, die höheren in durchsichtiger und verhältnismäßig einfacher Weise behandelt werden? Der Versuch hat darüber Aufschluß gegeben und zugunsten der neueren Geometrie entschieden. Die erweiterten Begriffe sind auch in den Elementen verwendbar, und wenn man sie an der rechten Stelle einführt, nämlich überall da, wo zuerst ihr Verständnis möglich ist, dann tritt auch früher schon ihr Nutzen zutage.

Die hiermit vorgezeichnete Aufgabe ist nicht neu, aber ihre strenge Durchführung steht in engstem Zusammenhang mit einer andern Aufgabe, die noch weit weniger neu ist. Nicht bloß Schwerfälligkeit wird der elementaren Geometrie zum Vorwurf gemacht, sondern auch die Unvollkommenheit oder Unklarheit, welche den Begriffen und Beweisen in ausgedehntem Maße noch anhaften. Die Hebung der erkannten Mängel ist unabläßig erstrebt worden, auf die mannigfachste Art, und wenn man die Ergebnisse prüft, so kann man sich wohl die Meinung bilden, daß das Streben an sich ein aussichtsloses sei. Tatsächlich trifft dies nicht zu; richtig und in vollem Umfange erfaßt, erscheint die Aufgabe nicht unlösbar. Sie ist allerdings durch Umstände, die später[1]) zur Sprache kommen sollen, erschwert. Aber gerade in dieser Hinsicht erweist der Gedanke einer rückwirkenden Verwertung der modernen Anschauungen seine Tragweite. Das ernste Bemühen, nach scharf ausgeprägtem Muster eine Umgestaltung vorzunehmen und der Entwickelung einen durchaus reinen Charakter zu geben, macht den Blick gegen die störenden Bestandteile empfindlich und ruft die zu ihrer Ausscheidung notwendige Entschiedenheit hervor. Als ein solches Muster bewährt sich die moderne Geometrie. Sie geleitet uns bis an die ersten Anfänge der Geometrie zurück, sie schärft das Gefühl für alles, was die Reinheit der Entwickelung unterbricht, und lehrt uns jene Beimischungen, die Quellen der beklagten Unklarheit, entfernen.

Eine Darstellung der Geometrie in diesem Sinne darf natürlich keinerlei Kenntnisse voraussetzen, die erst in der Geometrie erworben zu werden pflegen, sondern nur diejenigen, die jedermann

---

[1]) In § 6 und § 12.

zu ihrem Studium mitbringen muß. Es erfordert besondere Mühe und Wachsamkeit, sich beharrlich Dinge hinwegzudenken, mit denen man vertraut ist, und auf einen Standpunkt zurückzugehen, von dem man sich weit entfernt hat. Diese Mühe ist aber bei der Prüfung der folgenden Darstellung unerläßlich, wenn ihr Zweck erreicht werden soll.

Die geometrischen Begriffe bilden eine besondere Gruppe innerhalb der Begriffe, die überhaupt zur Beschreibung der Außenwelt dienen; sie beziehen sich auf Gestalt, Maß und gegenseitige Lage der Körper. Zwischen den geometrischen Begriffen ergeben sich unter Zuziehung von Zahlbegriffen Zusammenhänge, die durch Beobachtung erkannt werden. Damit ist der Standpunkt angegeben, den wir im folgenden festzuhalten beabsichtigen, wonach wir in der Geometrie einen Teil der Naturwissenschaft erblicken.

An einem Körper, den man „würfelförmig" nennt, lassen sich Seitenflächen, Kanten, Ecken unterscheiden und in gegenseitige Beziehung setzen. Dagegen bleibt die „Entfernung" zweier Körper ungenügend bestimmt, solange man an einem von ihnen Teile unterscheiden kann, ohne die Grenze zu verlassen, die durch die Mittel oder durch die Zwecke der Beobachtung gezogen werden. Diese Grenzen ändern sich von Fall zu Fall; derselbe Körper, der bei der einen Gelegenheit nur als Ganzes aufgefaßt werden darf, erscheint bei einer andern hierzu ungeeignet; es treten dann seine Teile als Glieder eines Systems auf, welches in geometrischer Hinsicht untersucht wird. Allemal aber werden die Körper, deren Teilung sich mit den Beobachtungsgrenzen nicht verträgt, *Punkte* genannt.

Ähnlich verhält es sich mit der begrenzten (einfachen) *Linie*, auf der es unmöglich sein muß, unter Innehaltung der der Beobachtung gesteckten Grenzen verschiedene Wege zwischen denselben Punkten zurückzulegen; je zwei Teile stoßen höchstens in einem Punkte aneinander. Die geschlossene (einfache) Linie setzt sich aus zwei begrenzten Linien zusammen. Teile einer *Fläche* dürfen nur in Punkten oder Linien aneinanderstoßen. Die Anwendung dieser Begriffe bleibt mit einer gewissen Unsicherheit verbunden, wie dies bei fast allen Begriffen, die wir zur Auffassung der Erscheinungen geschaffen haben, der Fall ist[1]).

§ 1. Von der geraden Linie.

Wir werden uns zunächst mit der geraden Linie beschäftigen. Man sagt: durch zwei Punkte kann man eine gerade Linie ziehen. Die Linie kann aber verschieden begrenzt werden; die Unbestimmtheit der Be-

---

[1]) Die hier berührten Fragen sind eingehend besprochen in der Schrift: Die Begriffswelt des Mathematikers in der Vorhalle der Geometrie. Leipzig: Felix Meiner 1922.

grenzung hat dahin geführt, daß von der geraden Linie gesagt wird, sie sei nicht begrenzt, sie müsse unbegrenzt, in unendlicher Ausdehnung „vorgestellt werden". Diese Forderung entspricht keinem wahrnehmbaren Gegenstand; vielmehr wird unmittelbar aus den Wahrnehmungen nur die wohlbegrenzte gerade Linie, der gerade Weg zwischen zwei Punkten, die *gerade Strecke* aufgefaßt. Den letzten Ausdruck wollen wir festhalten und sprechen

1. von einer zwischen zwei Punkten gezogenen geraden Strecke,
2. von Punkten, die *innerhalb* einer geraden Strecke liegen.

Alle Wendungen, die im gegenwärtigen Paragraphen vorkommen, lassen sich auf die beiden angegebenen zurückführen. Wir werden meist „Strecke" statt „gerade Strecke" sagen dürfen. Ist eine Strecke zwischen den Punkten A und B (oder B und A) gezogen, so wird auch gesagt: die Strecke verbindet A mit B, sie geht von A nach B, sie hat die Endpunkte A und B, sie ist durch die Punkte A und B begrenzt. Wenn ein Punkt C „Punkt einer Strecke" genannt oder behauptet wird, C gehört der Strecke an, die Strecke geht durch C, so ist gemeint, daß C entweder innerhalb der Strecke gelegen (innerer Punkt) oder ein Endpunkt (äußerster Punkt) ist. Ein Punkt, von dem dies nicht gilt, liegt „außerhalb der Strecke".

Die folgende Betrachtung soll uns mit den Eigenschaften bekannt machen, die an den geraden Strecken und ihren Punkten bemerkt werden. Wir sprechen sie in Form von einzelnen Sätzen aus. Die Sätze werden aber in verschiedener Weise eingeführt. Die meisten von ihnen werden *bewiesen*, d. h. es wird gezeigt, wie ihr Inhalt bedingt ist durch andere Sätze; die bei einem Beweise zu benutzenden Sätze müssen vor dem Beginn des Beweises vorgekommen sein. Ein verhältnismäßig kleiner Teil aller Sätze muß ohne Beweis bleiben. Man stellt nun die Sätze, die bewiesen werden, als *Lehrsätze* (*Theoreme*) den anderen gegenüber, die ich als *Kernsätze* bezeichne[1]). Die Lehrsätze werden aus den Kernsätzen gefolgert, derart, daß *alles, was zu den Beweisen der Lehrsätze gebraucht wird, ohne Ausnahme sich in den Kernsätzen niedergelegt finden muß*.

Die allereinfachsten Beobachtungen über die geraden Strecken und ihre Punkte liefern eine Reihe von Beziehungen; ein Teil davon bildet den Inhalt der im gegenwärtigen Paragraphen aufzuführenden Kernsätze[2]). Wie auch die Punkte A und B angenommen werden (in den am Ende dieses Paragraphen näher zu erörternden Grenzen), immer kann man A mit B durch eine gerade Strecke verbinden; aber man kann dies nicht auf mehrere Arten ausführen. Innerhalb der Strecke kann ein Punkt C angenommen werden. Man kann von A nach C eine gerade Strecke ziehen; diese geht nicht

●────────●────────●
A C B

---

[1]) Statt „Grundsatz" und „Grundbegriff" sage ich *Kernsatz* und *Kernbegriff* gemäß der Bemerkung im Arch. d. Mathem. u. Physik Bd. 24, S. 276. 1916.

[2]) Man beachte die Bemerkung über starre Verbindung im Eingang von § 13.

§ 1. Von der geraden Linie.

durch B; aber mit allen ihren Punkten fällt sie in die vorige Strecke. Wenn man also A mit C und C mit B verbindet, so begegnet man keinem Punkte, der nicht schon in der ersten Strecke anzutreffen war; aber die Punkte der ersten Strecke werden auch ihrerseits durch jene beiden Strecken erschöpft. Die Kernsätze I.—V. geben diese Bemerkungen wieder.

I. Kernsatz. — Zwischen zwei Punkten kann man stets eine gerade Strecke ziehen, und zwar nur eine.

Diese Punkte — nur sie — sind Endpunkte der Strecke. Die Angabe der Endpunkte reicht zur Bezeichnung der Strecke aus. Die Strecke mit den Endpunkten A und B wird mit AB oder BA bezeichnet; sie kann auch mit einem einfachen Namen belegt werden, etwa: Strecke s.

II. Kernsatz. — Man kann stets einen Punkt angeben, der innerhalb einer gegebenen geraden Strecke liegt.

III. Kernsatz. — Liegt der Punkt C innerhalb der Strecke AB, so liegt der Punkt A außerhalb der Strecke BC.

Ebenso liegt der Punkt B außerhalb der Strecke AC.

IV. Kernsatz. — Liegt der Punkt C innerhalb der Strecke AB, so sind alle Punkte der Strecke AC zugleich Punkte der Strecke AB.

Oder: Liegt der Punkt C innerhalb der Strecke AB, der Punkt D innerhalb der Strecke AC oder BC, so liegt D auch innerhalb der Strecke AB.

V. Kernsatz. — Liegt der Punkt C innerhalb der Strecke AB, so kann ein Punkt, der keiner der Strecken AC und BC angehört, nicht zur Strecke AB gehören.

Oder: Liegen die Punkte C und D innerhalb der Strecke AB, der Punkt D außerhalb der Strecke AC, so liegt der Punkt D innerhalb der Strecke BC.

Wenn wir nun den Punkt C innerhalb der Strecke AB und den Punkt D innerhalb der Strecke BC annehmen, so zeigt sich, daß der Punkt C innerhalb der Strecke AD liegt. Diese Bemerkung drängt sich ebenso unmittelbar auf, wie die vorhergehenden; allein sie läßt sich mit ihnen in einen Zusammenhang bringen, dessen Angabe nicht unterbleiben darf. So kommt es, daß die neue Beziehung nicht als Kernsatz, sondern als Lehrsatz auftritt.

1. Lehrsatz. — Liegt der Punkt C innerhalb der Strecke AB, der Punkt D innerhalb der Strecke BC, so liegt der Punkt C innerhalb der Strecke AD.

Beweis. — Da der Punkt D innerhalb der Strecke BC angenommen wird, so liegt C außerhalb der Strecke BD (III); da C innerhalb der Strecke AB, D innerhalb der Strecke BC, so liegt D auch innerhalb der Strecke AB (IV); da C und D innerhalb der Strecke AB, C außerhalb der Strecke BD, so liegt C innerhalb der Strecke AD (V).

Eine Strecke t heißt ein *Teil der Strecke s*, wenn s alle Punkte von t

enthält, aber nicht bloß diese (*Definition 1*). Auf dieser Definition beruht die Fassung des folgenden Lehrsatzes.

2. *Lehrsatz.* — Sind C und D Punkte der Strecke AB und mindestens einer von ihnen innerhalb derselben gelegen, so ist die Strecke CD ein Teil der Strecke AB.

Beweis. — Es liege C innerhalb der Strecke AB. Dann gehört D zu einer der beiden Strecken AC oder BC (V), etwa zu BC; folglich liegt C innerhalb der Strecke AD (1), und A ist kein Punkt der Strecke CD (III), deren sämtliche Punkte zur Strecke AD gehören (IV) und mithin auch zur Strecke AB (IV), d. h. die Strecken CD und AB stehen in der durch Def. 1 geforderten Beziehung.

Der erste Kernsatz ist schon bei der Formulierung der übrigen benutzt worden; denn ohne ihn konnte nicht von „der" Strecke AB, von „der" Strecke BC usw. die Rede sein. Einer so trivialen Aussage, wie sie z. B. der dritte Kernsatz enthält, erst eine besondere Fassung zu geben, wird leicht für zwecklos gehalten werden. Aber sie ist in den vorstehenden Beweisen zur Anwendung gebracht worden, und wir nehmen uns vor, *von allen Beweisgründen ohne Unterschied Rechenschaft abzulegen, auch von den unscheinbarsten*[1]).

Wenn der Punkt B innerhalb der Strecke AC angenommen wird, setzen die Strecken AB und BC die Strecke AC zusammen, und man kann dann sagen: Die Strecke BC ist eine *Verlängerung* der Strecke AB über B hinaus, die Strecke AB ist über B hinaus bis C verlängert. Wie auch die Punkte A und B angenommen werden (in den am Ende dieses Paragraphen näher zu erörternden Grenzen), immer kann man die Strecke AB über A hinaus und über B hinaus verlängern. Verlängert man nun die Strecke AB erst über B hinaus bis C, dann wieder über B hinaus bis D, so entstehen die Strecken AC und AD, von denen die eine mit allen ihren Punkten in die andere fällt. Wird die Strecke AB erst über B hinaus bis C, dann aber über A hinaus bis E verlängert und C mit E durch eine gerade Strecke verbunden, so fällt die Strecke AB mit allen ihren Punkten in die Strecke CE. Wir erhalten somit drei weitere Kernsätze.

VI. Kernsatz. — Sind A und B beliebige Punkte, so kann man den Punkt C so wählen, daß B innerhalb der Strecke AC liegt.

VII. Kernsatz. — Liegt der Punkt B innerhalb der Strecken AC und AD, so liegt entweder der Punkt C innerhalb der Strecke AD oder der Punkt D innerhalb der Strecke AC.

●————●—●————● AD
$A\quad\quad\quad B\quad\;\; C\quad\quad\;\; D$

VIII. Kernsatz. — Liegt der Punkt B innerhalb der Strecke AC und der Punkt A innerhalb der Strecke BD, und sind CD durch eine gerade Strecke verbunden, so liegt der Punkt A auch innerhalb der Strecke CD.

●—●————●————●
$D\;\; A\quad\quad\; B\quad\quad\;\; C$

---
[1]) Vgl. § 12 Schluß.

Ebenso liegt dann auch der Punkt B innerhalb der Strecke CD. —
Drei Punkte, von denen einer innerhalb der durch die beiden andern begrenzten geraden Strecke liegt, mögen eine *gerade Reihe* heißen (*Definition 2*). Die Einführung des Begriffs einer geraden Reihe ABC wäre zwecklos, wenn drei beliebig angenommene Punkte immer die in der Definition verlangte gegenseitige Lage hätten. Dann wäre aber die Figur des Dreiecks nicht möglich. Tatsächlich besteht der folgende Kernsatz, der letzte, der im gegenwärtigen Paragraphen noch aufzuführen ist.

IX. Kernsatz. — Sind zwei Punkte A, B beliebig angegeben, so kann man einen dritten Punkt C so wählen, daß keiner der drei Punkte A, B, C innerhalb der Verbindungsstrecke der beiden anderen liegt.

3. Lehrsatz. — Bilden die Punkte ABC und ABD gerade Reihen, so gilt dies auch von den Punkten ACD und BCD.

Beweis. — Der Voraussetzung zufolge liegt (Def. 2) entweder A innerhalb der Strecke BC oder B innerhalb AC oder C innerhalb AB; zugleich liegt (Def. 2) entweder A innerhalb BD oder B innerhalb AD oder D innerhalb AB. Liegen C und D innerhalb AB, so liegt (V) entweder D innerhalb BC und (1) C innerhalb AD, oder D innerhalb AC und (1) C innerhalb BD. Liegt C innerhalb und D außerhalb AB, so können wir für die Punkte A und B die Bezeichnung derart wählen, daß die Strecke AD durch B geht; es geht dann (IV) AD auch durch C und (1) CD durch B. Liegt C außerhalb AB, so bezeichnen wir die Punkte A und B derart, daß die Strecke AC durch B geht. Entweder liegt jetzt A innerhalb BD, mithin (VIII) A und B innerhalb CD; oder B innerhalb AD, mithin (VII) entweder C innerhalb AD und (1) BD, oder D innerhalb AC und (1) BC; oder D innerhalb AB, mithin (IV) D innerhalb AC und (1) B innerhalb CD. Demnach bilden ACD und BCD in allen Fällen gerade Reihen (Def. 2).

Bei der hier in betreff der Punkte ABC gemachten Annahme wird der über die Punkte A und B führende gerade Weg, gehörig ausgedehnt, den Punkt C überschreiten. Man sagt deshalb (*Definition* 3): C liegt in der *geraden Linie der Punkte A und B*[1]), kürzer: in der geraden Linie AB oder in der Geraden AB (oder BA). Gleichbedeutend ist: Die Gerade AB geht durch C, ist durch C gelegt, C ist ein Punkt der

---

[1]) Dies ist eine *implizite Definition* nach der Erklärung in dem Buche: Grundlagen der Analysis, 1909 (siehe dort im Sachverzeichnis). Die Definitionen 1 und 2 waren von der gewöhnlichen Art: *explizite Definitionen*. Ausführlicheres in der Abhandlung: Die Begründung der Mathematik und die implizite Definition, Ann. d. Philosophie, Bd. 2, S. 145—162. 1921.

Geraden AB, usw. Die Aussagen: A liegt in der Geraden BC, B liegt in der Geraden AC, C liegt in der Geraden AB, haben einerlei Sinn.

Wie auch die Punkte C und D angenommen werden, immer gibt es eine Gerade, die durch sie hindurchgeht; denn nimmt man etwa (I, II) A innerhalb der Strecke CD und (I, II) B innerhalb der Strecke AC, so sind (Def. 2) ABC und (1) ABD gerade Reihen, d. h. (Def. 3) die Gerade AB geht durch C und D; ebenso wenn man (VI) A und B so nimmt, daß C innerhalb der Strecke AD und D innerhalb der Strecke AB (IV). Daher gilt der

4. Lehrsatz. — Durch zwei beliebige Punkte kann man stets eine gerade Linie legen.

Es sei A' ein Punkt der Geraden AB (also A ein Punkt der Geraden $A'B$). Wenn C ebenfalls einen Punkt der Geraden AB bedeutet, so ist C entweder von A' verschieden oder nicht. Im ersten Falle sind (Def. 3) ABC und ABA' gerade Reihen, folglich (3) auch BCA', d. h. C in der Geraden $A'B$ (Def. 3). Trifft man nun die Bestimmung, daß auch A und B Punkte der Geraden AB genannt werden, also A' ein Punkt der Geraden $A'B$, so gehört auch im zweiten Falle C zur Geraden $A'B$. (Im ersten Falle ist dann nachträglich noch die Möglichkeit des Zusammenfallens von C mit A oder B zu berücksichtigen, die am Ergebnis nichts ändert; A' jedoch setzen wir von A und B verschieden voraus.) Hiernach liegen alle Punkte der Geraden AB in der Geraden $A'B$, ebenso alle Punkte der Geraden $A'B$ in der Geraden AB; die Aussage „C liegt in der Geraden AB" ist mit der Aussage „C liegt in der Geraden $A'B$" gleichbedeutend. Man sagt daher: Die Geraden AB und $A'B$ fallen miteinander zusammen. Nimmt man jetzt zwei Punkte A' und B' in der Geraden AB beliebig, so fallen die Geraden AB und $A'B'$ miteinander zusammen, und schließlich auch die Geraden AB und CD, wenn beide durch A' und B' gelegt sind. Dies ist in folgendem Satze ausgesprochen.

5. Lehrsatz. — Jede Gerade ist durch zwei beliebige von ihren Punkten bestimmt, d. h. Gerade, die zwei Punkte gemein haben, fallen miteinander zusammen.

Eine Gerade kann in den Abbildungen nur durch eine ihrer Strecken (das ist eine Strecke, die zwei Punkte der Geraden verbindet, deren sämtliche Punkte mithin der Geraden angehören) veranschaulicht werden. Gibt man (Abb. 1) der Geraden einen einfachen Namen, etwa g, so kann man diesen Buchstaben an beiden Enden der gezeichneten Strecke oder irgendwo an der Strecke selbst anbringen. Sind nun A, B Punkte der Geraden g, so kann man (IX) einen Punkt D so wählen, daß A, B, D keine gerade Reihe bilden, also die Gerade AB nicht durch D geht, mithin die Geraden g und h, das ist AB und AD, voneinander verschieden sind.

§ 1. Von der geraden Linie.

Wenn zwei Geraden g und h einen Punkt A gemein haben, so haben sie außerdem keinen Punkt gemein (5). Man sagt: Die Geraden g und h treffen (schneiden) sich im Punkte A; diesen nennt man den *Durchschnittspunkt* der beiden Geraden. Man kann ihn auch mit gh bezeichnen.

Wir kehren zur Betrachtung einer einzelnen Geraden g zurück. Sind A, B, C Punkte dieser Geraden, also C in der Geraden AB gelegen (5), so bilden (Def. 3) die drei Punkte eine gerade Reihe, d. h. (Def. 2) es liegt entweder A innerhalb der Strecke BC,

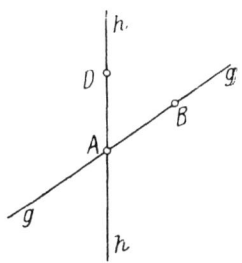

Abb. 1. (Zu Seite 8.)

oder B innerhalb der Strecke AC, oder C innerhalb der Strecke AB. Liegt etwa C innerhalb der Strecke AB, so sagt man: Der Punkt C liegt in der Geraden g *zwischen* A *und* B, A *und* C *auf derselben Seite von* B, B *und* C *auf derselben Seite von* A, A *und* B *auf verschiedenen Seiten* von C. „Zwischenlage" und „Seite" sind wieder implizit definiert. Man könnte auch, indem man zwischen A und C einen Punkt A'

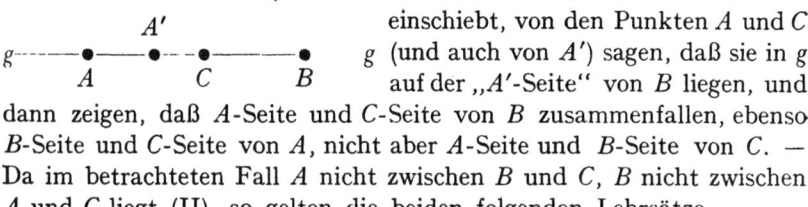

einschiebt, von den Punkten A und C (und auch von A') sagen, daß sie in g auf der „A'-Seite" von B liegen, und dann zeigen, daß A-Seite und C-Seite von B zusammenfallen, ebenso B-Seite und C-Seite von A, nicht aber A-Seite und B-Seite von C. — Da im betrachteten Fall A nicht zwischen B und C, B nicht zwischen A und C liegt (II), so gelten die beiden folgenden Lehrsätze.

6. Lehrsatz. — Liegen drei Punkte in einer geraden Linie, so liegt einer von ihnen zwischen den beiden andern. — Und:

7. Lehrsatz. — Liegen die Punkte A, B, C in einer geraden Linie, C zwischen A und B, so liegt weder A zwischen B und C, noch B zwischen A und C.

Wenn wir an die Stelle der ursprünglich eingeführten Begriffe die neuen setzen: 1. Punkt in einer geraden Linie, 2. Punkt zwischen zwei Punkten (in der Geraden), so werden alle Sätze neugefaßt. Wir gehen zuerst die Kernsätze I.—VI. durch und bringen ihren Inhalt, soweit er nicht schon in die Lehrsätze 4.—7. übergegangen ist, durch folgende vier Sätze zum Ausdruck:

8. Lehrsatz. — Sind in einer Geraden zwei Punkte A und B gegeben, so kann man in ihr stets C so wählen, daß C zwischen A und B liegt.

9. Lehrsatz. — Sind in einer Geraden zwei Punkte A und B gegeben, so kann man in ihr stets C so wählen, daß A zwischen B und C liegt.

10. Lehrsatz. — Liegen die Punkte A, B, C, D in einer Geraden, C zwischen A und B, D zwischen A und C, so liegt D auch zwischen A und B.

11. Lehrsatz. — Liegen die Punkte A, B, C, D in einer Geraden, C und D zwischen A und B, aber D nicht zwischen A und C, so liegt D zwischen B und C.

Die beiden letzten Sätze lassen sich durch einen einzigen ersetzen, der durch Benutzung von 6, 10, 11 zustande kommt. Es seien nämlich A, B, C, D Punkte einer Geraden, D zwischen A und B gelegen; dann liegt (6) entweder C zwischen A und B, so daß der 11. Lehrsatz zur Anwendung kommt, oder A zwischen B und C und mithin (10) D zwischen B und C, oder B zwischen A und C und mithin (10) D zwischen A und C, d. h.:

12. Lehrsatz. — Liegen die Punkte A, B, C, D in einer Geraden, D zwischen A und B, so liegt D entweder zwischen A und C oder zwischen B und C.

Hierin ist in der Tat der 11. Satz unmittelbar enthalten; der 10. ergibt sich aus 7 und 12 folgendermaßen. Es seien A, B, C, D Punkte einer Geraden, welche die im 10. Lehrsatze gemachten Voraussetzungen erfüllen. Da C zwischen A und B, so ist (12) C zwischen A und D oder zwischen B und D; da D zwischen A und C, so ist (12) D zwischen A und B oder zwischen B und C. Nun ist (7) C nicht zwischen A und D, also C zwischen B und D, mithin (7) D nicht zwischen B und C, sondern D zwischen A und B.

Aus 7, 10, 11, also auch aus 7, 12, kann man, dem 1. Lehrsatze entsprechend, den folgenden beweisen:

13. Lehrsatz. — Liegen die Punkte A, B, C, D in einer Geraden, C zwischen A und B, D zwischen B und C, so liegt C zwischen A und D.

Dem siebenten Kernsatz entspricht:

14. Lehrsatz. — Liegen A, B, C, D in gerader Linie, B zwischen A und C, zugleich B zwischen A und D, so liegt A nicht zwischen C und D.

Diesen Lehrsatz kann man aber aus 7 und 12 herleiten, mit Benutzung von 13. Läge nämlich unter jenen Voraussetzungen A zwischen C und D, so läge (13) A zwischen B und D, während doch B zwischen A und D liegen soll (7).

Nach (6) liegt entweder C zwischen A und D und mithin (13) zwischen B und D, oder D zwischen A und C und mithin (13) zwischen B und C, jedenfalls (7) B nicht zwischen C und D, d. h.:

15. Lehrsatz. — Liegen A, B, C, D in gerader Linie, B zwischen A und C, zugleich B zwischen A und D, so liegt B nicht zwischen C und D.

Man braucht nur B mit D zu vertauschen, um hierin eine Ergänzung des 12. Lehrsatzes zu erkennen, nach der die beiden in ihm ausgesprochenen Möglichkeiten sich gegenseitig ausschließen. Diese Ergänzung hat sich aber als eine Folge der Sätze 6, 7, 12 erwiesen.

Dem achten Kernsatz endlich entspricht:

§ 1. Von der geraden Linie.

16. Lehrsatz. — Liegen A, B, C, D in gerader Linie, A zwischen B und C, B zwischen A und D, so liegt A zwischen C und D.

Diesen Lehrsatz kann man auch aus 6, 7, 12 herleiten. Denn läge (6) C zwischen A und D, so läge (7 und 11) C zwischen B und D, folglich B zwischen A und C (13); wäre D zwischen A und C, so wäre auch B zwischen A und C (10). Beides ist unmöglich (7).

Während zur Bestimmung einer Strecke die beiden Endpunkte erforderlich sind, dürfen zur Bestimmung der Geraden zwei beliebige von ihren Punkten benutzt werden. Dieser Umstand hat zur Folge, daß für den Kernsatz I. die Lehrsätze 4, 5, 6 eintreten, für die Kernsätze IV, V, VII, VIII dagegen nur der eine Lehrsatz 12; die Kernsätze II, III, VI haben bzw. die Lehrsätze 8, 7, 9 geliefert. Aus den Sätzen 4—9 und 12, oder aus 4—11, können dieselben Folgerungen gezogen werden, wie aus den Kernsätzen I—VIII. Von Belang sind hier nur die beiden folgenden Sätze, die davon Gebrauch machen, daß auf jeder Geraden Punkte in beliebiger (endlicher) Anzahl angenommen werden können.

17. Lehrsatz. — Hat man in einer Geraden eine beliebige Anzahl von Punkten, so kann man zwei Punkte herausheben, zwischen denen alle übrigen liegen.

Beweis. — Hebe ich zwei Punkte A, B beliebig heraus, so kann es sein, daß diese der Forderung des Lehrsatzes genügen. Anderenfalls sei C einer der übrigen Punkte, also C nicht zwischen A und B, sondern etwa B zwischen A und C (6). Dann befinden sich (10) die zwischen A und B gelegenen Punkte auch zwischen A und C, und überdies der Punkt B, vielleicht noch andere von den gegebenen Punkten. Wenn ein Teil derselben nicht zwischen A und C liegt, so wird A oder C durch einen neuen Punkt ersetzt. Usw.

18. Lehrsatz. — Hat man in einer Geraden eine beliebige Menge von Punkten, so kann man in ihr zwei Punkte so angeben, daß zwischen ihnen alle gegebenen liegen.

Beweis. — Unter den gegebenen Punkten kann man (17) zwei herausheben, zwischen denen alle übrigen liegen, etwa E und F. Man wähle jetzt (9) in der gegebenen Geraden den Punkt M so, daß E zwischen F und M liegt, und dann (9) den Punkt N so, daß F zwischen M und N liegt. Nach (10) befinden sich alle zwischen E und F gelegenen Punkte auch zwischen M und F, mithin auch (10) zwischen M und N. Dasselbe gilt von E (10) und F, also von allen gegebenen Punkten.

Die Lehrsätze 4, 5 drücken die Eigentümlichkeit der geraden Linie aus. Die Sätze 6—11 dagegen passen auf jede begrenzte (sich selbst nirgends schneidende oder berührende) Linie. Wenn man innerhalb einer solchen drei Punkte A, B, C annimmt, so liegt einer von ihnen zwischen den beiden anderen; liegt C zwischen A und B, so liegt A nicht zwischen B und C, usw. Es werden also sämtliche Sätze passen, die aus 6—11 allein entspringen.

Wenn man dagegen drei Punkte A, B, C auf einer geschlossenen (sich selbst nirgends schneidenden oder berührenden) Linie wählt, so hat es keinen Sinn, zu sagen, etwa daß C zwischen A und B liege,

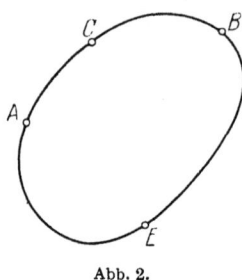

Abb. 2.

weil von A nach B auf jener Linie zwei Wege führen, von denen einer über C geht, der andere nicht. Indes läßt sich doch ein ähnlicher Begriff erzeugen. Ich nehme in der gegebenen Linie einen beliebigen Punkt E und bestimme, daß nur solche Wege zugelassen werden, die den Punkt E ausschließen. Dann gibt es von A nach B nur noch einen Weg; führt dieser über C, so liegt C zwischen A und B unter Beachtung der getroffenen Bestimmung, und ich sage: *bei ausgeschlossenem E liegt C zwischen A und B* (oder B und A). Den Punkt E will ich dabei als „*Grenzpunkt*" bezeichnen.

Mit dem neuen Begriff kann man ähnliche Betrachtungen anstellen, wie mit dem auf die begrenzte Linie bezüglichen, und es gelten wieder die Sätze 6—11, wenn E eingeführt und der Zusatz „bei ausgeschlossenem E" oder „für den Grenzpunkt E" überall angebracht wird. Der neue Begriff bezieht sich auf vier Punkte A, B, C, E in einer geschlossenen Linie. Er ist anzuwenden, wenn von den Wegen, die von A nach B gehen, der eine über C führt und nicht zugleich über E; dann führt aber der andere Weg über E und nicht zugleich über C, d. h. für den Grenzpunkt C liegt E zwischen A und B. Die Punkte C und E können daher ihre Rollen vertauschen, und da man von A nach B nicht gelangen kann, ohne einem von ihnen zu begegnen, so sagt man: *A und B werden durch C und E (oder E und C) getrennt.*

Indem wir jetzt die Sätze 6—11 auf die geschlossene Linie übertragen, entstehen die nachstehend unter b—f aufgeführten Sätze, denen wir einen nur für die geschlossene Linie gültigen vorausschicken, nämlich

a) Liegt C zwischen A und B bei ausgeschlossenem E, so liegt E zwischen A und B bei ausgeschlossenem C.

Hier, wie in den folgenden Sätzen, ist nur von Punkten einer und derselben geschlossenen Linie und von ihrer Lage in dieser Linie die Rede.

b) Bei ausgeschlossenem E liegt entweder A zwischen B und C, oder B zwischen A und C, oder C zwischen A und B, und zwar schließt jede dieser Lagen die beiden andern aus.

c) Liegt für den Grenzpunkt E der Punkt C zwischen A und B, der Punkt D zwischen A und C, so liegt D auch zwischen A und B für den Grenzpunkt E.

d) Liegen für den Grenzpunkt E die Punkte C und D zwischen A und B, so liegt für denselben Grenzpunkt der Punkt D entweder zwischen A und C oder zwischen B und C.

§ 1. Von der geraden Linie.

e) Wenn drei Punkte A, B, E gegeben sind, so kann man C so wählen, daß C zwischen A und B für den Grenzpunkt E.

f) Wenn drei Punkte A, B, E gegeben sind, so kann man D so wählen, daß B zwischen A und D für den Grenzpunkt E.

Jetzt ist aber der letzte Satz von vorhergehenden abhängig; er kann aus a, b, e hergeleitet werden. Zuerst nämlich zieht man aus a und b eine Folgerung.

g) Werden AB durch CE getrennt, so werden auch CE durch AB getrennt.

Beweis. — Der Voraussetzung zufolge liegt C zwischen A und B für den Grenzpunkt E und (a) E zwischen A und B für den Grenzpunkt C. Nach (b) werden also BC durch AE nicht getrennt, ebensowenig BE durch AC. Folglich (a) liegt E nicht zwischen B und C, C nicht zwischen B und E bei ausgeschlossenem A. Es bleibt daher (b) nur die Möglichkeit übrig, daß B zwischen C und E bei ausgeschlossenem A, d. h. daß CE durch BA (oder AB) getrennt werden. — Die Beobachtung lehrt in der Tat, daß dies stattfindet, sobald AB durch CE getrennt sind; aber die Benutzung der Sätze a und b führt zu demselben Ergebnis.

Wenn nun E, B, A gegeben sind, kann ich D so wählen (e), daß D zwischen B und E bei ausgeschlossenem A, d. h. BE durch DA getrennt, also DA durch BE (g), d. h. B zwischen A und D bei ausgeschlossenem E.

Aus den Sätzen 6, 7, 10, 11 wurden 12—17 gefolgert. Mit den Sätzen b, c, d kann man entsprechend verfahren; von den Ergebnissen sollen nur die beiden angeführt werden, die den Nummern 12 und 15 entsprechen.

h) Liegt D für den Grenzpunkt E zwischen A und B, aber nicht zwischen B und C, so liegt D für denselben Grenzpunkt zwischen A und C.

i) Liegt D für den Grenzpunkt E zwischen A und B, zugleich zwischen A und C, so liegt D für denselben Grenzpunkt nicht zwischen B und C.

Unter Berücksichtigung von (g) schließt man jetzt: Werden DE durch AB getrennt, durch BC aber nicht, so werden DE durch AC getrennt; werden DE durch AB und durch AC getrennt, so werden DE durch BC nicht getrennt; sind DE weder durch AC noch durch BC getrennt, so sind sie auch nicht durch AB getrennt, d. h.:

k) Sind AB durch eines der Paare CE und DE getrennt, durch das andere aber nicht, so sind AB durch CD getrennt. Und:

l) Sind AB durch die Paare CE und DE getrennt, oder durch beide nicht getrennt, so sind AB auch durch CD nicht getrennt. Oder: Sind AB durch CD getrennt, so sind AB durch eines der Paare CE und DE getrennt, durch das andere aber nicht.

Die Sätze a—e können wir wie Kernsätze behandeln; aus ihnen

wurden die Sätze f—l hergeleitet. Wie 10 und 11 aus 7 und 12, so folgen c und d aus b und h, oder auch aus a, b und k, da h eine Folge von g und k, g eine Folge von a und b ist. Mit Hilfe der Sätze a, b, e, k. und zwar ausschließlich mit deren Hilfe lassen sich demnach alle übrigen Sätze der Gruppe a—l beweisen.

Unter Annahme eines festen Punktes E ist es gelungen, an der geschlossenen Linie die Beobachtungen, die sich an der begrenzten Linie dargeboten hatten, zu wiederholen; die geschlossene Linie wurde durch Ausschluß des Punktes E mit der begrenzten in vollständige Analogie gebracht. Es läßt sich aber auch umgekehrt der Begriff getrennter Paare auf die begrenzte Linie übertragen; in welcher Weise dies zu geschehen hat, lehren die Sätze k und l. Indem wir uns auf die gerade Linie beschränken, geben wir jetzt folgende Definition. Liegt in einer geraden Linie von den Punkten C, D der eine zwischen A und B, der andere aber nicht, so sagen wir (*Definition* 4): *Die Punkte AB werden durch CD getrennt*, oder: bei ausgeschlossenem D (für den *Grenzpunkt D*) liegt C zwischen A und B. Die Vertauschbarkeit von A mit B, von C mit D ist in der Definition selbst begründet. Es gilt daher in der geraden Linie der Satz a, und es soll gezeigt werden, daß auch die Sätze b, e, k ihre Gültigkeit behalten. Daß die Sätze a—l sämtlich fortbestehen, bedarf alsdann keines Beweises.

19. Lehrsatz. — Sind A, B, C, E Punkte in einer Geraden, so werden entweder BC durch AE getrennt, oder CA durch BE, oder AB durch CE, und zwar schließt jede dieser Lagen die beiden andern aus.

Beweis. — Die Punkte A, B, C können derart bezeichnet werden, daß A zwischen B und C liegt (6). Nun befindet sich entweder B zwischen C und E, oder C zwischen B und E, oder E zwischen B und C (6). Im ersten Falle liegt B zwischen C und E, A zwischen B und C, folglich A zwischen C und E (10), B zwischen A und E (13); folglich werden (Satz 7 und Def. 4) BC durch AE getrennt, aber CA nicht durch BE, AB nicht durch CE. Der zweite Fall entsteht durch Vertauschung von B und C und führt daher zu demselben Ergebnis. Im dritten Falle liegen A und E zwischen B und C, folglich A entweder zwischen B und E oder zwischen C und E (11). Liegt A zwischen B und E, mithin E zwischen A und C (13), so werden (Satz 7 und Def. 4) AC durch BE getrennt, aber BC nicht durch AE, AB nicht durch CE. Liegt A zwischen C und E, so werden AB durch CE getrennt, aber BC nicht durch AE, AC nicht durch BE (Sätze 7, 13 und Def. 4).

20. Lehrsatz. — Liegen die Punkte A, B, E in einer geraden Linie, so kann man in ihr C so wählen, daß AB durch CE getrennt werden.

Beweis. — Liegt E nicht zwischen A und B, so wähle man C zwischen A und B (8). Liegt E zwischen A und B, so wähle man C so, daß B zwischen A und C oder A zwischen B und C (9), also C nicht zwischen A und B (7). Beidemal werden AB durch CE getrennt (Def. 4).

21. Lehrsatz. — Sind in einer Geraden die Punkte AB durch eines der Paare CE und DE getrennt, durch das andere aber nicht, so sind AB durch CD getrennt.

Beweis. — Es seien AB etwa durch CE getrennt, durch DE nicht getrennt. Liegt nun C zwischen A und B, also (Def. 4) E nicht, so ist (Def. 4) auch D nicht zwischen A und B gelegen. Liegt aber C nicht zwischen A und B, so befindet sich (Def. 4) E zwischen diesen beiden Punkten, mithin (Def. 4) auch D. Beidemal werden AB durch CD getrennt (Def. 4).

Hiermit ist die Übertragung der Sätze a, b, e, k in solche, die sich auf Punkte in einer geraden Linie beziehen, ausgeführt. An die drei erhaltenen Sätze schließen sich ohne weiteres die Folgerungen, die den übrigen Sätzen der vorigen Gruppe entsprechen. Die Sätze g und l gehen in die beiden folgenden über:

22. Lehrsatz (Umkehrung des vorigen). — Sind A, B, C, D, E Punkte in einer Geraden und werden AB durch CD getrennt, so werden AB durch eines der Paare CE und DE getrennt, durch das andere aber nicht.

23. Lehrsatz. — Werden in einer Geraden die Punkte AB durch CE getrennt, so werden auch CE durch AB getrennt.

Durch diese Ergebnisse wird es möglich, die gerade Linie ähnlich wie eine geschlossene zu behandeln. —

Im Laufe der Entwicklung traten zu den ursprünglich eingeführten geometrischen Begriffen neue hinzu, die jedoch auf jene zurückzuführen sind. Wir wollen sie *abgeleitete Begriffe* nennen, die anderen *Kernbegriffe*. Die abgeleiteten Begriffe wurden *definiert*, wobei allemal die vorhergehenden benutzt wurden, keine anderen; und so oft ein abgeleiteter Begriff zur Anwendung kam, wurde unmittelbar oder mittelbar auf seine Definition Bezug genommen; ohne eine solche Berufung war die betreffende Beweisführung nicht möglich. *Die Kernbegriffe wurden nicht definiert*; keine Erklärung ist imstande, dasjenige Mittel zu ersetzen, welches allein das Verständnis jener einfachen, auf andere nicht zurückführbaren Begriffe erschließt, nämlich den Hinweis auf geeignete Naturgegenstände. Wenn *Euklid* in den „Elementen" sagt: „Ein Punkt ist, was keine Teile hat; eine Linie ist Länge ohne Breite; eine gerade Linie (Strecke) ist diejenige, welche auf den ihr befindlichen Punkten gleichförmig liegt", so erklärt er die angeführten Begriffe durch Eigenschaften, die sich zu keiner Verwertung eignen, und die auch von ihm bei der weiteren Entwicklung nirgends verwertet werden. In der Tat stützt sich keine einzige Stelle auf eine jener Aussagen, durch die der Leser, der aus den „Elementen" ohne eine bereits vorher durch wiederholte Beobachtungen ausgebildete Vorstellung von den geometrischen Kernbegriffen überhaupt nichts lernen kann, höchstens an die betreffende Vorstellung erinnert und dazu veranlaßt wird, sie den wissenschaftlichen Anforderungen gemäß einzuschränken oder zu ergänzen.

§ 1. Von der geraden Linie.

Die Mathematik stellt Relationen zwischen den mathematischen Begriffen auf, die den Erfahrungstatsachen entsprechen sollen, aber weitaus in ihrer Mehrzahl der Erfahrung nicht unmittelbar entlehnt, sondern „bewiesen" werden; die (außer den Definitionen der abgeleiteten Begriffe) zur Beweisführung notwendigen Erkenntnisse bilden selbst einen Teil der aufzustellenden Relationen. Nach Ausscheidung der auf Beweise gestützten Sätze, der *Lehrsätze*, bleibt eine Gruppe von Sätzen zurück, aus denen alle übrigen sich folgern lassen, die *Kernsätze*; diese gründen sich auf Beobachtungen, die sich unaufhörlich wiederholt und sich fester eingeprägt haben als Beobachtungen anderer Art.

Die Kernsätze sollen den von der Mathematik zu verarbeitenden Erfahrungsstoff vollständig umfassen, so daß man nach ihrer Aufstellung auf die Sinneswahrnehmungen nicht mehr zurückzugehen braucht. Um so vorsichtiger müssen von vornherein etwaige Einschränkungen festgestellt werden, denen die Anwendung einzelner Kernsätze unterliegt. Bei einem Teile der oben aufgestellten geometrischen Kernsätze, nämlich bei I. und VI., sind nun solche Einschränkungen geltend zu machen. Im ersten Kernsatze dürfen die durch eine gerade Strecke zu verbindenden Punkte nicht zu nahe beieinander angenommen werden. Solange alle in Betracht gezogenen Punkte durch Zwischenräume getrennt sind, erscheint der Vorbehalt überflüssig. Das ist in der Tat bei den Figuren der Fall, aus deren Anschauung man die Kernsätze schöpft; für solche Figuren wird daher der achte Lehrsatz — der einzige, der von dem Vorbehalt berührt wird — immer zutreffen. Aber bei wiederholter Anwendung dieses Satzes verliert die Figur ihre ursprüngliche Beschaffenheit. Sind A und B Punkte der ursprünglichen Figur und wird in der Geraden AB ein Punkt C zwischen A und B eingeschaltet, —•——•—•—•——•— hierauf C_1 zwischen A und C, C_2 zwischen A und C_1 usw., so kann man immer mehr in die Nähe des Punktes A geraten und muß dann schließlich auf weitere Einschaltungen verzichten[1]). Der achte Lehrsatz kann also *nicht beliebig oft* auf eine Gerade angewendet werden. Eine vollkommen scharfe Grenze läßt sich freilich nicht angeben.

Die geometrischen Kernbegriffe und Kernsätze erlernt man an Gegenständen, von denen man verhältnismäßig nur wenig entfernt ist; über ein solches Gebiet hinaus ist also ihre Anwendung nicht ohne weiteres berechtigt. Geht man z. B. von einer geraden Strecke AB •——•—•——•—•— aus und (VI) verlängert sie über B bis B_1, dann BB_1 über B_1 bis B_2, B_1B_2 über B_2 bis B_3 usf., so kann man wohl eine Zeitlang noch gerade Strecken AB_1, AB_2 usw. einführen, aber früher oder später kommt ein Punkt B_n, von dessen Verbindung mit dem Punkte A durch eine gerade

---

[1]) Vgl. die nähere Ausführung in § 23.

§ 1. Von der geraden Linie. 17

Strecke nicht die Rede sein kann, ohne daß dieser Begriff seine Eigenschaft als Kernbegriff verliert. Man sagt zwar auch (indem man jede Aufeinanderfolge von geraden Strecken, bei der je zwei benachbarte sich zu einer geraden Strecke vereinigen, wieder eine gerade Strecke nennt), es sei die Strecke AB bis B_1 verlängert, die Strecke AB_1 bis B_2, die Strecke AB_2 bis B_3 usf. Das ändert jedoch nichts an der Art, wie die Punkte $B_1 B_2 \ldots$ wirklich erlangt werden; denn wenn B_n sich von A zu weit entfernt hat, so kann man bei der Herstellung von B_{n+1} nicht mehr A benutzen, wohl aber B_{n-1}. Man wird also von dem sechsten Kernsatz [oder vom neunten[1]) Lehrsatz] *nicht beliebig oft* in einer und derselben Figur Gebrauch machen, wobei wieder eine scharfe Grenze nicht besteht.

Beim Weitergehen in der Geometrie ist man gewohnt, nur an Figuren zu denken, deren Teile nahe genug beieinander sind, um eine direkte Beurteilung ihrer geometrischen Eigenschaften zu ermöglichen. Wie aber geometrische Begriffe und Gesetze, die sich innerhalb eines beschränkten Gebietes bewähren, bei fortgesetzter Erweiterung des Gebietes unsicher werden können, mag folgende Betrachtung veranschaulichen. Nehmen wir an, in einer geschlossenen (einfachen) Linie bewege sich ein Beobachter, der immer nur einen kleinen Teil der Linie übersehen und überhaupt nur einen Teil derselben durchlaufen kann, und der infolgedessen die Linie noch nicht als eine geschlossene erkannt hat. Dieser Beobachter wird innerhalb des jedesmal von ihm überblickten Weges zu Erkenntnissen gelangen, wie sie für die gerade Linie in den Sätzen 6—11 ausgesprochen sind, und diese alsdann auf das ihm zugängliche Gebiet ausdehnen; er wird schließlich geneigt sein, sie auf die Linie in ihrer ganzen Erstreckung zu übertragen, wenn er dies aber tut, natürlich zu unrichtigen Schlüssen gelangen. Es seien z. B. A, B Punkte von geringem gegenseitigen Abstande, und der Punkt M werde durch Fortsetzung des Weges AB über B hinaus erreichbar vorausgesetzt; sagt man alsdann, es sei B zwischen A und M gelegen, und schließt weiter, es sei A nicht zwischen B und M gelegen, so leugnet man damit die tatsächlich vorhandene

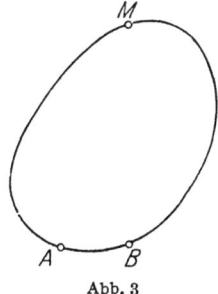

Abb. 3

Möglichkeit, den Punkt M durch Fortsetzung des Weges BA über A hinaus zu erreichen.

Diese Bemerkung ist u. a. zu berücksichtigen bei einer Frage, bei der ich Dinge, die erst später zur Sprache kommen, vorwegnehmen muß, nämlich bei der Frage, ob die Geraden AB und CD einen Punkt gemein haben können, wenn die geraden Strecken AC und BD einen

---

[1]) Auf den achten und neunten stützt sich der zwanzigste.

inneren Punkt E gemein haben und die Figuren ABC und CDA kongruent sind (§ 13). Die Figuren $ABCD$ und $CDAB$ sind kongruent; die Strecken AB, CD haben keinen Punkt gemein; A und D liegen auf derselben Seite der Geraden BC (§ 3), B und C auf derselben Seite der Geraden AD. Man pflegt nun zu schließen: Haben die Geraden AB, CD einen Punkt M gemein, so werden die Figuren $ABCDM$ und $CDABM$ kongruent, und M liegt weder auf der Strecke AB noch auf der Strecke CD, weil M sonst auf beiden liegen müßte; M liegt also nicht zwischen A und B. Läge 1) B zwischen A und M, so läge D zwischen C und M, D und M auf derselben Seite der Geraden BC, ebenso A und D, folglich auch A und M, d. h. A zwischen B und M, B nicht zwischen A und M. Läge 2) A zwischen B und M, so läge C zwischen D und M, C und M auf derselben Seite der Geraden AD, B und M auf verschiedenen Seiten, folglich auch B und C auf verschiedenen Seiten. Da beide Annahmen zu Widersprüchen geführt haben, wird die Möglichkeit eines gemeinschaftlichen Punktes der Geraden AB und CD verworfen — die übliche Begründung für das Dasein von Parallelen. Durch die obige Betrachtung wird jedoch die gestellte Frage nicht unbedingt entschieden. Vielmehr ist zu bedenken, daß möglicherweise ein gemeinschaftlicher Punkt M besteht, jedoch so, daß auf die Figur $ABCDM$ manche geometrische Begriffe in der Art, wie es vorhin geschehen, nicht anwendbar sind.

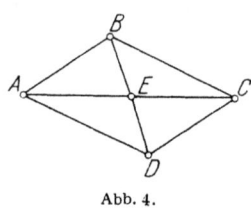

Abb. 4.

Die auf den letzten Seiten besprochenen Bedenken beziehen sich auf diese Anwendbarkeit, also schließlich auf den Fall fortgesetzter Häufung von Beziehungen, die zwischen den Bestandteilen von Figuren bestehen sollen. Tatsächlich verfährt man, soweit es sich nicht um die Begegnung von geraden Linien und damit zusammenhängenden Fragen handelt, von jeher so, als wären keine Schranken vorhanden, in stillschweigendem Vertrauen darauf, daß Figuren, die eine solche Häufung veranschaulichen, bei hinreichend kleinem oder hinreichend großem Maßstab möglich sein möchten. Wesentlichen Einfluß in dieser Richtung hat wohl der Übergang zur analytischen Behandlung der Geometrie ausgeübt. —

Ich habe bisher einen *Kern*, d. h. Kernbegriffe und Kernsätze, nur so weit aufgestellt, als es für die bisherigen Lehrsätze und Definitionen erforderlich war. Vom Kern muß man verlangen, daß er vollständig ist, d. h. daß er das Erforderliche ohne irgendwelche Ausnahmen enthält. Um über die *Vollständigkeit* zu urteilen, muß man die mathematische Deduktion den strengsten Anforderungen anpassen. Wenn unentbehrliche Kernsätze, wie z. B. die meisten hier bisher aufgeführten, und damit auch unentbehrliche Kernbegriffe unbemerkt bleiben konnten, so erklärt sich dies durch die Unvollkommenheit, mit der das Wesen des mathemathischen Beweises erfaßt war. Man kann wünschen, daß der Kern auf möglichst geringen Umfang zurückgeführt werde, so daß er nicht Teile enthält, die aus den übrigen abgeleitet werden können; doch erhält dieser Wunsch erst volle Bedeutung, wenn die Vollständigkeit des Kerns feststeht, was für einen Kern des ganzen Lehrgebäudes der Mathematik bisher wohl nicht erreicht ist. Die Forderung der *Widerspruchsfreiheit* der Kernsätze wird in § 23, nach Einführung von Koordinaten, zur Sprache kommen.

Das Wesen des mathematischen Beweises habe ich darzulegen gesucht in dem Buche: Grundlagen der Analysis, 1909, S. 5ff.; dann ausführlicher in der Schrift: Mathematik und Logik, Leipzig, Wilhelm Engelmann, 1919, 2. Aufl. 1924, S. 37f., sowie in dem Aufsatz: Beweis und Definition in der Mathematik, Annalen der Philosophie, Bd. 4, S. 348—358, 1924.

§ 2. Von den Ebenen.

Wir ziehen jetzt einen weiteren geometrischen Begriff in die Betrachtung, die Ebene. Ähnlich wie bei der geraden Linie auseinandergesetzt wurde, wird von der Ebene gesagt, daß sie unbegrenzt sei; wenn wir uns aber an die unmittelbare Wahrnehmung halten, so lernen wir nur die wohlbegrenzte ebene Fläche kennen. Demgemäß wird zunächst nur von der *ebenen Fläche* und von *Punkten einer ebenen Fläche* die Rede sein, der Begriff „Ebene" aber erst nachher eingeführt werden.

Die folgenden Sätze sind wieder zum Teil Kernsätze, zum Teil Lehrsätze. Beim Beweise der neuen Lehrsätze dürfen wir außer den neuen Kernsätzen alle Sätze des § 1 heranziehen. Die neuen Kernsätze sind der Ausdruck von Beobachtungen an Figuren, die aus Punkten, geraden Strecken und ebenen Flächen bestehen. Ich werde zunächst im gegenwärtigen Paragraphen nicht über das hinausgehen, was ich bei der ersten Veröffentlichung dieses Werkes und in den Zusätzen von 1912 gegeben habe, dies jedoch in „Ergänzungen zu § 2" vervollständigen.

Durch drei beliebige Punkte *A*, *B*, *C* kann man eine ebene Fläche legen, aber nicht nur eine. Zieht man nun eine gerade Strecke durch *A* und *B*, so brauchen nicht alle Punkte der Strecke in jener Fläche zu liegen, aber man kann die Fläche nötigenfalls zu einer ebenen Fläche erweitern, die die Strecke, d. h. alle ihre Punkte, enthält[1]).

I. Kernsatz. — Durch drei beliebige Punkte kann man eine ebene Fläche legen.

---

[1]) Um zu verhindern, daß der Leser an die gerade Linie und die Ebene denkt statt an die gerade Strecke und die ebene Fläche, könnte man diese Gebilde *Stab* und *Platte* nennen.

II. Kernsatz. — Wird durch zwei Punkte einer ebenen Fläche eine gerade Strecke gezogen, so gibt es eine ebene Fläche, die alle Punkte der vorigen und auch die Strecke enthält.

Wenn *zwei* ebene Flächen gegeben sind, so kann ein Punkt A in beiden zugleich enthalten sein. Wir nehmen dann allemal wahr, daß der Punkt A nicht der einzige gemeinschaftliche Punkt ist, wenn wir nötigenfalls die beiden Flächen oder eine von ihnen gehörig erweitert haben.

III. Kernsatz. — Wenn zwei ebene Flächen P, P' einen Punkt gemein haben, so kann man einen andern Punkt angeben, der sowohl mit allen Punkten von P als auch mit allen Punkten von P' je in einer ebenen Fläche enthalten ist.

Es können zwei ebene Flächen auch *drei* Punkte zugleich enthalten. Bei der Untersuchung dieses Falles kann man eine Beobachtung benutzen, die auch zur Beantwortung anderer, auf die Begegnung von Linien bezüglicher Fragen erforderlich ist. In einer ebenen Fläche seien drei Punkte A, B, C zu einem Dreieck zusammengefügt, d. h. durch die geraden Strecken AB, AC, BC paarweise verbunden. In derselben Fläche sei die gerade Strecke DE gelegen, und zwar so, daß sie einen innerhalb der Strecke AB gelegenen Punkt F enthält. Die Strecke DE hat dann allemal entweder mit der Strecke AC oder mit der Strecke BC einen Punkt gemein, oder sie kann bis zu einem solchen Punkte verlängert werden.

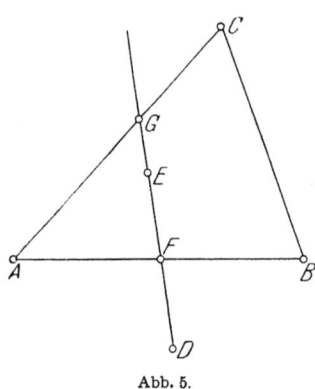

Abb. 5.

IV. Kernsatz. — Sind in einer ebenen Fläche drei Punkte A, B, C durch die geraden Strecken AB, AC, BC paarweise verbunden, und ist in derselben ebenen Fläche die gerade Strecke DE durch einen innerhalb der Strecke AB gelegenen Punkt gezogen, so geht die Strecke DE oder eine Verlängerung derselben entweder durch einen Punkt der Strecke AC oder durch einen Punkt der Strecke BC.

Oder: Liegen die Punkte A, B, C, D in einer ebenen Fläche, F in der Geraden AB zwischen A und B so geht die Gerade DF entweder durch einen Punkt der Strecke AC oder durch einen Punkt der Strecke BC.

1. Lehrsatz. — Liegen die Punkte A, B, C, D in einer ebenen Fläche P, zugleich die Punkte A, B, C in einer ebenen Fläche P', aber nicht in einer geraden Linie, so gibt es eine ebene Fläche, die alle Punkte von P' enthält und auch den Punkt D.

Beweis. — Liegt D in einer der Geraden AB, AC, BC, so gibt es eine solche Fläche nach dem zweiten Kernsatz. Liegt D in keiner der Geraden AB, AC, BC, so werde in der Geraden AB zwischen A und B ein

Punkt F angenommen; es mag dann (IV) die Gerade DF etwa durch einen Punkt G der Strecke AC gehen; F und G sind voneinander verschieden, D in der Geraden FG. Es gibt nun eine ebene Fläche Q, die alle Punkte von P' enthält und auch F; weiter eine ebene Fläche Q', die alle Punkte von Q enthält und auch G; schließlich eine ebene Fläche, die alle Punkte von Q' enthält und auch D.

Gehen wir nun von drei beliebigen, nicht in eine Gerade gehörigen Punkten A, B, C aus und legen durch sie eine ebene Fläche. Wenn durch die Punkte A, B, C und einen weiteren Punkt D sich ebenfalls eine ebene Fläche legen läßt, so braucht D zwar der vorigen nicht anzugehören; diese läßt sich aber nötigenfalls erweitern, bis sie auch den Punkt D enthält (1). Infolgedessen sagt man (implizite Definition, wie für die gerade Linie in § 1, Definition 3): der Punkt D liegt in der *Ebene* der Punkte A, B, C, oder einfach: in der Ebene ABC, oder: die Ebene ABC geht durch D, D ist ein Punkt der Ebene ABC usw.

Es seien L, M, N drei beliebige Punkte. Wenn sie nicht in gerader Linie liegen, so sei A ein Punkt der Geraden LM, B ein Punkt der Geraden LN, C ein Punkt der Geraden MN, wobei A, B, C von L, M, N verschieden und nicht in gerader Linie gelegen sein sollen; ich kann dann durch L, M, N eine ebene Fläche legen, folglich auch durch L, M, N, A, B, C. Wenn L, M, N in einer Geraden liegen, so sei A ein Punkt außerhalb der Geraden, B ein Punkt der Geraden AL, C ein Punkt der Geraden AM; durch A, L, M kann man eine ebene Fläche legen, folglich auch durch A, B, C, L, M, N. Beidemal liegen A, B, C nicht in gerader Linie und L, M, N in der Ebene ABC.

2. *Lehrsatz.* — Durch drei Punkte kann man immer eine Ebene legen.

Es sei A' ein Punkt der Ebene ABC, und es seien A', B, C nicht in gerader Linie (also A ein Punkt der Ebene $A'BC$). Wird nun D von A verschieden in der Ebene $A'BC$ angenommen, so liegen die Punkte A, B, C, D, A' in einer ebenen Fläche, d. h. D zugleich in der Ebene ABC; und wenn wir auch die Punkte A, B, C „Punkte der Ebene ABC" nennen, so können wir sagen, daß jeder Punkt der Ebene $A'BC$ zugleich der Ebene ABC angehört. Aber auch umgekehrt sind alle Punkte der Ebene ABC Punkte der Ebene $A'BC$. Man sagt daher: Die Ebenen ABC und $A'BC$ fallen miteinander zusammen.

Jetzt seien A', B', C' beliebige Punkte der Ebene ABC, aber nicht in einer Geraden. Der Punkt A' kann in einer der Geraden AB, AC, BC liegen; doch höchstens in zweien, er liege außerhalb der Geraden BC; dann fallen die Ebenen ABC und $A'BC$ zusammen. Der Punkt B' liegt in der Ebene $A'BC$, doch nicht in der Geraden $A'B$, $A'C$ zugleich; er liege außerhalb der Geraden $A'C$; dann fallen die Ebenen $A'BC$ und $A'B'C$ zusammen. Der Punkt C' liegt in der Ebene $A'B'C$, aber nicht in der Geraden $A'B'$; folglich fallen die Ebenen $A'B'C$ und $A'B'C'$ zusammen.

3. Lehrsatz. — Jede Ebene ist durch drei beliebige von ihren Punkten, die nicht in gerader Linie liegen, bestimmt. Oder: Drei Punkte, die zugleich verschiedenen Ebenen angehören, liegen in einer Geraden.

Häufig wird zur Bezeichnung einer Ebene ein besonderer Buchstabe benutzt. Sind A, B, C Punkte der Ebene P, die nicht in gerader Linie liegen, so bedeutet P die Ebene ABC. —

Nehmen wir jetzt in einer Geraden g die Punkte A, B beliebig, ebenso in einer durch A und B gehenden Ebene P den Punkt C außerhalb der Geraden g. Ist D irgendein dritter Punkt der Geraden g, so kann man durch die Punkte A, B, C eine ebene Fläche legen, weiter auch durch die Punkte A, B, C, D; der Punkt D liegt also in der Ebene ABC, das ist in der Ebene P. Da dies von allen Punkten der Geraden g gilt, so sagt man: g liegt in der Ebene P, g ist eine Gerade der Ebene P usw.

4. Lehrsatz. — Eine Gerade, die mit einer Ebene zwei Punkte gemein hat, liegt ganz in ihr. Oder: Alle Ebenen, die zwei Punkte gemein haben, enthalten die Gerade der beiden Punkte.

Wenn die Gerade g in einer Ebene P nicht ganz enthalten ist, so kann sie mit ihr nicht mehr als einen Punkt gemein haben. Besitzen g und P einen gemeinschaftlichen Punkt A, aber nur einen, so sagt man, sie schneiden sich in A; A wird der *Durchschnittspunkt* von g und P genannt und mit gP oder Pg bezeichnet.

Bei der Bestimmung einer Ebene kann eine Gerade benutzt werden. Ist eine Gerade g und ein Punkt C gegeben, so nehme man die Punkte A und B in der Geraden g beliebig (von C verschieden); durch A, B, C kann ich eine Ebene legen, und diese enthält g.

5. Lehrsatz. — Durch eine Gerade und einen Punkt kann man immer eine Ebene legen.

Ist nun P eine Ebene, die die Gerade g und den Punkt C, folglich A, B, C enthält, so geht keine andere Ebene durch g und C, wenn C außerhalb der Geraden AB liegt; die Ebene P ist alsdann durch g und C bestimmt und kann mit gC oder Cg bezeichnet werden.

6. Lehrsatz. — Jede Ebene ist durch eine beliebige ihr angehörige Gerade im Verein mit einem beliebigen ihr angehörigen Punkte, der nicht in der Geraden liegt, bestimmt. Oder: Zwei Ebenen, die eine Gerade gemein haben, haben außerdem keinen Punkt gemein. Oder: Wenn ein Punkt und eine Gerade sich in zwei Ebenen vorfinden, so geht die Gerade durch den Punkt.

Zwei Geraden g, h sind stets in einer Ebene enthalten, wenn sie sich schneiden. Ist in der Tat ein Schnittpunkt gh vorhanden, so nehme ich in der Geraden h den Punkt C beliebig (von gh verschieden); die Ebene gC geht alsdann durch die Punkte C und gh, mithin durch die Gerade h.

7. Lehrsatz. — Durch zwei Geraden, die einen Punkt gemein haben, kann man immer eine Ebene legen. Oder: Zwei Geraden, die nicht in einer Ebene liegen, haben keinen Punkt gemein.

§ 2. Von den Ebenen.

Überhaupt seien g und h Geraden einer Ebene P. Nimmt man den Punkt C in h beliebig (außerhalb g), so ist P die Ebene gC, und es kann eine andere Ebene durch g und h zugleich nicht gehen. Die Ebene der Geraden g und h kann mit gh bezeichnet werden; man darf jedoch nicht vergessen, daß im Falle einer Begegnung der Geraden g und h für den Durchschnittspunkt dieselbe Bezeichnung gilt.

8. Lehrsatz. — Jede Ebene ist durch zwei beliebige von ihren Geraden bestimmt.

Betrachten wir jetzt zwei Ebenen P und Q, die einen gemeinschaftlichen Punkt A besitzen. Man nehme in der Ebene P die Punkte B und C, in der Ebene Q die Punkte D und E beliebig, aber weder A, B, C noch A, D, E in einer Geraden. Nach dem dritten Kernsatze existiert ein Punkt F derart, daß sowohl die Punkte A, B, C, F als auch die Punkte A, D, E, F ebene Figuren bilden. Es liegt also der Punkt F sowohl in der Ebene ABC als auch in der Ebene ADE, d. h. in den Ebenen P und Q. Diese Ebenen haben somit die Gerade AF gemein.

9. Lehrsatz. — Wenn zwei Ebenen einen Punkt gemein haben, so haben sie eine Gerade gemein.

Die Gerade enthält alle gemeinschaftlichen Punkte der beiden Ebenen; sie wird die *Durchschnittslinie*, ihre Punkte werden *Durchschnittspunkte* der Ebenen genannt. Die Durchschnittslinie der Ebenen P und Q wird mit PQ bezeichnet.

Drei Ebenen, P, Q, R können einen Punkt A gemein haben. Wenn A nicht der einzige gemeinschaftliche Punkt ist, so haben die drei Ebenen eine Gerade gemein. Wenn die Ebenen P, Q, R sich nur im Punkte A begegnen, so wird A ihr Durchschnittspunkt genannt und mit PQR bezeichnet; sie haben dann zu je zweien eine Gerade gemein; die Durchschnittslinien sind voneinander verschieden, treffen sich jedoch im Punkte A.

Es seien überhaupt P, Q, R drei Ebenen, die sich paarweise durchschneiden. Haben von den Durchschnittslinien irgend zwei, etwa PQ und PR, einen Punkt A gemein, so schneiden die drei Ebenen sich in A. Wenn die Durchschnittslinie zweier Ebenen die dritte Ebene schneidet, so ist der Durchschnittspunkt ebenfalls den drei Ebenen gemein. Wenn zwei Durchschnittslinien zusammenfallen, so sind sie von der dritten nicht verschieden.

Eine beliebige Gruppe von Punkten oder von Geraden oder von Punkten und Geraden in einer Ebene heißt eine *ebene Figur*. Man kann eine ebene Figur erweitern teils durch Hinzunehmen *beliebiger* anderer Punkte und Geraden derselben Ebene, teils durch *Konstruktion*, d. h. hier: durch Verbinden von Punkten der Figur und durch Aufsuchen der Durchschnittspunkte in ihren Geraden. Solche Konstruktionen führen aus der Ebene nicht heraus.

Um in zwei Geraden einen Schnittpunkt nachzuweisen, wird oft

24 § 2. Von den Ebenen.

der folgende Lehrsatz angewendet werden, der sich aus dem vierten Kernsatz sofort ergibt.

10. Lehrsatz. — Sind A, B, C drei nicht in gerader Linie gelegene Punkte, D ein Punkt der Geraden AB zwischen A und B, g eine Gerade in der Ebene ABC, die durch D, aber durch keinen der Punkte A, B, C hindurchgeht, so begegnet g entweder der Geraden AC zwischen A und C oder der Geraden BC zwischen B und C. (Abb. 6.)

Wir werden uns künftig weder auf die Kernsätze noch auf den ersten Lehrsatz dieses Paragraphen berufen. Von den neun übrigen Lehrsätzen sind 5—8 Folgerungen aus 2—4. *Bezüglich des zehnten ist derselbe Vorbehalt zu machen, wie bezüglich des achten Lehrsatzes in § 1.*

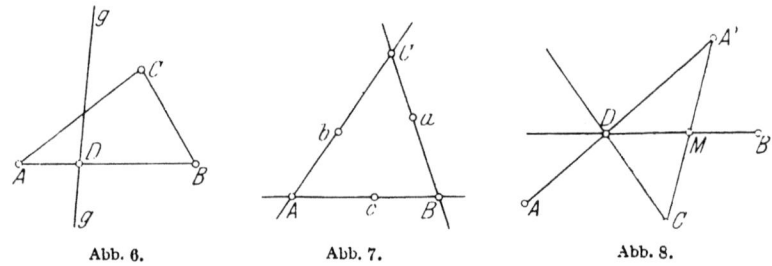

Abb. 6. Abb. 7. Abb. 8.

Noch mögen hier einige Folgerungen Platz finden, die sich an den zehnten Lehrsatz anschließen.

11. Lehrsatz. — Sind A, B, C drei nicht in gerader Linie gelegene Punkte, a ein Punkt der Geraden BC zwischen B und C, b ein Punkt der Geraden AC zwischen A und C, c ein Punkt der Geraden AB zwischen A und B, so liegen die Punkte a, b, c nicht in gerader Linie.

Beweis. — Der Punkt a liegt nicht innerhalb der Strecke bc, da sonst (10) die Gerade BC entweder der Geraden Ab zwischen A und b oder der Geraden Ac zwischen A und c begegnen müßte. Ebensowenig liegt b innerhalb der Strecke ac oder c innerhalb der Strecke ab.

12. Lehrsatz. — Liegen vier Punkte A, B, C, D in einer Ebene, so haben entweder die Geraden AD und BC, oder BD und AC, oder CD und AB (mindestens) einen Punkt gemein. (Abb. 8.)

Beweis. — Befinden sich unter den gegebenen Punkten drei in gerader Linie, so treten mindestens drei solche Durchschnittspunkte gleichzeitig auf. Liegen keine drei in gerader Linie, verlaufen also die Geraden AD, BD, CD in ihrer Ebene getrennt, so braucht nur gezeigt zu werden, daß die Geraden CD und AB sich schneiden, wenn weder die Gerade AD mit der Strecke BC, noch die Gerade BD mit der Strecke AC einen Punkt gemein hat. Verlängert man nun unter dieser Voraussetzung die Strecke AD über D hinaus bis A' nicht auf BC, so wird (10) die Gerade $A'C$ von BD zwischen A' und C in einem Punkte M getroffen, und zwar liegt D nicht zwischen B und M, da sonst (10) die Gerade AD entweder der Geraden CM zwischen C und M oder der Geraden BC zwischen B und C begegnen müßte. Da also die Gerade CD weder mit der Strecke $A'M$ noch mit der Strecke BM einen Punkt gemein hat, so hat sie auch mit der Strecke $A'B$ keinen Punkt gemein (10), mithin begegnet sie (10) der Geraden AB zwischen A und B.

13. Lehrsatz. — Sind A, B, C drei nicht in gerader Linie gelegene Punkte, a ein Punkt der Geraden BC zwischen B und C, b ein Punkt der Geraden CA zwischen A und C, so ist a von A, b von B verschieden; die Geraden aA und bB sind verschieden und schneiden sich in einem Punkt E zwischen a und A, zugleich zwischen b und B; E liegt auf keiner der Geraden BC, CA, AB.

Beweis. — Da A nicht der Geraden BC angehört, so ist a verschieden von A, überhaupt von A, B, C, b und liegt auf keiner der Geraden AB, CA; ebenso ist b verschieden von A, B, C und liegt auf keiner der Geraden AB, BC; folglich sind die Geraden aA und bB verschieden, weiter die Geraden aB (d. i. BC) und bB. Da die Punkte a, A, C nicht in gerader Linie liegen, so bestimmen sie eine Ebene aAC; diese enthält die Geraden AC und aC, mithin die Punkte b und B, endlich die Gerade bB. Die Gerade bB geht durch keinen der Punkte a, A, C; sie begegnet der Geraden CA in b zwischen A und C, der Geraden aC in B nicht zwischen a und C. Folglich

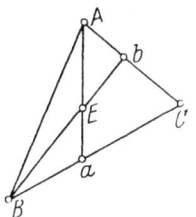

Abb. 9.

(10) begegnet die Gerade bB der Geraden aA in einem Punkt E zwischen a und A, zugleich zwischen b und B. Da B und C nicht auf aA liegen, so ist der Punkt E verschieden von B und C, überhaupt von a, A, B, C; er gehört keiner der Geraden BC, CA, AB an.

14. Lehrsatz. — Man kann Punkte A, B, C, D so wählen, daß nicht drei von ihnen eine gerade Reihe bilden, und daß die Gerade AD durch einen Punkt der Strecke BC, die Gerade BD durch einen Punkt der Strecke AC geht.

Folgt aus Lehrsatz 13.

15. Lehrsatz. — Liegen von den Punkten A, B, C, D keine drei in einer Geraden, und geht die Gerade AD durch einen Punkt a der Strecke BC, die Gerade BD durch einen Punkt b der Strecke CA, so geht die Gerade CD durch einen Punkt der Strecke AB.

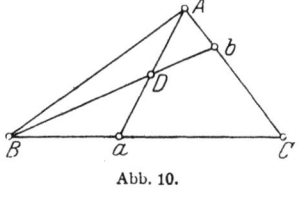

Abb. 10.

Beweis. — Die Voraussetzung ist erfüllbar nach Lehrsatz 14. Die Punkte a, b, A, B, C sind voneinander verschieden, ebenso die Geraden aA und bB. Diese Geraden schneiden sich einerseits in einem Punkt E zwischen a und A, andrerseits in D; folglich fällt D mit E zusammen und liegt zwischen a und A. Da die Punkte a, A, B nicht in gerader Linie liegen, so bestimmen sie eine Ebene aAB; diese enthält die Punkte C und D, mithin die Gerade CD. Die Gerade CD geht durch keinen der Punkte a, A, B; sie begegnet der Geraden aA in D zwischen a und A, der Geraden aB in C nicht zwischen a und B. Folglich (10) begegnet die Gerade CD der Geraden AB zwischen A und B.

Ergänzungen zu § 2.

Ich bringe nun die im Eingang zu § 2 angekündigten Ergänzungen, wobei ich wegen der Einzelheiten auf die Abhandlung von *Anna Sturmfels*: Nachprüfung der Lehre von den Ebenen in *Pasch*s Vorlesungen über neuere Geometrie, Marburger Dissertation, 1915, verweise.

Die ersten Kernsätze des § 2 bedürfen folgender ergänzenden Feststellungen: Auf jeder ebenen Fläche kann man Punkte angeben. Sind auf einer ebenen Fläche Punkte A und B angegeben, so kann man auf ihr einen Punkt C so angeben, daß A, B, C nicht auf einer geraden Strecke liegen (vgl. Kernsatz IX des § 1). Ist eine ebene Fläche angegeben, so kann man eine andere angeben, die alle Punkte der vorigen enthält (Erweiterung). Durch drei Punkte, die nicht auf einer geraden Strecke liegen, kann man eine ebene Fläche P legen, weiter eine ebene Fläche P', und zwar so, daß weder alle Punkte von P zu P' gehören, noch alle Punkte von P' zu P. Sind zwei Punkte der ebenen Fläche P zugleich Punkte der geraden Strecke s, so enthält entweder P oder eine Erweiterung von P die Strecke s, d. h. alle ihre Punkte. Daß durch drei beliebige Punkte, auch solche, die auf einer geraden Strecke liegen, eine ebene Fläche gelegt werden kann (I. Kernsatz in § 2), ergibt sich jetzt als Folgerung. Weiter wird gefolgert: Vier Punkte, von denen drei auf einer Geraden liegen, liegen auf einer ebenen Fläche.

Zur Ergänzung der Kernsätze des § 2 dient ferner die Feststellung: Liegen die Punkte A, B, C nicht auf einer geraden Strecke, so kann man einen weiteren Punkt D so angeben, daß A, B, C, D nicht auf einer ebenen Fläche liegen. Wenn vier Punkte nicht auf einer ebenen Fläche liegen, so liegen keine drei von ihnen auf einer Geraden. Über das Verhältnis der Kernsätze III und IV des § 2 zu den übrigen siehe die oben angeführte Abhandlung, Seite 7—11.

Zu den Lehrsätzen des § 2 sei noch nachgetragen: Haben drei Ebenen P, Q, R einen Punkt gemein, so schneiden sie sich paarweise; haben sie nur einen Punkt gemein (den „Durchschnittspunkt" PQR), so entstehen drei verschiedene Schnittlinien (durch jenen Punkt); haben sie mehr als einen Punkt gemein, so fallen die Schnittlinien zusammen. Weiteres in der angeführten Abhandlung.

Schließlich sei wegen der Beobachtungstatsachen, die der „geraden Strecke" (Stab) und der „ebenen Fläche" (Platte) zugrunde liegen, auf die am Ende der Einleitung genannte Schrift verwiesen.

§ 3. Vom Strahlenbüschel.

Wenn in einer Geraden m drei Punkte A, B, C angenommen werden, so muß einer zwischen den beiden andern liegen. Wie schon in § 1 erwähnt worden ist, sagt man: die Punkte A und B liegen auf derselben Seite von C, wenn C nicht zwischen ihnen liegt; dagegen sagt man: die Punkte A und B liegen auf verschiedenen Seiten von C, wenn C sich zwischen A und B befindet.

In der Geraden m fixiere ich einen Punkt S. Wenn A, B, C drei (von S verschiedene) Punkte der Geraden m sind, so kann ich aus dem Verhalten zweier Paare in folgender Weise auf das des dritten Paares schließen. *Liegen A und B auf derselben, A und C auf verschiedenen Seiten von S, so liegen B und C auf verschiedenen Seiten.* Entweder liegt nämlich A zwischen B und S, S zwischen A und C, folglich S zwischen B und C nach § 1, 16; oder S liegt zwischen A und C, B zwischen A und S, folglich S zwischen B und C nach § 1, 13. *Liegen A und B, ebenso A und C auf derselben Seite von S, so liegen auch B und C auf derselben Seite.* Denn sonst lägen A und B auf derselben Seite, B und C auf verschiedenen, folglich auch A und C auf verschiedenen. *Liegen A und B, ebenso A und C auf verschiedenen Seiten von S, so liegen B und C auf derselben Seite.* Denn dann werden AS durch BC nicht getrennt, folglich entweder AB durch CS oder AC durch BS; es liegt also entweder B zwischen C und S oder C zwischen B und S.

Wenn A und B in der Geraden m auf derselben Seite von S liegen, so kann man sagen: B liegt im *Schenkel SA* (nicht AS). Ist A' ein beliebiger Punkt des Schenkels SA, und nennen wir auch A einen „Punkt des Schenkels SA", so ist jeder Punkt des Schenkels SA ein Punkt des Schenkels SA', und umgekehrt; bei der Bezeichnung des Schenkels SA kann man A durch jeden Punkt des Schenkels ersetzen. Liegen A und C in der Geraden m auf verschiedenen Seiten von S, so gehört jeder (von S verschiedene) Punkt der Geraden zum Schenkel SA, wenn er nicht zum *entgegengesetzten Schenkel SC* gehört.

Durch die Gerade m lege ich jetzt eine Ebene P und nehme in ihr zwei Punkte A, B außerhalb der Geraden m. Nimmt man einen Punkt G auf m außerhalb der Geraden AB, dann C auf der Verlängerung der Strecke AG über G hinaus, so liegen C und G auf P, m geht daher entweder durch einen Punkt der Strecke AB oder durch einen Punkt der Strecke BC. Trifft m die Strecke BC, also nicht die Strecke AB, so sagt man: die Punkte A und B liegen *auf derselben Seite von m*; wenn m die Gerade AB zwischen A und B trifft, so sagt man: die Punkte A und B liegen *auf verschiedenen Seiten von m*, oder: m geht zwischen A und B hindurch. Wenn A, B, C Punkte der Ebene P (außerhalb m) sind, so gelten die Sätze: *Liegen A und B auf derselben, A und C auf verschiedenen Seiten von m, so liegen B und C auf verschiedenen Seiten* (§ 2, 10). *Liegen A und B, ebenso A und C auf derselben Seite von m,*

§ 3. Vom Strahlenbüschel.

so liegen auch B und C auf derselben Seite. Liegen A und B, ebenso A und C auf verschiedenen Seiten von m, so liegen B und C auf derselben Seite (§ 2, 11). Nimmt man in m wieder einen Punkt S, so liegen alle Punkte des Schenkels SA auf derselben Seite von m, und man kann daher die vorstehend angegebenen Ausdrucksweisen und Sätze auf solche Schenkel übertragen. —

Gerade Linien, die durch einen Punkt laufen, werden mit den Lichtstrahlen, die ein leuchtender Punkt aussendet, verglichen und daher ein Verein solcher Strahlen ein *Strahlenbündel* genannt. Gehen also die Geraden e, f, g durch einen Punkt S, so nennt man sie *Strahlen* eines Bündels, oder man sagt: der Strahl g liegt im Bündel der beiden Strahlen e und f, g liegt im Bündel ef, g ist ein Strahl des Bündels ef; auch e und f selbst werden „Strahlen des Bündels ef" genannt. Zur Bezeichnung des Bündels (im letzteren Sinne) dienen zwei beliebige von seinen Strahlen; man kann aber auch einen besonderen Buchstaben zur Bezeichnung des Bündels anwenden, und zwar wird alsdann der für den Punkt ef eingeführte (hier S) benutzt. Dieser Punkt heißt der *Scheitel* oder *Mittelpunkt des Bündels*.

Auch ohne Beziehung auf ein Bündel wird häufig das Wort „Strahl" für „Gerade" gebraucht.

Ein Verein von Geraden, die in einer Ebene enthalten sind und durch einen Punkt hindurchgehen, wird ein (ebenes) *Strahlenbüschel* genannt; der gemeinschaftliche Punkt heißt der Scheitel oder Mittelpunkt des Büschels. Gehen in einer Ebene die Strahlen e, f, g durch einen Punkt S, so sagt man: der Strahl g liegt im Büschel ef usw. Man darf zur Bezeichnung des Büschels im letzteren Sinne zwei beliebige in ihm gelegene Strahlen benutzen, den einen Buchstaben S aber nur dann, wenn die Ebene des Büschels anderweitig gegeben ist.

Es seien nun e, f, g Strahlen eines Büschels S in der Ebene P, ferner

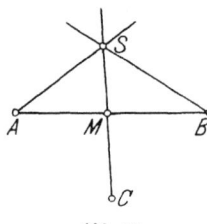

Abb. 11.

SA und SB Schenkel von e und f, und zwar auf verschiedenen Seiten der Geraden g. Ist der Durchschnittspunkt M der Strecke AB mit dem Strahl g im Schenkel SC von g enthalten (also BCM auf derselben Seite von e), so behält der Schenkel SC diese Eigenschaft, wenn man A im Schenkel SA, B im Schenkel SB beliebig verlegt, und man sagt: der Schenkel SC liegt *zwischen* den Schenkeln SA und SB.

Wir begegnen hier einer vollkommenen Analogie mit dem in den Sätzen 7—11 des ersten Paragraphen dargestellten Verhalten der Punkte einer Geraden. Wenn nämlich SA, SB, SC, SD Schenkel auf verschiedenen Strahlen eines Büschels bedeuten, so gelten die Sätze: *Liegt SC zwischen SA und SB, so liegt weder SA zwischen SB und SC, noch SB zwischen SA und SC. Sind SA und SB gegeben, so kann man*

§ 3. Vom Strahlenbüschel. 29

SC so wählen, daß SC zwischen SA und SB liegt. Sind SA und SB gegeben, so kann man SC so wählen, daß SA zwischen SB und SC liegt. Liegt SC zwischen SA und SB, SD zwischen SA und SC, so liegt SD auch zwischen SA und SB. Liegen SC und SD zwischen SA und SB, aber SD nicht zwischen SA und SC, so liegt SD zwischen SB und SC. Aber zu Satz 6 des ersten Paragraphen fehlt der entsprechende. Sollen die in einer Ebene angenommenen Schenkel SA, SB, SC, ... in jeder Hinsicht analoge Eigenschaften besitzen, wie die Punkte einer Geraden, so wird unter anderem, dem Satze § 1, 18 entsprechend, dadurch das Vorhandensein zweier Schenkel SM und SN in derselben Ebene bedingt, zwischen denen die vorigen eingeschlossen werden. Sind nun solche Schenkel vorhanden, so liegen die Punkte A und N auf derselben Seite der Geraden SM, ebenso B und N, C und N usw. Folglich liegen alsdann die Schenkel SA, SB, SC, ... auf derselben Seite eines zum Büschel S gehörigen Strahls.

Nehmen wir also in einer Ebene die Geraden $e, f, g, \ldots$ durch einen Punkt S, überdies in demselben Büschel eine weitere Gerade k, und die Schenkel $SA, SB, SC, \ldots$ von $e, f, g, \ldots$ auf derselben Seite von k. Dann haben diese Schenkel allemal die Eigenschaft, daß *von je dreien einer zwischen den beiden andern liegt*; denn hat weder e mit der Strecke BC, noch f mit der Strecke AC einen Punkt gemein, so begegnet g der Geraden AB zwischen A und B (vgl. den Beweis des Satzes § 2, 12), und der Schnittpunkt liegt mit A und B auf derselben Seite von k, d. h. im Schenkel SC. Die entgegengesetzten Schenkel zu SA, SB, SC seien SA', SB', SC'. Lag nun der Schenkel SC zwischen SA und SB, so wird auch SC' zwischen SA' und SB' liegen; denn A' und B' liegen auf verschiedenen Seiten von g, und der Schnittpunkt der Geraden g mit der Strecke $A'B'$ liegt mit A' und B' auf derselben Seite von k. Wir wollen deshalb, ohne die Schenkel zu unterscheiden, sagen: *Der Strahl g liegt zwischen den Strahlen e und f (oder f und e) bei ausgeschlossenem k*, oder: *für den Grenzstrahl k*. Nehme ich nun in k den Punkt M mit A und B' auf derselben Seite von g, so liegt der Schenkel SM zwischen SA und SB', d. h. es liegt auch der Strahl k zwischen e und f bei ausgeschlossenem g. Man sagt: e und f werden durch g und k (oder k und g) *getrennt*.

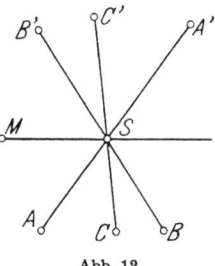

Abb. 12.

Das Strahlenbüschel zeigt hiernach nicht mit einer begrenzten, sondern mit einer geschlossenen Linie analoges Verhalten. Für die Schenkel SA, SB, ... gelten die in § 1 ausgesprochenen Beziehungen zwischen Punkten einer Geraden ohne Ausnahme; in diese Beziehungen kann ich aber jetzt die Strahlen statt der Schenkel einführen, wenn ich überall den Zusatz „für den Grenzstrahl k" anbringe, und erhalte somit zwischen den Strahlen eines Büschels genau dieselben Relationen, die für die Punkte einer geschlossenen Linie in den Sätzen a—l des § 1 ausgesprochen wurden. Es genügt, die Relationen anzugeben, die den Sätzen 19—23 des § 1 entsprechen.

Liegen die Strahlen e, f, g, k in einem Büschel, so werden entweder fg durch ek getrennt, oder ge durch fk, oder ef durch gk, und zwar schließt jede dieser Lagen die beiden andern aus.

Liegen die Strahlen e, f, k in einem Büschel, so kann man in ihm den Strahl g so wählen, daß ef durch gk getrennt werden.

Sind in einem Strahlenbüschel die Strahlen ef durch eines der Paare gk und hk getrennt, durch das andere aber nicht, so sind ef durch gh getrennt. In den anderen Fällen werden ef durch gh nicht getrennt.

Werden in einem Strahlenbüschel die Strahlen ef durch gk getrennt, so werden auch gk durch ef getrennt.

Zur unbedingten Vollständigkeit würde es gehören, hier noch Sätze zu bringen wie die folgenden: Sind beliebig viele Geraden angegeben, so kann man einen Punkt angeben, der auf keiner der Geraden liegt. Sind in einer Ebene beliebig viele Punkte und Geraden angegeben, so kann man in ihr einen Punkt angeben, der mit keinem der Punkte zusammenfällt und auf keiner der Geraden liegt. Sind Punkte, Geraden und Ebenen in beliebiger Anzahl angegeben, so kann man einen Punkt angeben, der mit keinem der Punkte zusammenfällt und auf keiner der Geraden oder Ebenen liegt. Usw. (*A. Sturmfels*: a. a. O., Seite 29 ff.)

§ 4. Vom Ebenenbüschel.

Wenn die Punkte A und B außerhalb der Ebene P liegen, so sind zwei Fälle zu unterscheiden: die Ebene P schneidet entweder die Gerade AB zwischen A und B oder nicht. Im ersten Falle sagt man: die Ebene P geht zwischen A und B hindurch, oder: die Punkte A und B liegen *auf verschiedenen Seiten der Ebene P*; im zweiten Falle sagt man: die Punkte A und B liegen *auf derselben Seite der Ebene P*. Für drei Punkte A, B, C außerhalb der Ebene P gelten folgende drei Sätze.

Liegen A und B auf derselben, A und C auf verschiedenen Seiten der Ebene P, so liegen B und C auf verschiedenen Seiten. Sind nämlich A, B, C in einer Geraden g gelegen, so trifft P die Gerade g zwischen A und C, aber nicht zwischen A und B; folglich geht P zwischen B und C hindurch. Sind dagegen die drei Punkte A, B, C zur Bestimmung einer Ebene ABC geeignet, so haben die Ebenen P und ABC einen in der Geraden AC zwischen A und C gelegenen Punkt gemein, mithin eine Gerade m; diese geht zwischen A und C hindurch, nicht aber zwischen A und B; folglich geht m zwischen B und C hindurch.

Daraus folgt ohne weiteres: *Liegen A und B, ebenso A und C auf derselben Seite der Ebene P, so liegen auch B und C auf derselben Seite.*

Liegen A und B, ebenso A und C auf verschiedenen Seiten der Ebene P,

§ 4. Vom Ebenenbüschel.

so liegen B und C auf derselben Seite. — Beweis: Wenn A, B, C in einer Geraden g liegen, so wird g von der Ebene P zwischen A und B getroffen, zugleich auch zwischen A und C, also nicht zwischen B und C. Wird dagegen durch A, B, C eine Ebene bestimmt, so haben die Ebenen P und ABC einen zwischen A und B gelegenen Punkt der Geraden AB und einen zwischen A und C gelegenen Punkt der Geraden AC gemein, folglich eine Gerade, die zwischen A und B und zwischen A und C hindurchgeht; diese Gerade geht nicht zwischen B und C hindurch.

Wenn G eine Gerade, A einen Punkt außerhalb derselben bedeutet, und man nimmt in der Ebene AG einen Punkt a mit A auf derselben Seite von G, so kann man sagen: a liegt im *Schenkel* GA; man nennt auch A einen „Punkt des Schenkels GA" und darf A bei der Bezeichnung des Schenkels durch jeden Punkt desselben ersetzen. Liegt die Gerade G, aber nicht der Punkt A, in der Ebene P, so liegen alle Punkte des Schenkels GA auf derselben Seite von P. —

Ein Verein von Ebenen, die durch einen Punkt s hindurchgehen, wird ein *Ebenenbündel* genannt; der Punkt s heißt der *Scheitel* oder *Mittelpunkt des Bündels*. Gehen die Ebenen P, Q, R, S durch den Punkt s, so kann man sagen: die Ebene S liegt im Bündel PQR, wenn die Ebenen P, Q, R nur einen Punkt gemein haben; auch P, Q, R werden „Ebenen des Bündels PQR" genannt. Zur Bezeichnung des Bündels dienen irgend drei ihm angehörige Ebenen, die nur einen Punkt gemein haben; man kann aber das Bündel PQR auch durch den für den Scheitel eingeführten Buchstaben bezeichnen.

Ein Verein von Ebenen, die (mehr als einen Punkt, mithin) eine Gerade G gemein haben, wird ein *Ebenenbüschel* genannt; die Gerade G heißt die *Achse des Büschels*. Gehen die Ebenen P, Q, R durch die Gerade G, so sagt man: Die Ebene R liegt im Büschel PQ, im Büschel G, usw.

Sind P, Q, R Ebenen eines Büschels G, ferner GA und GB Schenkel von P und Q auf verschiedenen Seiten der Ebene R, ist endlich GC der Schenkel von R, der den Schnittpunkt der Strecke AB mit R enthält: so sagt man: Der Schenkel GC liegt *zwischen* den Schenkeln GA und GB.

Die Schenkel GA, GB, GC, ... auf den Ebenen des Büschels können ebenso untersucht werden, wie im Strahlenbüschel die vom Scheitel ausgehenden Schenkel. Werden die Punkte A, B, C beliebig angenommen, so ist es nicht nötig, daß von den drei Schenkeln GA, GB, GC einer zwischen den beiden andern liegt; davon abgesehen gelten dieselben Beziehungen, wie für Punkte in einer Geraden. Um auch die eine Ausnahme zu beseitigen, ist es notwendig und hinreichend, nur Schenkel auf derselben Seite einer durch G gelegten Ebene zu betrachten. Es seien im Büschel G die Ebenen P, Q, R, T gelegen; GA, GB, GC seien Schenkel von P, Q, R auf derselben Seite von T; die entgegengesetzten Schenkel seien GA', GB', GC'. Liegt alsdann der Schenkel GC zwischen den Schenkeln GA und GB, so wird auch GC' zwischen GA' und GB' liegen; wir sagen: *Die Ebene R liegt zwischen den Ebenen P und Q (Q und P) bei ausgeschlossener T,* oder: *für die Grenzebene T,* und finden, daß auch T zwischen P und Q liegt für die Grenzebene R. Man sagt: P und Q werden durch R und T (oder T und R) *getrennt*, und kann die folgenden Sätze aufstellen:

Liegen die Ebenen P, Q, R, T in einem Büschel, so werden entweder QR durch PT getrennt, oder RP durch QT, oder PQ durch RT, und zwar schließt jede dieser Lagen die beiden andern aus.

Liegen die Ebenen P, Q, T in einem Büschel, so kann man in ihm die Ebene R so wählen, daß PQ durch RT getrennt werden.

Sind in einem Ebenenbüschel die Ebenen PQ durch eines der Paare RT und ST getrennt, durch das andere aber nicht, so werden PQ durch RS getrennt. In den andern Fällen werden PQ durch RS nicht getrennt.

Werden in einem Ebenenbüschel die Ebenen PQ durch RT getrennt, so werden auch RT durch PQ getrennt. —

Die Eigenschaften des Strahlenbüschels und des Ebenenbüschels hängen miteinander innig zusammen.

Es seien e und f Strahlen in derselben Ebene U und durch den Punkt M, ferner P und Q Ebenen durch e und f (von U verschieden), endlich G die Durchschnittslinie der Ebenen P und Q. Dann kann man das Strahlenbüschel ef und das Ebenenbüschel PQ aufeinander beziehen, indem man jedem Strahl des ersteren die ihn enthaltende Ebene des letzteren zuordnet, und ist dadurch imstande, Eigenschaften von Strahlen des Büschels ef auf die zugeordneten Ebenen des Büschels G und umgekehrt zu übertragen. Wählt man in e den Punkt A beliebig, so sind alle Punkte des Schenkels MA im Schenkel GA der zugeordneten Ebene P enthalten; man kann dem Schenkel MA des Strahls e den Schenkel GA der Ebene P zuordnen. Wenn in der Ebene U der Schenkel MC zwischen MA und MB liegt, so liegt auch der Schenkel GC zwischen GA und GB, und umgekehrt. Der Strahl MC werde mit g, die Ebene GC mit R bezeichnet; überdies werde im Büschel ef ein vierter Strahl k, im Büschel PQ die zugeordnete Ebene T angenommen. Liegen alsdann die Schenkel MA, MB, MC auf derselben Seite von k, so liegen die Schenkel GA, GB, GC auf derselben Seite von T, und umgekehrt.

Liegen die Schenkel MA, MB, MC auf derselben Seite von k und zwar der Schenkel MC zwischen den beiden andern, d. h.: *Werden die Strahlen ef durch gk getrennt, so werden die Ebenen PQ durch RT getrennt.* Auch hiervon ist die *Umkehrung* richtig.

§ 5. Vom Strahlenbündel.

Zwei Geraden l, m in einer Ebene bestimmen, sobald sie einen Punkt gemein haben, ein Strahlenbündel lm. Nimmt man einen Punkt A außerhalb der Ebene lm, so entsteht die Forderung, A mit dem Scheitel des Bündels lm durch eine Gerade zu verbinden, d. h. durch A den Strahl des Bündels lm zu legen. Diese Forderung kann ohne Benutzung des Scheitels erfüllt werden; die Ebenen Al und Am haben nämlich eine Gerade λ gemein, und λ ist der durch A gehende Strahl des Bündels lm.

Wenn die Geraden l und m in einer Ebene verlaufen, so ist diese Konstruktion immer ausführbar, gleichviel ob das Vorhandensein eines Durchschnittspunktes von l und m bekannt ist oder nicht. Wird aber noch ein Punkt B außerhalb der Ebenen lm, Al und Am angenommen und die Durchschnittslinie der Ebenen Bl und Bm mit μ bezeichnet, so werden Ebenen λB und μA bestimmt; wenn l und m sich in S schneiden, so fallen die Ebenen λB und μA mit der Ebene ABS zusammen, d. h. die Strahlen λ und μ in eine Ebene; *man kann nun zeigen, daß λ und μ auch dann in einer Ebene liegen, wenn an den Geraden l und m keine Durchschneidung nachweisbar ist.*

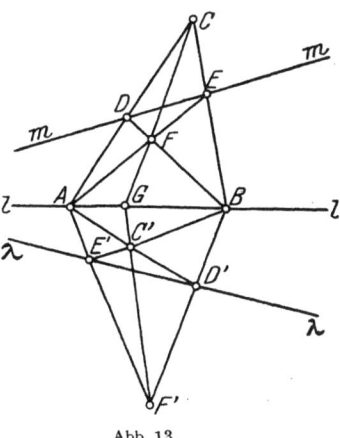

Abb. 13.

Wir haben zunächst in einer Ebene die Geraden l und m. Auf l wählen wir die Punkte A und B beliebig und nehmen an, daß m durch keinen Punkt der Strecke AB hindurchgeht; wählt man dann in der Ebene lm den Punkt C, außerhalb l und m, nicht mit A und B auf derselben Seite von m, so wird die Gerade AC zwischen A und C, etwa in D, und die Gerade BC zwischen B und C, etwa in E, von m getroffen. Es liegen D und C auf derselben Seite der Geraden AE, aber B und C auf verschiedenen, folglich B und D auf verschiedenen, d. h. die Geraden AE und BD begegnen sich in einem Punkte F zwischen B und D, der zugleich zwischen A und E liegen muß. Da A und D auf derselben Seite der Geraden CF liegen, B und D auf verschiedenen, folglich A und B auf verschiedenen, so begegnen sich die Geraden l und CF in einem Punkte G.

Auch l und λ sollen in einer Ebene liegen, aber nicht $lm\lambda$ in derselben Ebene. Ich nehme an, daß auch λ der Strecke AB nicht begegnet, wähle in der Ebene $l\lambda$ den Punkt F', außerhalb l und λ, nicht mit A und B auf derselben Seite von λ, und bezeichne mit E' den Durchschnittspunkt von λ und AF', mit D' den von λ und BF', mit C'

den von AD' und BE'. Es liegt E' zwischen A und F', D' zwischen B und F', C' zwischen A und D', auch C' zwischen B und E'. Die Geraden CC', DD', EE', FF' nenne ich c, d, e, f; keine drei liegen in einer Ebene, aber die Paare cd, ce, cf, ef je in einer Ebene und schneiden sich überdies; denn A und D' liegen auf verschiedenen Seiten von c, A und D auf derselben Seite, folglich D und D' auf verschiedenen, usw. *Wenn nun m und λ einer Ebene angehören, so gehen die Geraden CF und $C'F'$ durch einen Punkt, nämlich G.* Denn in der Ebene $m\lambda$ verlaufen dann die Geraden d und e, nicht aber c oder f; folglich fällt der Punkt cd mit ce, df mit ef zusammen, und es gibt einen Punkt de, durch den c und f hindurchgehen, mithin eine Ebene cf, die die Punkte C, F, C', F' enthält; der Punkt G liegt in den Ebenen lC' und CFC', also in ihrer Durchschnittslinie $C'F'$. Umgekehrt: *Schneiden sich die Geraden CF und $C'F'$, so gehören m und λ einer Ebene an.* Denn es geht dann eine Ebene durch die Punkte C, F, C', F', oder durch die Strahlen c und f; da d und e von der Ebene cf ausgeschlossen sind, so fällt der Punkt cd mit df, der Punkt ce mit ef zusammen in einen Punkt cf oder de und die Punkte D, E, D', E' fallen in eine Ebene.

Nunmehr kann ich folgenden Satz beweisen: *Wenn die Strahlenpaare lm, $l\lambda$, $m\lambda$, $l\mu$, $m\mu$ je durch eine Ebene verbunden werden, die Ebene lm aber weder λ noch μ enthält, so wird auch λ mit μ durch eine Ebene verbunden.* Die bisherigen Bezeichnungen werden beibehalten; wenn m oder λ oder μ der Strecke AB begegnet, so haben l, m, λ, μ einen Punkt gemein, mithin λ und μ eine Ebene; es ist daher nur noch der Fall zu betrachten, wo weder l noch λ noch μ der Strecke AB begegnen. In der Ebene $l\mu$ wähle ich den Punkt F'', außerhalb l und μ, nicht mit A und B auf derselben Seite von μ, und konstruiere E'' als Durchschnittspunkt von μ mit AF'', D'' als Durchschnittspunkt von μ mit BF'', C'' als Durchschnittspunkt von AD'' mit BE''. Da m und λ in einer Ebene vorausgesetzt sind, so gehen die Geraden CF und $C'F'$ durch G; da m und μ ebenfalls in einer Ebene vorausgesetzt sind, so gehen auch die Geraden CF und $C''F''$ durch G. Da hiernach die Geraden $C'F'$ und $C''F''$ sich schneiden, so entsteht eine Ebene $\lambda\mu$.

Infolge dieses Satzes hat es sich als vorteilhaft bewährt, den Begriff des Strahlenbündels entsprechend zu erweitern. Wenn die Strahlen efg paarweise durch eine Ebene verbunden werden, aber nicht alle drei durch eine Ebene, oder wenn die Strahlen efg in einer Ebene enthalten sind und mit einer von ihrer Ebene ausgeschlossenen Geraden durch Ebenen verbunden werden können, so sagt man ohne Rücksicht darauf, wie es sich mit den Durchschneidungen verhalten mag: g liegt im Bündel ef, g ist ein Strahl des Bündels ef usw.; auch e und f heißen wieder „Strahlen des Bündels ef". Schneiden sich e und f, so geht g durch den Punkt ef und ist ein Strahl des Bündels ef in dem bisherigen, dem „eigentlichen" Sinne, oder kürzer: ein Strahl des *eigentlichen Strahlenbündels ef*, das notwendig einen Scheitel besitzt.

Liegen die Strahlen g und h im Bündel ef, so liegen sie in einer Ebene. Beweis: Vorausgesetzt ist das Vorhandensein von Ebenen *ef, eg, fg, eh, fh*. Der Fall, wo sowohl *efg* als *efh* je in einer Ebene liegen, erledigt sich von selbst; der Fall, wo weder *efg* noch *efh* in einer Ebene liegen, erledigt sich sofort durch den letzten Lehrsatz. Nehmen wir also an, daß etwa *efg* in einer Ebene liegen, aber nicht *efh*; ein gewisser Strahl *k* außerhalb der Ebene *ef* läßt sich dann mit jedem der Strahlen *efg* durch eine Ebene verbinden; nach dem letzten Satze gibt es eine Ebene *hk*, welche mindestens eine der Geraden *ef* ausschließt, etwa *e*; da die Strahlen *g* und *h* jetzt im Bündel *ek* liegen, ohne in die Ebene *ek* zu fallen, so findet der erwähnte Satz auf sie wieder Anwendung.

Liegen die Strahlen g und h im Bündel ef, so liegen e und f im Bündel gh. Beweis: Die Strahlen *efgh* liegen paarweise in einer Ebene. Geht nun die Ebene *ef* weder durch *g* noch durch *h*, so liegt entweder *e* außerhalb der Ebene *gh*, oder *egh* in einer Ebene, dann aber *f* außerhalb dieser Ebene; beidemal ist *e* ein Strahl des Bündels *gh*, ebenso *f*. Sind *efg* in einer Ebene, nicht aber *efh*, so sind auch *egh* nicht in einer Ebene, d. h. *e* im Bündel *gh*, ebenso *f*. Sind endlich *efgh* in einer Ebene, so läßt sich eine gewisse Gerade *k* außerhalb der Ebene *ef* mit jedem der Strahlen *e, f, g* durch eine Ebene verbinden; da *k* im Bündel *ef*, so läßt sich *k* auch mit *h* durch eine Ebene verbinden, und man erkennt wieder *e* und *f* als Strahlen des Bündels *gh*.

Ist e' ein von f verschiedener Strahl des Bündels ef, so fällt das Strahlenbündel ef mit e'f zusammen. Beweis: Bedeutet *g* einen Strahl des Bündels *ef*, so ist *g* entweder von *e'* verschieden oder nicht; im ersten Falle liegt *f* im Bündel *ge'*, d. h. *g* im Bündel *e'f*; im zweiten Falle wird *g* ebenfalls ein Strahl des Bündels *e'f* genannt. Jeder Strahl des Bündels *ef* gehört also zum Bündel *e'f*. Ebenso gehört umgekehrt jeder Strahl des Bündels *e'f* zum Bündel *ef*, da *e* ein von *f* verschiedener Strahl des Bündels *e'f* ist.

Sind e' und f' beliebige Strahlen des Bündels ef, so sind die Bündel ef und e'f' identisch. Beweis: Der Strahl *e'* ist mindestens von einem der Strahlen *e* und *f* verschieden, etwa von *f*; die Bündel *ef* und *e'f* fallen dann miteinander zusammen, weiter auch die Bündel *e'f* und *e'f'*.

Bei der Angabe des Bündels *ef* darf ich hiernach *e* und *f* durch beliebige Strahlen des Bündels *ef* ersetzen. Wir werden zur Bezeichnung eines Strahlenbündels bisweilen einen besonderen Buchstaben benutzen; wenn das Bündel einen Scheitel besitzt (eigentliches Strahlenbündel), so wählen wir für Bündel und Scheitel denselben Buchstaben, so daß jede Bezeichnung des Bündels auch Bezeichnung des Scheitels ist. *Durch zwei beliebige Strahlen e und f in einer Ebene kann man ein Bündel legen.* Ein solches Bündel kann mit *ef* bezeichnet werden. *Jedes Bündel ist durch zwei beliebige ihm angehörige Strahlen bestimmt.* — Auch ein beliebiger Verein von Strahlen eines Bündels wird ein Strahlenbündel genannt. Solche Strahlen werden paarweise durch Ebenen verbunden; umgekehrt jedoch ist diese Eigenschaft nur dann entscheidend, wenn die Strahlen nicht durch eine einzige Ebene verbunden werden können. Liegen die Strahlen in einer Ebene, so muß es möglich sein, jeden von ihnen mit einer und derselben außerhalb ihrer Ebene befindlichen Geraden durch eine Ebene zu verbinden. Demnach sind Strahlen, die paarweise durch eine Ebene verbunden werden, aber nicht in einem Bündel liegen, allemal in einer Ebene enthalten.

Ein Verein von Strahlen, die in einer Ebene und zugleich in einem Bündel liegen, wird ein *Strahlenbüschel* genannt, und insbesondere ein *eigentliches Strahlenbüschel*, wenn sie einen Punkt gemein haben. Liegen e/g in einem Büschel, so sagen wir: g liegt im Büschel ef, usw. Zur Bezeichnung des Büschels in diesem Sinne darf man zwei beliebige von seinen Strahlen benutzen, einen einzelnen Buchstaben, nämlich den für das Bündel eingeführten, nur dann, wenn die Ebene besonders angegeben ist.

Ziehen wir jetzt zwei Strahlenbündel S und T in Betracht. Es wird vorkommen, daß beide Bündel einen Strahl g enthalten; denn wenn eine Gerade g gegeben ist, so kann man verschiedene Bündel mit ihr konstruieren; aber ein zweiter Strahl h des Bündels S ist niemals in T gelegen. Der Strahl g ist durch die Angabe, daß er zu den Bündeln S und T gehört, eindeutig bestimmt; ich will ihn daher mit ST oder TS bezeichnen, gleichviel ob S und T auch Punkte vorstellen oder nicht. Um die Ausdrucksweise möglichst ebenso einzurichten, wie wenn S und T Punkte wären, will ich sagen: *S ist ein Strahlenbündel der Geraden g*, das Bündel S gehört zur Geraden g, usw. *Dann ist jede Gerade durch zwei beliebige von ihren Strahlenbündeln bestimmt.* Kann man aber in zwei beliebige Strahlenbündel allemal eine Gerade legen? Diese Frage können wir schon jetzt beantworten, wenn bei einem der gegebenen Bündel ein Scheitel bekannt ist, etwa bei T; im Bündel S nimmt man zwei Strahlen an, l und m, nicht mit dem Punkte T in einer Ebene, und erhält den Strahl ST als Durchschnittslinie der Ebenen lT und mT. *In ein beliebiges und ein eigentliches Strahlenbündel kann man stets eine Gerade legen.* Aber in dem andern Falle können wir hier keine Antwort erteilen.

Indem wir dazu übergehen, drei Strahlenbündel S, T, U zu betrachten, müssen wir uns von vornherein auf den Fall beschränken, wo wenigstens für eines derselben ein Scheitel bekannt ist, etwa für U. Die Strahlen SU und TU, die alsdann immer bestimmt sind, haben einen Punkt gemein, und man kann durch sie eine Ebene legen. Damit diese Ebene nicht unbestimmt bleibe, müssen wir voraussetzen, daß die Strahlen SU und TU voneinander verschieden, d. h. daß S, T, U

nicht Bündel einer Geraden sind. Ich will die Strahlen SU, TU mit e, f und die Ebene ef mit P bezeichnen. Die Beziehung der Ebene P zum Bündel U ist folgende: P geht durch den Scheitel des Bündels U; wenn ich einen beliebigen Punkt A der Ebene P mit U verbinde, so ist der Strahl AU in der Ebene P enthalten. In ähnlicher Beziehung steht die Ebene P zum Bündel S. Sie ist durch einen Strahl e des Bündels gelegt; nehme ich nun in P den Punkt B beliebig (nicht in e) und bezeichne den Strahl BS mit g, so entsteht eine Ebene eg und fällt mit eB zusammen, d. h. g ist eine Gerade von P; für jeden Punkt B der Ebene P (der nicht Scheitel von S ist) fällt also der Strahl BS ganz in P.

Sobald die Ebene P einen Strahl des Strahlenbündels S enthält, wollen wir sagen: *S ist ein Strahlenbündel der Ebene P.* Dann ist die soeben gemachte Bemerkung folgendermaßen auszudrücken: Wenn B ein Punkt und S ein Strahlenbündel der Ebene P ist, so liegt die Gerade BS in der Ebene P. Und wir schließen aus der Definition: Ist g eine Gerade der Ebene P, so ist jedes Bündel von g ein Bündel von P.

Wir müssen jetzt die Bündel S, T, U Bündel der Ebene P nennen, die durch die Strahlen e und f gelegt worden ist. *In zwei beliebige und ein eigentliches Strahlenbündel kann man stets eine Ebene legen.* Eine solche Ebene muß (bei der vorigen Bezeichnung) die Strahlen SU und TU enthalten, die voneinander verschieden sind, wenn die Bündel S, T, U nicht zu einer Geraden gehören. *Eine Ebene ist bestimmt, wenn man von ihr zwei beliebige und ein eigentliches Strahlenbündel kennt und die drei Bündel nicht zu einer Geraden gehören.* Sind S, T, U solche Bündel, so bezeichne ich die durch sie bestimmte Ebene mit STU. Wenn bei keinem der drei Bündel ein Scheitel bekannt ist, so können wir hier nicht entscheiden, ob sie Bündel einer einzigen Ebene, überhaupt Bündel einer Ebene sind.

Es hat sich vorhin ergeben, daß eine Gerade, die mit einer Ebene einen Punkt und ein Bündel gemein hat, ganz in der Ebene liegt. Dieser Satz läßt sich dahin erweitern, daß *jede Gerade g, die mit einer Ebene P zwei Bündel S und T gemein hat, zur Ebene P gehört.* Nehme ich in der Tat den Punkt A in der Ebene P beliebig (außerhalb g), so ist der Strahl AS von g verschieden und bestimmt mit g, da beide im Bündel S liegen, eine Ebene, zu der die Bündel A, S und T gehören, d. i. die Ebene AST, die mit P zusammenfällt; folglich ist g eine Gerade von P.

In ein Strahlenbündel S und durch eine Gerade g kann man stets eine Ebene legen. Denn sind A und B Punkte von g, so kann man in die Bündel A, B und S eine Ebene legen. *Eine Ebene ist bestimmt, wenn man von ihr eine Gerade g und ein nicht zu der Geraden gehöriges Bündel S kennt.* Denn sie enthält (bei der vorigen Bezeichnung) die Bündel A, B und S.

Zwei Geraden, die ein Bündel gemein haben, lassen sich stets durch eine Ebene verbinden.

§ 5. Vom Strahlenbündel.

Fügen wir noch hinzu: *Jede Ebene ist durch zwei beliebige von ihren Geraden bestimmt*, und: *Wenn zwei Ebenen ein eigentliches Bündel gemein haben, so haben sie eine Gerade gemein*, so sind jetzt die Beziehungen zwischen Punkten, Geraden und Ebenen, die die Sätze 4, 5 des ersten und 2—9 des zweiten Paragraphen enthalten, in Beziehungen zwischen Strahlenbündeln, Geraden und Ebenen verwandelt. Man sieht, daß nicht überall für die Punkte *beliebige* Strahlenbündel eingesetzt werden können; wo ein Punkt gegeben ist, hat man nicht bloß ein Strahlenbündel, sondern an diesem auch einen Scheitel; mit dem eigentlichen Strahlenbündel wird daher in gewissen Fällen mehr erreicht. Anders verhält es sich da, wo das Vorhandensein von Punkten ermittelt werden soll. Wenn man nicht nach einem Punkte, sondern nach einem Bündel fragt, und darauf verzichtet, über den Scheitel des Bündels etwas festzustellen, so erhält man eine Antwort in einigen Fällen, wo die Frage nach einem eigentlichen Bündel unbeantwortet blieb.

Von zwei Geraden in einer Ebene, oder von einer Geraden und einer Ebene konnten wir nicht behaupten, daß sie sich immer in einem Punkte schneiden. Aber *ein Strahlenbündel haben zwei Geraden in einer Ebene stets gemein*. Und: *Ein Strahlenbündel hat die Gerade g mit der Ebene P allemal gemein*; denn ist A ein Punkt der Ebene P außerhalb der Geraden g, so geht durch A eine Gerade h, die zu den Ebenen gA und P gehört, also durch g und h ein Strahlenbündel, das zu g und P gehört.

Wir konnten nicht behaupten, daß zwei Ebenen immer Punkte gemein haben, oder daß drei Ebenen stets durch einen Punkt gehen, selbst wenn sie sich paarweise durchschneiden. Aber *gemeinschaftliche Strahlenbündel lassen sich bei zwei Ebenen P und Q stets erzeugen*; denn ist g eine Gerade von Q, so gibt es ein Bündel, das zu g und P, mithin zu P und Q gehört. Freilich bleibt es, solange kein gemeinsames eigentliches Bündel bekannt ist, unentschieden, ob die Ebenen eine Gerade gemein haben, d. h. ob die gemeinsamen Bündel zu einer Geraden gehören. Und: *Drei Ebenen P, Q, R haben ein Strahlenbündel gemein, wenn zwei von ihnen, Q und R, sich durchschneiden*; denn die Ebene P hat mit der Geraden QR ein Bündel gemein, und alle Bündel der Geraden QR sind Bündel von Q und R.

Von dem Versuche, Strahlenbündel für die Punkte einzuführen, werden die oben nicht genannten Sätze der beiden ersten Paragraphen nicht berührt. In diesen Sätzen tritt ein auf drei Punkte einer Geraden bezüglicher Begriff auf, der sich nicht auf beliebige Strahlenbündel einer Geraden überträgt; von drei Punkten in einer Geraden ist nämlich allemal einer „zwischen den beiden andern" gelegen. Ich könnte bei drei eigentlichen Strahlenbündeln einer Geraden mich einer entsprechenden Ausdrucksweise bedienen, ich müßte sie jedoch gleich von vornherein auf eigentliche Bündel beschränken. Demgemäß wird

§ 5. Vom Strahlenbündel. 39

die Verallgemeinerung, um die es sich handelt, sich nicht auf solche Sätze erstrecken, zu deren Formulierung jener Begriff oder aus ihm abgeleitete Begriffe erforderlich sind. Dagegen dürfen wir für alle anderen Sätze von jetzt an die Verallgemeinerungen nehmen, die wir gewonnen haben, und zu denen noch einige neue Sätze hinzugetreten sind.

Für spätere Zwecke füge ich hier noch folgende Betrachtung an.

In einem eigentlichen Bündel S wähle ich sechs Strahlen $\alpha\beta\gamma\alpha'\beta'\gamma'$, indem ich festsetze, daß nur dann drei von ihnen in einer Ebene liegen dürfen, wenn sie eine der Verbindungen

$$\beta\gamma\alpha', \ \gamma\alpha\beta', \ \alpha\beta\gamma', \ \beta'\gamma'\alpha, \ \gamma'\alpha'\beta, \ \alpha'\beta'\gamma$$

bilden. Die sechs Strahlen sind dann voneinander verschieden, ebenso die drei Ebenen $\alpha\alpha'$, $\beta\beta'$, $\gamma\gamma'$; in keinem der sechs Strahlen treffen sich zwei von den drei Ebenen. Auch die sechs Ebenen $\beta\gamma$, $\gamma\alpha$, $\alpha\beta$, $\beta'\gamma'$, $\gamma'\alpha'$, $\alpha'\beta'$ sind voneinander und von den Ebenen $\alpha\alpha'$, $\beta\beta'$, $\gamma\gamma'$ verschieden; ich bezeichne sie mit $\mathfrak{A}\mathfrak{B}\mathfrak{C}\mathfrak{A}'\mathfrak{B}'\mathfrak{C}'$. Die Ebenen $\mathfrak{A}$ und $\mathfrak{B}$ gehen durch γ, aber nicht die Ebenen $\mathfrak{C}$ und $\mathfrak{A}'$; folglich gehen weder $\mathfrak{A}\mathfrak{B}\mathfrak{C}$ noch $\mathfrak{A}\mathfrak{B}\mathfrak{A}'$ durch eine Gerade. Von den sechs Ebenen können also nur dann drei durch eine Gerade gehen, wenn sie eine der Verbindungen

$$\mathfrak{B}\mathfrak{C}\mathfrak{A}', \ \mathfrak{C}\mathfrak{A}\mathfrak{B}', \ \mathfrak{A}\mathfrak{B}\mathfrak{C}', \ \mathfrak{B}'\mathfrak{C}'\mathfrak{A}, \ \mathfrak{C}'\mathfrak{A}'\mathfrak{B}, \ \mathfrak{A}'\mathfrak{B}'\mathfrak{C}$$

bilden. Endlich sind die drei Geraden $\mathfrak{A}\mathfrak{A}'$, $\mathfrak{B}\mathfrak{B}'$, $\mathfrak{C}\mathfrak{C}'$ voneinander und von $\alpha\beta\gamma\alpha'\beta'\gamma'$ verschieden; auf keiner der sechs Ebenen liegen zwei von den drei Geraden.

Die Ebenen $\alpha\alpha'$, $\beta\beta'$, $\gamma\gamma'$ können sich in einer Geraden treffen. Die Geraden $\mathfrak{A}\mathfrak{A}'$, $\mathfrak{B}\mathfrak{B}'$, $\mathfrak{C}\mathfrak{C}'$ können in eine Ebene fallen.

Die Gerade $\mathfrak{A}\mathfrak{A}'$ liegt nicht in der Ebene $\beta\beta'$; denn sonst läge sie in den Ebenen $\beta\gamma$ und $\beta\beta'$, und diese hätten mehr als eine Gerade gemein. Treffen sich also die Ebenen $\alpha\alpha'$, $\beta\beta'$, $\gamma\gamma'$ in einer Geraden, so ist diese nicht bloß von $\alpha\beta\gamma\alpha'\beta'\gamma'$ verschieden, sondern auch von $\mathfrak{A}\mathfrak{A}'$, $\mathfrak{B}\mathfrak{B}'$, $\mathfrak{C}\mathfrak{C}'$. Fallen die Geraden $\mathfrak{A}\mathfrak{A}'$, $\mathfrak{B}\mathfrak{B}'$, $\mathfrak{C}\mathfrak{C}'$ in eine Ebene, so ist diese verschieden von $\mathfrak{A}\mathfrak{B}\mathfrak{C}\mathfrak{A}'\mathfrak{B}'\mathfrak{C}'$, sowie von $\alpha\alpha'$, $\beta\beta'$, $\gamma\gamma'$.

Ventura Reyes y Prosper hat nun in den Mathematischen Annalen Band 32, Seite 157, 1888, einen Beweis für folgenden Satz gegeben:

Gehen die Ebenen $\alpha\alpha'$, $\beta\beta'$, $\gamma\gamma'$ durch eine Gerade g, so liegen die Geraden $\mathfrak{A}\mathfrak{A}'$, $\mathfrak{B}\mathfrak{B}'$, $\mathfrak{C}\mathfrak{C}'$ in einer Ebene.

Zum Beweise wähle man (Abb. 14) auf α, α' Punkte a, a' auf verschiedenen Seiten von g, so daß g die nicht durch S gehende Gerade aa' zwischen a und a' trifft, etwa in O; dann auf β' einen nicht mit O auf derselben Seite von β gelegenen Punkt b', so daß β die nicht durch S gehende Gerade Ob' zwischen O und b' trifft, etwa in b, und die Punkte $Oaa'bb'$ in eine den Punkt S nicht enthaltende Ebene E fallen; endlich auf γ einen nicht in E und nicht mit O auf derselben Seite von γ' gelegenen Punkt c, so daß γ' die nicht durch S gehende Gerade Oc zwischen O

und c trifft, etwa in c', aber die durch O laufenden Geraden aa', bb', cc' nicht in eine Ebene fallen. In der Ebene Obc liegen O und c auf verschiedenen Seiten der Geraden $b'c'$, O und b auf derselben Seite, mit-

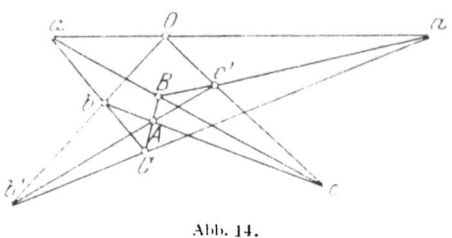

Abb. 14.

hin b und c auf verschiedenen Seiten; in der Ebene Oca liegen O und c auf verschiedenen Seiten der Geraden $c'a'$, O und a auf derselben Seite, mithin c und a auf verschiedenen Seiten; in der Ebene Oab liegen O und b' auf verschiedenen Seiten der Geraden ab, O und a' auf derselben Seite, mithin a' und b' auf verschiedenen Seiten. Folglich werden die Geraden bc, ca, ab von den Geraden $b'c'$, $c'a'$, $a'b'$ geschnitten, etwa in A, B, C, und diese drei Punkte liegen in der Ebene abc und zugleich in der Ebene $a'b'c'$, mithin auf einer Geraden. In den Strahlen SA, SB, SC schneiden sich aber die Ebenen $\beta\gamma$ und $\beta'\gamma'$, $\gamma\alpha$ und $\gamma'\alpha'$, $\alpha\beta$ und $\alpha'\beta'$.

§ 6. Ausgedehntere Anwendung des Wortes „Punkt".

Wir könnten auf dem Standpunkte, den wir jetzt einnehmen, das Wort „Punkt" gänzlich entbehren und statt dessen bloß von Strahlenbündeln (beliebigen und eigentlichen) sprechen. Wir könnten dann eine Reihe von Beziehungen, zu denen wir allmählich gelangt sind, in eine viel geringere Anzahl von Sätzen zusammenfassen. Aber wenn die Darstellung bei einer solchen Änderung an Kürze gewinnt, so würde sie zugleich an Anschaulichkeit verlieren, da das Wort „Strahlenbündel" weit kompliziertere Vorstellungen veranlaßt, als zur Auffassung der geometrischen Entwicklungen nötig und förderlich ist.

Dieser Nachteil wird vermieden, wenn man, statt den Gebrauch des Wortes Punkt aufzugeben, ihn vielmehr in derselben Weise ausdehnt, wie es an dem Worte „Strahlenbündel" gezeigt worden ist. Wir treffen in der Tat die Bestimmung, daß das Wort „Punkt" nicht mehr in der bisherigen Bedeutung angewendet werden soll, daß vielmehr (implizite Definition) *mit der Aussage „das Strahlenbündel S gehört zur Geraden g" fortan gleichbedeutend sein soll die Aussage „der Punkt S liegt in der Geraden g"*, und daß, wo das Strahlenbündel S als ein eigentliches bezeichnet wird, auch der Punkt S ein *eigentlicher Punkt* genannt werden soll[1]). Der Ausdruck „eigentlicher Punkt" wird also von nun an genau dasjenige bedeuten, was bisher unter Punkt schlechthin verstanden

---

[1]) Vgl. *Staudt*: Geometrie der Lage, 1841, § 5, wo jedoch als uneigentliche Punkte nur die sog. unendlich fernen Punkte der Euklidischen Geometrie erscheinen. In umfassenderem Sinne hat *F. Klein* „uneigentliche" oder „ideale" Punkte eingeführt: Math. Ann. Bd. 4, S. 624. 1871; Bd. 6, S. 131 u. 141. 1873.

§ 6. Ausgedehntere Anwendung des Wortes „Punkt".

wurde; dadurch eben wird das mit keiner näheren Bestimmung versehene Wort „Punkt" zu allgemeinerer Anwendung verfügbar.

Liegt der Punkt S in einer Geraden der Ebene P, so sagt man: der Punkt S liegt in der Ebene P. Dies ist demnach gleichbedeutend mit der Aussage: das Strahlenbündel S gehört zur Ebene P.

Derselbe Vorgang wiederholt sich in der Mathematik bei zahlreichen ähnlichen Gelegenheiten. So ist man nach der allmählichen Erweiterung des Begriffs, der mit dem Worte „Zahl" verbunden wird, genötigt, den Ausdruck „reelle positive ganze Zahl" da anzuwenden, wo im Anfange das Wort „Zahl" ohne Zusatz genügte; man muß die Funktion, auf die das Wort „Potenz" sich ursprünglich bezog, späterhin eine „Potenz mit reellem positiven ganzen Exponenten" nennen, usw. Kürzer würde man von „eigentlichen" Zahlen, „eigentlichen" Potenzen usw. sprechen. Wie man aber nur bei reellen Zahlen die einen „größer" als die andern nennt, so kann in der Geraden nur bei drei eigentlichen Punkten davon die Rede sein, daß einer „zwischen den beiden andern" liegt. Dieser Begriff und vor der Hand auch alle mit seiner Zuziehung definierten Begriffe bleiben mithin auf eigentliche Punkte beschränkt. Im übrigen jedoch behalten die bisherigen Definitionen und Bezeichnungen ihre Gültigkeit. Man sagt, daß die Geraden g und h sich schneiden, sobald ein (und zwar nur ein) Punkt in beiden liegt, ohne daß ein gemeinschaftlicher eigentlicher Punkt gefordert wird; man nennt einen Verein von Ebenen, die einen beliebigen Punkt gemein haben, ein Ebenenbündel, diesen Punkt den Scheitel des Ebenenbündels usw.

An die Stelle der Sätze 4 und 5 des ersten und 2—9 des zweiten Paragraphen treten jetzt die folgenden.

1. Durch einen beliebigen und einen eigentlichen Punkt kann man stets eine Gerade ziehen.

2. Jede Gerade ist durch zwei beliebige von ihren Punkten bestimmt.

3. Durch zwei beliebige und einen eigentlichen Punkt kann man stets eine Ebene legen.

4. Jede Ebene ist bestimmt, wenn von ihr zwei beliebige und ein eigentlicher Punkt gegeben sind und diese drei Punkte nicht in gerader Linie liegen.

5. Eine Gerade, die mit einer Ebene zwei Punkte gemein hat, liegt ganz in ihr.

6. Durch eine Gerade und einen Punkt kann man allemal eine Ebene legen.

7. Eine Ebene ist bestimmt, wenn man von ihr eine Gerade und einen Punkt außerhalb der Geraden kennt.

8. Durch zwei Geraden, die einen Punkt gemein haben, kann man immer eine Ebene legen.

9. Jede Ebene ist durch zwei beliebige von ihren Geraden bestimmt.

10. Wenn zwei Ebenen einen eigentlichen Punkt gemein haben, so haben sie eine Gerade gemein.

§ 6. Ausgedehntere Anwendung des Wortes „Punkt".

11. Zwei Geraden in einer Ebene haben stets einen Punkt gemein.
12. Eine Gerade und eine Ebene haben stets einen Punkt gemein.
13. Zwei Ebenen haben stets Punkte gemein.
14. Drei Ebenen, von denen zwei sich in einer Geraden schneiden, haben stets einen Punkt gemein. —

Eine beliebige Gruppe von Punkten, Geraden und Ebenen werde eine *Figur* genannt; dabei werden nicht bloß eigentliche Punkte zugelassen, sondern beliebige. Jede Figur kann erweitert werden. Es können entweder andere Punkte, Geraden, Ebenen nach Willkür hinzutreten oder aus der Figur weitere Punkte als Schnittpunkte ihrer Geraden und Ebenen, weitere Geraden und Ebenen durch Verbindung ihrer Punkte und Geraden abgeleitet (*konstruiert*) werden. Das Gebiet der Konstruktion ist aber allemal ein begrenztes, worin man ebene Flächen, gerade Strecken und eigentliche Punkte teils gegeben vorfindet, teils nach irgendwelchen Vorschriften mit Benutzung der gegebenen Stücke verzeichnet. Wird nun im Verlaufe der Konstruktion ein Punkt E als Durchschnittspunkt zweier Geraden l und m definiert, zu denen Strecken jenes Gebietes gehören, so braucht ein solcher Durchschnittspunkt innerhalb des Gebietes nicht zu bestehen, und wenn er sich dort nicht vorfindet, so sind statt seiner bei der Fortsetzung der Konstruktion die ihn darstellenden Geraden l und m zu verwenden. Aber man muß beachten, daß die Möglichkeit, zwei Punkte durch eine Gerade oder drei Punkte durch eine Ebene zu verbinden, nur feststeht, wenn wenigstens einer von ihnen ein eigentlicher Punkt ist.

Ob ein Punkt im Verlaufe der Konstruktion als eigentlicher Punkt herauskommt oder nicht, hängt von der gegebenen Figur ab. Bis jetzt verfügen wir nur über ein einziges Mittel, eine solche Frage zu entscheiden; dies ist der 10. Lehrsatz des § 2, der im dritten und vierten Paragraphen noch andere Fassungen erhalten hat. —

Die Abbildungen, an denen wir bisher die Ableitung der Lehrsätze verfolgen konnten, bestehen aus eigentlichen Punkten, geraden Strecken (Stäben) und ebenen Flächen (Platten), die die Punkte, Geraden und Ebenen, um die es sich handelt, zur Darstellung bringen. Ist von drei eigentlichen Punkten A, B, C die Rede, die in gerader Linie liegen, so nimmt man in die Abbildung eine Strecke auf, zu der A, B, C gehören; soll der Punkt C zwischen den beiden andern liegen, so bringt man ihn sogleich in entsprechender Weise an, usw. Während des Beweises wird in der Regel eine Erweiterung der Abbildung nötig. Wenn nun beispielsweise ursprünglich eine Gerade g und zwei eigentliche Punkte D und E in einer Ebene mit g, aber auf verschiedenen Seiten von g, vorkommen und weiterhin auch die Gerade DE und ihr Schnittpunkt F mit der Geraden g in die Betrachtung aufgenommen werden, so vermerkt man eine Strecke der Geraden DE und den eigentlichen Punkt F in der Abbildung. So wird jede in dem betreffenden Satze

§ 6. Ausgedehntere Anwendung des Wortes „Punkt".

gemachte Voraussetzung oder zum Beweise geforderte Konstruktion in anschaulicher Form festgehalten und die Übersicht über alle Beziehungen erleichtert, die beim Anblick der Abbildung rascher in das Gedächtnis zurückkehren und die Erfindungskraft lebhafter anregen, als auf anderem Wege.

Die Fortsetzung unserer Betrachtung bringt uns nun in die Lage, Lehrsätze, in denen *beliebige* Punkte vorkommen, durch Abbildungen zu erläutern. Jeder solche Punkt kann in der Abbildung als eigentlicher Punkt angenommen oder bloß durch zwei seiner Geraden angedeutet werden. Demgemäß kann man in bezug auf jeden solchen Punkt zwei Fälle zur Darstellung bringen, und mit der Anzahl der Punkte wird die der darzustellenden Fälle sich sehr rasch vermehren. Aber es ist nicht immer notwendig, auf die verschiedenen Fälle Rücksicht zu nehmen. Wo im Beweise selbst mehrere Fälle unterschieden werden, da mag man auch die einzelnen Fälle an besonderen Abbildungen erläutern. Wird der Beweis jedoch einheitlich geführt, so erfüllt eine Abbildung, die irgendeinen Fall veranschaulicht, vollkommen ihren Zweck. Denn die Zuziehung der Abbildung ist überhaupt nichts Notwendiges. Sie erleichtert wesentlich die Auffassung der in dem Lehrsatze ausgesprochenen Beziehungen und der etwa zum Beweise angewandten Konstruktionen; sie ist überdies ein fruchtbares Mittel, um solche Beziehungen und Konstruktionen zu entdecken. Aber wenn man das Opfer an Mühe und Zeit nicht scheut, so kann man beim Beweise eines jeden Lehrsatzes die Abbildung fortlassen; der Lehrsatz ist eben nur dann wirklich bewiesen, wenn der Beweis von der Abbildung vollkommen unabhängig ist.

Den geometrischen Inhalt der Kernsätze kann man ohne entsprechende Figuren nicht erfassen; sie sagen aus, was an gewissen, sehr einfachen Figuren beobachtet worden ist. Die Lehrsätze werden nicht durch Beobachtungen begründet, sondern bewiesen; jeder Schluß, der im Verlaufe des Beweises vorkommt, muß an der Figur seine Bestätigung finden, aber er wird nicht aus der Figur, sondern aus einem bestimmten vorhergegangenen Satze (oder aus einer Definition) gerechtfertigt. Ich habe die betreffenden Sätze anfangs immer genau angegeben; aber auch da, wo die Angabe der Kürze wegen unterblieben ist, konnte ich mich allemal auf einen bestimmten Satz berufen. Wenn man von dieser Auffassung im geringsten abweicht, so verliert der Sinn des Beweisverfahrens überhaupt jede Bestimmtheit.

Bei *Euklid* sehen wir zwischen den Kernsätzen und den Lehrsätzen äußerlich eine deutliche Trennung vollzogen. Im ersten Buche der Elemente stehen 35 Definitionen an der Spitze; diese sollen für das erste Buch das vorstellen, was wir ein Verzeichnis der Kernbegriffe und abgeleiteten Begriffe nennen würden, jedoch ohne scharfe Unterscheidung. Sodann werden 3 Postulate und 12 Axiome angeführt;

§ 6. Ausgedehntere Anwendung des Wortes „Punkt".

diese 15 Sätze sind als Kernsätze zu betrachten. Ihnen läßt *Euklid* die Theoreme folgen, in der Meinung — so darf man wohl annehmen —, bis dahin alles in Bereitschaft gesetzt zu haben, womit die Sätze des ersten Buches bewiesen werden können. Aber schon der erste Beweis läßt die Unvollständigkeit der Sammlung erkennen. Es handelt sich darum, zu zeigen, daß (in einer Ebene) auf jeder geraden Strecke AB ein gleichseitiges Dreieck konstruiert werden kann. Zu dem Zweck wird (in jener Ebene) um den Punkt A mit dem Halbmesser AB ein Kreis beschrieben, ebenso um den Punkt B; vom Punkte C, in dem die beiden Kreise sich schneiden, zieht man gerade Strecken nach A und B. Für jeden Schritt des Beweises und jede in ihm gebrauchte Konstruktion muß nun die Rechtfertigung erbracht werden, und zwar mittels eines vorher aufgestellten Satzes. Daß die beiden Kreise um A und B mit dem Halbmesser AB existieren, folgt in der Tat aus dem dritten Postulat, wonach gefordert werden darf, (in einer Ebene) um jeden Punkt in jedem Abstande einen Kreis zu beschreiben. Daß die geraden Strecken AC und BC existieren, folgt aus dem ersten Postulate, wonach gefordert werden darf, von jedem Punkte nach jedem andern eine gerade Strecke zu ziehen. Also bezüglich der beiden Kreise und der beiden Strecken ist *Euklid* imstande, die erforderlichen Hinweise auf frühere Sätze zu geben. Es ist aber, unmittelbar nachdem die beiden Kreise eingeführt sind, vom Punkte C die Rede, in dem sie sich schneiden. Nach welchem Satze existiert ein derartiger Punkt? Bei *Euklid* findet sich keine darauf bezügliche Angabe, und diese Lücke kann auch aus seinem Material nicht ergänzt werden, denn es geht dem ersten Lehrsatze keine Aussage voran, wonach jene Kreise sich schneiden müssen.

Wenn es also *Euklid*s Absicht war, den Lehrsätzen des ersten Buches alle Beweismittel voranzuschicken, um sich später bei jedem Schlusse und jeder Konstruktion darauf berufen zu können, so hat er seine Absicht nicht vollständig erreicht. Er hätte beispielsweise in Rücksicht auf das erste Theorem den Satz mit aufnehmen müssen: „Zwei Kreise in einer Ebene, deren jeder durch den Mittelpunkt des andern hindurchgeht, schneiden sich"; dieser Satz mußte entweder ein Axiom abgeben oder als Theorem auf einen Beweis gestützt werden. Daß hier die dem Satze vom gleichseitigen Dreieck beigegebene Abbildung allein irregeführt hat, erkennt man sofort, wenn man den Beweis ohne die Abbildung herzustellen versucht. Nach wie vor kann man dann die beiden Kreise einführen, weil man über das dritte Postulat verfügt; um jedoch von da weiterzukommen, fehlt jede Handhabe, solange man keine Abbildung vor Augen hat. Die Abbildung freilich läßt nicht in Zweifel darüber, ob der Punkt C existiert. Aber die Abbildung läßt auch die Existenz der Kreise um A und B und der Strecken AC und BC nicht zweifelhaft, und doch wird die Tatsache, daß solche Kreise und Strecken möglich sind, besonders ausgesprochen und angeführt. Mit welchem

Rechte werden nun von den Tatsachen, auf denen die Konstruktion beruht, und die kaum in verschiedenem Grade einleuchtend und durch einfache Beobachtungen verbürgt sind, die einen ausdrücklich formuliert, die andern aber nicht?

Zwischen den Beweisgründen, die in der Anwendung früherer Sätze und Definitionen bestehen, und andern irgendwelcher Natur werden wir nicht versuchen, eine Grenze zu ziehen — was schwerlich gelingen dürfte —, sondern wir werden nur diejenigen Beweise anerkennen, in denen man Schritt für Schritt sich auf vorhergehende Sätze und Definitionen beruft oder berufen kann. Wenn zur Auffassung eines Beweises die entsprechende Abbildung unentbehrlich ist, so genügt der Beweis nicht den Anforderungen, die wir an ihn stellen, — Anforderungen, die erfüllbar sind; bei einem vollkommenen Beweise ist die Abbildung entbehrlich. Nicht bloß in der von *Euklid* überlieferten Form tragen zahlreiche Beweise der Geometrie jene Unvollkommenheit an sich, sondern auch nach den vielfachen Umgestaltungen, die sie im Laufe der Zeit erfahren haben; nur daß bei *Euklid* die Irrtümer rein zutage treten und nirgends durch Worte verhüllt sind. — Man darf nicht einwenden, daß häufig, ohne Anfertigung der Abbildung, durch ihre bloße Vorstellung der Zweck erreicht werden kann. Die vorgestellte Abbildung ist nur zulässig, sofern sie mit einer wirklichen übereinstimmt. Aber selbst wenn irgendeine der Einbildungskraft allein entstammende Figur Berechtigung hätte, so wären wir nicht der Verpflichtung überhoben, von den aus ihr entnommenen Beweismitteln sorgfältig Rechenschaft zu geben[1]).

Sobald man der Abbildung keine andere als die eben beschriebene Rolle zugesteht, genügt überall, wo in Lehrsätzen und Beweisen nicht mehrere Fälle unterschieden werden, eine einzige nach Belieben entworfene Abbildung. Demgemäß wird man unbedenklich, wo beliebige Punkte vorkommen, diese in den Abbildungen nach Möglichkeit durch eigentliche Punkte wiedergeben, selbst dann, wenn es sich gerade um den Fall der eigentlichen Punkte nicht handelt. Daß z. B. drei Geraden den beliebigen Punkt G gemein haben sollen, kann ich *wirksam* in der Abbildung nur anbringen, indem ich G als eigentlichen Punkt annehme, und es ist mir allemal nur darum zu tun, die wirksamste Abbildung zu benutzen. Freilich muß dann mit um so größerer Vorsicht geprüft werden, ob die einzelnen Punkte sich durch Zufall oder mit Notwendigkeit als eigentliche ergeben haben.

§ 7. Ausgedehntere Anwendung des Wortes „Gerade".

Die bisherigen Erörterungen haben nicht entschieden, ob man durch zwei beliebige Punkte eine Gerade ziehen kann, ob gemeinschaftliche Punkte zweier Ebenen in einer Geraden liegen, ob eine Ebene durch

---

[1]) Siehe noch § 12 am Ende.

§ 7. Ausgedehntere Anwendung des Wortes „Gerade".

drei beliebige ihr angehörige und nicht in einer Geraden enthaltene Punkte bestimmt ist, ob man durch drei beliebige Punkte eine Ebene legen kann. Die drei ersten Fragen hängen miteinander eng zusammen und sollen jetzt in Erörterung gezogen werden; die vierte bleibt dabei zu besonderer Untersuchung vorbehalten.

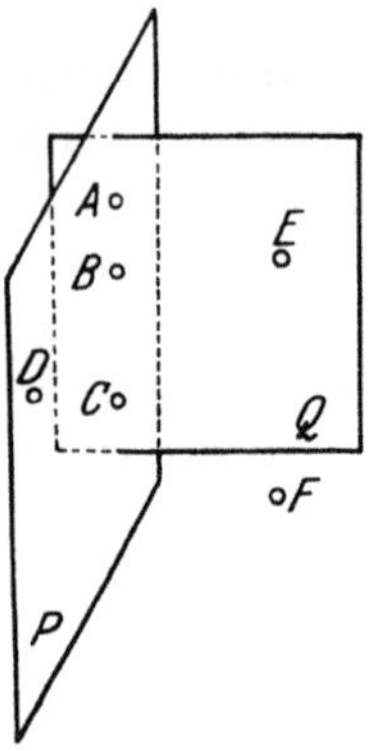

Es seien A und B beliebige Punkte. Wenn ich einen eigentlichen Punkt D zuziehe, so daß ABD nicht in gerader Linie liegen, so kann ich durch ABD eine bestimmte Ebene P legen; wenn ich einen eigentlichen Punkt E außerhalb der Ebene P annehme, so geht auch durch ABE keine Gerade, folglich eine bestimmte Ebene Q hindurch. Die Ebenen P und Q können eine Gerade g gemein haben; ist dies der Fall, so existiert ein Ebenenbüschel PQ mit der Achse g. Durch den beliebigen Punkt F, der nicht zugleich in den Ebenen P und Q liegen soll, geht alsdann eine, und zwar nur eine Ebene des Büschels hindurch, die R heißen mag. Wenn ich mich nun auf den eigentlichen Punkt F beschränke, so kann ich die Ebene R herstellen, ohne die Achse des Ebenenbüschels zu benutzen; irgend zwei den Ebenen P und Q gemeinschaftliche Punkte A und B genügen, um mit F zusammen die Ebene R zu bestimmen. Auch wenn die Existenz einer den Ebenen P und Q gemeinschaftlichen Geraden nicht feststeht, ist die für die Ebene R angegebene Konstruktion ausführbar. Aber es entsteht die Frage, ob das Ergebnis der Konstruktion unter allen Umständen von den benutzten gemeinschaftlichen Punkten der Ebenen P und Q unabhängig ist, d. h. wenn ABC drei solche Punkte sind, ob die Ebenen ABF und ACF immer zusammenfallen, ob also die Punkte $ABCF$ immer in einer Ebene liegen. Daß dies in der Tat zutrifft, läßt sich beweisen (Abb. 16).

Abb. 15.

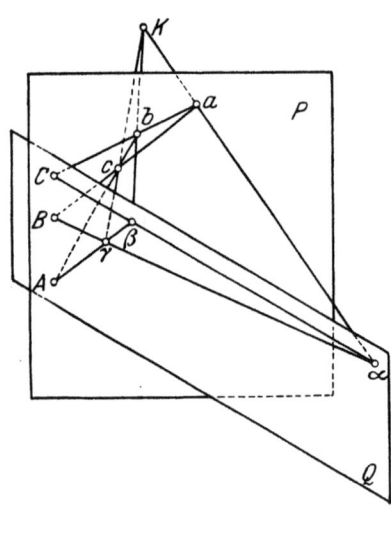

Abb. 16.

Mit ABC werden drei beliebige, zu zwei Ebenen P und Q zugleich gehörige Punkte, mit F ein nicht in jenen Ebenen enthaltener eigentlicher Punkt bezeichnet; weder ABF noch ACF noch BCF liegen

§ 7. Ausgedehntere Anwendung des Wortes „Gerade".

also in einer Geraden. Ich nehme den eigentlichen Punkt α in der Ebene Q beliebig, nicht in P zugleich (so daß weder $AB\alpha$ noch $AC\alpha$ noch $BC\alpha$ in gerader Linie liegen), sodann den eigentlichen Punkt β in der Geraden αC (von C verschieden), mit α auf derselben Seite der Ebene P; die Geraden $A\beta$ und $B\alpha$ sind voneinander verschieden und treffen sich in einem Punkte γ. Obgleich nur α und β eigentliche Punkte zu sein brauchen, und gerade der Fall, wo unter den Punkten ABC sich ein eigentlicher befindet, uns nicht beschäftigt, so tragen wir doch kein Bedenken, auch die Punkte $ABC\gamma$ in den zur Erläuterung dienenden Abbildungen als eigentliche anzunehmen, in Hinblick auf die der Abbildung zukommende, nur nebensächliche Bedeutung.

Die Punkte α und β liegen auf derselben Seite von P; auf der anderen Seite nehme ich den eigentlichen Punkt K außerhalb der Ebenen Q, $F\beta\gamma$, $F\gamma\alpha$, $F\alpha\beta$. Dann wird die Ebene P von der Geraden $K\alpha$ in einem eigentlichen Punkte a zwischen K und α, von der Geraden $K\beta$ in einem eigentlichen Punkte b zwischen K und β, von der Geraden $K\gamma$ in einem Punkte c getroffen. Die Punkte Abc befinden sich zugleich in der Ebene $K\beta\gamma$ (nämlich in den Geraden $\beta\gamma$, $K\beta$, $K\gamma$), die Punkte Bca in der Ebene $K\gamma\alpha$, die Punkte Cab in der Ebene $K\alpha\beta$. Da a und b eigentliche Punkte sind, so folgt hieraus, daß sowohl Abc als Bca und Cab je in einer Geraden liegen.

Jetzt haben wir auf der Ebene P die Punkte abc und auf der Ebene Q die Punkte $\alpha\beta\gamma$ derart, daß sich die Geraden bc und $\beta\gamma$ in A, ca und $\gamma\alpha$ in B, ab und $\alpha\beta$ in C begegnen. Verbindet man F mit $Kabc\alpha\beta\gamma$ ABC durch Strahlen $gpqrp'q'r'p''q''r''$, so sind diese Strahlen verschieden und weder pqr noch $p'q'r'$ in einer Ebene gelegen. Da aber die Strahlen gpp', gqq', grr', $p''qr$, $p''q'r'$, $q''rp$, $q''r'p'$, $r''pq$, $r''p'q'$ je in einer Ebene liegen, so schneiden sich die Ebenen pp', qq', rr' in g, ferner die Ebenen qr und $q'r'$, rp und $r'p'$, pq und $p'q'$ in p'', q'', r''. Folglich sind (Schlußbetrachtung in § 5) $p''q''r''$ Strahlen einer Ebene, mithin $ABCF$ Punkte einer Ebene, was zu beweisen war.

Man kann dem Ergebnis folgende Fassung erteilen: Wenn drei Ebenen P, Q, R zwei Punkte A, B gemein haben, so ist jeder gemeinschaftliche Punkt von zweien auch in der dritten Ebene enthalten. Ist nämlich der Punkt C den Ebenen P und Q gemein, F ein eigentlicher Punkt der Ebene R (nicht in P oder Q), so fallen die Ebenen ABF und ACF zusammen, d. h. C in die Ebene R. Überhaupt: Wenn drei oder mehr Ebenen durch zwei Punkte gelegt sind, so gehen durch jeden Punkt, der zu zweien gehört, auch die übrigen Ebenen hindurch.

In Erweiterung der bisherigen Definition werden wir jetzt, wenn drei Ebenen P, Q, R zwei Punkte gemein haben, immer sagen: die Ebene R liegt im Ebenenbüschel PQ; gleichviel ob über die Durchschneidung dieser Ebenen in einer Geraden etwas feststeht oder nicht. Haben die Ebenen P und Q eine Gerade gemein, so sagen wir: R liegt im *eigent-*

lichen Ebenenbüschel PQ. Aber auch, wenn die Durchschneidung von P und Q in einer Geraden nicht feststeht, kann man durch jeden eigentlichen Punkt F eine und zwar nur eine Ebene hindurchführen, die „im Büschel PQ liegt"; sind nämlich A und B gemeinschaftliche Punkte von P und Q, so fällt die Ebene ABF mit R zusammen. Die Punkte A und B sind gemeinschaftliche Punkte für zwei im Büschel PQ beliebig angenommene Ebenen, und indem wir die Benennung „Ebenen des Büschels PQ" auf P und Q selbst ausdehnen, dürfen wir schließen, daß *durch zwei beliebige Ebenen stets ein Ebenenbüschel gelegt werden kann*, und daß *das Ebenenbüschel durch irgend zwei ihm angehörige Ebenen bestimmt wird.*

Zur Bezeichnung eines Ebenenbüschels wird auch ein besonderer Buchstabe benutzt; beim eigentlichen Ebenenbüschel halten wir daran fest, daß jede Bezeichnung des Büschels zugleich für die Achse gilt. Irgendein Ebenenbüschel werde mit g bezeichnet. Ein Punkt, der zu zwei Ebenen des Büschels g gehört, ist gemeinschaftlicher Punkt aller Ebenen dieses Büschels; wir nennen ihn einen *Punkt des Ebenenbüschels g.* Jede Ebene, die durch zwei Punkte des Büschels g gelegt wird, ist eine Ebene des Büschels g und enthält somit alle Punkte dieses Büschels. — Wenn g ein eigentliches Ebenenbüschel bedeutet, d. h. wenn g die Benennung einer Geraden ist, so erkennt man die Ausdrücke „Punkt der Geraden g" und „Punkt des eigentlichen Ebenenbüschels g" als gleichbedeutend, ebenso die Ausdrücke „Ebene durch die Gerade g" und „Ebene des eigentlichen Ebenenbüschels g".

Demnach könnten wir von jetzt an auf das Wort „Gerade" gänzlich verzichten und statt dessen bloß von Ebenenbüscheln (beliebigen und eigentlichen) sprechen. Weit zweckmäßiger ist es jedoch, den Gebrauch des Wortes „Gerade" in derselben Weise auszudehnen, wie es bei dem Worte „Ebenenbüschel" bereits geschehen ist. Wir werden also das Wort „Gerade" nicht mehr in seiner bisherigen Bedeutung anwenden, sondern *wir definieren* (implizite Definition) *die Ausdrucksweise „A ist ein Punkt der Geraden g" als gleichbedeutend mit „A ist ein Punkt des Ebenenbüschels g".* Wenn zugleich festgesetzt wird, daß die Gerade g eine *eigentliche Gerade* genannt werden soll, sobald g ein eigentliches Ebenenbüschel ist, so tritt fortan der Ausdruck „eigentliche Gerade" an Stelle des Wortes „Gerade" ohne Zusatz, das eine andere Verwendung gefunden hat. Dadurch sollen aber, von der schon beim Strahlenbündel besprochenen Ausnahme abgesehen, die bisherigen Definitionen und Bezeichnungen ihre Gültigkeit nicht verlieren. Beispielsweise nennen wir einen Verein von Geraden (Strahlen) durch einen Punkt ein Strahlenbündel; wenn alle Punkte der Geraden g in der Ebene R liegen, so sagen wir: die Gerade g liegt in der Ebene R, usw.

Die im vorigen Paragraphen aufgestellten Sätze sind jetzt der Erweiterung fähig; nur der dritte bleibt davon unberührt.

§ 7. Ausgedehntere Anwendung des Wortes „Gerade".

1. Durch zwei Punkte kann man stets eine Gerade legen.
Denn legt man die Ebenen P und Q durch die Punkte A und B, so sind A und B Punkte des Ebenenbüschels PQ, also „Punkte einer Geraden".

2. Jede Gerade ist durch zwei beliebige von ihren Punkten bestimmt.
Sind nämlich A und B Punkte der Geraden g, d. i. Punkte des Ebenenbüschels g, so ist dieses Büschel durch die Punkte A und B bestimmt.

3. Durch zwei beliebige und einen eigentlichen Punkt kann man stets eine Ebene legen.

4. Jede Ebene ist durch drei beliebige von ihren Punkten, die nicht in gerader Linie liegen, bestimmt.
M. a. W.: Wenn drei Punkte in zwei Ebenen liegen, so liegen sie in einer Geraden.

5. Eine Gerade, die mit einer Ebene zwei Punkte gemein hat, liegt ganz in ihr.
M. a. W.: Eine Ebene, die zwei Punkte eines Büschels enthält, geht durch alle Punkte des Büschels.

6. Durch eine eigentliche Gerade und einen beliebigen Punkt, sowie durch eine beliebige Gerade und einen eigentlichen Punkt kann man allemal eine Ebene legen.

7. Jede Ebene ist bestimmt, wenn man von ihr eine Gerade und einen Punkt außerhalb der Geraden kennt.

8. Durch eine beliebige und eine eigentliche Gerade, die einen Punkt gemein haben, kann man immer eine Ebene legen.

9. Jede Ebene ist durch zwei beliebige von ihren Geraden bestimmt.

10. Jede Gerade, die einen eigentlichen Punkt enthält, ist eine eigentliche Gerade.

11. Zwei Geraden in einer Ebene haben stets einen Punkt gemein.
Beweis: In der Ebene P seien die Geraden e und f gelegen; durch irgendeinen eigentlichen Punkt M außerhalb der Ebene P lege ich die Ebenen eM und fM. Da die Ebenen eM und fM sich in einer eigentlichen Geraden schneiden, so haben die Ebenen eM, fM und P einen Punkt N gemein. Der Punkt N liegt in der Geraden e (nämlich in den Ebenen eM und P) und in der Geraden f (nämlich in den Ebenen fM und P).

12. Eine Gerade und eine Ebene haben stets einen Punkt gemein.
Beweis: Ist die Gerade h und die Ebene P gegeben (h nicht in P), und wird irgendeine durch h gelegte Ebene mit Q, das Ebenenbüschel PQ mit g bezeichnet, so sind g und h Geraden der Ebene Q und schneiden sich demnach. Der Punkt gh ist der Geraden h und der Ebene P gemein.

13. Zwei Ebenen haben stets eine Gerade gemein.
Beweis: Durch die Ebenen P und Q kann man ein Ebenenbüschel PQ legen. Wird dieses mit g bezeichnet, so sind P und Q „Ebenen durch die Gerade g" zu nennen.

§ 7. Ausgedehntere Anwendung des Wortes „Gerade".

14. Drei Ebenen haben stets einen Punkt oder eine Gerade gemein.
Beweis: Von den Ebenen P, Q, R liefern irgend zwei eine Durchschnittslinie, etwa P und Q die Gerade g. Diese liegt entweder in der Ebene R oder hat mit ihr einen Punkt gemein. Im letzteren Falle ist gR der Schnittpunkt der Ebenen P, Q, R. —

Abgesehen vom zehnten Satze, haben wir kein Mittel, um zu entscheiden, ob eine gewisse Konstruktion zu einer eigentlichen Geraden führen muß oder nicht. Ich wende dabei das Wort *Konstruktion* in erweitertem Sinne an, — wie auch der Sinn des Wortes *Figur* eine Erweiterung erfährt, — indem ich nämlich statt der eigentlichen Geraden jetzt auch beliebige Geraden zulasse. Eine Gerade gibt man durch zwei von ihren Punkten oder von ihren Ebenen an. Durch die Begegnung zweier Geraden in einer Ebene, oder einer Geraden und einer Ebene, oder dreier Ebenen werden neue Punkte, durch die Verbindung zweier Punkte oder den Schnitt zweier Ebenen werden neue Geraden eingeführt; nur zur Herstellung von Ebenen können wir nicht beliebige Elemente verwenden, sondern müssen über einen eigentlichen Punkt oder eine eigentliche Gerade verfügen. Aber überall, wo keine eigentliche Gerade gefordert wird, kann man von der Geraden selbst absehen und mit zwei Punkten oder zwei Ebenen, die ihr angehören, arbeiten. Die Notwendigkeit eines solchen Ersatzmittels kann durch die beschränkte Ausdehnung des Konstruktionsgebietes herbeigeführt werden.

Nach den Erörterungen, mit denen der vorige Paragraph geschlossen wurde, bedarf es kaum noch der Erwähnung, daß man überall, wo die Betrachtung durch Abbildungen erläutert wird, in diesen statt beliebiger Geraden eigentliche anwenden darf und nach Möglichkeit auch anwenden wird, weil die Abbildungen alsdann ihren Zweck nur um so besser erfüllen. Diesen wichtigen Vorteil hätte man der Geometrie nicht zugänglich machen können, wenn man die Anwendung der Worte „Punkt" und „Gerade" nicht in der Ausdehnung durchgeführt hätte, die sich als zulässig darbot und zunächst durch eine erhöhte Geschmeidigkeit der Sprache bewährte.

Eine gewisse Gattung von Sätzen ist auf eigentliche Punkte und eigentliche Geraden beschränkt geblieben, weil nur von drei eigentlichen Punkten in einer Geraden gesagt werden kann, daß einer zwischen den beiden ändern liegt. Ein Teil jener Sätze enthält aber nicht geradezu den der Ausdehnung sich entziehenden Begriff, sondern den abgeleiteten Begriff getrennter Paare. Dieser letztere erweist sich nun der Übertragung in demselben Umfange fähig, wie die Begriffe des Punktes, der Geraden und der Ebene selbst, und ich will ihn jetzt für beliebige Punkte in einer beliebigen Geraden bilden. Der Übertragung auf beliebige Punkte in einer eigentlichen Geraden stand schon im vorigen Paragraphen nichts im Wege; sie würde jedoch eine Wiederholung derselben Betrachtungsweise an der gegenwärtigen Stelle uns nicht erspart haben.

§ 7. Ausgedehntere Anwendung des Wortes „Gerade".

In einer beliebigen Geraden l werden die Punkte $ABCD$ angenommen. Versteht man unter M und M' eigentliche Punkte außerhalb der Geraden l, unter U und U' die Ebenen lM und lM', unter $efgh$ die eigentlichen Strahlen MA, MB, MC, MD in der Ebene U, unter $e'f'g'h'$ die eigentlichen Strahlen $M'A$, $M'B$, $M'C$, $M'D$ in der Ebene U', so werden entweder fg durch eh oder ge durch fh oder ef durch gh getrennt. Ich nehme an, daß ef durch gh getrennt werden, und führe den Nachweis, daß alsdann auch $e'f'$ durch $g'h'$ getrennt werden. Dieser Nachweis ergibt sich aus den am Ende des § 4 gegebenen Sätzen zunächst für den Fall, wo die Ebenen U und U' voneinander verschieden sind.

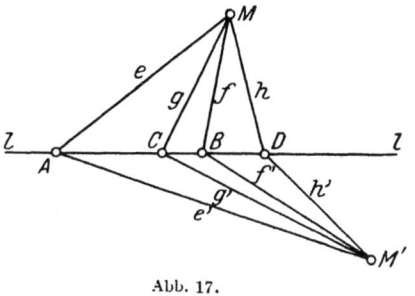

Abb. 17.

Bezeichne ich dann die durch die eigentliche Gerade MM' gehenden Ebenen ee', ff', gg', hh' mit $PQRS$, so werden nach dem vorletzten Satze des § 4 die Ebenen PQ durch RS, mithin nach dem letzten auch die Strahlen $e'f'$ durch $g'h'$ getrennt. Wenn die Ebenen U und U' in eine einzige zusammenfallen, so wird außerhalb derselben ein eigentlicher Punkt M'' angenommen und durch die Strahlen $e''f''g''h''$ mit $ABCD$ verbunden. Wir wissen jetzt, daß $e''f''$ durch $g''h''$ getrennt werden, und können daraus das behauptete Verhalten der Strahlen $e'f'g'h'$ schließen. Die Erscheinung, daß die Strahlen MA, MB durch die Strahlen MC, MD getrennt werden, ist demnach von der Wahl des eigentlichen Punktes M unabhängig und hat eine Spaltung der in der Geraden l angenommenen Punkte $ABCD$ in zwei Paare AB und CD zur Folge.

Diese Spaltung fällt mit einer schon betrachteten zusammen, sobald $ABCD$ eigentliche Punkte sind. Alsdann ist nämlich l eine eigentliche Gerade; gehörten in ihr die Punkte C und D zur Strecke AB, so lägen die Schenkel MC und MD zwischen den Schenkeln MA und MB, und es wären ef nicht durch gh getrennt. Also liegen C und D nicht beide innerhalb der Strecke AB; ebensowenig können beide außerhalb dieser Strecke liegen; es wird sich vielmehr der eine Punkt innerhalb, der andere außerhalb der Strecke befinden, d. h. die Punkte AB werden durch CD getrennt. Dadurch wird es nahe gelegt, *in einer beliebigen Geraden und für beliebige Punkte* zu sagen, daß AB *durch* CD *getrennt* werden (oder daß C zwischen A und B liegt bei ausgeschlossenem D, für den Grenzpunkt D), sobald unter Zuziehung eines eigentlichen Punktes M außerhalb jener Geraden die Strahlen MA, MB durch MC, MD getrennt sind. Indem wir diese Ausdrucksweise einführen, dürfen wir alle Sätze, die von getrennten Punktepaaren in einer Geraden handeln und von nichts anderem, auf beliebige Punkte in einer beliebigen Geraden in vollem Umfange übertragen.

Liegen die Punkte ABCE in einer Geraden, so werden entweder BC durch AE getrennt, oder CA durch BE, oder AB durch CE, und zwar schließt jede dieser Lagen die beiden andern aus.

Liegen die Punkte ABE in einer Geraden, so kann man in ihr den Punkt C so wählen, daß AB durch CE getrennt werden.

Sind in einer Geraden die Punkte AB durch eines der Paare CE und DE getrennt, durch das andere aber nicht, so sind AB durch CD getrennt. In den andern Fällen werden AB durch CD nicht getrennt.

Werden in einer Geraden die Punkte AB durch CE getrennt, so werden auch CE durch AB getrennt.

§ 8. Ausgedehntere Anwendung des Wortes „Ebene".

Durch die Sätze 3, 6, 8 des vorigen Paragraphen wird die Frage veranlaßt, ob man durch drei Punkte, durch eine Gerade und einen Punkt, durch zwei einander schneidende Geraden eine Ebene legen kann, ohne über einen eigentlichen Punkt oder eine eigentliche Gerade zu verfügen. Es seien ABC beliebige Punkte, nicht in gerader Linie. Wenn durch ABC eine Ebene hindurchgeht, so sind AB, AC, BC Geraden dieser Ebene, die auch durch die Gerade AB und den Punkt C oder durch die Geraden AB und AC bestimmt wird; nehme ich in der Geraden AB den Punkt D (von A und B verschieden) und in der Geraden AC den Punkt E (von A und C verschieden, also D von E verschieden), so ist unter derselben Voraussetzung auch DE eine Gerade jener Ebene und muß der Geraden BC in einem Punkte begegnen. Ich werde jetzt nachweisen, daß dieses Verhalten der Geraden BC und DE vom Dasein einer durch ABC gehenden Ebene unabhängig ist, d. h. daß die Geraden BC und DE sich unter allen Umständen schneiden.

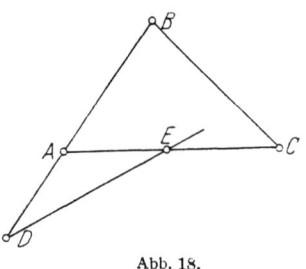
Abb. 18.

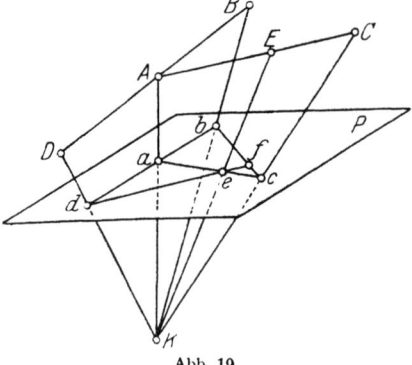
Abb. 19.

Zum Beweise beachte man zunächst, daß die Punkte ABD in gerader Linie liegen, auch die Punkte ACE, aber sonst keine drei von

§ 8. Ausgedehntere Anwendung des Wortes „Ebene". 53

den fünf Punkten $ABCDE$. Ist also K ein eigentlicher Punkt, so fallen die Strahlen KA, KB, KD in eine Ebene, auch die Strahlen KA, KC, KE, aber bei geeigneter Wahl von K sonst keine drei von den fünf Strahlen. Ich bezeichne ferner mit P eine Ebene, die weder einen der Punkte $ABCDEK$ enthält, noch den Schnittpunkt der Geraden BC mit der Ebene KDE oder der Geraden DE mit der Ebene KBC. Wird die Ebene P von den fünf Strahlen in $abcde$ getroffen, sodann bc von de in f, so liegen je in einer Geraden

$$ABD, ACE, abd, ace, bcf, def,$$
$$KAa, KBb, KCc, KDd, KEe,$$

aber sonst keine drei von den zwölf Punkten. Ist auch L ein eigentlicher Punkt außerhalb der Ebene P, und laufen aus L nach den zwölf Punkten die Strahlen $A'B'C'D'E'K'$ $a'b'c'd'e'f'$, so liegen je in einer Ebene

$$A'B'D', A'C'E', a'b'd', a'c'e', b'c'f', d'e'f',$$
$$K'A'a', K'B'b', K'C'c', K'D'd', K'E'e',$$

aber bei geeigneter Wahl von L sonst keine drei von den zwölf Strahlen. Endlich bezeichne ich mit $\alpha\beta\gamma$ die Schnittpunkte der Geraden BC und bc, DE und de, BD und bd, mit $\alpha'\beta'\gamma'$ die Strahlen $L\alpha, L\beta, L\gamma$. Da $\alpha\beta\gamma$ verschieden sind und in P liegen, so sind $\alpha'\beta'\gamma'$ verschieden; α liegt nicht in Bb, β nicht in Dd; γ ist verschieden von B, D, b, d.

Aus der Schlußbetrachtung in § 5 folgt, daß die Ebenen $A'B'$ und $a'b'$, $A'C'$ und $a'c'$, $B'C'$ und $b'c'$ sich in drei Strahlen eines Büschels schneiden; folglich liegen die Schnittlinien der Ebenen $B'D'$ und $b'd'$, $A'E'$ und $a'e'$ in einem Büschel mit α'. Aus jener Betrachtung folgt ferner, daß die Ebenen $A'D'$ und $a'd'$, $A'E'$ und $a'e'$, $D'E'$ und $d'e'$ sich in drei Strahlen eines Büschels schneiden; folglich liegen die Schnittlinien der Ebenen $B'D'$ und $b'd'$, $A'E'$ und $a'e'$ in einem Büschel nicht bloß mit α', sondern auch mit β'; die Schnittlinie γ' der Ebenen $B'D'$ und $b'd'$ liegt in einer Ebene mit α' und β'; die Ebenen $B'D', b'd', \alpha'\beta'$ laufen durch γ'. Aus der erwähnten Betrachtung folgt jetzt, daß die Ebenen $B'b'$ und $D'd'$, $B'\alpha'$ und $D'\beta'$, $b'\alpha'$ und $d'\beta'$ sich in drei Strahlen eines Büschels schneiden. Da der erste dieser Strahlen mit K', der dritte mit f', die Ebene $B'\alpha'$ mit $B'C'$, die Ebene $D'\beta'$ mit $D'E'$ zusammenfällt, so ist die Schnittlinie der Ebenen $B'C'$ und $D'E'$ in der Ebene $K'f'$ enthalten; sie hat also mit der Geraden Kf einen Punkt F gemein. Durch Kf gehen die Ebenen KBC und KDE, durch F die Ebenen LBC und LDE, mithin durch F die Ebenen KBC und LBC, KDE und LDE, folglich die Geraden BC, DE. Damit ist der in Aussicht gestellte Beweis geliefert.

Die Punkte $BCDE$ waren der Bedingung unterworfen, daß keine drei in einer Geraden liegen, daß aber die Geraden BD und CE sich in einem Punkte A begegnen. Da nun diese Bedingung die Durchschnei-

§ 8. Ausgedehntere Anwendung des Wortes „Ebene".

dung der Geraden BC und DE nach sich zieht, so hat sie in gleicher Weise auch die Durchschneidung der Geraden CD und BE zur Folge. Von der Forderung, daß von den Punkten $BCDE$ keine drei in gerader Linie liegen sollen, kann man aber absehen und daher folgenden Satz aussprechen: *Sind die Punkte $ABCD$ so gewählt, daß die Geraden BC und AD einander treffen, so schneiden sich auch die Geraden CA und BD, ebenso die Geraden AB und CD.*

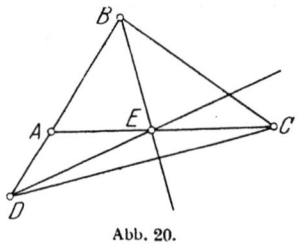

Abb. 20.

Solche Punkte haben an der gegenwärtigen Stelle ein wesentliches Interesse nur dann, wenn keine drei in einer Geraden liegen, wenn also der Schnittpunkt E der Geraden BC und AD in keinen jener vier Punkte fällt. Wenn durch die Punkte ABC eine Ebene hindurchgeht, so ist E ein Punkt, AE eine Gerade dieser Ebene, folglich D in der Ebene ABC gelegen. Aber auch wenn eine durch ABC gehende Ebene sich nicht ermitteln läßt, werden wir sagen, daß der Punkt D in der Ebene ABC liegt,

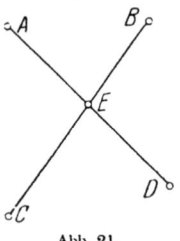

Abb. 21.

indem wir das Wort „Ebene" nicht auf seine bisherige Bedeutung beschränken *und zu dem Zwecke folgende implizite Definition geben*: Es drücken von jetzt an die Worte „D liegt in der Ebene ABC", wobei zunächst von den Punkten $ABCD$ keine drei in gerader Linie vorausgesetzt werden, *nichts weiter als die Eigenschaft aus, daß die Geraden BC und AD, mithin auch CA und BD, AB und CD sich schneiden,* während wir die Benennung „*eigentliche Ebene*" überall anwenden werden, wo nach dem bisher festgehaltenen Sprachgebrauche von einer Ebene ohne Zusatz die Rede sein würde. Die Punkte ABC können dabei beliebig umgestellt werden, und es liegt zugleich A in der Ebene BCD usw.

Der Punkt E liegt in der Geraden BC, ohne mit B oder C zusammenzufallen; A liegt außerhalb BC. Ich erhalte einen „in der Ebene ABC gelegenen" Punkt D, indem ich in der Geraden AE einen Punkt beliebig annehme; nur A oder E selbst darf ich nicht wählen, solange alle in der obigen Definition enthaltenen Bestimmungen aufrechterhalten werden. Es ist zweckmäßig, diese Ausnahmestellung der Punkte A und E in der Geraden AE zu beseitigen und auch die Punkte der Geraden BC, CA und AB (also insbesondere die Punkte A, B, C selbst) „Punkte der Ebene ABC" zu nennen, jedoch ohne an der Bestimmung, daß ABC nicht in gerader Linie liegen sollen, etwas zu ändern.

Sind ABC beliebige Punkte, aber nicht in einer Geraden, so kann man von einer Ebene ABC reden, d. h. man kann einen Punkt D so annehmen, daß er „in der Ebene ABC liegt", und zwar kann man

§ 8. Ausgedehntere Anwendung des Wortes „Ebene".

dazu nicht bloß einen Punkt in der Geraden BC oder CA oder AB, sondern stets auch einen Punkt außerhalb dieser drei Geraden wählen. In der Geraden AB nenne ich F einen Punkt, dessen Verbindungslinie mit C durch D hindurchgeht; die Geraden AB und CF sind voneinander verschieden, und jeder Punkt der Geraden CF liegt in der Ebene ABC. Daran ändert sich aber nichts, wenn ich A und B durch zwei beliebige Punkte der Geraden AB ersetze. Ist also A' irgendein von B verschiedener Punkt der Geraden AB, so liegt D auch in der Ebene $A'BC$.

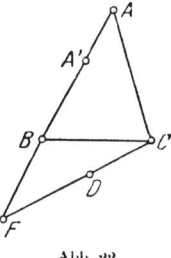

Abb. 22.

Diese Bemerkung läßt sich aber verallgemeinern, indem man nur zu fordern braucht, daß A' in der Ebene ABC und außerhalb der Geraden BC liegt. Die Geraden BC und AA' schneiden sich in einem Punkte G, der in B oder C fallen kann; er sei von B verschieden. Jeder Punkt der Ebene ABC liegt dann in der Ebene ABG, folglich in der Ebene $A'BG$, mithin auch in der Ebene $A'BC$. Da hiernach A selbst zur Ebene $A'BC$ gehört, so liegt jeder Punkt der Ebene $A'BC$ auch in der Ebene ABC. Die Ebenen ABC und $A'BC$ sind identisch.

Jetzt seien $A'B'C'$ beliebige Punkte der Ebene ABC, aber nicht in einer Geraden. Dann ergibt sich, wie beim Beweise des Lehrsatzes 3 in § 2, die Identität der Ebenen ABC und $A'B'C'$. *Die Ebene ABC ist also durch die Forderung, daß sie die drei nicht in gerader Linie gelegenen Punkte $A'B'C'$ enthalten soll, völlig bestimmt.*

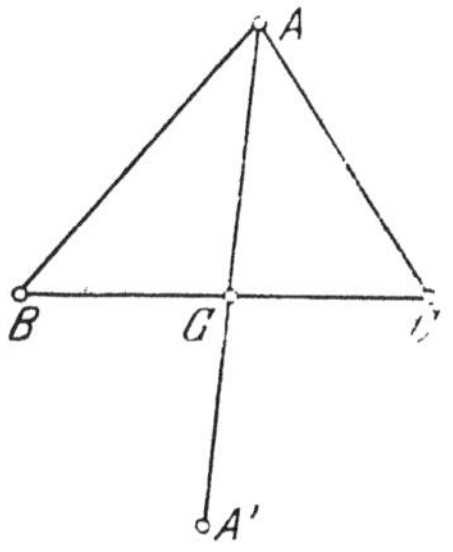

Abb. 23.

Alle auf die Ebenen bezüglichen Definitionen und Bezeichnungen werden beibehalten, abgesehen von den Ausnahmen, die bereits bei den Begriffen „Punkt" und „Gerade" erwähnt werden mußten. Wir können daher die Erweiterungen, die jetzt in den Sätzen 1—14 des vorigen Paragraphen eintreten, (unter Wiederholung der Sätze, deren Inhalt keine Änderung erfährt) folgendermaßen aussprechen.

1. Durch zwei Punkte kann man stets eine Gerade legen.
2. Jede Gerade ist durch zwei beliebige von ihren Punkten bestimmt.
3. Jede Gerade, die einen eigentlichen Punkt enthält, ist eine eigentliche Gerade.
4. Durch drei Punkte kann man stets eine Ebene legen.
5. Jede Ebene ist durch drei beliebige von ihren Punkten, die nicht in gerader Linie liegen, bestimmt.
6. Jede Ebene, die einen eigentlichen Punkt enthält, ist eine eigentliche Ebene.

§ 8. Ausgedehntere Anwendung des Wortes „Ebene".

7. Eine Gerade, die mit einer Ebene zwei Punkte gemein hat, liegt ganz in ihr.

Denn sind A, B, C Punkte einer Ebene P, nicht in gerader Linie, ist also die Ebene ABC mit P identisch, so müssen alle Punkte der Geraden AB „Punkte der Ebene ABC" genannt werden.

8. Durch eine Gerade und einen Punkt kann man stets eine Ebene legen.

9. Jede Ebene ist bestimmt, wenn man von ihr eine Gerade und einen Punkt außerhalb der Geraden kennt.

10. Durch zwei Geraden, die einen Punkt gemein haben, kann man immer eine Ebene legen.

11. Jede Ebene ist durch irgend zwei von ihren Geraden bestimmt.

12. Zwei Geraden in einer Ebene haben stets einen Punkt gemein.

Beweis: In der Ebene P mögen die Geraden e und f liegen. Nimmt man zwei Punkte A und B in der Geraden e beliebig, zwei Punkte C und D in der Geraden f derart, daß C nicht in e liegt, also A, B, C nicht in gerader Linie, dann ist die Ebene ABC mit P identisch, und D liegt in der Ebene ABC. Folglich haben die Geraden AB und CD einen Punkt gemein. —

Was nun die Durchschneidung einer Geraden mit einer Ebene oder die Durchschneidung zweier Ebenen anlangt, so wissen wir zunächst nur, daß eine Gerade und eine eigentliche Ebene stets einen gemeinschaftlichen Punkt, zwei eigentliche Ebenen stets eine gemeinschaftliche Gerade besitzen. Daraus kann ich aber jetzt folgern, daß auch eine eigentliche Ebene und eine beliebige Ebene allemal eine Gerade gemein haben. Nehme ich in der Tat den Punkt A in der beliebigen Ebene P, außerhalb der eigentlichen Ebene Q, und ziehe in P durch A zwei Geraden, so treffen diese die eigentliche Ebene Q in zwei Punkten B und C, und die Ebenen P, Q haben die Gerade BC gemein.

13. Eine Gerade und eine Ebene haben stets einen Punkt gemein.

Beweis: Die Gerade h sei nicht ganz in der Ebene P gelegen. Nimmt man den eigentlichen Punkt A außerhalb von h, so ist h eine Gerade der eigentlichen Ebene hA. Die Ebenen P und hA haben eine Gerade k gemein, h und k schneiden sich in einem Punkte; dieser Punkt ist in h und P enthalten.

14. Zwei Ebenen haben stets eine Gerade gemein.

Beweis: In der Ebene P nehme ich den Punkt A außerhalb der Ebene Q und ziehe durch ihn zwei Geraden in P. Von diesen wird Q in zwei Punkten B und C getroffen, und die Gerade BC liegt zugleich in P und Q.

15. Drei Ebenen haben stets einen Punkt oder eine Gerade gemein. —

Solange eine Ebene nicht als eigentliche erkannt ist, bleibt man darauf angewiesen, sie durch drei Punkte oder durch eine Gerade und einen Punkt oder durch zwei Geraden darzustellen. Dennoch brauchen

§ 8. Ausgedehntere Anwendung des Wortes „Ebene".

wir uns nicht hindern zu lassen, wenn eine beliebige Ebene vorkommt und die Betrachtung durch eine Abbildung erläutert wird, jene Ebene als eigentliche Ebene zu behandeln, wie dies bezüglich der Punkte und Geraden geschah. Ist also von vier Strahlen $efgh$ die Rede, die in einer beliebigen Ebene U verlaufen und sich in einem Punkte M begegnen sollen, so trage ich kein Bedenken, ein solches Strahlenbüschel in einer eigentlichen Ebene und mit einem eigentlichen Scheitel zu entwerfen und mich darauf zu beziehen. Wird in der Ebene U eine beliebige Gerade l (nicht durch M) angenommen, so gebe ich sie unbedenklich als eigentliche Gerade und die Punkte $ABCD$, in denen $efgh$ von l getroffen werden, als eigentliche Punkte wieder. Die Punkte $ABCD$ zerfallen derart in zwei Paare, daß die des einen Paares durch die des andern getrennt werden; es seien etwa AB durch CD getrennt. Nenne ich l' eine andere Gerade der Ebene U (nicht durch M) und $A'B'C'D'$ ihre Durchschnittspunkte mit $efgh$, so geht aus folgenden Überlegungen hervor, daß auch $A'B'$ durch $C'D'$ getrennt werden. Man wähle außerhalb der Ebene U irgendeinen eigentlichen Punkt

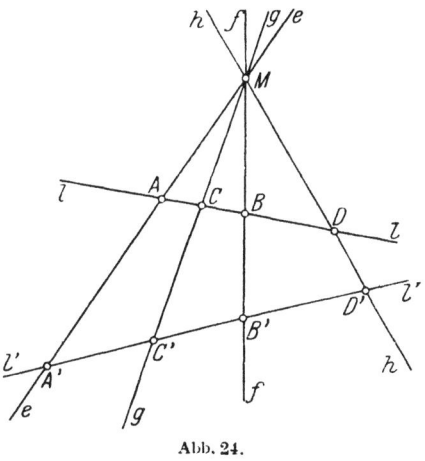

Abb. 24.

N, von dem aus nach M die eigentliche Gerade G gezogen wird, und verbinde G mit den Geraden $efgh$ durch die eigentlichen Ebenen $PQRS$. Da diese Ebenen von der eigentlichen Ebene lN in den Strahlen NA, NB, NC, ND eines Büschels mit dem eigentlichen Scheitel N getroffen, da ferner zufolge der im vorigen Paragraphen gegebenen Definition die Strahlen NA und NB durch die Strahlen NC und ND getrennt werden, so ergibt sich aus dem vorletzten Satze des § 4, daß die Ebenen PQ durch RS getrennt sind. Da endlich die Ebenen $PQRS$ von der eigentlichen Ebene $l'N$ in den Strahlen NA', NB', NC', ND' eines Büschels mit dem eigentlichen Scheitel N getroffen werden, so sind nach dem letzten Satze des § 4 die Strahlen NA' und NB' durch NC' und ND', folglich nach der eben angezogenen Definition auch die Punkte $A'B'$ durch $C'D'$ getrennt.

Wie ich also in der Ebene U die Gerade l (nicht durch M) annehmen mag, immer tritt dieselbe Paarung der Strahlen $efgh$ dadurch ein, daß die Punkte el und fl durch gl und hl getrennt werden. Sobald M ein eigentlicher Punkt, mithin U eine eigentliche Ebene und $efgh$ eigentliche Geraden sind, ergibt sich die jener Paarung angemessene Be-

§ 8. Ausgedehntere Anwendung des Wortes „Ebene".

nennung, wenn man auf die Punkte $ABCD$ die mehrerwähnte Definition anwendet; dann zeigen sich nämlich ef als durch gh getrennt. In Übereinstimmung mit der für den besonderen Fall bereits in Gebrauch befindlichen Ausdrucksweise werden wir *in jedem Falle* sagen, daß ef durch gh getrennt werden (oder daß g zwischen e und f liegt für den Grenzstrahl h), sobald unter Zuziehung einer beliebigen Geraden l in der Ebene des Büschels (nicht durch dessen Scheitel) die Punkte el und fl durch gl und hl getrennt sind. *Alle in § 3 für getrennte Strahlenpaare in einem Strahlenbüschel aufgestellten Sätze gelten in vollem Umfange weiter.*

Es erübrigt noch, dieselbe Begriffserweiterung am Ebenenbüschel vorzunehmen. Durch eine beliebige Gerade G seien jetzt die beliebigen Ebenen $PQRS$ gelegt. Werden von einer Ebene U (die G nicht enthält) die Achse G dieses Ebenenbüschels im Punkte M, die Ebenen $PQRS$ in den Geraden $efgh$ geschnitten, so bilden $efgh$ ein Strahlenbüschel; es seien etwa ef durch gh getrennt. Von einer anderen Ebene U' (die G nicht enthält) mögen G im Punkte M' und $PQRS$ in den Geraden $e'f'g'h'$ geschnitten werden; dann behaupte ich, daß auch $e'f'$ durch $g'h'$ getrennt sind. Es seien nämlich zuerst die Punkte M und M' voneinander verschieden. Dann wird G von der Durchschnittslinie l der Ebenen U und U' nicht getroffen, und die Durchschnittspunkte $ABCD$ der Geraden l mit den Ebenen $PQRS$ sind voneinander verschieden. Im Punkte A begegnen sich nun die Ebenen U, U' und P, folglich auch die Strahlen e und e', ebenso in B die Strahlen f und f', in C die Strahlen g und g', in D die Strahlen h und h'. Aus der in Betreff der Strahlen $efgh$ gemachten Voraussetzung folgt daher mit Rücksicht auf die soeben am Strahlenbüschel gegebenen Definitionen, daß die Punkte AB durch CD, und daraus weiter, daß die Strahlen $e'f'$ durch $g'h'$ getrennt werden. Wenn aber die Punkte M und M' zusammenfallen, so nimmt man eine Ebene U'' zu Hilfe, die die Achse G in einem von M verschiedenen Punkte M'' und die Ebenen $PQRS$ in den Strahlen $e''f''g''h''$ schneidet. Dann schließen wir zuerst, daß $e''f''$ durch $g''h''$, und daraus wieder, daß $e'f'$ durch $g'h'$ getrennt werden.

Ist G eine eigentliche Gerade, sind also $PQRS$ eigentliche Ebenen, so verlege man M nach einem eigentlichen Punkte von G, so daß U eine eigentliche Ebene und $efgh$ eigentliche Strahlen werden; man findet dann, daß die Ebenen PQ durch RS getrennt sind (vorletzter Satz in § 4). Wir wollen jedoch *in allen Fällen* sagen, daß PQ durch RS getrennt werden (oder R zwischen P und Q für die Grenzebene S), sobald unter Zuziehung einer beliebigen Ebene U (nicht durch die Achse des Ebenenbüschels) die Strahlen PU und QU durch RU und SU getrennt werden. *Auch jetzt gelten alle Sätze weiter, die in § 4 für getrennte Ebenenpaare in einem Büschel ausgesprochen worden sind.*

Die am Ebenenbüschel gegebene Definition läßt sich noch durch eine andere ersetzen. Man verstehe unter l eine beliebige Gerade, die die Achse nicht trifft, unter $ABCD$ die Schnittpunkte von l mit den vier Ebenen und unter M irgendeinen Punkt der Achse. Sind nun die Punkte AB durch CD getrennt, so sind auch die Strahlen MA und MB durch MC und MD getrennt, und umgekehrt. Es werden also die Ebenen PQ durch RS getrennt oder nicht, je nachdem unter Zuziehung einer die Achse nicht schneidenden Geraden l die Punkte Pl und Ql durch Rl und Sl getrennt werden oder nicht.

Überhaupt seien $ABCD$ vier beliebige Punkte einer Geraden; mit einem beliebigen Punkte außerhalb dieser Geraden werden $ABCD$ durch die Strahlen $efgh$ verbunden; durch diese vier Strahlen, mithin zugleich durch jene vier Punkte, werden endlich die Ebenen $PQRS$ eines Büschels gelegt. Wenn alsdann in einer der drei Figuren $ABCD$, $efgh$, $PQRS$ die beiden ersten Elemente (Punkte, Strahlen, Ebenen) durch die beiden letzten getrennt werden, so findet in den beiden andern Figuren dasselbe statt.

§ 9. Ausgedehntere Anwendung des Wortes „zwischen".

Die bisherigen Ergebnisse sind ohne Ausnahme aus den in § 1 und § 2 aufgestellten Kernsätzen hergeleitet worden; dabei wurden aber von § 3 an nicht mehr die Kernsätze selbst, sondern die aus ihnen gewonnenen Lehrsätze, also im Grunde die Sätze 4—9 und 12 des § 1 und die Sätze 2, 3, 4, 9, 10 des § 2 benutzt. Diese Lehrsätze bezogen sich auf eigentliche Punkte, eigentliche Geraden, eigentliche Ebenen. Nach der Erweiterung, die die Bedeutung der Worte „Punkt", „Gerade" und „Ebene" erfahren hat, ist ein Teil jener Sätze gültig geblieben und konnte daher in die in § 8 aufgestellte Übersicht wieder aufgenommen werden; es traten sogar einige neue Sätze hinzu, und eben in diesem Zuwachs ist der Wert der durchgeführten Begriffserweiterungen zu erblicken. Zwei Geraden in einer Ebene haben jetzt immer einen Punkt gemein, ebenso eine Gerade und eine Ebene; zwei Ebenen haben immer eine Gerade, drei Ebenen einen Punkt gemein. Dadurch werden die Unterscheidungen erspart, die bei der Beschränkung auf eigentliche Elemente notwendig wären.

Die Sätze 4, 5 in § 1 und 2, 3, 4, 9 in § 2 ließen sich auf beliebige Elemente übertragen, nicht aber die Sätze 6, 7, 8, 9, 12 in § 1 und der Satz 10 in § 2. Indes ist der Begriff der getrennten Punktepaare in einer Geraden auch für beliebige Punkte in einer beliebigen Geraden eingeführt worden und hat wieder zu den Sätzen geführt, die in § 1 für solche Paare aufgestellt worden waren (§ 7 am Ende). Dieser Begriff gestattet, solange man sich nur in einer Geraden bewegt, vollkommene Analogie zu den Beziehungen, die für eigentliche Punkte in den Sätzen 6, 7, 8, 9, 12 des § 1 ausgesprochen sind. Um dies scharf

§ 9. Ausgedehntere Anwendung des Wortes „zwischen".

hervortreten zu lassen, sagen wir: „Der Punkt C liegt zwischen den Punkten A und B bei ausgeschlossenem Punkte D (für den Grenzpunkt D)", wenn $ABCD$ Punkte einer Geraden und AB durch CD getrennt sind. Es mögen vier Punkte $ABCD$ in solcher Lage angenommen werden. Wenn sie sämtlich eigentliche Punkte sind, so liegt von den Punkten C, D der eine zwischen A und B, der andere aber nicht. Wenn ABC eigentliche Punkte sind und C zwischen A und B liegt, so ist D kein Punkt der Strecke AB. Wenn A und B eigentliche Punkte sind, D kein Punkt der Strecke AB, so ist C ein eigentlicher Punkt und liegt zwischen A und B; denn wenn man die Punkte $ABCD$ mit einem eigentlichen Punkte M außerhalb der Geraden AB verbindet, so werden die Strahlen MA, MB durch MC, MD getrennt, und es liegen die Schenkel MA und MB auf derselben Seite der Geraden MD, folglich ein Schenkel des Strahles MC zwischen den Schenkeln MA und MB, d. h. MC trifft AB zwischen A und B.

Werden also mit A, B, C, D Punkte einer Geraden und zwar mit A, B eigentliche Punkte bezeichnet, so werden AB durch CD getrennt, wenn von den Punkten C und D der eine ein eigentlicher Punkt zwischen A und B ist, der andere aber nicht, und umgekehrt.

Nur der Satz 10 in § 2 ist in keiner Weise auf beliebige Elemente übertragen worden. Es seien ABC eigentliche Punkte, nicht in gerader Linie; eine Gerade der Ebene ABC schneide die Geraden BC, CA, AB in a, b, c. Jener Satz sagt dann aus, daß, wenn a der Strecke BC, aber b nicht der Strecke CA angehört, c sich innerhalb der Strecke AB befindet. Da aber in der Ebene ABC eine Gerade d, die BC, CA, AB in a', b', c' schneidet, so angenommen werden kann, daß weder a' in der Strecke BC noch b' in der Strecke CA noch c' in der Strecke AB liegt, so können

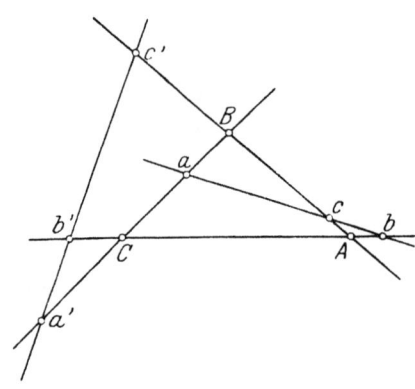

Abb. 25.

wir unter Zuziehung einer solchen Geraden den Satz dahin fassen, daß die Punkte AB durch cc' getrennt werden, wenn BC durch aa' und CA nicht durch bb' getrennt werden.

In der letzten Fassung gilt nun der Satz über die ursprünglichen Grenzen hinaus und erlangt dadurch, sofern man in einer Ebene bleibt, die Bedeutung eines Analogon zu § 2 Satz 10. Es wird dies klar hervortreten, wenn wir folgende Ausdrucksweise einführen. Sind $\alpha \beta \gamma \delta$ **Punkte einer Geraden**, $\alpha \beta$ durch $\gamma \delta$ getrennt, d eine andere Gerade

§ 9. Ausgedehntere Anwendung des Wortes „zwischen". 61

durch δ, so wollen wir sagen: *Der Punkt γ liegt zwischen α und β bei ausgeschlossener Geraden d oder für den Grenzstrahl d.*

Ist nämlich in einer Ebene die „auszuschließende Gerade" gegeben, so wird durch sie in jeder andern Geraden der Ebene der „auszuschließende Punkt" bestimmt. *Die Sätze b—f in § 1 gelten für beliebige Punkte in einer beliebigen Geraden der Ebene (außer d) auch dann, wenn der Punkt E durch die Gerade d ersetzt wird,* und es tritt, wie bereits angedeutet, der Satz hinzu:

1. Sind die Punkte ABC und der Strahl d in einer Ebene enthalten, die durch die drei Punkte bestimmt wird, und werden die Verbindungslinien BC, CA, AB von einem andern Strahl in abc so getroffen, daß für den Grenzstrahl d der Punkt a zwischen B und C liegt, aber b nicht zwischen C und A, so liegt c zwischen A und B für den Grenzstrahl d.

Mit diesem Satze steht ein auf das Strahlenbündel bezüglicher in genauem Zusammenhange, nämlich:

2. Liegen die Strahlen EFG in einem Bündel, aber nicht in einer Ebene, ist H eine Ebene durch den Scheitel des Bündels, und werden die Ebenen FG, GE, EF von einer andern, ebenfalls durch den Scheitel gelegten Ebene in den Strahlen efg so getroffen, daß für die Grenzebene H der Strahl e zwischen F und G liegt, aber f nicht zwischen G und E, so liegt g zwischen E und F für die Grenzebene H.

Hier ist wieder eine neue Ausdrucksweise angewendet worden; wenn nämlich in einer Ebene $αβγδ$ Strahlen eines Büschels sind, $αβ$ durch $γδ$ getrennt, H eine zweite Ebene durch $δ$, so sage ich: *der Strahl γ liegt zwischen α und β für die Grenzebene H.* Die beiden Sätze werden im Zusammenhange bewiesen. Wenn die Geraden BC, CA, AB von d in den Punkten $a'b'c'$ und die Ebenen FG, GE, EF von H in den Strahlen $e'f'g'$ geschnitten werden, so wird das eine Mal vorausgesetzt, daß BC durch aa' getrennt werden, CA nicht durch bb', und dann sollen AB durch cc' getrennt werden; das andere Mal wird vorausgesetzt, daß FG durch ee' getrennt werden, GE nicht durch ff', und dann sollen EF durch gg' getrennt werden.

Der erste Satz ist bereits bewiesen für den Fall, wo ABC eigentliche Punkte sind und die Gerade d weder zwischen B und C noch zwischen C und A noch zwischen A und B hindurchgeht. Um den zweiten Satz zunächst für Bündel mit eigentlichem Scheitel zu beweisen, nehme ich in den Strahlen EFG (also nicht in gerader Linie) die eigentlichen Punkte

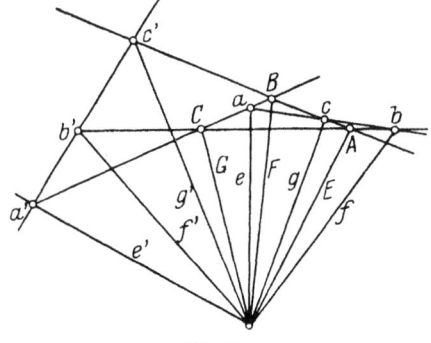

Abb. 26.

§ 9. Ausgedehntere Anwendung des Wortes „zwischen".

ABC auf derselben Seite der Ebene H. Dann liegen die Punkte B und C auf derselben Seite des Strahles e', die Punkte C und A auf derselben Seite des Strahles f', die Punkte A und B auf derselben Seite des Strahles g'. Werden nun die Geraden BC, CA, AB von efg in abc und von $e'f'g'$ in $a'b'c'$ getroffen, so liegen die Punkte abc in gerader Linie, ebenso die Punkte $a'b'c'$, aber a' nicht in der Strecke BC, b' nicht in der Strecke CA, c' nicht in der Strecke AB. Der Voraussetzung zufolge werden FG durch ee' getrennt, aber GE nicht durch ff', folglich auch BC durch aa', aber CA nicht durch bb'. Daraus schließt man endlich, daß AB durch cc' getrennt werden, mithin auch EF durch gg'.

Der erste Satz kann jetzt allgemein bewiesen werden. Zieht man nämlich von einem eigentlichen Punkte außerhalb der Ebene ABC nach den Punkten ABC, abc, $a'b'c'$ die Strahlen EFG, efg, $e'f'g'$, so liegen EFG nicht in einem Büschel; dagegen liegen efg in einer Ebene, desgleichen $e'f'g'$, $FGee'$, $GEff'$, $EFgg'$, d. h. die Ebenen FG, GE, EF werden von einer durch den Scheitel des Bündels EF gelegten Ebene in den Strahlen efg, von einer andern Ebene durch denselben Punkt in $e'f'g'$ geschnitten. Da BC durch aa' getrennt werden, aber CA nicht durch bb', so werden FG durch ee' getrennt, aber GE nicht durch ff'. Folglich werden EF durch gg' getrennt, also auch AB durch cc'.

Um endlich den zweiten Satz allgemein zu beweisen, durchschneide ich die Strahlen EFG, efg, $e'f'g'$ mit einer Ebene, die den Scheitel des Bündels nicht enthält, in den Punkten ABC, abc, $a'b'c'$. Die Punkte ABC liegen nicht in gerader Linie, wohl aber abc, $a'b'c'$, $BCaa'$, $CAbb'$, $ABcc'$. Man schließt zuerst, daß BC durch aa' getrennt werden, aber CA nicht durch bb'; daraus weiter, daß AB durch cc' getrennt werden, also EF durch gg'.

Wir haben eine Gerade benutzt, um für jede geradlinige Punktreihe (außerhalb dieser Geraden) in einer Ebene den „auszuschließenden Punkt" zu bestimmen. Wir haben eine Ebene benutzt, um für jedes Strahlenbüschel (außerhalb dieser Ebene) in einem Strahlenbündel den „auszuschließenden Strahl" zu bestimmen. Man kann in gleicherweise einen Punkt benutzen, um für jedes Strahlenbüschel (dessen Scheitel nicht in diesen Punkt fällt) in einer Ebene den „auszuschließenden Strahl" zu bestimmen. Wenn nämlich $\alpha \beta \gamma \delta$ Strahlen eines Büschels sind, $\alpha \beta$ durch $\gamma \delta$ getrennt, m ein Punkt von δ (nicht der Scheitel), so sage ich: *der Strahl γ liegt zwischen α und β für den Grenzpunkt m*. Endlich wird eine Gerade benutzt, um für jedes Ebenenbüschel (dessen Achse nicht in die Gerade fällt) in einem Ebenenbündel die „auszuschließende Ebene" zu bestimmen. Sind nämlich $\alpha \beta \gamma \delta$ Ebenen eines Büschels, $\alpha \beta$ durch $\gamma \delta$ getrennt, s eine Gerade der Ebene δ (nicht die Achse), so sage ich: *Die Ebene γ liegt zwischen α und β für den Grenzstrahl s*.

§ 9. Ausgedehntere Anwendung des Wortes „zwischen". 63

Man darf jetzt in den Sätzen des § 3 den Strahl k durch die Ebene H oder den Punkt m, in denen des § 4 die Ebene T durch die Gerade s ersetzen.

Werden die obigen Definitionen angenommen, so bieten sich zwei weitere Sätze dar.

3. Sind die Geraden JKL und der Punkt m in einer Ebene enthalten, die drei Geraden nicht in einem Büschel, und werden die Punkte KL, LJ, JK mit einem andern Punkte derselben Ebene durch die Strahlen ikl so verbunden, daß für den Grenzpunkt m der Strahl i zwischen K und L liegt, aber k nicht zwischen L und J, so liegt l zwischen J und K für den Grenzpunkt m.

4. Liegen die Ebenen PQR in einem Bündel, aber nicht in einem Büschel, ist s ein Strahl durch den Scheitel des Bündels, und werden die Geraden QR, RP, PQ mit einer andern, ebenfalls durch den Scheitel gelegten Geraden durch die Ebenen pqr so verbunden, daß für den Grenzstrahl s die Ebene p zwischen Q und R liegt, aber q nicht zwischen R und P, so liegt r zwischen P und Q für den Grenzstrahl s.

Auch diese beiden Sätze werden im Zusammenhange bewiesen. Bezeichnet man mit ABC die Punkte KL, LJ, JK und mit $i'k'l'$ die Strahlen Am, Bm, Cm, ferner mit EFG die Strahlen QR, RP, PQ und mit $p'q'r'$ die Ebenen Es, Fs, Gs, so wird im dritten Satze angenommen, daß KL durch ii' getrennt werden, LJ nicht durch kk', und behauptet, daß dann JK durch ll' getrennt werden; im vierten Satze wird angenommen, daß QR durch pp' getrennt werden, RP nicht durch qq', und behauptet, daß PQ durch rr' getrennt werden.

Ich beweise zunächst den dritten Satz für den Fall, wo ABC eigentliche Punkte sind und i' zwischen B und C, k' zwischen C und A hindurchgeht. In diesem Falle ist m ein eigentlicher Punkt und liegt zwischen A und Ji', B und Kk', C und Ll'; wenn also K und k sich in x begegnen, so ist x ein Punkt der Strecke CA, und i geht nicht zwischen

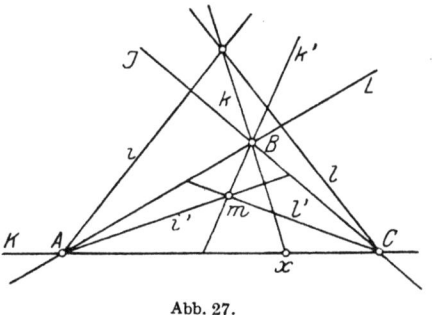

Abb. 27.

B und x hindurch; folglich geht auch l nicht zwischen B und x hindurch, d. h. JK werden durch ll' getrennt. — Das Ergebnis benutze ich, um den vierten Satz für Ebenenbündel mit eigentlichem Scheitel zu beweisen. Bei einem solchen Bündel wähle ich den eigentlichen Punkt C im Strahl G beliebig und die eigentlichen Punkte A und B in E und F derart, daß die Ebene q' zwischen C und A, die Ebene p' zwischen B und C hindurchgeht; ABC liegen nicht in gerader Linie.

§ 9. Ausgedehntere Anwendung des Wortes „zwischen".

Die Ebenen PQR, pqr, $p'q'r'$ mögen von der Ebene ABC in den Geraden JKL, ikl, $i'k'l'$ getroffen werden; dann begegnen sich $KLii'$ in A, $LJkk'$ in B, $JKll'$ in C, und auch ikl, $i'k'l'$ liegen je in einem Strahlenbüschel; überdies werden KL durch ii' getrennt, aber LJ nicht durch kk'; und endlich liegen B und C auf verschiedenen Seiten von i', C und A auf verschiedenen Seiten von k'. Nach dem Vorangeschickten werden auch JK durch ll' getrennt, mithin PQ durch rr'.

Der allgemeine Beweis des dritten Satzes ergibt sich nun, indem man die (jetzt beliebigen) Punkte ABC mit einem eigentlichen Punkte außerhalb der Ebene ABC durch Strahlen EFG und die Geraden JKL, ikl, $i'k'l'$ mit demselben Punkte durch Ebenen PQR, pqr, $p'q'r'$ verbindet, so daß die Ebenen $QRpp'$ durch E, $RPqq'$ durch F, $PQrr'$ durch G gehen und auch pqr, $p'q'r'$ je in einem Ebenenbüschel liegen. Man findet dann, daß QR durch pp' getrennt werden, aber RP nicht durch qq'; daraus folgt, daß PQ durch rr', also JK durch ll' getrennt werden. — Endlich ergibt sich der allgemeine Beweis des vierten Satzes, indem man aus den Ebenen PQR, pqr, $p'q'r'$ mit irgendeiner Ebene, die nicht durch den Scheitel des Ebenenbündels geht, Strahlen JKL, ikl, $i'k'l'$ herausschneidet.

Wie der erste und dritte Satz nur von ebenen Figuren (Planfiguren), so handeln auch der zweite und vierte von Figuren einer besonderen Art, insofern nur Strahlen und Ebenen vorkommen, die einen und denselben Punkt enthalten; solche Figuren, aus Strahlen eines Strahlenbündels und Ebenen eines Ebenenbündels mit einerlei Scheitel (Mittelpunkt) zusammengesetzt, mögen *zentrische Figuren* heißen[1]). Die Begriffsbildungen dieses Paragraphen sind noch nicht abgeschlossen, weil sie nur bei Planfiguren in einerlei Ebene oder bei zentrischen Figuren mit einerlei Scheitel brauchbar sind. Es bedarf einer Bestimmung, nach der in allen Ebenen der Grenzstrahl also in allen Geraden der „auszuschließende Punkt" angegeben werden kann. Dies wird durch Einführung irgendeiner Ebene N geleistet; sind nämlich $\alpha\beta\gamma\delta$ Punkte einer Geraden außerhalb der Ebene N, $\alpha\beta$ durch $\gamma\delta$ getrennt, δ der Durchschnittspunkt der Geraden und der Ebene, so sage ich: „der Punkt γ liegt zwischen α und β für die Grenzebene N". Ähnliche Bestimmungen werden für die Strahlen- und Ebenenbüschel getroffen. Sind $\alpha\beta\gamma\delta$ Strahlen eines Büschels, $\alpha\beta$ durch $\gamma\delta$ getrennt, n eine Gerade (nicht durch den Scheitel des Büschels, nicht in dessen Ebene), δ der sie schneidende Strahl des Büschels, so sage ich: „der Strahl γ liegt zwischen α und β für den Grenzstrahl n". Sind $\alpha\beta\gamma\delta$ Ebenen eines Büschels, $\alpha\beta$ durch $\gamma\delta$ getrennt, ν ein Punkt außerhalb der Achse, δ die durch ihn gehende Ebene des Büschels, so sage ich: „die Ebene γ liegt zwischen α und β für den Grenzpunkt ν". *Man darf*

---

[1]) *Staudt*: Geometrie der Lage, Vorwort, 1847.

§ 9. Ausgedehntere Anwendung des Wortes „zwischen".

jetzt in die Sätze des § 1 *für den Grenzpunkt E die Ebene N, in die des § 3 für den Grenzstrahl k die Gerade n, in die des § 4 für die Grenzebene T den Punkt v einführen* und erhält überdies folgende Fassungen der obigen vier Sätze:

a) *Sind die Punkte A B C nicht in einer Geraden enthalten, und werden die Verbindungslinien BC, CA, AB von einer andern Geraden in abc so getroffen, daß für die Grenzebene N der Punkt a zwischen B und C liegt, aber b nicht zwischen C und A, so liegt c zwischen A und B für die Grenzebene N.*

b) *Liegen die Strahlen EFG in einem Bündel, aber nicht in einem Büschel, und werden die Ebenen FG, GE, EF von einer durch den Scheitel gelegten Ebene in efg so getroffen, daß für den Grenzstrahl n der Strahl e zwischen F und G liegt, aber f nicht zwischen G und E, so liegt g zwischen E und F für den Grenzstrahl n.*

c) *Sind die Geraden JKL in einer Ebene enthalten, aber nicht in einem Büschel, und werden die Punkte KL, LJ, JK mit einem Punkte derselben Ebene durch ikl so verbunden, daß für den Grenzstrahl n der Strahl i zwischen K und L liegt, aber k nicht zwischen L und J, so liegt l zwischen J und K für den Grenzstrahl n.*

d) *Sind die Ebenen PQR nicht in einem Büschel enthalten, und werden die Strahlen QR, RP, PQ mit einer Geraden durch pqr so verbunden, daß für den Grenzpunkt v die Ebene p zwischen Q und R liegt, aber q nicht zwischen R und P, so liegt r zwischen P und Q für den Grenzpunkt v.*

Die Übertragung der Sätze 6—9 und 12 in § 1 und des Satzes 10 in § 2 auf beliebige Punkte, die weder auf eine Gerade noch auf eine Ebene beschränkt sind, ist jetzt geleistet, soweit sie möglich ist. Freilich nicht in der einfachen Weise, wie bei den andern Fundamentalsätzen; denn an Stelle des auf eigentliche Punkte bezüglichen Begriffes „zwischen", der bei drei eigentlichen Punkten einer Geraden stets anwendbar war, mußte ein auf beliebige Punkte bezüglicher Begriff gebildet werden, der bei drei Punkten einer Geraden nicht ohne weiteres anwendbar ist, sondern die Festlegung einer Ebene N voraussetzt. Aus dem neuen Begriffe kann man weitere ableiten, die gewissen im ersten, dritten und vierten Paragraphen abgeleiteten Begriffen entsprechen, aber, mit bestimmter Ausnahme, noch die Ebene N wesentlich enthalten. Die Ausnahme ist folgende: Wenn $\alpha\beta\gamma\delta$ Punkte einer Geraden sind, γ zwischen α und β für die Grenzebene N, δ aber nicht, oder umgekehrt, so ist diese Beziehung von der Ebene N unabhängig, die Punkte $\alpha\beta$ werden durch $\gamma\delta$ getrennt. Es wird also kein auf vier Punkte einer Geraden und eine Ebene bezüglicher Begriff erzeugt, ebensowenig ein ähnlicher Begriff im Strahlen- oder Ebenenbüschel.

Das Streben, möglichst viele Figuren, die Anhaltspunkte zu gleichmäßiger Behandlung darbieten, unter einen Gesichtspunkt zu bringen, hat die „eigentliche" Bedeutung der elementaren geometrischen

§ 9. Ausgedehntere Anwendung des Wortes „zwischen".

Benennungen immer mehr in den Hintergrund gedrängt. Es ist nötig geworden, jene Benennungen durchweg in dem allgemeinsten Sinne, der sich ihnen (bis jetzt) erteilen ließ, so lange anzuwenden, als nicht durch besondere Forderungen die Beschränkung auf den „eigentlichen" Sinn bedingt wird. Wenn demgemäß zu einer gegebenen Figur eine andere, mit jener in vorgeschriebenem Zusammenhange stehende verlangt wird, so behandeln wir die Aufgabe in ihrem allgemeinen Sinne und suchen für die unbekannte Figur eine Konstruktion, die nach einheitlicher Vorschrift in allen möglichen Fällen angewendet werden kann. Erst im Ergebnis finden die etwa vorhandenen einschränkenden Forderungen ihre Berücksichtigung.

Die Analysis verfährt in gleicher Weise, wenn zu gegebenen Zahlen eine andere, mit jenen in vorgeschriebenem Zusammenhange stehende berechnet werden soll. Sie lehrt, wie sämtliche unter den allgemeinsten Zahlenbegriff sich unterordnende Lösungen gefunden werden, unbekümmert um die Veranlassung des Problems, deren Natur häufig eine spezielle Zahlengattung bedingt. —

Zu späterer Benutzung füge ich hier folgende Betrachtung an.

Es seien ABC drei nicht in gerader Linie gelegene Punkte, a ein von B und C verschiedener Punkt der Geraden BC, b ein von C und A verschiedener Punkt der Geraden CA. Nimmt man auf den Geraden BC, CA Punkte a', b' derart, daß BC durch aa', CA durch bb' getrennt werden (§ 7, drittletzter Lehrsatz), und legt man durch a' und b' eine von der Ebene ABC verschiedene Ebene N, so liegt für die Grenzebene N der Punkt a zwischen B und C, der Punkt b zwischen C und A.

Nunmehr seien $ABCD$ Punkte einer Ebene, keine drei in gerader Linie; ferner seien abc die Schnittpunkte der Geraden BC und AD, CA und BD, AB und CD, also verschieden von $ABCD$. Wählt man dann die Ebene N, wie oben, so folgt mittels des 15. Lehrsatzes des § 2, daß c für die Grenzebene N zwischen A und B liegt. Denn in § 9 hat sich ergeben, daß bei jeder Figur überall, wo drei eigentliche Punkte einer Geraden vorkommen und von dem einen gesagt wird, daß er zwischen den beiden andern liegt oder nicht, die Worte „für die Grenzebene N" hinzugefügt und sodann alle eigentlichen Elemente der Figur durch beliebige ersetzt werden dürfen.

In derselben Weise kann man den 11. Lehrsatz des § 2 verallgemeinern. Demnach bestehen folgende Sätze:

Liegen die Punkte $ABCD$ in einer Ebene, aber keine drei in gerader Linie, und werden die Geraden BC, CA, AB von den Geraden AD, BD, CD in abc getroffen, so kann man die Ebene N derart wählen, daß für die Grenzebene N der Punkt a zwischen B und C liegt, b zwischen C und A, c zwischen A und B.

Sind ABC drei nicht in gerader Linie gelegene Punkte, und liegt für eine Grenzebene der Punkt a auf der Geraden BC zwischen B

und C, b auf CA zwischen C und A, c auf AB zwischen A und B, so liegen abc nicht in gerader Linie.

Aus diesen beiden Sätzen folgt endlich: Liegen die Punkte A, B, C, D in einer Ebene, aber keine drei in gerader Linie, und werden die Geraden BC, CA, AB von den Geraden AD, BD, CD in den Punkten a, b, c getroffen, so liegen a, b, c nicht in gerader Linie.

§ 10. Perspektive Figuren.

Im vorigen Paragraphen sind Planfiguren und zentrische Figuren wiederholt zueinander in Beziehung gesetzt worden, um Eigenschaften solcher Figuren zu beweisen. Mit einem Punkte außerhalb ihrer Ebene wurden die Punkte einer Planfigur durch Strahlen, ihre Geraden durch Ebenen verbunden und so der Übergang von einer Planfigur zu einer mit ihr eng zusammenhängenden zentrischen Figur bewerkstelligt. Mit einer Ebene, die den Scheitel nicht enthält, wurden die Strahlen einer zentrischen Figur in Punkten, ihre Ebenen in Geraden durchschnitten und so der umgekehrte Übergang vollzogen. Man nennt bei solcher Lage die beiden Figuren zueinander *perspektiv*, die Planfigur einen *Schnitt* der zentrischen Figur.

Es seien $ab\ldots$ die Punkte, $\alpha\beta\ldots$ die Geraden einer Planfigur, $a'b'\ldots$ die Strahlen, $\alpha'\beta'\ldots$ die Ebenen einer zentrischen Figur, deren Scheitel nicht in der Ebene der Planfigur enthalten ist; die Anzahl der Punkte $ab\ldots$ sei gleich der der Strahlen $a'b'\ldots$, die Anzahl der Geraden $\alpha\beta\ldots$ gleich der der Ebenen $\alpha'\beta'\ldots$; der Punkt a sei in a', b in b', $\ldots$, die Gerade α in α', β in β', $\ldots$ enthalten. Die Figuren $ab\ldots\alpha\beta\ldots$ und $a'b'\ldots\alpha'\beta'\ldots$ sind alsdann perspektiv, und man nennt in ihnen aa', bb', $\ldots$, $\alpha\alpha'$, $\beta\beta'$, $\ldots$ *homologe* Elemente; die Angabe der Elemente erfolgt in den beiden Figuren in solcher Reihenfolge, daß je zwei homologe Elemente die gleichen Plätze einnehmen. Von jedem Elemente der Planfigur können wir sagen, daß es in dem homologen liegt; von jedem Elemente der zentrischen Figur, daß es durch das homologe hindurchgeht. Um eine gleichmäßigere Ausdrucksweise zu ermöglichen, wollen wir von einem Punkte und einer Geraden, wenn der Punkt zu der Geraden gehört, auch sagen: der Punkt liegt *an* der Geraden, die Gerade liegt *an* dem Punkte; diese Festsetzung mag sich auch auf Punkt und Ebene, sowie auf Gerade und Ebene beziehen. Wir werden also sagen: Je zwei homologe Elemente der beiden perspektiven Figuren *liegen aneinander*. Und die charakteristische Eigenschaft der beiden Figuren können wir jetzt so aussprechen: *Liegen zwei Elemente der einen Figur aneinander, so sind auch in der andern Figur die homologen Elemente aneinander gelegen.*

Nimmt man in der Ebene der Planfigur einen beliebigen Punkt m, so gehört er entweder zu der Planfigur oder kann zu ihr hinzugefügt werden; jedenfalls wird er mit dem Scheitel der zentrischen Figur durch einen bestimmten Strahl m' verbunden, der bei der Betrachtung solcher perspektiven Figuren der homologe Strahl zum Punkte m genannt wird. Überhaupt gehört zu jedem Element, um das die eine Figur sich erweitern läßt, ein „homologes" Element, um das die andere sich erweitern läßt. *Sooft also Punkte der Planfigur in einer Geraden liegen, bilden die homologen Strahlen ein Büschel, und umgekehrt*; und *sooft Strahlen der Planfigur durch einen Punkt gehen, gehen die homologen Ebenen durch eine Gerade, und umgekehrt.* Daher entspricht dem Schnittpunkte zweier Geraden der Planfigur die Schnittlinie der homologen Ebenen, der Verbindungslinie zweier Punkte der Planfigur die Verbindungsebene der homologen Strahlen.

Jedem Teile der Planfigur entspricht ein homologer Teil der perspektiven zentrischen Figur; diese Teile sind wieder in perspektiver Lage. Beispielsweise entspricht einer geraden Punktreihe ein Strahlenbüschel, so daß perspektive Figuren in einer Ebene entstehen; und wenn in einer dieser Figuren zwei Paare von Elementen durcheinander getrennt werden, so findet zwischen den homologen Paaren die gleiche Beziehung statt. Ein Strahlenbüschel und eine gerade Punktreihe sind perspektiv, wenn die Punktreihe ein Schnitt des Strahlenbüschels ist. — Einem Strahlenbüschel als Planfigur entspricht ein Ebenenbüschel als perspektive zentrische Figur; das Strahlenbüschel ist ein Schnitt des Ebenenbüschels; der Scheitel des ersteren liegt in der Achse des letzteren und ist also der Scheitel einer zentrischen Figur, die sich aus dem Strahlen- und dem Ebenenbüschel zusammensetzt. Getrennten Paaren des einen Büschels entsprechen wieder getrennte Paare im andern Büschel. — Man nennt endlich auch eine gerade Punktreihe und ein Ebenenbüschel perspektiv, wenn beide sich in perspektiver Lage mit einem Strahlenbüschel (also nicht bloß mit einem) befinden. Auch hier sind je zwei homologe Elemente aneinander gelegen, die Punktreihe kann ein Schnitt des Ebenenbüschels genannt werden, und die getrennte Lage von Paaren der einen Figur überträgt sich allemal auf die homologen Elemente.

Die gerade Punktreihe ist unter die ebenen Figuren, das Ebenenbüschel unter die zentrischen, das Strahlenbüschel unter beide zu rechnen. Wir können daher zusammenfassend den Satz aussprechen: *Sooft in einer Planfigur zwei Elementenpaare einander trennen, sind in jeder perspektiven zentrischen Figur die homologen Paare durch einander getrennt, und umgekehrt*[1]). — Eine gerade Punktreihe und ein perspektives Strahlenbüschel können als Teile einer Planfigur erscheinen; dann sind in jeder perspektiven zentrischen Figur die homologen Teile auch

---

[1]) Dabei ist der Fall zweier perspektiven Strahlenbüschel mit inbegriffen, der erst später zur Sprache kommt.

unter sich perspektiv. Ein Strahlenbüschel und ein perspektives Ebenenbüschel können als Teile einer zentrischen Figur erscheinen; in jeder perspektiven Planfigur sind alsdann die entsprechenden Teile ebenfalls unter sich perspektiv.

Wir haben in diesem Paragraphen nirgends von eigentlichen Elementen (Punkten, Geraden, Ebenen) gesprochen und demnach auch keine geometrischen Begriffe angewendet, die sich bloß auf eigentliche Elemente beziehen. Es sind die Ausdrücke Punkt, Gerade und Ebene nur in ihrem allgemeinen Sinn, außerdem der Begriff des Aneinanderliegens von zwei Elementen und der Begriff der getrennten Lage von zwei Elementenpaaren vorgekommen (wenn man von den Begriffen absieht, die aus jenen ohne Zuziehung anderer abgeleitet werden können). *Von diesen Begriffen sagt man, daß sie sich auf die „Lage" beziehen.* Sie mußten zwar, den geometrischen Kernbegriffen gegenüber, als abgeleitete eingeführt werden; aber wenn man aus ihnen ohne Zuziehung anderer geometrischer Begriffe weitere ableitet (von denen man ebenfalls sagen wird, daß sie sich auf die Lage beziehen), so kann man innerhalb der auf die Lage bezüglichen Begriffsgruppe jene den übrigen als *Stammbegriffe* voranstellen. Diejenigen Lehrsätze der Geometrie, die keine anderen geometrischen Begriffe enthalten, werden als ein besonderer Teil der Geometrie betrachtet, den man die *Geometrie der Lage* nennt. Von den bisherigen Sätzen gehören in § 7 die vier letzten, in § 8 die Sätze 1, 2, 4, 5, 7—15, in § 9 alle Ergebnisse außer dem ersten Satze (Seite 60), in § 10 alle Sätze zur Geometrie der Lage. Punkt, Gerade und Ebene (im allgemeinen Sinne), Aneinanderliegen von Elementen und Getrenntliegen von Paaren spielen in der Geometrie der Lage die Rolle von Stammbegriffen, auf die alle anderen zurückgeführt werden.

Diejenigen Relationen zwischen den Elementen einer Figur, zu deren Angabe nur auf die Lage bezügliche Begriffe erfordert werden, bilden ihre auf die Lage bezüglichen Eigenschaften und werden auch *graphische (deskriptive) Eigenschaften* der Figur genannt. Die Geometrie der Lage ist demnach die Lehre von den graphischen Eigenschaften der Figuren; sie lehrt aus graphischen Eigenschaften einer Figur auf andere ebensolche Eigenschaften schließen. Jeder Satz, bei dessen Beweise nur auf Lage bezügliche Sätze und Begriffe in Anwendung kommen, kann wieder nur einen Zusammenhang zwischen graphischen Eigenschaften behaupten, z. B. jede Folgerung aus den soeben angeführten Theoremen. Aber das Umgekehrte ist nicht richtig; die bisherigen Sätze, die zur Geometrie der Lage gehören, mußten großenteils aus Sätzen anderer Natur hergeleitet werden, und diese Erscheinung wird sich späterhin noch wiederholen.

Eine graphische Eigenschaft einer Figur ist es auch, wenn sie zwei unter sich perspektive Bestandteile enthält. Es werden daher alle

§ 10. Perspektive Figuren.

bisherigen Bemerkungen über perspektive Figuren durch den Satz umfaßt: *Wenn eine Planfigur sich in perspektiver Lage mit einer zentrischen Figur befindet, so kommt jede graphische Eigenschaft von Bestandteilen der einen Figur auch den homologen Bestandteilen der andern zu*[1]). Und daraus folgt das wichtigste Gesetz, das die Lehre von den Planfiguren (Planimetrie) mit der Lehre von den zentrischen Figuren, soweit es sich nur um Lage handelt, eng verknüpft:

Jeder Satz, der von graphischen Eigenschaften einer Planfigur handelt, kann auf zentrische Figuren übertragen werden, indem man die Punkte der Planfigur durch Strahlen, ihre Geraden durch Ebenen ersetzt.

Ein solcher Satz nämlich lehrt, daß man, sooft in einer Planfigur gewisse graphische Eigenschaften vorausgesetzt werden, auf gewisse andere graphische Eigenschaften zu schließen berechtigt ist, und es handelt sich darum, das Entsprechende für die zentrischen Figuren zu beweisen. Man nimmt also eine zentrische Figur mit den Eigenschaften an, die der Voraussetzung des planimetrischen Satzes entsprechen, und geht zu irgendeiner perspektiven Planfigur über. Dieser kommen die analogen Eigenschaften zu, folglich auch diejenigen, welche die Behauptung des planimetrischen Satzes ausmachen, und die Eigenschaften, welche den letzteren entsprechen, besitzt daher auch die zentrische Figur. *Mit gleichem Rechte werden planimetrische Sätze, die graphische Eigenschaften betreffen, aus den analogen Sätzen über zentrische Figuren ohne besonderen Beweis entnommen.* — Hiermit ist das Gesetz ausgesprochen, nach dem im vorigen Paragraphen die Sätze 1 und 2, 3 und 4 zusammengehören. Wir können noch hinzufügen: *Jede graphische Eigenschaft, die man für eine gerade Punktreihe oder ein Strahlenbüschel oder ein Ebenenbüschel bewiesen hat, ist auch für die beiden anderen Gebilde gültig.*

Ziehen wir jetzt zwei ebene Schnitte einer und derselben zentrischen Figur in Betracht, also zwei mit einer zentrischen perspektive Figuren in verschiedenen Ebenen (P und P'), die auch unter sich *perspektiv* genannt werden. Je zwei Elemente, Punkte oder Geraden, die an demselben Elemente der zentrischen Figur liegen, heißen homolog; je zwei homologe Geraden haben eine Ebene, mithin auch einen (in der Geraden PP' gelegenen) Punkt gemein. Die Gerade PP' ist sich selbst homolog, ebenso ihre Punkte; man sagt von diesen Elementen, sie seien den beiden Figuren *entsprechend gemein*. Die Verbindungslinien homologer Punkte, sowie die Verbindungsebenen homologer Geraden laufen durch einen Punkt O, das Zentrum der Perspek-

---

[1]) Manche graphische Eigenschaften werden unter Zuziehung von Hilfselementen definiert, z. B. die in § 11 zu besprechende harmonische Lage. Auf solche Eigenschaften kann der obige Satz (und die aus ihm gefolgerten Sätze) nur bezogen werden, insofern die Hilfselemente an der Ebene der Planfigur, bzw. am Scheitel der zentrischen Figur liegen.

tivität. Von den Elementen einer solchen Figur, etwa der in P gelegenen, sagt man auch, sie seien aus dem Punkte O auf die andere Ebene P' nach den homologen *projiziert*. Man sagt also, daß aus dem Punkte O (dem Projektionszentrum) auf die Ebene P' (die Projektionsebene) der Punkt a nach a' (seiner Projektion), die Gerade α nach α' (ihrer Projektion) projiziert werde, wenn die Ebene P' von dem (projizierenden) Strahl Oa in a', von der (projizierenden) Ebene $O\alpha$ in α' geschnitten wird. Jede Gerade hat mit ihrer Projektion einen Punkt gemein. Die Verbindungslinie zweier Punkte wird nach der der entsprechenden Punkte, der Durchschnittspunkt zweier Geraden nach dem der entsprechenden Geraden projiziert. Von zwei perspektiven Planfiguren in verschiedenen Ebenen ist hiernach jede eine Projektion der anderen; die projizierenden Strahlen und Ebenen bilden eine zu beiden perspektive zentrische Figur (die projizierende Figur). Jeder Strahl der einen Planfigur wird von der Durchschnittslinie der beiden Ebenen in demselben Punkte getroffen, wie seine Projektion.

Perspektive Figuren in verschiedenen Ebenen haben alle graphischen Eigenschaften gemein, weil diese durch die projizierende Figur von der einen Planfigur auf die andere übertragen werden; mit anderen Worten: *Die graphischen Eigenschaften einer Planfigur werden durch Projektion auf eine andere Ebene nicht geändert.*

Die gerade Punktreihe ist eine spezielle ebene Figur, die mit jeder perspektiven Planfigur in einer Ebene enthalten ist. Je zwei perspektive gerade Punktreihen setzen gerade Linien (Träger) in einer Ebene voraus und haben den Durchschnittspunkt ihrer Träger entsprechend gemein. Perspektive Punktreihen (in verschiedenen Geraden) sind Schnitte eines bestimmten Strahlenbüschels, also einem Strahlenbüschel perspektiv. Innerhalb einer Ebene wird der Punkt a aus O auf eine Gerade nach a' *projiziert*, wenn diese dem Strahle Oa in a' begegnet; jede gerade Punktreihe wird nach einer perspektiven Punktreihe projiziert. Die Verbindungslinien homologer Punkte zweier perspektiven Punktreihen laufen im Projektionszentrum zusammen.

Das Strahlenbüschel ist ebenfalls eine spezielle ebene Figur; bei seiner Projektion auf eine andere Ebene sind jedoch zwei Fälle zu unterscheiden. Entweder ist der Scheitel in der Projektionsebene gelegen, mithin sich selbst homolog; dann entstehen perspektive Strahlenbüschel in verschiedenen Ebenen, aber mit gleichem Scheitel, die also zusammen in einer zentrischen Figur vorkommen können; solche Strahlenbüschel haben die Durchschnittslinie ihrer Ebenen entsprechend gemein. Oder der Scheitel ist von seiner Projektion verschieden, so daß perspektive Strahlenbüschel in verschiedenen Ebenen und mit verschiedenen Scheiteln entstehen; dann bilden die Durchschnittspunkte homologer Strahlen eine gerade Punktreihe (den *perspektiven Durchschnitt* der Büschel), nämlich auf der Durchschnittslinie der beiden

Ebenen; die Büschel sind demnach einer und derselben geraden Punktreihe perspektiv. In beiden Fällen aber haben wir es mit Schnitten eines Ebenenbüschels, sei es durch denselben Punkt der Achse oder durch verschiedene Punkte, zu tun (projizierendes Ebenenbüschel).

Den perspektiven Planfiguren stehen perspektive zentrische Figuren gegenüber. Je zwei zentrische Figuren mit verschiedenen Scheiteln O und O', die einen ebenen Schnitt gemein haben, also zu einer Planfigur perspektiv liegen, heißen *perspektiv*. Je zwei Strahlen beider Figuren, die an demselben Punkte der Planfigur liegen, und je zwei Ebenen, die an derselben Geraden der Planfigur liegen, heißen homolog; je zwei homologe Strahlen haben einen Punkt, mithin auch eine durch den Strahl OO' gehende Ebene gemein. Der Strahl OO' und jede Ebene durch OO', also alle gemeinschaftlichen Elemente der beiden zentrischen Figuren, sind entsprechend gemein. Der Ebene zweier Strahlen der einen Figur entspricht die Ebene der homologen Strahlen, der Durchschnittslinie zweier Ebenen entspricht die der homologen Ebenen. Die Schnittpunkte homologer Strahlen und die Schnittlinien homologer Ebenen bilden eine zu beiden perspektive Planfigur (den *perspektiven Durchschnitt* jener beiden Figuren). *Perspektive zentrische Figuren mit verschiedenen Scheiteln haben alle graphischen Eigenschaften gemein.*

Als besondere Fälle sind Strahlen- und Ebenenbüschel anzuführen. Zwei Strahlenbüschel mit verschiedenen Scheiteln O und O' sind als zentrische Figuren perspektiv, wenn sie einen perspektiven Durchschnitt besitzen, d. h. wenn die homologen Strahlen sich schneiden und die Schnittpunkte (in einer nicht durch O oder O' gehenden Ebene, mithin) in einer Geraden liegen. Eine Gattung solcher Büschel ist uns bereits begegnet, nämlich perspektive Strahlenbüschel mit verschiedenen Scheiteln und in verschiedenen Ebenen; diese enthalten keinen sich selbst entsprechenden Strahl; die Ebenen homologer Strahlen bilden ein Ebenenbüschel. Als eine neue Gattung treten perspektive Strahlenbüschel mit verschiedenen Scheiteln, aber in einerlei Ebene hinzu; solche können als Teile einer Planfigur vorkommen; der Strahl OO' entspricht sich selbst, ein perspektives Ebenenbüschel ist nicht vorhanden. Es gibt demnach drei Arten perspektiver Strahlenbüschel.

Zwei perspektive Ebenenbüschel setzen Achsen, die einander begegnen, voraus und bilden also zusammen eine zentrische Figur. Die Ebene der Achsen ist entsprechend gemein. Der perspektive Durchschnitt ist ein Strahlenbüschel, in dessen Scheitel beide Achsen sich durchschneiden. Perspektive Ebenenbüschel sind also zu einem Strahlenbüschel perspektiv.

Ausgehend von perspektiven Planfiguren, gelangt man zu einer großen Anzahl von Lehrsätzen über Planfiguren in einer oder in verschiedenen Ebenen. Wir beschränken uns darauf, die fundamentalsten

§ 10. Perspektive Figuren. 73

dieser Sätze hier zu entwickeln. Es stehen ihnen ähnliche Sätze über zentrische Figuren gegenüber, die leicht nachzubilden sind und nicht besonders aufgeführt werden sollen.

Mit abc, $a'b'c'$ mögen zwei Dreiecke, also Planfiguren, bezeichnet werden; weder abc noch $a'b'c'$ sollen in gerader Linie liegen; die Punkte abc bestimmen eine Ebene P, $a'b'c'$ eine Ebene P'. Falls die Strahlen aa', bb', cc' in einem Punkte O sich schneiden, heißen die Dreiecke *perspektiv*, gleichviel ob die Ebenen P und P' verschieden sind oder nicht. Die Gegenseiten homologer Ecken sind alsdann homolog; je zwei homologe Seiten schneiden sich; daß die drei Schnittpunkte in einer Geraden liegen, folgt bei verschiedenen Ebenen P und P' daraus, daß sie in zwei Ebenen liegen, und wird

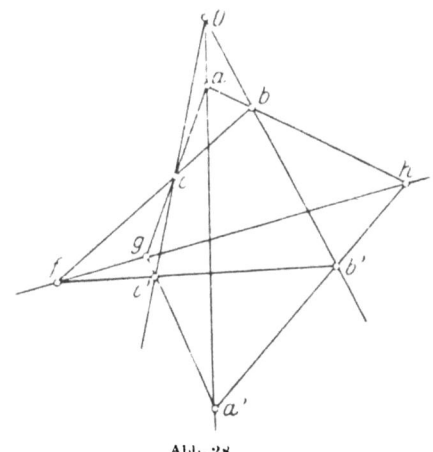

Abb. 28.

sich für den andern Fall bald ergeben. Umgekehrt: Wenn die Ebenen P und P' verschieden sind und die Seitenpaare $bc\ b'c'$, $ca\ c'a'$, $ab\ a'b'$ je in einem Punkte (also auf einer Geraden) sich treffen, so sind die Dreiecke abc, $a'b'c'$ perspektiv. Denn die Strahlen aa', bb', cc' liegen dann paarweise in einer Ebene, ohne einer einzigen Ebene anzugehören, und laufen folglich in einem Punkte O zusammen. Überhaupt wenn drei oder mehr Geraden paarweise in einer Ebene liegen, aber nicht alle in einer Ebene, so gehen sie durch einen Punkt; oder: *Wenn drei oder mehr Geraden paarweise sich schneiden, so bilden sie entweder eine Planfigur oder eine zentrische Figur.* Beides tritt gleichzeitig ein, wenn sie in einem Strahlenbüschel liegen.

Perspektive Dreiecke in einer Ebene kommen durch Projektion eines Dreiecks aus verschiedenen Punkten zustande. Wird in der Tat das Dreieck ABC (das die Ebene Q bestimmen mag) auf eine andere Ebene P aus dem Punkte S nach abc, aus dem Punkte S' (außerhalb der Geraden AS, BS, CS) nach $a'b'c'$ projiziert, so sind die Dreiecke abc, $a'b'c'$ perspektiv. Denn der Durchschnittspunkt O der Ebene P mit der Geraden SS' liegt in der Geraden aa' (nämlich Oaa' in den Ebenen P und ASS'), zugleich in den Geraden bb' und cc'. Umgekehrt: Liegen die Dreiecke abc und $a'b'c'$ in einer Ebene P perspektiv, so sind sie Projektionen eines Dreiecks einer anderen Ebene. Denn zieht man außerhalb der Ebene P durch den Punkt O, in dem die Strahlen aa', bb', cc' sich treffen, eine Gerade und nimmt in ihr die Punkte S

§ 10. Perspektive Figuren.

und S' beliebig (von O verschieden), so sind die Punkte S' und a' in der Ebene aOS enthalten; folglich schneiden sich die Strahlen Sa und $S'a'$ in einem Punkte A; die Strahlen Sb, $S'b'$ ergeben in gleicher Weise einen Durchschnittspunkt B und Sc, $S'c'$ einen Durchschnittspunkt C. Durch die Punkte A, B, C wird eine von P verschiedene Ebene Q bestimmt, und es wird abc aus S, $a'b'c'$ aus S' auf Q nach ABC projiziert.

Falls die Dreiecke abc und $a'b'c'$ perspektiv sind, schneiden sich die homologen Seiten auf einer Geraden, gleichviel ob die Dreiecke in einer Ebene liegen oder nicht (Satz von *Desargues*). Der Beweis braucht nur noch für zwei Dreiecke in einer Ebene geführt zu werden. Solche Dreiecke sind Projektionen eines Dreiecks ABC einer andern Ebene. Die Schnittlinie beider Ebenen wird von der Geraden BC in demselben Punkte getroffen, wie von den Projektionen bc und $b'c'$, etwa in f; ebenso begegnen sich auf jener Schnittlinie CA, ca, $c'a'$ etwa in g und AB, ab, $a'b'$ etwa in h; es schneiden sich also $bc\ b'c'$, $ca\ c'a'$, $ab\ a'b'$ in drei Punkten fgh einer geraden Linie. Umgekehrt: *Wenn in einer Ebene oder in verschiedenen Ebenen Dreiecke abc und $a'b'c'$ so liegen, daß die Seiten $bc\ b'c'$, $ca\ c'a'$, $ab\ a'b'$ sich in Punkten fgh einer Geraden schneiden, so sind die Dreiecke perspektiv.* Auch dies braucht nur noch für Dreiecke in einer Ebene bewiesen zu werden. Durch die Gerade fg lege man eine andere Ebene und projiziere auf sie das Dreieck abc nach ABC, so daß die Seite BC durch f, CA durch g, AB durch h hindurchgeht; dann schneiden sich BC und $b'c'$ in f, CA und $c'a'$ in g, AB und $a'b'$ in h, folglich sind ABC und $a'b'c'$ perspektive Dreiecke in verschiedenen Ebenen, abc und $a'b'c'$ Projektionen von ABC. (Ein anderer Beweis, der für beide Fälle den Satz einfach auf den vorigen zurückführt, hat den Vorzug, für den Fall zweier Dreiecke in einer Ebene sich ganz innerhalb dieser Ebene zu bewegen. Er beruht auf dem Umstande, daß im Punkte h die Strahlen ab, $a'b'$ gf zusammentreffen, mithin perspektive Dreiecke $aa'g$ und $bb'f$ entstehen; die Seiten dieser Dreiecke $a'g$, $b'f$, ga, fb, aa', bb' schneiden sich auf einer Geraden in drei Punkten $c'cO$, d. h. aa', bb', cc' haben den Punkt O gemein.)

Bei Planfiguren, die aus mehr als drei Punkten bestehen, macht es hinsichtlich der Perspektivität einen wesentlichen Unterschied, ob sie in verschiedenen Ebenen liegen oder nicht. Wir wollen vier Punkte $abcd$ in einer Ebene (keine drei in einer Geraden) betrachten; diese werden zu je zweien durch sechs Gerade verbunden, und die Figur, die aus den Punkten $abcd$ und den sechs Verbindungslinien besteht, wird ein *ebenes vollständiges Viereck* genannt. Zum vollständigen Viereck $abcd$ gehören vier *Ecken* a, b, c, d und sechs *Seiten* bc, ca, ab, ad, bd, cd; bc und ad, ca und bd, ab und cd heißen *Gegenseiten*. In derselben oder in einer anderen Ebene sei das vollständige Viereck $a'b'c'd'$ so gelegen, daß die Strahlen aa', bb', cc', dd' in einem Punkte O sich treffen. Jene

§ 10. Perspektive Figuren. 75

Voraussetzung kann auch dahin ausgesprochen werden, daß die Dreiecke abc und $a'b'c'$, abd und $a'b'd'$ perspektiv sein sollen; durch den Punkt O, in dem aa' und bb' sich schneiden, laufen dann auch cc' und dd', und es sind auch die Dreiecke bcd und $b'c'd'$, acd und $a'c'd'$ perspektiv. Es ist hiermit eine Zuordnung der Ecken und folglich der Seiten beider Vierecke gegeben, derart, daß je zwei zugeordnete Seiten sich schneiden. Es mögen sich

bc, $b'c'$ in f, ca, $c'a'$ in g, ab, $a'b'$ in h,
ad, $a'd'$ in f_1, bd, $b'd'$ in g_1, cd, $c'd'$ in h_1

begegnen; die Punkte f, f_1, g, g_1, h, h_1 liegen paarweise auf zwei Gegenseiten des Vierecks $abcd$ oder $a'b'c'd'$; durch $f_1 g_1 h_1$, $f_1 g h$, $f g_1 h$, $f g h_1$ gehen je drei Seiten aus einer Ecke. Wenn die Vierecke in verschiedenen Ebenen liegen, so sind die Punkte f, f_1, g, g_1, h, h_1 (die nicht verschieden zu sein brauchen) in einer Geraden enthalten. Dies ist aber nicht notwendig, wenn die Ebenen beider Figuren zusammenfallen; wir können dann bloß behaupten, daß die Punktgruppen $f g h$, $f g_1 h_1$, $f_1 g h_1$, $f_1 g_1 h$ je in einer Geraden liegen, daß also $f f_1$, $g g_1$, $h h_1$ die Gegeneckenpaare eines *vollständigen Vierseits* sind, dessen eine Seite durch $f g h$ hindurchgeht. Ein vollständiges (ebenes) Vierseit ist die aus vier Geraden einer Ebene (den *Seiten*) und ihren sechs Durchschnittspunkten (den *Ecken*) zusammengesetzte Figur.

Die obige Voraussetzung ist schon erfüllt, wenn sowohl $f g h$ als $f_1 g_1 h$ in Geraden liegen, es werden also, wenn dies stattfindet, auch $f g_1 h_1$ und $f_1 g h_1$, gerade Punktreihen sein. Fügt man aber noch die Voraussetzung hinzu, daß die durch $f g h$ und $f_1 g_1 h$ gehenden Geraden zusammenfallen, so werden alle sechs Punkte $f f_1 g g_1 h h_1$ auch dann in einer Geraden vereinigt, wenn beide Vierecke zu einer Ebene gehören, d. h.: *Wenn die vollständigen Vierecke $abcd$ und $a'b'c'd'$* (keine drei Ecken eines Vierecks sollen in gerader Linie liegen) *in derselben oder in verschiedenen Ebenen so liegen, daß die Seiten bc $b'c'$, ca $c'a'$, ab $a'b'$, ad $a'd'$, bd $b'd'$ sich in Punkten $f g h f_1 g_1$ einer Geraden schneiden, so treffen die Seiten cd, $c'd'$ in einem Punkte h_1 derselben Geraden zusammen.* Dabei ist nicht ausgeschlossen, daß f mit f_1 oder g mit g_1 oder h mit h_1 zusammenfällt.

Wenn in einer Geraden Punkte $f f_1 g g_1 h$ (f darf mit f_1, g mit g_1 zusammenfallen) gegeben sind, so kann man vollständige Vierecke so konstruieren, daß fünf Seiten durch die gegebenen Punkte gehen, und zwar zwei

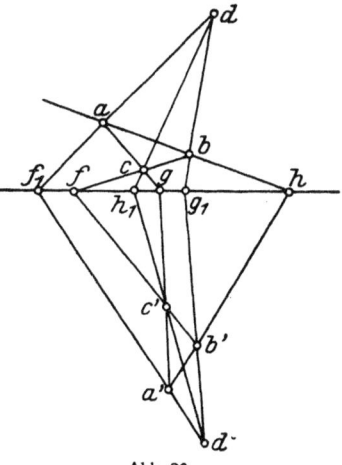

Abb. 29.

Gegenseiten durch f und f_1, zwei andere durch g und g_1, und daß die durch fgh laufenden Seiten nicht aus einer Ecke kommen; die sechste Seite trifft die gegebene Gerade allemal in einem bestimmten Punkte h_1. In jeder Geraden wird also durch fünf Punkte ff_1gg_1h ein sechster Punkt h_1 durch folgende Konstruktion unabhängig von den benutzten Hilfslinien bestimmt. Durch fgh ziehe man drei Geraden, die sich in abc so treffen, daß bc durch f, ca durch g, ab durch h hindurchgeht; die Geraden af_1 und bg_1 schneiden sich alsdann in einem Punkte d, und die gegebene Gerade wird von cd in h_1 getroffen. Ein solches System $ff_1gg_1hh_1$ von sechs Punkten einer Geraden will ich hier vorübergehend ein System J nennen. Hierbei darf man die Paare ff_1 und gg_1 untereinander, jedoch der Herleitung gemäß f mit f_1 nur dann vertauschen, wenn man gleichzeitig g mit g_1 vertauscht. Tatsächlich ist, wie jedoch erst in § 16 bewiesen werden wird, diese Bedingung überflüssig, und man darf, ohne h_1 zu verändern, das Viereck so einrichten, daß die durch fgh gehenden Seiten aus einer Ecke kommen, d. h. es wird sich folgender Satz ergeben:

Satz J. — Bilden die Punkte $ff_1gg_1hh_1$ ein System J, so bilden auch $f_1fgg_1hh_1$ ein solches System.

Es seien nun in einer Ebene a, β, b Punkte einer Geraden und g_1, f, f_1 Punkte einer anderen Geraden, darunter nicht der Schnittpunkt der beiden Linien. Die Schnittpunkte der Geraden bf und βf_1, af_1 und bg_1, af und βg_1 seien c, d, δ; die Schnittpunkte der Geraden ac, ab, cd, $c\delta$ mit fg_1 seien g, h, h_1, h'. Da fg die Geraden bc, ad, bd in f, f_1, g_1 trifft, so sind $ff_1gg_1hh_1$ ein System J, also auch $f_1fgg_1hh_1$, wenn Satz J richtig ist. Die Punkte f_1fgg_1hh' sind aber ebenfalls ein System J, weil sie aus der Geraden fg durch βc, $a\delta$, ac, $\beta \delta$, $a\beta$, $c\delta$ herausgeschnitten werden. Gilt also der Satz J, so fällt h' mit h_1 zusammen, $c\delta$ mit cd; c, d, δ fallen dann in eine Gerade, und es gilt der Satz (besonderer Fall des Satzes von *Pascal*):

Satz P. — Liegen in einer Ebene drei Punkte A, B, C auf einer Geraden und drei Punkte A', B', C' auf einer anderen Geraden, aber keiner auf beiden zugleich, so schneiden sich die Geraden BC' und CB', CA' und AC', AB' und BA' in drei Punkten; diese liegen in gerader Linie.

Geht man von Abb. 29 aus, wo die Punkte $ff_1gg_1hh_1$ ein System J sind, und bringt man noch zum Schneiden ab mit cf_1 in β, af mit βg_1 in δ, so ergibt sich, wenn man Satz P benutzt, daß c, d, δ in gerader Linie liegen, und daraus weiter, daß auch $f_1fgg_1hh_1$ ein System J bilden. *Wenn also die Sätze der §§ 7, 8, 9 vorausgesetzt werden, so folgt aus der Zulassung des Satzes J die Geltung des Satzes P, aus der Zulassung des Satzes P die Geltung des Satzes J.* Die Untersuchung von *Hilbert* in Kapitel VI der „Grundlagen der Geometrie," 1899 (6. Auflage 1923) hat aber ergeben, daß Satz P aus den Sätzen unserer §§ 7, 8, 9 nicht abgeleitet werden kann. Daraus folgt, daß die uns jetzt zu Gebote stehenden Hilfsmittel auch zum Beweise von Satz J nicht ausreichen. In der Tat werden bei dem in § 16 zu liefernden Beweise neue Hilfsmittel herangezogen werden.

Besonders wichtig ist das System J, worin f mit f_1, g mit g_1 zusammenfällt; es schneiden sich dann in f zwei Seiten des vollständigen Vierecks, nämlich bc und ad, in g zwei andere Gegenseiten ca und bd, und von den beiden übrigen Seiten ab und cd geht die eine durch h, die andere durch h_1. Sind in einer Geraden drei verschiedene Punkte, fgh gegeben, so kann man vollständige Vierecke so konstruieren, daß zwei Gegenseiten sich in f, zwei andere in g durchkreuzen und eine fünfte Seite durch h hindurchgeht; die gegebene Gerade wird alsdann von der sechsten Seite in einem Punkte h_1 getroffen. Jetzt sind $fgcd$ Punkte einer Ebene, keine drei in gerader Linie, und die Geraden gc, cf, fg werden von den Geraden df, dg, dc in den Punkten a, b, h_1 getroffen. Da diese Punkte mithin (letzter Satz in § 9) nicht in gerader Linie liegen, so ist h_1 verschieden von h, überhaupt von f, g, h. Es liefert

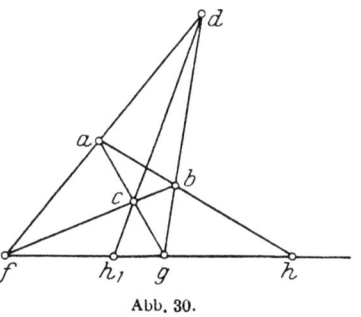

Abb. 30.

demnach folgende Konstruktion ein von den benutzten Hilfslinien unabhängiges Resultat (h_1). Durch fgh ziehe man drei Geraden, die sich in abc so treffen, daß bc durch f, ca durch g, ab durch h geht, und bestimme den Schnittpunkt d der Geraden af und bg, sodann den Schnittpunkt h_1 der Geraden cd mit der gegebenen Geraden. Man darf hierbei f mit g vertauschen. Durch die Punkte fgh_1 wird h in derselben Weise bestimmt, wie h_1 durch fgh.

§ 11. Harmonische Gebilde.

Wenn zwei (gerade) Punktreihen auf verschiedenen Trägern aus gleichviel Elementen bestehen, und es soll geprüft werden, ob sie sich als perspektive Gebilde auffassen lassen, so besteht das erste Erfordernis darin, daß die Träger in einer Ebene enthalten sein und also in einem Punkte k sich schneiden müssen. Ist dies der Fall, und wählt man in der einen Geraden zwei Punkte fg, in der anderen cd beliebig (von k verschieden), so ist sowohl zwischen fg und cd als auch zwischen gf und cd Perspektivität vorhanden; denn die Strahlen cf und dg schneiden sich in einem Punkte b, die Strahlen cg und df in einem Punkte a, und es werden cd aus b nach fg, aus a nach gf projiziert. Wählt man aber in einer Geraden drei Punkte fgh, in einer andern

§ 11. Harmonische Gebilde.

Geraden, die jener in k (von fgh verschieden) begegnet, drei Punkte cde beliebig (von k verschieden), so ist es durchaus nicht notwendig, daß fgh und cde in irgendeiner Anordnung perspektiv sind. Vielmehr müssen, wenn fgh und cde in dieser Reihenfolge perspektiv, also b das Zentrum der Perspektivität sein soll, beh in einer Geraden liegen; sollen gfh und cde perspektiv sein, so müssen aeh in einer Geraden liegen, usw. Wenn zu f und g die Punkte c und d als homologe Punkte gegeben werden, so ist zu jedem Punkte h in fg der homologe Punkt e in cd bestimmt.

Es seien fgh und cde perspektive Punktreihen, b das Zentrum der Perspektivität, der Punkt k entsprechend gemein; dann ist es nicht notwendig, daß fgh und cde noch in einer andern Anordnung perspektiv sind. Soll es möglich sein, cde auch nach gfh zu projizieren, so müssen die Strahlen cg, df, eh in einem Punkte a sich treffen, d. h. es sind alsdann $abcd$ die Ecken eines vollständigen Vierecks, in dem zwei Gegenseiten sich in f, zwei andere in g durchkreuzen, während von den beiden übrigen (in e sich schneidenden) die eine durch h, die andere durch k hindurchgeht.

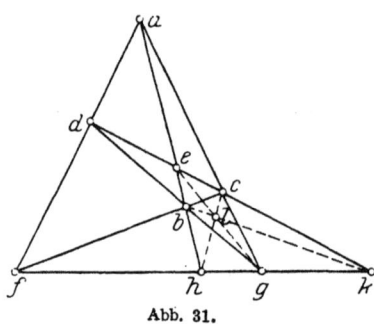

Abb. 31.

Es ergeben sich also, wenn fgh in einer Geraden gegeben sind, gerade Punktreihen, die mit fgh und gfh zugleich perspektiv liegen; um eine solche Punktreihe cde zu erhalten, konstruiert man irgendein Dreieck abc, dessen Seiten bc, ca, ab durch f, g, h gehen, ferner den Durchschnittspunkt d der Strahlen af und bg, endlich den Durchschnittspunkt e der Strahlen ab und cd. Die Träger aller Punktreihen, die sich sowohl zu fgh als auch zu gfh in perspektiver Lage befinden, ohne h zu enthalten, schneiden den Träger der gegebenen Punktreihe in einem festen Punkte k (§ 10 am Ende). Umgekehrt: Geht der Träger einer zu fgh perspektiven Punktreihe cde durch k, so sind auch gfh und cde perspektiv. Schneiden sich nämlich cf, dg und eh in b, df und cg in a, so ist $abcd$ ein vollständiges Viereck, von dem zwei Gegenseiten durch f, zwei andere durch g und eine fünfte Seite durch k läuft. Da nun h durch die Punkte fgk in derselben Weise bestimmt wird, wie k durch fgh, so läuft die sechste Seite ab durch h, folglich bh (d. i. eh) durch a, so daß cg df und eh in a zusammentreffen.

Damit eine Projektion der geraden Punktreihe fgh, ohne h zu enthalten, zugleich eine Projektion von gfh sei, ist es notwendig und hinreichend, daß der Träger der Projektion mit dem Träger der gegebenen Punktreihe in einem durch diese bestimmten Strahlenbündel k liegt. Wenn an einem Dreieck abc die Seiten bc, ca, ab durch f, g, h gehen, so treffen sich die Strahlen af, bg, ck in einem Punkte d.

Wenn die Punkte cd aus b nach fg, aus a nach gf projiziert werden, so gibt es in der Geraden fg zwei Punkte hk, die aus a und b sich nach denselben Punkten der Geraden cd projizieren, und keinen weiteren; von den Punkten hk ist der eine h von seiner Projektion e verschieden, hingegen der andere k seine eigene Projektion. Durch die Punkte fgh oder gfh (andere Permutationen sind nicht gestattet) ist also k derart bestimmt worden, daß eine Punktreihe $cdek$ als Projektion von $fghk$ und von $gfhk$ erscheint. Nun besteht aber zwischen den Punkten $fgkh$ genau derselbe Zusammenhang, wie zwischen den Punkten $fghk$, und es wird also bei jeder Punktreihe, die, ohne k zu enthalten, nach fgk und nach gfk projiziert werden kann, h sich als seine eigene Projektion ergeben. So ist in der Tat die Punktreihe $abeh$ mit $fgkh$ und zugleich mit $gfkh$ perspektiv, die Projektionszentren sind d und c. *Von dem Paare fg (oder gf) ist demnach das Paar hk (oder kh) durch die Forderung abhängig, daß es möglich sein soll, $fghk$ und $gfhk$ nach einer und derselben Punktreihe $\alpha\beta\gamma\delta$ zu projizieren*, wobei notwendigerweise entweder k mit δ oder h mit γ zusammenfällt, aber der Schein vermieden wird, als müsse gerade k nach sich selbst projiziert werden. Hält man fg fest, so ordnen sich die übrigen Punkte der Geraden fg zu Paaren hk derart, daß aus einem Punkte des Paares der andere sich bestimmt. *Die Punkte fg werden allemal durch hk getrennt.* Denn es werden entweder gh durch fk oder hf durch gk oder fg durch hk getrennt, und zwar schließt jede dieser Lagen die beiden anderen aus; wären nun gh durch fk getrennt, so übertrüge sich dies wegen der Perspektivität auf die Paare $\beta\gamma$ und $\alpha\delta$ und von da wieder auf die Paare fh und gk; ebenso würde die getrennte Lage von hf und gk noch die von gh und fk bedingen. Man sagt in Rücksicht auf die getrennte Lage der Paare fg und hk, daß *fg durch hk harmonisch getrennt* werden. Aber *es werden auch hk durch fg harmonisch getrennt*. Denn am Dreieck cbe gehen die Seiten be, ec, cb durch hkf, während die Strahlen ch, bk, eg in einem Punkte l sich treffen; es sind nämlich die Dreiecke cbg und hke perspektiv, weil $bg \ ke, gc \ eh, cb \ hk$ sich in drei Punkten daf einer Geraden schneiden. *Dagegen werden gh durch fk, hf durch gk nicht harmonisch getrennt* usw.

Man nennt die Punkte $fghk$ *harmonische Punkte* (eine harmonische Punktreihe, ein harmonisches Gebilde in einer Geraden), f und g *konjugiert*, ebenso h und k; zwei konjugierte Punkte bilden ein *Paar*. Man darf die beiden Paare miteinander vertauschen, ebenso in jedem Paare die beiden konjugierten Elemente. Wenn also von den acht Anordnungen

$$\begin{array}{cccc} fghk & gfhk & fgkh & gfkh \\ hkfg & hkgf & khfg & khgf \end{array}$$

§ 11. Harmonische Gebilde.

eine harmonisch ist, so sind es auch die übrigen; aber keine andere Anordnung derselben vier Punkte ist alsdann harmonisch. Zu drei beliebigen Punkten fgh in einer Geraden kann ein und nur ein vierter Punkt k derselben Geraden so konstruiert werden, daß $fghk$ harmonisch sind; man nennt k den vierten harmonischen Punkt zu den gegebenen Punkten fgh (oder gfh), die dabei so angeordnet werden, daß zuerst zwei konjugierte stehen und zuletzt derjenige, dessen konjugierter fehlt. Um zu fgh den vierten harmonischen Punkt k zu konstruieren, zieht man durch h eine beliebige Gerade und nimmt in ihr zwei beliebige Punkte ab; diese werden aus einem Punkte d nach fg, aus einem Punkte c nach gf projiziert; der Strahl cd bestimmt in fg den Punkt k. Die Geraden cf, fa, ac, bd sind die Seiten eines vollständigen Vierseits, an dem acf drei Ecken sind, deren Gegenecken bdg von den Seiten des Dreiecks acf aus der Geraden bd ausgeschnitten werden. Die Geraden ab, cd, fg, die je zwei Gegenecken verbinden, heißen die *Diagonalen* oder *Nebenseiten des vollständigen Vierseits*. *In der Diagonale fg liegen zwei Gegenecken des vollständigen Vierseits, f und g, außerdem zwei Durchschnittspunkte mit den beiden anderen Diagonalen, h und k; solche vier Punkte sind allemal harmonisch.*

Um zu erkennen, ob das gerade Gebilde $fghk$ harmonisch ist, wird ein perspektives gerades Gebilde $\alpha\beta\gamma\delta$ zu Hilfe genommen, in dem α mit f zusammenfällt oder β mit g usw. Es mag δ mit k zusammenfallen; alsdann müssen, wenn $fhgk$ harmonische Punkte sind, auch die Gebilde $gfhk$ und $\alpha\beta\gamma\delta$ sich in perspektiver Lage befinden. Daraus wird zunächst die harmonische Lage auch der Punkte $\alpha\beta\gamma\delta$ erkannt. Um dies auf beliebige perspektive Punktreihen $fghk$ und $f'g'h'k'$, von denen die erste harmonisch ist, zu übertragen, braucht nur noch der Fall geprüft zu werden, wo weder f' in f fällt, noch g' in g usw. Die Punkte h' und k sind alsdann voneinander verschieden, und die Gerade $h'k$ wird von den in einem Punkte zusammenstoßenden Strahlen ff', gg', hh', kk' in $\alpha\beta\gamma\delta$ so geschnitten, daß γ mit h', δ mit k zusammenfällt; es werden $\alpha\beta\gamma\delta$ harmonisch, folglich auch $f'g'h'k'$.

Ist von zwei perspektiven geraden Punktreihen die eine harmonisch, so ist es auch die andere. Oder: Jede Projektion einer harmonischen Punktreihe ist wieder harmonisch.

Wenn in einer Planfigur eine Punktreihe harmonisch ist, so hat man darin eine graphische Eigenschaft der Planfigur zu erblicken. Bei der Definition harmonischer Punkte werden freilich diese Punkte nicht unter sich allein durch graphische Begriffe in Beziehung gesetzt, sondern es müssen noch andere Elemente zu Hilfe genommen werden, und es brauchen die zur Prüfung der Punktreihe zugezogenen fremden Elemente nicht in der Ebene jener Planfigur zu liegen. Aber die bei der Wahl dieser Elemente gestattete Willkür läßt sich benutzen, um die Prüfung der Punktreihe in irgendeiner sie verbindenden Ebene, also insbesondere in

§ 11. Harmonische Gebilde.

der Ebene der betrachteten Planfigur zu bewirken. Gehen wir daher zu einer perspektiven zentrischen Figur über, so daß der Punktreihe ein Strahlenbüschel entspricht, so wird die an der Punktreihe bemerkte Eigenschaft nach dem in § 10 ausgesprochenen Gesetz auf das Strahlenbüschel übertragen, und es wird angemessen sein, für die zentrische Figur entsprechende Definitionen zu geben.

Demgemäß nennt man vier Strahlen $fghk$ in einem Büschel harmonisch, ein *harmonisches Strahlenbüschel*, wenn ein konzentrisches Strahlenbüschel $\alpha\beta\gamma\delta$ vorhanden ist, das zu $fghk$ perspektiv ist und zugleich entweder zu $gfhk$ oder zu $fgkh$. Die Strahlen f und g heißen konjugiert, ebenso h und k; zwei konjugierte Strahlen bilden ein Paar; die beiden Paare liegen getrennt. *Die Sätze über harmonische Punkte dürfen wir ohne weiteres auf harmonische Strahlen übertragen.* Man darf also in jedem harmonischen Strahlenbüschel $fghk$ die beiden Paare miteinander vertauschen, ebenso in jedem Paare die konjugierten Elemente, aber jede andere Vertauschung hebt die harmonische Lage auf. Sind die Strahlen $\alpha\beta\gamma\delta$ eines Büschels zu den Strahlen $fghk$ eines konzentrischen Büschels und zu $gfhk$ perspektiv, so fällt entweder γ in h oder δ in k. Werden vier harmonische Strahlen $fghk$ nach den mit ihnen konzentrischen Strahlen $\alpha\beta\gamma k$ projiziert, so sind auch $gfhk$ und $\alpha\beta\gamma k$ perspektiv. Ist von zwei perspektiven konzentrischen Strahlenbüscheln das eine harmonisch, so ist es auch das andere, usw.

Wenn ein Strahlenbüschel und eine gerade Punktreihe sich in perspektiver Lage befinden, so kann man jenes als eine zentrische Figur, diese in einer den Scheitel des Büschels ausschließenden Ebene als perspektive Planfigur betrachten. Die Prüfung, ob ein Strahlenbüschel harmonisch ist, bewegt sich innerhalb einer zentrischen Figur, zu der das Strahlenbüschel gehört; die Prüfung, ob eine Punktreihe harmonisch ist, kann man in jeder ihrer Ebenen vollziehen. Die harmonische Lage ist demnach eine Eigenschaft, die sich im Falle der Perspektivität vom Strahlenbüschel auf die Punktreihe und umgekehrt überträgt. *Befindet sich ein Strahlenbüschel mit einer Punktreihe in perspektiver Lage, und ist das eine Gebilde harmonisch, so ist es auch das andere.* Jeder Schnitt eines harmonischen Strahlenbüschels ist harmonisch; jedes Strahlenbüschel, das eine harmonische Punktreihe projiziert, ist harmonisch.

Hieraus folgt, daß, wenn zwei Strahlenbüschel mit einer und derselben Punktreihe perspektiv liegen und das eine harmonisch ist, auch das andere diese Eigenschaft besitzt. Wir können also jetzt für alle Gattungen perspektiver Strahlenbüschel den Satz aussprechen: *Ist von zwei perspektiven Strahlenbüscheln das eine harmonisch, so ist es auch das andere.* Jede Projektion eines harmonischen Strahlenbüschels ist demnach wieder harmonisch. Ist von einem Ebenenbüschel irgendein Schnitt (Punktreihe oder Strahlenbüschel) harmonisch, so ist es jeder.

§ 11. Harmonische Gebilde.

Überhaupt: *Wenn von zwei perspektiven ebenen Gebilden das eine harmonisch ist, so ist es auch das andere.*

Wenn in einer Planfigur ein Strahlenbüschel harmonisch ist, so kann man diese Eigenschaft nach der oben gegebenen Definition nicht darstellen, ohne aus der Ebene der Planfigur herauszutreten. Zu einer anderen Definition, die keine Elemente außerhalb der Ebene des Büschels benutzt, gelangt man folgendermaßen. Von einem harmonischen Strahlenbüschel sei a der Scheitel, $fghk$ ein Schnitt, also eine harmonische Punktreihe. Im Strahl ah nehme ich den Punkt b beliebig; ab mögen nach fg aus d, nach gf aus c projiziert werden. Wegen des Zusammenhanges zwischen dem vollständigen Viereck $abcd$ und den Punkten fgh geht die Seite cd durch k; der Schnittpunkt der Seiten ab und cd mag mit e bezeichnet werden. Bezeichnet man, wie üblich, Strahlen eines Büschels, wenn etwa a der Scheitel ist und die Strahlen durch $fgh \ldots$ hindurchgehen, kurz mit $a(fgh\ldots)$, so sind $a(fghk)$ und $b(fghk)$ perspektiv, ebenso $a(cdek)$ und $b(cdek)$, d. i. $a(gfhk)$ und $b(fghk)$. Umgekehrt: Liegen in einer Ebene zwei perspektive Strahlenbüschel $a(fghk)$ und $b(fghk)$, und sind auch $a(gfhk)$ und $b(fghk)$ perspektiv, so sind $a(fghk)$ harmonisch. Denn wenn die Strahlen ag und bf in c, af und bg in d sich treffen, so liegt der perspektive Durchschnitt der Büschel $a(gfhk)$ und $b(fghk)$ auf der Geraden cd, auf der mithin ah und bh, ak und bk sich begegnen müssen. Von den Strahlen ah und ak ist sicher einer von ab verschieden, etwa ak, also ak von bk verschieden, k in cd, aber h nicht in cd, mithin abh in einer Geraden, $fghk$ harmonisch, ebenso die Strahlen $a(fghk)$.

Ein harmonisches Strahlenbüschel $fghk$ können wir demnach auch als eines definieren, das zu einem in derselben Ebene enthaltenen Strahlenbüschel $\alpha\beta\gamma\delta$ perspektiv ist und außerdem entweder zu $\beta\alpha\gamma\delta$ oder zu $\alpha\beta\delta\gamma$.

Wenn die Strahlen fg eines Büschels mit den Strahlen $\alpha\beta$ eines andern Büschels perspektiv liegen und zugleich mit $\beta\alpha$, so schneiden sich $fg\alpha\beta$ zu je zweien und liegen demnach entweder in einem Bündel oder in einer Ebene. Ich kann also die obigen Erklärungen in die folgende zusammenfassen: Ein Strahlenbüschel $fghk$ wird harmonisch genannt, wenn es zu einem andern Strahlenbüschel $\alpha\beta\gamma\delta$ perspektiv liegt und zugleich zu $\beta\alpha\gamma\delta$ oder zu $\alpha\beta\delta\gamma$.

Sind die Strahlenbüschel $fghk$ und $gfhk$ mit dem Strahlenbüschel $\alpha\beta\gamma\delta$ perspektiv, so fällt entweder h mit γ zusammen oder k mit δ. Sind die Strahlenbüschel fgh und gfh mit $\alpha\beta\gamma$ perspektiv, h von γ verschieden, so haben sie einen Strahl k gemein, und es sind $fghk$ harmonisch. Sind die Strahlen $fghk$ harmonisch und mit den Strahlen $\alpha\beta\gamma k$ perspektiv, so sind auch $fghk$ und $\beta\alpha\gamma k$ perspektiv.

Wir gehen jetzt zum Ebenenbüschel über. Vier Ebenen $fghk$ in einem Büschel werden harmonisch genannt, wenn sie zu einem Ebenenbüschel $\alpha\beta\gamma\delta$ perspektiv liegen und außerdem entweder zu $\beta\alpha\gamma\delta$ oder

§ 11. Harmonische Gebilde.

zu $\alpha\beta\delta\gamma$. Da perspektive Ebenenbüschel eine zentrische Figur bilden, so ergibt sich die Möglichkeit des harmonischen Ebenenbüschels aus der des harmonischen Strahlenbüschels, wie jeder graphische Satz über zentrische Figuren aus dem entsprechenden über Planfiguren. Es sei O der Scheitel des Ebenenbündels $fghk\alpha\beta\gamma\delta$, O_1 ein beliebiger anderer Punkt in der Achse des Büschels $fghk$, $f'g'h'k'\alpha'\beta'\gamma'\delta'$ der Schnitt jenes Bündels mit einer die Punkte O und O_1 ausschließenden Ebene, und aus O_1 seien an die Strahlen $\alpha'\beta'\gamma'\delta'$ die Ebenen $\alpha_1\beta_1\gamma_1\delta_1$ gelegt. Dann sind $f'g'h'k'$ und $\alpha'\beta'\gamma'\delta'$ zwei Strahlenbüschel, $\alpha_1\beta_1\gamma_1\delta_1$ ein Ebenenbüschel; $f'g'h'k'$ liegen zu $\alpha'\beta'\gamma'\delta'$ perspektiv und außerdem entweder zu $\beta'\alpha'\gamma'\delta'$ oder zu $\alpha'\beta'\delta'\gamma'$; folglich liegen $fghk$ zu $\alpha_1\beta_1\gamma_1\delta_1$ perspektiv und zugleich zu $\beta_1\alpha_1\gamma_1\delta_1$ oder zu $\alpha_1\beta_1\delta_1\gamma_1$. Die Eigenschaft des Ebenenbüschels $fghk$, daß es harmonisch ist, kann hiernach dargestellt werden unter Zuziehung von Ebenen, die durch einen beliebigen Punkt der Achse gehen.

In dem harmonischen Ebenenbüschel $fghk$ heißen f und g konjugiert, ebenso h und k; es werden fg durch hk getrennt, usw. Man kann harmonische Ebenen als diejenigen definieren, die in harmonischen Strahlen geschnitten werden.

Befinden sich zwei Ebenenbüschel in perspektiver Lage, und ist das eine harmonisch, so ist es auch das andere; denn der perspektive Durchschnitt ist dann harmonisch. Befindet sich endlich eine Punktreihe mit einem Ebenenbüschel in perspektiver Lage, und ist das eine Gebilde harmonisch, so ist es auch das andere.

Diese Bemerkungen und die dazu gehörigen früheren lassen sich jetzt zu einem Satze vereinigen: *Wenn von zwei perspektiven Gebilden das eine harmonisch ist, so ist es auch das andere.* Aber die Aufstellung eines Satzes, der bei aller Kürze des Ausdrucks so viele einzelne und verschiedenartige Erscheinungen umfaßt, setzt bezüglich der Begriffsbildung die entsprechende Zweckmäßigkeit und Allgemeinheit voraus. Es wäre schwerlich gelungen, diese Eigenschaften bei den Begriffen der Perspektivität und der harmonischen Lage zu erzielen, wenn man sich auf eine Ausdrucksweise beschränkt hätte, bei der zweien Geraden in einer Ebene nicht notwendig ein Durchschnittspunkt, zweien Ebenen nicht notwendig eine Durchschnittslinie zukommt. —

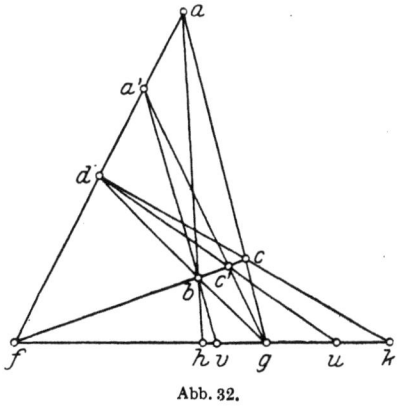

Abb. 32.

Zu späterer Anwendung werden hier noch folgende Sätze abgeleitet (Abb. 32).

§ 11. Harmonische Gebilde.

Wenn die Punkte fg sowohl durch hk als durch uv harmonisch getrennt werden, so kann man von den Punkten fgku durch wiederholte Projektion zu den Punkten fghv gelangen. Beweis: Man kann ein vollständiges Viereck $abcd$ derart konstruieren, daß ad und bc in f, bd und ac in g sich schneiden, ab durch h, cd durch k hindurchgeht. Wird bv von df in a', ga' von bf in c' getroffen, so geht dc' durch u. Also werden $fgku$ aus d auf bc nach $fbcc'$, diese aus g auf ad nach $fdaa'$, diese aus b auf fg nach $fghv$ projiziert.

Sind demnach fghk und fguv harmonische Gebilde, fk durch gu getrennt, so sind fh durch gv getrennt.

Sind fghk und fguv harmonische Gebilde, so werden hk durch uv nicht getrennt. Beweis: Da fg durch uv getrennt werden, so werden fg auch durch eines der Paare ku oder kv getrennt, etwa durch kv; es sind dann fg durch ku nicht getrennt, sondern etwa fk durch gu. Also sind nach dem vorigen Satze gv auch durch fh getrennt, aber nicht durch fu, folglich gv durch hu. Hiernach hat man uv durch fg getrennt, aber nicht durch hg, folglich uv durch fh, ferner fk durch gu getrennt, aber nicht durch gh, folglich fk durch hu; endlich hu durch fk getrennt, aber nicht durch fv, folglich hu durch kv, hk nicht durch uv.

Es seien abc drei Punkte, die nicht in gerader Linie liegen, ABC ihre Verbindungslinien bc, ca, ab, e ein Punkt der Ebene abc außerhalb der Geraden ABC, endlich E eine Gerade der Ebene abc außerhalb der Büschel abc. Die Strahlen A, B, C geben mit den Strahlen ae, be, ce drei Durchschnittspunkte e_1, e_2, e_3; die Punkte a, b, c geben mit den Punkten AE, BE, CE drei Verbindungslinien E_1, E_2, E_3. Da die Dreiecke abc und $e_1e_2e_3$ perspektiv werden, so schneiden sich die Strahlen A und e_2e_3, B und e_3e_1, C und e_1e_2 in drei Punkten $\varepsilon_1, \varepsilon_2, \varepsilon_3$ auf einer Geraden; diese Gerade heißt die *Polare* (auch *Harmonikale*) *des Punktes e für das Dreiseit ABC* oder *für das Dreieck abc*. Da die Punktreihen $bcc_1\varepsilon_1$, $cae_2\varepsilon_2$, $abe_3\varepsilon_3$ harmonisch sind, so *geht die Polare von e für ABC durch die vierten harmonischen Punkte zu* bce_1, cae_2, abe_3. Ebenso liegen die Dreiseite ABC und $E_1E_2E_3$ perspektiv, die Verbindungslinien der Punkte a und E_2E_3, b und E_3E_1, c und E_1E_2 laufen durch einen Punkt, der als der *Pol der Geraden E für das Dreieck abc* oder *für das Dreiseit ABC* bezeichnet wird; *durch den Pol von E für abc gehen die vierten harmonischen Strahlen zu* BCE_1, CAE_2, ABE_3. Werden die Punkte abc mit $\varepsilon_1\varepsilon_2\varepsilon_3$ durch die Strahlen $E'E''E'''$ ver-

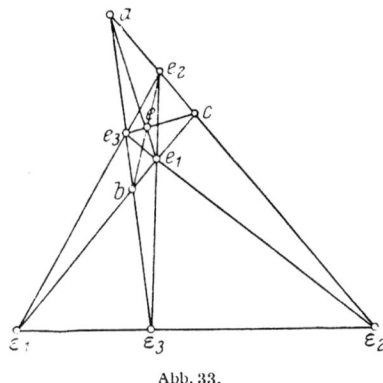

Abb. 33.

§ 11. Harmonische Gebilde. 85

bunden, so ist, da die Punkte $cb\varepsilon_1 e_1$ harmonisch liegen, ac der vierte harmonische Strahl zu BCE', ebenso bc zu CAE'', cc zu ABE''', also e der Pol der Geraden $\varepsilon_1\varepsilon_2$, d. h. *der Punkt e ist allemal der Pol seiner Polare. Ebenso ist die Gerade E allemal die Polare ihres Poles.*

Es seien ABC drei Ebenen, die nicht in einem Büschel liegen, abc ihre Durchschnittslinien BC, CA, AB, E eine Ebene des Bündels ABC außerhalb der Büschel abc, endlich e eine Gerade des Bündels ABC außerhalb der Ebenen ABC. Die Strahlen a, b, c geben mit den Strahlen AE, BE, CE drei Ebenen E_1, E_2, E_3; die Ebenen A, B, C geben mit den Ebenen ae, be, ce drei Durchschnittslinien e_1, e_2, e_3. Dann gehen die Verbindungsebenen der Strahlen a und $E_2 E_3$, b und $E_3 E_1$, c und $E_1 E_2$ durch eine Gerade, die die *Polare (Harmonikale) der Ebene E für das Strahlentripel abc* oder *für das Ebenentripel ABC* genannt wird, und die Durchschnittslinien der Ebenen A und $e_2 e_3$, B und $e_3 e_1$, C und $e_1 e_2$ fallen in eine Ebene, die die *Polare (Harmonikalebene) des Strahles e für das Ebenentripel ABC* oder *für das Strahlentripel abc* heißt. *Die Polare von E für abc liegt in den vierten harmonischen Ebenen zu BCE_1, CAE_2, ABE_3; die Polare von e für ABC enthält die vierten harmonischen Strahlen zu bce_1, cae_2, abe_3. Die Ebene E ist die Polarebene ihres Polarstrahls; der Strahl e ist der Polarstrahl seiner Polarebene.*

Endlich seien $abcd$ vier Punkte, die nicht in einer Ebene liegen, $ABCD$ ihre Verbindungsebenen bcd, cda, dab, abc, e ein Punkt außerhalb der Ebenen $ABCD$, E eine Ebene außerhalb der Bündel $abcd$. Die Ebenen A, B, C, D geben mit den Strahlen ae, be, ce, de vier Durchschnittspunkte e_1, e_2, e_3, e_4; die Punkte a, b, c, d geben mit den Strahlen AE, BE, CE, DE vier Verbindungsebenen E_1, E_2, E_3, E_4. Wenn die Ebene abe die Gerade cd im Punkte e_{12}, die Ebene ace die Gerade bd im Punkte e_{13} usw. schneidet, so treffen sich die Strahlen $e_{14}e_{23}$, $e_{24}e_{31}$, $e_{34}e_{12}$ in e, folglich die Strahlen $e_{13}e_{14}$ (in der Ebene bcd) und $e_{23}e_{24}$ (in der Ebene acd) auf der Geraden cd in einem Punkte ε_{12}, die Strahlen $e_{12}e_{14}$ und $e_{23}e_{34}$ auf der Geraden bd in einem Punkte ε_{13} usw.; in der Ebene A werden die Punkte $\varepsilon_{12}\varepsilon_{13}\varepsilon_{14}$ durch die Polare von e_1 für bcd verbunden, in der Ebene B die Punkte $\varepsilon_{23}\varepsilon_{24}\varepsilon_{12}$ durch die Polare von e_2 für cda usw. Folglich liegen die Punkte $\varepsilon_{12}\varepsilon_{13}\varepsilon_{14}\varepsilon_{23}\varepsilon_{24}\varepsilon_{34}$ auf einer Ebene, die die *Polare (Harmonikalebene) des Punktes e für das Ebenenquadrupel $ABCD$* oder *für das Punktquadrupel $abcd$* genannt wird. *Die Polarebene von e für $ABCD$ enthält die Polargeraden von e_1, e_2, e_3, e_4 für bcd, cda, dab, abc.* Ebenso gehen die Polarstrahlen E_1, E_2, E_3, E_4 für BCD, CDA, DAB, ABC durch einen Punkt, der *der Pol der Ebene E für das Punktquadrupel $abcd$* oder *für das Ebenenquadrupel $ABCD$* heißt. Für bcd ist e_1 der Pol der Geraden $\varepsilon_{12}\varepsilon_{13}$, folglich ist ae für BCD der Polarstrahl der Ebene $a\varepsilon_{12}\varepsilon_{13}$, ebenso be für CDA der Polarstrahl der Ebene $b\varepsilon_{12}\varepsilon_{23}$ usw., d. h. *der Punkt e ist der Pol seiner Polarebene. Ebenso ist die Ebene E die Polare ihres Poles.*

§ 12. Von der Reziprozität.

Es ist jetzt an der Zeit, auf die zwischen graphischen Sätzen bestehenden Zusammenhänge näher einzugehen, die zuerst in § 9 wahrgenommen werden konnten. Die eine Art der Zusammengehörigkeit wurde in § 10 begründet und in § 11 bereits benutzt; sie gestattete uns, die Sätze über zentrische Figuren aus den planimetrischen herzustellen, und zwar derart, daß sich die Punkte in Geraden, die Geraden in Ebenen verwandeln. Die Sätze 1, 2 in § 9 einerseits und 3, 4 in § 9 andererseits boten die ersten Beispiele einer solchen Übertragung. Es findet aber noch eine wesentlich andere Zusammengehörigkeit statt, die sich überdies nicht bloß auf jene speziellen Figuren beschränkt. Man braucht nur den Sätzen 1, 2, a, b in § 9 die Sätze 4, 3, d, c in § 9 gegenüberstellen, um wahrzunehmen, wie die erste Gruppe durch eine sehr einfache Änderung in die zweite übergeht, nämlich indem man die Elemente „Punkt" und „Ebene" durchweg miteinander vertauscht.

Diese Wahrnehmung erstreckt sich auf den gesamten Inhalt der Geometrie der Lage; man darf — wie sich zeigen wird — in jedem graphischen Satze die Worte „Punkt" und „Ebene" miteinander vertauschen, vorausgesetzt, daß man auch die dadurch bedingten weiteren Vertauschungen vornimmt. Führt man diese Vertauschungen an irgendeinem graphischen Satze aus, so erhält man einen (im allgemeinen) andern Satz, der ebenfalls richtig ist; wendet man sie aber auf den zweiten Satz an, so wird man zum ersten zurückgeführt. Man sagt deshalb, es finde in der Geometrie der Lage eine *Reziprozität* oder *Dualität* statt zwischen den Punkten und Ebenen, und stellt jedem graphischen Begriffe einen *reziproken* oder *dualen* Begriff gegenüber. Dabei ist jeder Begriff der reziproke seines reziproken. „Punkt" und „Ebene", „gerade Punktreihe" (Punkte an einer Geraden) und „Ebenenbüschel" (Ebenen an einer Geraden), „Punkte an einer Ebene" und „Ebenen eines Bündels", „Strahlen eines Bündels" und „Strahlen an einer Ebene", „Verbindungslinie zweier Punkte" und „Durchschnittslinie zweier Ebenen", „zentrische Figur" und „Planfigur" sind reziproke Begriffe. Die „Gerade", das „Aneinanderliegen", die „getrennte Lage" von Elementenpaaren, das „Strahlenbüschel" (Strahlen, die an einer Ebene und an einem Punkte liegen) sind sich selbst reziprok, d. h. sie werden von jener Vertauschung nicht betroffen. Jeder Figur entspricht eine reziproke. Besteht zwischen zwei Figuren Perspektivität, wie wir sie in § 10 beschrieben haben, so folgt aus den dort gegebenen Erklärungen, daß allemal auch die reziproken Figuren perspektiv sind. Wir werden infolgedessen, wenn wir die in § 11 aufgestellten Definitionen prüfen, harmonische Punkte und harmonische Ebenen für reziproke Gebilde und harmonische Strahlen für ein sich selbst reziprokes Gebilde erklären. Oder wir sagen einfach: die Begriffe „perspektiv" und „harmonisch" sind sich selbst reziprok.

§ 12, Von der Reziprozität.

Werden nun in einem graphischen Satze alle geometrischen Begriffe durch die reziproken ersetzt, so entsteht der *reziproke* oder *duale Satz*. Jeder Satz ist der reziproke seines reziproken. Manche Sätze sind sich selbst reziprok, z. B. der Satz: „Ist von zwei perspektiven Strahlenbüscheln das eine harmonisch, so ist es auch das andere".

Die Kenntnis der Dualität in der Geometrie der Lage ist deshalb von großem Nutzen, weil sie die Berechtigung gewährt, nach jedem für richtig erkannten Satz, der nicht sich selbst reziprok ist, sofort einen anderen Satz auszusprechen, nämlich den reziproken, für den alsdann kein Beweis erforderlich ist. In der Tat wird man, sobald erst die Dualität als ein allgemeines Gesetz nachgewiesen ist, in jedem einzelnen Falle den reziproken Satz ohne weiteres anerkennen müssen. Aber obschon eine aufmerksame Durchsicht der bisher aufgestellten graphischen Sätze hinreicht, um jenes Gesetz *für diese* zu bestätigen, so verfügen wir doch augenblicklich noch nicht vollständig über die geeigneten Mittel, um es zu seiner Allgemeinheit zu erheben, und wir müssen uns also jetzt damit begnügen, die Reziprozität zwischen Punkt und Ebene mit einer gewissen Einschränkung zu begründen.

Graphische Sätze wurden zuerst in § 7 bewiesen; es folgten in § 8 und § 9 fast ausschließlich ebensolche Sätze. Von da an trugen die Entwicklungen einen ganz bestimmten Charakter; es wurden nicht mehr andere Sätze hergeleitet als graphische, und es wurden auch bei der Herleitung keine Sätze anderer Art benutzt. Die §§ 10 und 11 enthielten also graphische Geometrie mit rein graphischen Hilfsmitteln, die zuvor in § 7, 8, 9 angesammelt worden waren. Diese Hilfsmittel sind nicht unabhängig voneinander. Allein das ist für unsern Zweck gleichgültig; wir brauchen bloß festzuhalten, daß man keiner anderen Sätze bedarf, um die Geometrie der Lage, soweit sie uns jetzt zugänglich ist, auszubauen. Daß in der Tat alle graphischen Sätze, die wir ohne Aufstellung neuer Kernsätze beweisen könnten, sich aus jenen Sätzen herleiten lassen, wird durch folgende Überlegung erkannt.

Wie aus § 9 (Anfang) zu entnehmen, läßt sich jeder Satz, der auf unserm gegenwärtigen Standpunkt überhaupt erreichbar ist, aus den graphischen Sätzen der §§ 7, 8, 9 in Verbindung mit den Sätzen 6, 7, 8, 9, 12 des § 1, dem Satze 10 des § 2 und den Sätzen 3, 6 des § 8 herleiten. Wenn eigentliche Elemente weder im Theoreme selbst vorkommen noch beim Beweise zu Hilfe genommen werden, so wird der Beweis mit jenen graphischen Sätzen allein geführt; die anderen Sätze können nicht gebraucht werden, solange keine eigentlichen Elemente auftreten. Wir wollen diese beiden Satzgruppen hier als die „erste" und „zweite" unterscheiden. Wenn man in den Sätzen der zweiten Gruppe überall, wo von eigentlichen Punkten in einer Geraden die Rede ist und von dem einen gesagt wird, daß er zwischen zwei anderen liegt oder nicht, die Worte „bei ausgeschlossener Ebene *N*" hinzufügt und sodann die eigentlichen Elemente überall durch beliebige ersetzt, so erhält man graphische Sätze, die vollkommen richtig sind und sich in der ersten Gruppe aufgeführt finden.

Handelt es sich um ein graphisches Theorem, so kommen eigentliche Elemente im Theoreme selbst nicht vor. Es können also beim Beweise die Sätze der zweiten Gruppe nur dann eine Rolle spielen, wenn eigentliche Elemente beim Beweise zu Hilfe genommen werden. Ist dies der Fall, so füge man in dem Beweise überall, wo von drei eigentlichen Punkten in einer Geraden die Rede ist und von dem einen gesagt wird, daß er zwischen zwei anderen liegt oder nicht, die Worte „bei ausgeschlossener Ebene N" hinzu, ersetze sodann die eigentlichen Elemente überall durch beliebige und nehme endlich statt auf die Sätze der zweiten Gruppe auf die entsprechenden Sätze der ersten Gruppe Bezug. Der so veränderte Beweis hat volle Gültigkeit; aber er ist von den Sätzen der zweiten Gruppe durchaus unabhängig, und man kann demnach jeden graphischen Satz, der sich aus den beiden Gruppen herleiten läßt, schon mit Hilfe der ersten Gruppe beweisen.

Die Geometrie der Lage muß sich also darauf beschränken, aus den graphischen Sätzen der §§ 7, 8, 9 Folgerungen zu ziehen, bis eine Vermehrung ihres Stoffes durch das Hinzutreten neuer Kernsätze möglich wird.

Es hat jetzt keine Schwierigkeit, die Reziprozität zwischen Punkt und Ebene für die Geometrie der Lage, soweit sie aus den bisherigen Kernsätzen sich entwickeln läßt, zu begründen. Das Gesetz der Reziprozität wird zunächst für die graphischen Sätze der §§ 7, 8, 9 als richtig erkannt, da der reziproke Satz eines jeden ebenfalls zu dieser Gruppe gehört. Jeder andere Satz, der in Betracht kommen kann, ist eine Folgerung aus diesen Sätzen. Bei seinem Ausspruche und beim Beweise werden nur graphische Begriffe verwendet. Dabei kann man sich auf die Stammbegriffe beschränken; die übrigen sind aus den Stammbegriffen abgeleitet und können mit Hilfe der betreffenden Definitionen herausgeschafft werden. Jenes Theorem ist also das Ergebnis einer Betrachtung, in der nur die graphischen Stammbegriffe vorkommen und nur auf die oben bezeichneten graphischen Sätze Bezug genommen wird. Wenn man in dieser Betrachtung durchweg das Wort „Punkt" durch „Ebene", „Ebene" durch „Punkt" und die benutzten Lehrsätze durch die reziproken ersetzt, so bleibt ihre Richtigkeit ungemindert; aber in ihrem Ergebnis findet man „Punkt" und „Ebene" miteinander vertauscht, d. h. man hat den reziproken Satz bewiesen.

Das Gesetz der Reziprozität zwischen Punkt und Ebene ist hiernach wenigstens in den angegebenen Grenzen gültig, muß aber später von neuem geprüft werden.

Kommen wir jetzt noch einmal auf die Sätze des § 9 zurück. Es erübrigt noch, die Beziehungen zwischen den Sätzen 1 und 3, 2 und 4 zu untersuchen. Die ersteren handeln von Planfiguren, die letzteren

§ 12. Von der Reziprozität.

von zentrischen Figuren. Dem entsprechend wird auch die folgende Betrachtung zu Übertragungsgesetzen führen, die ebene Figuren wieder in ebene, zentrische in zentrische verwandeln und auf andere Figuren überhaupt keine Anwendung finden.

Die Sätze 1 und 3 des § 9 gehen ineinander über, wenn man die Elemente „Punkt" und „Gerade" durchweg miteinander vertauscht. Wenn man nun die bisher aufgestellten graphischen Sätze, soweit sie sich auf Planfiguren beziehen, durchmustert, so beobachtet man überall die Zulässigkeit jener Vertauschung; und da dies — wie sich zeigen wird — auf einem allgemeinen Gesetze beruht, so sagt man, es finde in der graphischen Planimetrie eine Reziprozität oder Dualität statt zwischen den Punkten und Geraden, und stellt jedem graphischen Begriffe der Planimetrie einen reziproken oder dualen Begriff gegenüber. Bei dieser auf die Ebene bezüglichen Reziprozität sind „Punkt" und „Gerade", „gerade Punktreihe" und „Strahlenbüschel", „Verbindungslinie zweier Punkte" und „Durchschnittspunkt zweier Geraden" reziprok, das „Aneinanderliegen" und „Getrenntliegen" sich selbst reziprok. Sind zwei Figuren in einer Ebene nach den in § 10 gegebenen Definitionen perspektiv, so sind allemal auch die reziproken Figuren perspektiv. Daraus folgt weiter, daß die Begriffe „perspektiv" und „harmonisch" auch in der Ebene sich selbst reziprok sind.

Werden in einem graphischen Satze, der von einer Planfigur handelt, alle Begriffe durch die reziproken ersetzt, so entsteht der reziproke oder duale Satz der Planimetrie, dessen reziproker Satz wieder der ursprüngliche ist; und wenn man von zwei solchen Sätzen den einen bewiesen hat, so darf man den andern ohne einen besondern Beweis aussprechen. Hierin besteht das *Gesetz der Dualität für die Planfiguren*, von dessen Gültigkeit wir uns jetzt überzeugen wollen.

Wir kommen sogleich auf den richtigen Weg, wenn wir beachten, daß der Übergang von Satz 1 des § 9 zu Satz 3 durch Satz 2 vermittelt werden kann. Man gelangt von 1 zu 2 durch die eine, von 2 zu 3 durch die andere der beiden schon begründeten Übertragungsregeln und wird demgemäß von 1 zu 3 durch eine Verknüpfung beider Regeln direkt gelangen. Wir verfolgen den Hergang an irgendeinem graphischen Satze der Planimetrie. In einem solchen kann nur die Rede sein von Punkten und Geraden, die an einer Ebene liegen, vom Aneinanderliegen der Elemente und vom Getrenntliegen der Paare. Der Satz bleibt gültig, wenn man in ihm die Punkte durch Geraden, die Geraden durch Ebenen, die Ebene durch einen Punkt ersetzt, aber er bezieht sich jetzt auf eine zentrische Figur. Dem so erhaltenen Satze entspricht vermöge der Reziprozität zwischen Punkt und Ebene wieder ein planimetrischer Satz; um diesen herzustellen, habe ich in der zweiten Fassung die Ebenen durch Punkte, den Punkt durch eine Ebene zu ersetzen, während alles andere ungeändert bleibt. Die beiden Übertragungen, nacheinander ausgeführt, haben also auf den vorgelegten Satz die Wirkung, daß sich die Punkte in Geraden und die Geraden in Punkte verwandeln, d. h. sie liefern den dualen Satz der Planimetrie.

Für die zentrischen Figuren besteht ein ähnliches Gesetz, nach dem die Sätze 2 und 4 des § 9 zusammengehören. Man darf in jedem graphischen Satze, der von einer zentrischen Figur handelt, die Elemente „Gerade" und „Ebene" miteinander vertauschen und demgemäß von einer für solche Sätze gültigen Reziprozität zwischen den Geraden und Ebenen sprechen. Bei dieser sind „Aneinanderliegen", „Getrenntliegen", „perspektiv" und „harmonisch" sich selbst reziprok, „Gerade" und „Ebene", „Strahlenbüschel" und „Ebenenbüschel", „Ebene zweier Strahlen" und „Durchschnittslinie zweier Ebenen" einander reziprok. Wenn von zwei reziproken Sätzen über zentrische Figuren der eine richtig ist, so ist es auch der andere. Um sich hiervon zu überzeugen, braucht man nur die Dualität zwischen Punkt und Ebene auf die vorige Betrachtung anzuwenden.

Bei der Begründung der Dualität zwischen den Punkten und Geraden an einer Ebene und der Dualität zwischen den Geraden und Ebenen an einem Punkte haben wir die Dualität zwischen den Punkten und Ebenen benutzt. Da diese noch nicht ohne eine gewisse Einschränkung bewiesen werden konnte, so bleibt vorläufig auch an jenen die entsprechende Einschränkung haften. Wir kommen auf das allgemeine Dualitätsgesetz, wenn weitere Kernsätze eingeführt sein werden, wieder zurück (in den §§ 16 und 18), um es von der erwähnten Beschränkung zu befreien. Ist dies geschehen, so wird der bezüglich der beiden spezielleren Dualitätsgesetze gemachte Vorbehalt von selbst hinfällig. —

Ich sagte: Alles, was wir von graphischer Geometrie jetzt herstellen können, besteht in Folgerungen aus den graphischen Sätzen der §§ 7 bis 9; in diesen kann man die Worte Punkt und Ebene durchweg vertauschen; deshalb gelten auch die Folgerungen ungeschmälert weiter, wenn man in ihnen die Worte Punkt und Ebene durchweg vertauscht. Es muß in der Tat, wenn anders die Geometrie wirklich deduktiv sein soll, die Deduktion überall unabhängig sein vom *Sinn* der geometrischen Begriffe, wie er unabhängig sein muß von den Figuren; nur die in den benutzten Sätzen und Definitionen niedergelegten *Beziehungen* zwischen den geometrischen Begriffen dürfen in Betracht kommen. Während der Deduktion ist es zwar statthaft und nützlich, aber *keineswegs nötig*, an die Bedeutung der auftretenden geometrischen Begriffe zu denken; so daß geradezu, wenn dies nötig wird, daraus die Lückenhaftigkeit der Deduktion, unter Umständen sogar die Unzulänglichkeit der als Beweismittel vorausgeschickten Sätze hervorgeht. Hat man aber ein Theorem aus einer Gruppe von Sätzen — wir wollen sie *Stammsätze* nennen — in voller Strenge hergeleitet, so besitzt die Herleitung einen über den ursprünglichen Zweck hinausgehenden Wert.

§ 12. Von der Reziprozität.

Denn wenn aus einem *Stamm*, d. i. einer Gruppe von Stammsätzen, dadurch, daß man die darin verknüpften geometrischen Begriffe mit gewissen andern vertauscht, wieder richtige Sätze hervorgehen, so ist in dem Theoreme die entsprechende Vertauschung zulässig; man erhält so, ohne die Deduktion zu wiederholen, einen (im allgemeinen) neuen Satz, eine Folgerung aus den veränderten Stammsätzen. Von dieser Berechtigung wurde schon im ersten Paragraphen wiederholt Gebrauch gemacht, dann im dritten und vierten, endlich im gegenwärtigen Paragraphen nicht bloß zur Begründung der Dualität zwischen Punkt und Ebene, sondern schon beim Beweise der Behauptung, daß alle uns jetzt zugänglichen graphischen Sätze sich aus den graphischen Sätzen der §§ 7—9 folgern lassen.

Die im ersten und sechsten Paragraphen gegebenen Bemerkungen über das Beweisverfahren werden hierdurch vervollständigt. Man wird diese Erörterung nicht für überflüssig erklären, wenn man darauf achtet, wie oft die besprochenen Anforderungen unerfüllt bleiben, sogar in Schriften, die sich die Begründung der Geometrie oder anderer mathematischer Disziplinen zur Aufgabe machen. Der allgemeinen Auffassung nach sollen die Lehrsätze logische Folgerungen aus den Kernsätzen sein. Aber nicht immer bringt man sich alle benutzten Beweismittel ausdrücklich zum Bewußtsein. Daß dies zum Teil von der Anwendung der Abbildungen herrührt, ist in § 6 besprochen worden; aber selbst wenn kein sinnliches Bild, nicht einmal die bewußte innerliche Vorstellung eines solchen, zugelassen wird, so übt der Gebrauch vieler Wörter, mit denen namentlich die einfacheren geometrischen Begriffe bezeichnet werden, an sich schon einen gewissen Einfluß aus. Einen Teil der Ausdrücke, mit deren Handhabung im täglichen Leben wir durch frühzeitige Gewöhnung vertraut geworden sind, treffen wir in der Wissenschaft wieder an; und wie im täglichen Leben beim Gebrauche jener Ausdrücke zugleich allerhand Beziehungen zwischen den entsprechenden Begriffen sich mit unseren Gedanken verflechten, ohne daß wir uns davon besondere Rechenschaft geben, so gelingt es selbst in der strengen Wissenschaft nicht leicht, die unbewußten Beimischungen ganz fernzuhalten. Eben diese Beimischungen müssen an das Licht gebracht werden, damit die Grundlage, auf der sich die Geometrie aufbaut, in ihrem wahren Umfange zu erkennen sei.

Bei der Aufsuchung neuer Wahrheiten wird man sich unbedenklich aller Mittel bedienen, die zum Ziele führen können. Anders verhält es sich mit der Prüfung und Darstellung des Gefundenen, die in der Mathematik nur dann befriedigt, wenn die neue Tatsache als eine Folge der bekannten Tatsachen erscheint. Diese Forderung ist wohl aus der Wahrnehmung entsprungen, daß man in der Mathematik reichlicher als auf irgendeinem andern Gebiete die Möglichkeit antrifft, durch Schlußfolgerungen allein, ohne besonderes Experiment, Neues und Richtiges aus Bekanntem zu finden; sie wird um so sicherer von selbst erfüllt, je weiter man sich von den Kernbegriffen entfernt, je ausschließlicher man also mit zusammengesetzten Begriffen umgeht, die wegen ihrer nicht gemeinfaßlichen Bedeutung keine Relationen zulassen, die sich unbemerkt in eine Schlußfolgerung einschleichen könnten. Wenn nun die Mathematik an die streng deduktive Methode, der sie gerecht zu werden vermag, sich wirklich bindet, so darf man hierin keinen überflüssigen Zwang erblicken. Der Wert jener Methode besteht darin, daß die ihr entsprechende Auffassung des Beweisverfahrens alle Willkür ausschließt, während bei jeder andern Auffassung die Unanfechtbarkeit der Beweise aufhört, weil der Beurteilung keine *scharfe* Grenze gezogen werden kann[1]). Die Unanfechtbarkeit der Beweise, durch die die Lehrsätze auf die Kernsätze zurückgeführt werden, im Verein mit der Evidenz der Kernsätze selbst, die durch die einfachsten Erfahrungen verbürgt sein sollen, gibt der Mathematik den Charakter höchster Zuverlässigkeit, den man ihr zuzuschreiben pflegt. Um diese Eigenschaften überall zu erzielen, wird man sich allerdings zu mancher Weitläufigkeit genötigt sehen; aber auf der andern Seite werden gerade durch das Streben nach höchster Strenge gewisse Vereinfachungen ermöglicht. Zunächst hat die erhöhte Verwendbarkeit der Beweise sich schon wiederholt als nützlich erwiesen. Sodann — und darauf möchte ich hier das Hauptgewicht legen — erkennt man bei solcher Darstellung die Entbehrlichkeit gewisser Bestandteile, die gewohnheitsmäßig mit überliefert werden. Die Wissenschaft schöpft einen Teil ihres Stoffes unmittelbar aus der Sprache des täglichen Lebens. Aus dieser Quelle sind Ausdrucksweisen und Anschauungen, mit denen man wissenschaftliche Sätze nicht formulieren sollte, auch in die Mathematik hineingelangt. Welche Rolle die einzelnen Begriffe und Relationen in dem Lehrgebäude spielen, wieweit sie für das Ganze notwendig oder entbehrlich sind, tritt nur bei unbedingt strenger Darstellung an den Tag. Erst wenn auf solchem Wege die wesentlichen Bestandteile vollständig gesammelt, die entbehrlichen aber ausgeschieden sind[2]), gewinnt man den Boden für allgemeine Erörterungen über Geometrie.

§ 13. Von den kongruenten Figuren.

Bei der geometrischen Betrachtung einer Figur wird immer vorausgesetzt, daß ihre Bestandteile einem starren Körper angehören[3]). In

---

[1]) Über das Wesen des mathematischen Beweises siehe: Grundlagen der Analysis, 1909, Anhang zu § 2; eingehender in: Mathematik und Logik, Leipzig: Wilhelm Engelmann 1919, 2. Aufl. 1924; Begriffsbildung und Beweis in der Mathematik, Ann. d. Philosophie Bd. 4, 1924; Die axiomatische Methode in der neueren Mathematik, ebenda. Bd. 5, 1926.

[2]) Ausgeschaltet werden konnten hier die Begriffe „Raum" und „Dimension", die in Kernsätzen nicht Platz finden. Sie sind als abgeleitete Begriffe einzuführen; siehe die Abhandlung: Dimension und Raum in der Mathematik, Ann. d. Philosophie Bd. 5, H. 3/4, S. 109—120. 1925.

[3]) Siehe hierzu die auf Seite 3 in der Fußnote angeführte Schrift.

§ 13. Von den kongruenten Figuren. 93

den bisherigen Entwicklungen wurde sogar angenommen, daß alle in einer und derselben Betrachtung auftretenden Elemente eine Figur im obigen Sinne bilden, und wenn also zwei Figuren in Beziehung gebracht wurden, wie dies z. B. bei der Erklärung der Perspektivität geschah, so mußten jene Figuren miteinander starr verbunden sein.

Wir werden jetzt, um den Begriff der Kongruenz einzuführen, uns für einige Zeit auf Figuren beschränken, die nur aus Punkten zusammengesetzt sind, *und zwar aus eigentlichen Punkten.* Wir halten daran fest, daß jede Figur auf einem starren Körper verzeichnet ist, aber wir verlangen nicht, daß alle gleichzeitig betrachteten Figuren sich auf einem und demselben starren Körper befinden. Ist eine Figur $abcd$ gegeben, so darf man die Punktgruppen ab, ac, abc usw. ebenfalls Figuren nennen; aber wenn zwei Figuren ef und gh gegeben sind, so kommt der Punktgruppe $efgh$ der Name einer Figur nicht notwendig zu, weil die Figuren ef und gh möglicherweise gegeneinander beweglich sind.

Es seien, um mit dem einfachsten Falle zu beginnen, zwei starr verbundene Punkte ab gegeben und zwei ebenfalls starr verbundene Punkte $a'b'$. Die Figuren ab und $a'b'$ sind entweder gegeneinander beweglich oder nicht. Wir nehmen zuerst an, daß sie gegeneinander beweglich sind. Man kann dann (nachdem etwaige störende Bestandteile der starren Körper beseitigt sind) die Figuren bewegen, bis die Punkte a und a' aneinanderstoßen oder die Punkte b und b'. Wenn es gelingt, beides gleichzeitig zu bewirken, so sagt man, daß die Figuren ab und $a'b'$ *zum Decken gebracht* sind, und wenn die Figuren hierauf wieder beliebig bewegt werden, so wird von ihnen gesagt, daß sie einander *zu decken vermögen.*

Wie immer die Figur ab gegeben sein mag, so kann man Figuren herstellen, die imstande sind, ab zu decken. Man wird sich dazu eines starren Körpers bedienen, der die Punkte a und b gleichzeitig zu berühren vermag; auf einem solchen werden zwei Punkte α und β so gewählt, daß die Figuren ab und $\alpha\beta$ sich zum Decken bringen lassen. Man bewegt z. B. einen Stab (Maßstab, Lineal) an die Punkte a und b heran und vermerkt auf ihm die Stellen, die an a und b stoßen; oder man stellt die Spitzen eines Zirkels auf die Punkte a und b, so daß die Spitzen mit α und β bezeichnet werden können. Es ist gleichgültig, welche Spitze auf a, welche auf b gestellt war; überhaupt, *wenn die Figur $\alpha\beta$ imstande war ab zu decken, so kann sie auch mit ba zum Decken gebracht werden.*

Ich kehre jetzt zu den Figuren ab und $a'b'$ zurück, von denen vorläufig angenommen wurde, daß sie gegeneinander beweglich sind. Mit $\alpha\beta$ bezeichne ich eine gegen ab und $a'b'$ bewegliche Figur, die mit ab zum Decken gebracht werden kann, und prüfe, ob auch $a'b'$ und $\alpha\beta$ zum Decken gebracht werden können. Es zeigt sich, daß diese Prüfung die vorige, bei der ab und $a'b'$ unmittelbar verglichen wurden, ersetzt,

§ 13. Von den kongruenten Figuren.

d. h. wenn (außer ab und $\alpha\beta$ auch) $a'b'$ und $\alpha\beta$ sich decken können, so können ab und $a'b'$ sich decken, und umgekehrt. Wenn von den drei Figuren ab, $a'b'$, $\alpha\beta$ eine die beiden andern decken kann, so können diese beiden sich decken.

Sehen wir jetzt ganz davon ab, ob die Figuren ab und $a'b'$ gegeneinander beweglich sind oder nicht. Ich kann jedenfalls eine Figur herstellen, die gegen jene beiden Figuren beweglich ist und mit der einen zum Decken gebracht werden kann. Ist es möglich, eine und dieselbe Figur sowohl mit ab als auch mit $a'b'$ zum Decken zu bringen, so heißen die Figuren ab und $a'b'$ *kongruent*.

Wenn die Figuren ab und $a'b'$ gegeneinander beweglich sind, so erweisen sie sich als kongruent, wenn sie sich zu decken vermögen, und es ist alsdann die Zuziehung einer dritten Figur nicht nötig. Wenn die Figuren ab und $a'b'$ miteinander starr verbunden, z. B. auf einer und derselben Platte verzeichnet sind, so ist es zwar nicht unmöglich, die Verbindung zu lösen; aber es ist immer erwünscht, unter Umständen sogar notwendig, ein anderes Mittel zur Vergleichung zu besitzen. In der Tat sind wir gewohnt, solche Figuren durch Vermittelung einer Hilfsfigur zu vergleichen, die in der Regel durch zwei Punkte an einem Stabe oder durch die Spitzen eines Zirkels dargestellt wird. Und diese Vermittlung ist geradezu notwendig, wenn die Figuren ab und $a'b'$ einen oder beide Punkte gemein haben. Es sollte nicht ausgeschlossen werden, daß a' mit a zusammenfällt oder mit b; es können innerhalb einer Figur abb' die Teile ab und ab' kongruent sein. Auch ist schon oben die Figur ba neben der Figur ab aufgetreten, und wir haben bemerkt, daß eine und dieselbe Figur imstande ist, jene beiden zu decken. *Die Figuren ab und ba sind demnach kongruent zu nennen,* ohne daß sie eine direkte Vergleichung gestatten.

Wir haben, wenn auch zunächst nur für den einfachsten Fall, einen neuen Kernbegriff eingeführt, nämlich den Begriff zweier Figuren, die zum Decken gebracht werden können, und mit seiner Hilfe die Bedeutung des Wortes „kongruent" erklärt. Wir haben zugleich mehrere sehr einfache, auf den neuen Begriff bezügliche Tatsachen erwähnt, die unmittelbar aus der Erfahrung zu entnehmen sind. Diese Tatsachen und eine Reihe anderer von gleicher Beschaffenheit habe ich jetzt als Kernsätze zu formulieren, nach deren Herstellung wieder die deduktive Entwicklung Platz greift. Ich spreche zuerst folgenden Kernsatz aus:

I. Kernsatz. — Die Figuren ab und ba sind kongruent.

Sind drei Figuren ab, $a'b'$, $a''b''$ gegeneinander beweglich, so ist schon festgestellt worden, daß $a'b'$ und $a''b''$ einander decken können, wenn ab beide zu decken vermag. Sehen wir aber wieder davon ab, ob die Figuren starr verbunden sind oder nicht, und setzen wir voraus, daß ab und $a'b'$ kongruent sind, zugleich auch ab und $a''b''$. Es kann also eine Figur $\alpha\beta$ zum Decken gebracht werden mit ab und $a'b'$, ferner

§ 13. Von den kongruenten Figuren.

eine Figur $\alpha'\beta'$ mit ab und $a''b''$; $\alpha\beta$ ist gegen ab und $a'b'$, $\alpha'\beta'$ gegen ab und $a''b''$ beweglich. Die Figuren ab und $\alpha\beta$ sind kongruent; da sie möglicherweise starr verbunden sind, so sei AB eine gegen die vorigen bewegliche Figur, die ab decken kann. Es können sich alsdann decken AB und ab, $\alpha\beta$ und ab, $\alpha'\beta'$ und ab, folglich AB und $\alpha\beta$, AB und $\alpha'\beta'$; ferner $a'b'$ und $\alpha\beta$, $a''b''$ und $\alpha'\beta'$, folglich AB und $a'b'$, AB und $a''b''$, d. h. $a'b'$ und $a''b''$ sind kongruent. Sind zwei Figuren $a'b'$ und $a''b''$ einer Figur ab kongruent, so sind sie einander kongruent. Diese Tatsache wird einen besonderen Fall des siebenten Kernsatzes bilden.

Ist eine Figur ab gegeben, so kann man eine kongruente Figur $a'b'$ herstellen, von der man den einen Punkt, etwa a', beliebig wählen darf. Man kann nämlich eine Figur $\alpha\beta$ herstellen, die gegen die Figur ab und den Punkt a' beweglich und ab zu decken imstande ist; mit Hilfe von $\alpha\beta$ (also z. B. des Zirkels) wird sodann b' aufgefunden und nötigenfalls mit a' in starre Verbindung gebracht. Diese Tatsache ist als einfachster Fall im achten Kernsatze mit enthalten. Hier ist jedoch hinzuzufügen, daß in Betreff des Punktes b' noch eine bestimmte Forderung gestellt werden darf. Der Punkt a' konnte beliebig gewählt werden; lassen wir ihn mit a zusammenfallen und ziehen von a aus eine gerade Strecke nach irgendeinem Punkte c, so daß die Figur abc entsteht. Man kann verlangen, daß b' in dieser Strecke oder in ihrer Verlängerung über c hinaus angegeben werde; ein solcher Punkt ist allemal vorhanden, und zwar nur einer.

II. Kernsatz. — Zur Figur abc kann man einen und nur einen eigentlichen Punkt b' derart hinzufügen, daß ab und ab' kongruente Figuren werden und b' in der geraden Strecke ac oder c in der geraden Strecke ab' liegt.

Wird also die gerade Linie ac mit g bezeichnet und in ihr der eigentliche Punkt c' außerhalb des Schenkels ac

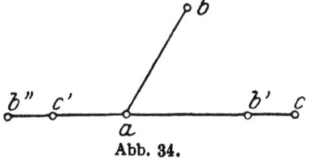

Abb. 34.

angenommen, so gibt es in der Geraden g zwei (aber nicht mehr) eigentliche Punkte, b' und b'', von denen der eine im Schenkel ac, der andere im Schenkel ac' liegt, so daß ab, ab', ab'' kongruente Figuren sind. Man kann b' und b'' etwa mit Hilfe des Zirkels bestimmen.

Betrachten wir jetzt zwei Figuren abc und $a'b'c'$, die aus je drei Punkten bestehen. Sie sind entweder starr miteinander verbunden oder nicht. Um beide Fälle zugleich zu berücksichtigen, gehe ich davon aus, daß stets eine Figur $\alpha\beta\gamma$ herstellbar ist, die gegen jene beiden bewegt und mit der einen, etwa mit abc, zum Decken gebracht werden kann, wobei die Punkte a und α, b und β, c und γ aneinanderstoßen. Eine solche Figur läßt sich auf jedem starren Körper verzeichnen, der die Punkte abc gleichzeitig zu berühren vermag. Ist es möglich, eine und dieselbe Figur $\alpha\beta\gamma$ sowohl mit abc als auch mit $a'b'c'$ zum Decken

§ 13. Von den kongruenten Figuren.

zu bringen, so heißen die Figuren abc und $a'b'c'$ kongruent. Jetzt ist es aber nicht mehr gleichgültig, in welcher Reihenfolge die Punkte geschrieben werden. Wenn die Figur $\alpha\beta\gamma$ imstande ist, abc zu decken, so ist sie im allgemeinen nicht imstande, bac zu decken. Wenn die Figuren abc und $a'b'c'$ kongruent sind, so sind zwar auch bac und $b'a'c'$ kongruent, aber im allgemeinen nicht bac und $a'b'c'$. Die zusammengehörigen Punkte, a und a', b und b', c und c', werden *homologe* Punkte der kongruenten Figuren genannt.

Mit der Figur abc ist die Figur ab als ein Teil gegeben, der mit der Figur $\alpha\beta$ zum Decken gebracht werden kann. Ist nun $\alpha\beta\gamma$ imstande, abc und $a'b'c'$ zu decken, können also $\alpha\beta$ und $a'b'$ sich decken, so sind die Figuren ab und $a'b'$ kongruent. Wir werden die Figuren ab und $a'b'$, ac und $a'c'$, bc und $b'c'$ *homologe Teile* der kongruenten Figuren abc und $a'b'c'$ nennen. Daß solche homologe Teile kongruent sind, bildet einen besonderen Fall des sechsten Kernsatzes.

Die Figur abc kann aus drei Punkten einer Geraden bestehen. Nehmen wir an, daß c in der Geraden ab zwischen a und b liegt, daß die Figuren ab und $a'b'$ mit $\alpha\beta$ zum Decken gebracht werden können, und daß a mit b, a' mit b', α mit β durch gerade Strecken verbunden sind. Bringe ich ab und $\alpha\beta$ zum Decken, so nehme ich wahr, daß die Punkte der Strecke ab an die Punkte der Strecke $\alpha\beta$ stoßen und umgekehrt, und man sagt daher, daß die Strecken ab und $\alpha\beta$ zum Decken gebracht seien; zugleich ergibt sich ein bestimmter Punkt γ der Strecke $\alpha\beta$, der an den Punkt c stößt. Auch die Strecken $\alpha\beta$ und $a'b'$ werden sich decken können, und man nennt deshalb die Strecken ab und $a'b'$ kongruent. Bringt man nun die Strecken $\alpha\beta$ und $a'b'$ zum Decken, so ergibt sich ein bestimmter Punkt c' der Strecke $a'b'$, der vom Punkte γ gedeckt wird, so daß abc und $a'b'c'$ kongruente Figuren sind.

III. Kernsatz. — Liegt der Punkt c innerhalb der geraden Strecke ab, und sind die Figuren abc und $a'b'c'$ kongruent, so liegt der Punkt c' innerhalb der geraden Strecke $a'b'$.

Kongruente Strecken kommen in Betracht, wenn eine Strecke ab mit einer anderen *uv gemessen* werden soll. Nach den Vorbemerkungen zum zweiten Kernsatz kann ich auf dem Schenkel ab den Punkt c_1 so angeben, daß ac_1 und uv kongruente Figuren werden; es handelt sich hier nur um den Fall, wo c_1 zwischen a und b zu liegen kommt. Ich kann (II.) die Strecke ac_1 bis c_2 — und zwar nur auf eine Art — so verlängern, daß die Strecken $c_1 a$ und $c_1 c_2$ kongruent werden, folglich auch ac_1 und $c_1 c_2$. Ebenso kann ich die Strecke $c_1 c_2$ um die kongruente Strecke $c_2 c_3$ verlängern, diese um die kongruente Strecke $c_3 c_4$ usf. Beim Messen wird jedoch ein bestimmtes Ziel erstrebt und auch erreicht.

§ 13. Von den kongruenten Figuren.

Man verfolgt nämlich die Reihe der Punkte $c_1 c_2 c_3 \ldots$ nur bis zum Punkte c_n, wenn b entweder mit c_n zusammenfällt oder von den Punkten c_n und c_{n+1} eingeschlossen werden würde, und zu einem solchen Punkte c_n kann man allemal durch eine endliche Anzahl von Konstruktionen gelangen.

IV. Kernsatz. — Liegt der Punkt c_1 innerhalb der geraden Strecke ab, und verlängert man die Strecke ac_1 um die kongruente Strecke $c_1 c_2$, diese um die kongruente Strecke $c_2 c_3$ usf., so gelangt man stets zu einer Strecke $c_n c_{n+1}$, die den Punkt b enthält. (Das sog. *Archimedische Axiom.*)

Betrachten wir wieder die Figur abc, aus drei Punkten einer Geraden bestehend, und nehmen wir jetzt an, daß die Strecken ac und bc kongruent, sind also c zwischen a und b gelegen ist. Eine Figur $\alpha\beta\gamma$ werde hergestellt, die abc zu decken vermag. Werden die Strecken ba und $\alpha\beta$ zum Decken gebracht, so deckt γ einen bestimmten Punkt der Strecke ba, der von c nicht verschieden sein kann; die Figuren abc und bac sind demnach kongruent. Aber auch wenn abc nicht in gerader Linie liegen, wird dieselbe Beobachtung gemacht.

V. Kernsatz. — Wenn in der Figur abc die Strecken ac und bc kongruent sind, so sind die Figuren abc und bac kongruent.

Diese Tatsache kann noch in anderer Form ausgesprochen werden. Wenn ca und $\gamma\alpha$ beliebige Strecken, aber nicht starr verbunden sind, so kann man sie gegeneinander bewegen, bis die Punkte c und γ an-

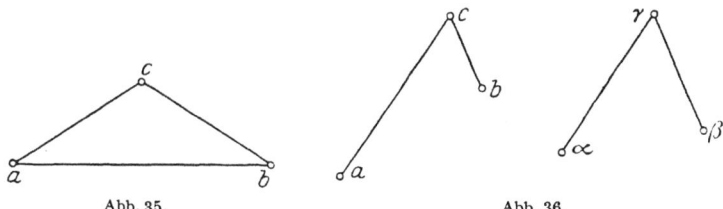

Abb. 35. Abb. 36.

einanderstoßen und zugleich entweder a an einen Punkt der Strecke $\gamma\alpha$ oder α an einen Punkt der Strecke ca. Es wird dann jeder Punkt des Schenkels ca von einem Punkte des Schenkels $\gamma\alpha$ gedeckt und umgekehrt, und man wird daher sagen, es seien die Schenkel ca und $\gamma\alpha$ zum Decken gebracht. Wenn in der Figur abc die Strecken ca und cb zu verschiedenen Geraden gehören, ebenso in der Figur $\alpha\beta\gamma$ die Strecken $\gamma\alpha$ und $\gamma\beta$, und die Figuren nicht starr verbunden sind, so kann man sie bewegen, bis die Schenkel ca und $\gamma\alpha$ sich decken oder die Schenkel cb und $\gamma\beta$. Gelingt es nun, beides gleichzeitig zu bewirken, so sagt man, es seien die Winkel acb und $\alpha\gamma\beta$ zum Decken gebracht[1]). Wenn die Winkel acb und $\alpha\gamma\beta$ sich decken können, so braucht dies von den Fi-

---

[1]) Eine Definition des Winkels wird hier nicht beabsichtigt.

guren acb und $\alpha\gamma\beta$ nicht zu gelten; dazu ist vielmehr noch notwendig und hinreichend, daß die Strecken ca und $\gamma\alpha$, cb und $\gamma\beta$ kongruent sind.

Es seien jetzt zwei Figuren abc und $a'b'c'$ gegeben; die Strecken ca und cb sollen zu verschiedenen Geraden gehören, ebenso die Strecken $c'a'$ und $c'b'$. Immer läßt sich eine gegen abc und $a'b'c'$ bewegliche Figur $\alpha\beta\gamma$ so herstellen, daß die Winkel acb und $\alpha\gamma\beta$ sich decken können (Winkelmesser), und zwar ist es gleichgültig, in welcher Anordnung die Schenkel aufeinandergelegt werden, d. h. es können auch die Winkel bca und $\alpha\gamma\beta$ sich decken. Ist es möglich, einen und denselben Winkel $\alpha\gamma\beta$ mit den Winkeln acb und $a'c'b'$ zum Decken zu bringen, so heißen die Winkel acb und $a'c'b'$ kongruent. — Es seien zwei kongruente Winkel acb und $a'c'b'$ vorgelegt; die Figuren acb und $a'c'b'$ brauchen alsdann nicht kongruent zu sein. Ich kann aber die Figur $\alpha\beta\gamma$ so wählen, daß die Figuren acb und $\alpha\gamma\beta$ sich decken können; damit auch die Figuren $a'c'b'$ und $\alpha\gamma\beta$ sich zum Decken bringen lassen, ist noch die Kongruenz der Strecken $c'a'$ und $\gamma\alpha$, $c'b'$ und $\gamma\beta$ notwendig und hinreichend. Sobald daher ca und $c'a'$, cb und $c'b'$ kongruente Strecken sind, so sind auch die Figuren acb und $a'c'b'$ (oder abc und $a'b'c'$) kongruent.

Hiernach sind die Winkel acb und bca stets kongruent. Nimmt man aber insbesondere kongruente Strecken ca und cb, so sind auch die Figuren abc und bac kongruent, wie im fünften Kernsatz behauptet wurde.

Es ist nun an der Zeit, Figuren zu betrachten, die aus beliebig vielen Punkten bestehen. Die Figuren $abcd\ldots$ und $a'b'c'd'\ldots$ seien aus gleichvielen Punkten zusammengesetzt. Immer ist eine Figur $\alpha\beta\gamma\delta\ldots$ herstellbar, die gegen jene beiden bewegt und mit der einen zum Decken gebracht werden kann, wobei die Punkte a und α, b und β usw. aneinanderstoßen. Ist es möglich, die Figur $\alpha\beta\gamma\delta\ldots$ mit beiden gegebenen Figuren zum Decken zu bringen, so heißen diese kongruent. Diese Kongruenz ist aber von der Wahl der Figur $\alpha\beta\gamma\delta\ldots$ nicht abhängig; haben sich die Figuren $abcd\ldots$ und $a'b'c'd'\ldots$ als kongruent erwiesen, und kann man eine von ihnen auf die gegen beide bewegliche Figur $ABCD\ldots$ legen, so läßt auch die andere sich auf $ABCD\ldots$ legen. Man mag deshalb das Wesen der kongruenten Figuren durch die Aussage bezeichnen, daß jede die Lage der anderen einzunehmen imstande ist.

Um die Kongruenz der Figuren $abcd\ldots$ und $a'b'c'd'\ldots$ zu erkennen, wird eine Hilfsfigur $\alpha\beta\gamma\delta\ldots$ benutzt, und es werden einmal die Punkte a und α, b und β usw. miteinander in Berührung gebracht, das andere Mal die Punkte a' und α, b' und β usw. Dieser Zusammengehörigkeit entsprechend heißen a und a' *homologe Punkte*, ebenso b und b' usw. Jedem Teile der Figur $abcd\ldots$ entspricht ein Teil der Figur $a'b'c'd'\ldots$, nämlich der aus den homologen Punkten zusammen-

§ 13. Von den kongruenten Figuren.

gesetzte, den wir den *homologen Teil* nennen dürfen, und je zwei homologe Teile können mit einem gewissen Teile der Figur $\alpha\beta\gamma\delta\ldots$ zum Decken gebracht werden.

VI. Kernsatz. — Wenn zwei Figuren kongruent sind, so sind auch ihre homologen Teile kongruent.

Es ist hier nicht ausgeschlossen, daß homologe Teile zusammenfallen, z. B. bei zwei kongruenten Figuren abc und abc'. In der Tat sind wir berechtigt, jede Figur *sich selbst kongruent* zu nennen, wobei aber *jeder Punkt sich selbst homolog* ist und mithin nicht an diejenige Kongruenz gedacht werden soll, die zwischen den Strecken ab und ba, zwischen den Winkeln acb und bca stattfindet. Wenn bei zwei kongruenten Figuren ein Punkt sich selbst entspricht, so kann man sagen: Die Figuren haben den Punkt *entsprechend gemein*.

Vom sechsten Kernsatze war schon an früherer Stelle ein besonderer Fall erwähnt worden; die gleiche Verallgemeinerung wird noch zwei anderen früheren Bemerkungen zuteil. Man nehme an, daß die Figuren $a'b'c'd'\ldots$ und $a''b''c''d''\ldots$ einer dritten Figur $abcd\ldots$ kongruent sind; es ist dann immer möglich, eine Figur $ABCD\ldots$ herzustellen, beweglich gegen jene drei Figuren und fähig die letzte zu decken; mit einer solchen Figur $ABCD\ldots$ können auch die beiden erstgenannten Figuren zum Decken gebracht werden.

VII. Kernsatz. — Wenn zwei Figuren einer dritten kongruent sind, so sind sie einander kongruent.

Wenn ferner eine Figur ab und ein Punkt a' irgendwie gegeben sind, so kann man (wie bereits erwähnt) mit dem letzteren einen Punkt b' so verbinden, daß ab und $a'b'$ kongruente Figuren sind. Wenn aber die Figuren abc und $a'b'$ gegeben sind, so kann man mit der letzteren nicht immer einen Punkt c' so verbinden, daß abc und $a'b'c'$ kongruente Figuren sind; vielmehr ist hierzu die Kongruenz der Figuren ab und $a'b'$ notwendig und ausreichend. Überhaupt, wenn die Figuren $abc\ldots kl$ und $a'b'c'\ldots k'$ gegeben sind und zwischen $abc\ldots k$ und $a'b'c'\ldots k'$ Kongruenz stattfindet, so läßt sich der Punkt l' so anbringen, daß $abc\ldots kl$ und $a'b'c'\ldots k'l'$ kongruente Figuren werden. Um einen solchen Punkt zu erhalten, wird man eine Figur $ABC\ldots KL$ herstellen, die gegen die beiden gegebenen bewegt und mit $abc\ldots kl$ zum Decken gebracht werden kann, und diese Figur bewegen, bis $ABC\ldots K$ und $a'b'c'\ldots k'$ sich decken. Alle diese Tatsachen umfaßt der folgende Kernsatz, sobald man zuläßt, daß ein einzelner Punkt eine Figur bildet und zwei Punkte immer zu den kongruenten Figuren gerechnet werden.

VIII. Kernsatz. — Wird von zwei kongruenten Figuren die eine um einen eigentlichen Punkt erweitert, so kann man die andere um einen eigentlichen Punkt so erweitern, daß die erweiterten Figuren wieder kongruent sind.

In den beiden einfachsten Fällen kann man über die hiermit ausgesprochene Möglichkeit noch hinausgehen. Soll nämlich bei gegebenem a die Figur ab kongruent der gegebenen Figur fg hergestellt werden, so darf man noch fordern, daß b in eine durch a beliebig gezogene Gerade fällt (II), und hat in dieser zwischen zwei Punkten auf verschiedenen Seiten von a die Wahl. Ähnliches findet nun statt, wenn die Figuren ab und fgh so gegeben werden, daß ab und fg kongruent sind, und die Figur abc kongruent mit fgh bestimmt werden soll; dabei ist jedoch vorauszusetzen, daß fgh nicht in gerader Linie liegen. Es sei nämlich FGH eine gegen ab und fgh bewegliche Figur, die fgh zu decken vermag, so daß auch ab und FG sich decken können. Ist alsdann durch die Punkte a und b irgendeine Ebene gelegt, so kann man FGH bewegen, bis nicht bloß FG und ab sich decken, sondern auch gleichzeitig H einen Punkt der Ebene deckt, und zwar kann dies auf zwei Arten geschehen. In der gegebenen Ebene findet man demnach zwei Punkte c und d, die Figuren abc und abd kongruent mit fgh liefern, und man bemerkt überdies, daß c und d auf verschiedenen Seiten der Geraden ab liegen.

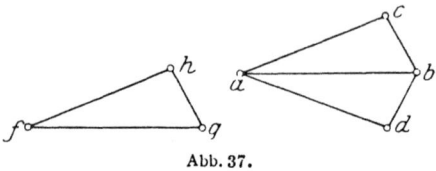

Abb. 37.

IX. *Kernsatz.* — Sind zwei Figuren ab und fgh gegeben, fgh nicht in einer geraden Strecke enthalten, ab und fg kongruent, und wird durch a und b eine ebene Fläche gelegt, so kann man in dieser oder in ihrer Erweiterung genau zwei Punkte c und d so angeben, daß die Figuren abc und abd der Figur fgh kongruent sind, und zwar hat die Strecke cd mit der Strecke ab oder deren Verlängerung einen Punkt gemein.

Mit anderen Worten, unter Berücksichtigung früherer Bemerkungen: Sind zwei Figuren ab und fgh gegeben, fgh nicht in gerader Linie, und wird durch a und b eine Ebene gelegt, so kann man in dieser — und zwar nicht bloß auf eine Art — den Punkt c so angeben, daß die Winkel abc und fgh kongruent sind; liegen aber in einer Ebene die Punkte c und c' auf derselben Seite der Geraden ab, so sind die Winkel abc und abc' nicht kongruent.

Wenn wir aber jetzt von zwei Figuren abc und $fghi$ ausgehen und die Figuren abc und fgh als kongruent voraussetzen, so werden wir zu einem ähnlichen Kernsatz nicht geführt. Läßt nämlich die Figur abc auf mehr als eine Art sich zu einer mit $fghi$ kongruenten Figur erweitern, etwa zu $abcd$ und $abce$, so sind die Figuren $abcd$ und $abce$ kongruent. Bei der Frage, ob solche Figuren kongruent sein können, werden wir annehmen, daß sie keine Planfiguren sind; der andere Fall wird aus den früheren Kernsätzen erledigt. Liegt nun d außerhalb der Ebene abc, und wird mit $abcd$ eine Figur $\alpha\beta\gamma\delta$ zum Decken gebracht, so stellt es sich als unmöglich heraus, $abce$ und $\alpha\beta\gamma\delta$ zum Decken zu bringen.

§ 13. Von den kongruenten Figuren.

X. Kernsatz. — Zwei Figuren $abcd$ und $abce$, deren Punkte nicht in ebenen Flächen liegen, sind nicht kongruent.

Man gewinnt einen andern Ausdruck für diese Tatsache in folgender Betrachtung.

Sind die Punkte $abcd$ nicht in einer Ebene enthalten, und wird die Gerade ab mit m bezeichnet, so entsteht ein „Winkel"[1]) cmd mit der „Kante" m und den Schenkeln mc und md. Es sei die Figur $\alpha\beta\gamma\delta$ gegen die vorige beweglich; die Gerade $\alpha\beta$ heiße μ. Man kann die Figuren gegeneinander bewegen, bis die Schenkel mc und $\mu\gamma$ sich decken (d. h. jeder Punkt des einen an einen Punkt des andern stößt, insbesondere jeder Punkt der Geraden m an einen Punkt der Geraden μ) oder die Schenkel md und $\mu\delta$. Tritt beides zugleich ein, so sagt man, die Winkel cmd und $\gamma\mu\delta$ seien zum Decken gebracht. Wenn die Figuren $abcd$ und $\alpha\beta\gamma\delta$ sich decken können, so gilt dies auch von den Winkeln cmd und $\gamma\mu\delta$. — Sind auch die Punkte $a'b'c'd'$ nicht in einer Ebene enthalten, und bedeutet m' die Gerade $a'b'$, so kann es vorkommen, daß ein Winkel $\gamma\mu\delta$ die beiden Winkel cmd und $c'm'd'$ zu decken vermag; die letzteren heißen alsdann kongruent. Wenn die Figuren $abcd$ und $a'b'c'd'$ kongruent sind, so sind es auch die Winkel cmd und $c'm'd'$. Nehmen wir nun außerhalb der Ebene abc den Punkt e auf derselben Seite mit d, dann liegen überhaupt die Schenkel md und me auf derselben Seite der Ebene abc, mithin entweder der Schenkel md zwischen mc und me (im Winkel cme) oder me zwischen mc und md (im Winkel cmd). Man bemerkt aber, daß bei solcher Lage die Winkel cmd und cme nicht kongruent sind. Daraus folgt, daß die Figuren $abcd$ und $abce$ nicht kongruent sind, wenn d und e auf derselben Seite der Ebene abc liegen.

Nehmen wir endlich die Punkte d und e auf verschiedenen Seiten der Ebene abc, so ist es der Unterschied zwischen Rechts und Links, der hier verwendet werden kann. Wenn nämlich ein Beobachter auf der Seite des Punktes d den geraden Weg von a nach b zurücklegt, so ist für ihn der Punkt c entweder rechts oder links gelegen; geht der Beobachter jedoch auf die Seite des Punktes e über, so erscheint ihm rechts, was zuvor links gelegen war, und umgekehrt. Es seien nun $abcd$ und $a'b'c'd'$ kongruente Figuren; die Figur $\alpha\beta\gamma\delta$ sei fähig, beide zu decken. Dann übertragen sich erfahrungsgemäß die Bezeichnungen Rechts und Links von der Figur $abcd$ auf $\alpha\beta\gamma\delta$, von dieser auf $a'b'c'd'$ in unveränderter Weise. Da eine gleiche Übertragung von der Figur $abcd$ auf $abce$ nicht stattfindet, sobald d und e auf verschiedenen Seiten der Ebene abc liegen, so sind solche Figuren nicht kongruent[2]).

---

[1]) Siehe Fußnote auf Seite 97.
[2]) Weiteres über Kongruenz enthält die auf Seite 3 in der Fußnote angeführte Schrift.

§ 14. Ausdehnung der Kongruenz auf beliebige Elemente.

In den vorstehenden Kernsätzen treten als Elemente von kongruenten Figuren nur Punkte, und zwar eigentliche Punkte auf. In den beigegebenen Erläuterungen ist zwar diese Einschränkung nicht beobachtet worden; doch sollen für unsere ganze Entwicklung ausschließlich die Kernsätze maßgebend sein, und ich werde demgemäß im folgenden nur diejenigen Tatsachen und Begriffe benutzen, die in den Kernsätzen über die kongruenten Figuren oder schon in früheren Kernsätzen enthalten sind oder aus solchen abgeleitet werden.

Wenn abc, $a'b'c'$ eigentliche Punkte, abc und $a'b'c'$ kongruente Figuren, abc Punkte einer Geraden sind, so lehrt der dritte Kernsatz in § 13, daß auch $a'b'c'$ in einer Geraden liegen; wenn also die eine von zwei kongruenten Figuren eine gerade Punktreihe ist, so gilt dies auch von der andern; und wenn in der einen von zwei kongruenten Figuren eine gerade Punktreihe auftritt, so bilden die homologen Punkte der andern ebenfalls eine gerade Punktreihe (VI. Kernsatz in § 13). Ist in der einen Punktreihe etwa c zwischen a und b gelegen, so liegt in der homologen Reihe c' zwischen a' und b' (III. Kernsatz in § 13); durch die getrennte Lage zweier Paare der einen Reihe wird demnach die getrennte Lage der homologen Paare bedingt.

Es soll fortan gestattet sein, die Verbindungslinie zweier Punkte der einen Figur zugleich mit der Verbindungslinie der homologen Punkte der kongruenten Figur in die betreffenden Figuren aufzunehmen, die auch nach einer solchen Erweiterung kongruent genannt werden; die beiden (eigentlichen) Geraden heißen *homolog*. Sooft in der einen Figur ein Punkt und eine Gerade aneinanderliegen, gilt dasselbe von den homologen Elementen; sooft in der einen Figur zwei Geraden sich in einem eigentlichen Punkte schneiden, gilt dasselbe von den homologen Geraden, und zwar können die Durchschnittspunkte als homologe Punkte hinzugenommen werden.

Wenn $abcda'b'c'd'$ eigentliche Punkte, $abcd$ und $a'b'c'd'$ kongruente Figuren, $abcd$ Punkte einer Ebene sind, so müssen auch $a'b'c'd'$ in einer Ebene liegen; denn nach dem 12. Lehrsatze des § 2 haben entweder die Geraden ad und bc, oder bd und ac, oder cd und ab einen eigentlichen Punkt gemein, und das gleiche gilt also von den homologen Geraden. Wenn daher die eine von zwei kongruenten Figuren oder ein Teil von ihr aus Punkten einer Ebene besteht, so liegen auch die homologen Punkte der andren Figur in einer Ebene. Wir wollen fortan zulassen, daß die Ebene dreier (nicht in einer Geraden gelegenen) Punkte der einen Figur zugleich mit der Ebene der homologen Punkte zu den betreffenden Figuren hinzugerechnet werde; auch nach der Erweiterung sollen die Figuren kongruent, die beiden (eigentlichen) Ebenen *homolog* heißen. Sooft alsdann in der einen Figur ein Punkt und eine Ebene,

§ 14. Ausdehnung der Kongruenz auf beliebige Elemente. 103

oder eine Ebene und eine Gerade aneinanderliegen, gilt dasselbe von den homologen Elementen; sooft in der einen Figur zwei Ebenen in einer eigentlichen Geraden, oder eine Gerade und eine Ebene in einem eigentlichen Punkte sich schneiden, erfolgt dasselbe bei den homologen Elementen, und zwar können die Durchschnittslinien und Durchschnittspunkte als homologe Elemente hinzutreten.

Überhaupt kommt jede Eigenschaft von Elementen der einen Figur, die sich nur auf das Aneinanderliegen der Elemente und die Anordnung von Punkten in Geraden bezieht, auch den homologen Elementen der kongruenten Figur zu. Insbesondere wenn in der einen Figur zwei Paare von Geraden eines eigentlichen Büschels getrennt liegen, so gilt das gleiche für die homologen Geraden.

Zu gegebenen kongruenten Figuren, die aus eigentlichen Punkten bestehen, konnten eigentliche Geraden und Ebenen, die jene Punkte verbinden, hinzugenommen werden. Aber der achte Kernsatz des § 13 gewährt auch die Möglichkeit, die Figuren durch beliebige eigentliche Punkte und infolgedessen, wie sich zeigen wird, überhaupt durch beliebige Elemente zu erweitern. Um nun beurteilen zu können, wieweit dabei eine bestimmte Zuordnung von homologen Elementen eintritt, müssen einige Sätze eingeschaltet werden.

Wenn $fghik$ eigentliche Punkte sind, fgh nicht in gerader Linie, so sind die Figuren $fghi$ und $fghk$ nicht kongruent. Zum Beweise nehme ich außerhalb der Ebene fgh den eigentlichen Punkt l beliebig, von i verschieden; da die Ebenen fgl, fhl, ghl nur den Punkt l gemein haben, so wird eine mindestens von ihnen den Punkt i nicht enthalten, etwa die Ebene fgl. Wären nun die Figuren $fghi$ und $fghk$ kongruent, so könnte man den eigentlichen Punkt m so angeben, daß $fghil$ und $fghkm$, mithin auch $fghl$ und $fghm$ kongruent sind, und da dann $fghm$ so wenig wie $fghl$ in einer Ebene liegen, so könnte (X. Kernsatz in § 13) m von l nicht verschieden sein; es wären also die Figuren $fgil$ und $fgkl$ keine Planfiguren und dennoch kongruent, im Widerspruch mit demselben Kernsatz.

Wenn $abcdfghik$ eigentliche Punkte sind, abc nicht in gerader Linie, $abcd$ und $fghi$ kongruente Figuren, so sind die Figuren $abcd$ und $fghk$ nicht kongruent. Denn es liegen dann auch fgh nicht in gerader Linie; wären nun $abcd$ und $fghk$ kongruent, so wären es (VII. Kernsatz in § 13) auch $fghi$ und $fghk$, im Widerspruch zum vorigen Satze.

Die aus eigentlichen Punkten bestehenden Figuren $abcd$, $fghi$ und $fghk$ können also nur dann untereinander kongruent sein, wenn entweder i und k zusammenfallen oder abc in einer Geraden liegen.

Dies vorangeschickt, seien F und F' zwei kongruente Figuren, und zwar werde vorausgesetzt, daß in der Figur F drei nicht in gerader Linie gelegene (eigentliche) Punkte abc vorkommen; die homologen Punkte $a'b'c'$ in der Figur F' sind dann auch nicht in gerader Linie

§ 14. Ausdehnung der Kongruenz auf beliebige Elemente.

gelegen. Wird mit d irgendein eigentlicher Punkt (von abc verschieden) bezeichnet, so gehört entweder d zur Figur F — und dann sei d' der homologe Punkt der Figur F' — oder man kann d zu F hinzufügen und F' um einen eigentlichen Punkt d' so erweitern, daß wieder kongruente Figuren entstehen. In beiden Fällen sind die Figuren $abcd$ und $a'b'c'd'$ kongruent; folglich ist d' durch $abcd$, $a'b'c'$ oder durch d und die zwischen den Figuren F, F' gegebene Beziehung (Kongruenz) bestimmt. Wenn wir daher sagen: *d und d' sind homologe Punkte bei der zwischen F und F' gegebenen Kongruenz*, so ist zu jedem eigentlichen Punkte ein und nur ein homologer eigentlicher Punkt vorhanden. Wird nun weiter mit g irgendeine eigentliche Gerade bezeichnet, sie mag zur Figur F gehören oder nicht, und sind ef eigentliche Punkte von g, $e'f'$ die homologen Punkte, g' deren Verbindungslinie, so ist g' durch g völlig bestimmt, und wir sagen: *g und g' sind homologe Geraden bei der gegebenen Kongruenz*. Wird endlich mit P irgendeine eigentliche Ebene bezeichnet, und sind in ihr hik drei eigentliche Punkte, nicht in gerader Linie, $h'i'k'$ die homologen Punkte, P' deren Ebene, so ist auch P' durch P bestimmt, und *wir nennen die Ebenen PP' homolog bei der Kongruenz FF'*. Vermöge dieser Kongruenz wird also jeder nur aus eigentlichen Punkten, Geraden und Ebenen bestehenden Figur eine völlig bestimmte Figur, nämlich die aus den homologen Elementen zusammengesetzte, als homologe entsprechen, und je zwei homologe Figuren werden kongruent sein. Zur Begründung eines solchen Entsprechens sind zwei kongruente Figuren von der Beschaffenheit wie abc und $a'b'c'$ genügend.

Aber das Entsprechen bleibt nicht auf eigentliche Elemente beschränkt. Es sei d ein beliebiger Punkt; man wähle irgend zwei durch ihn gehende eigentliche Geraden lm, bestimme die homologen Geraden $l'm'$ und bezeichne den Punkt $l'm'$ mit d'. Dann ist unter Festhaltung der Kongruenz FF' der Punkt d' durch d bestimmt, da zu einem Strahlenbündel als homologe Figur ein Strahlenbündel gehört. Wir nennen d und d' homologe Punkte; es ist dann jedem Punkte ein und nur ein homologer Punkt zuzuordnen, und wenn der eine von zwei solchen Punkten ein eigentlicher Punkt ist, so ist es auch der andere.

Wird jetzt in einer eigentlichen Geraden oder Ebene ein beliebiger Punkt angenommen, so liegt der homologe Punkt in der homologen Geraden oder Ebene. Punkten auf einer beliebigen Geraden oder auf einer beliebigen Ebene entsprechen ebensolche Punkte. Getrennten Punktpaaren auf einer Geraden entsprechen ebensolche Punktpaare.

Somit unterliegt es keiner Schwierigkeit, auch jeder Geraden eine bestimmte homologe Gerade und jeder Ebene eine bestimmte homologe Ebene zuzuordnen. Dadurch aber erhält man zu jeder (aus beliebigen Punkten, Geraden und Ebenen bestehenden) Figur eine bestimmte

§ 14. Ausdehnung der Kongruenz auf beliebige Elemente.

homologe Figur, und wenn wir je zwei solche Figuren kongruent nennen, so gelten folgende Sätze:

1. Kongruente Figuren haben alle graphischen Eigenschaften gemein.
2. Wenn zwei Figuren kongruent sind, so sind auch ihre homologen Teile kongruent.

Jede Figur ist sich selbst kongruent. Zwei Punkte werden zu den einander kongruenten Figuren gerechnet.

3. Wenn zwei Figuren einer dritten kongruent sind, so sind sie einander kongruent.

Sobald also in der einen von zwei kongruenten Figuren kongruente Teile vorkommen, so sind auch die homologen Teile der andern Figur kongruent.

4. Bei kongruenten Figuren ist jedem eigentlichen Punkte der einen ein eigentlicher Punkt der andern zugeordnet, mithin jedem eigentlichen Elemente der einen ein eigentliches der andern.
5. Wird von zwei kongruenten Figuren die eine um beliebige Elemente erweitert, so kann man die andere so erweitern, daß wieder kongruente Figuren entstehen.

Auch eine solche Erweiterung werden wir zu den „*Konstruktionen*" rechnen.

6. Haben zwei kongruente Figuren drei eigentliche Punkte, die nicht in einer Geraden liegen, entsprechend gemein, so haben sie alle Elemente entsprechend gemein.
7. Haben zwei kongruente gerade Punktreihen zwei eigentliche Punkte entsprechend gemein, so haben sie alle Punkte entsprechend gemein.

Beweis. — Es seien cc' zwei homologe beliebige Punkte in kongruenten geraden Punktreihen, welche die eigentlichen Punkte ab entsprechend gemein haben, ferner d der vierte harmonische Punkt zu abc, d' der homologe Punkt, also auch $abc'd'$ harmonisch. Ist c ein eigentlicher Punkt zwischen a und b, also im Schenkel ab, so liegt auch c' im Schenkel ab und ist mithin von c nicht verschieden. Bei anderer Lage von c ist d ein eigentlicher Punkt zwischen a und b und fällt demnach mit d' zusammen, so daß wieder c und c' zusammenfallen.

Der erste, vierte und fünfte[1] Kernsatz des § 13 sind bisher noch nicht zur Anwendung gekommen. Nach dem ersten Kernsatze sind die Figuren AB und BA, wo A und B eigentliche Punkte bedeuten sollen, kongruent. Die Strecke AB kann also über B hinaus bis zum eigentlichen Punkte C derart verlängert werden, daß BA und BC, mithin AB, BA, BC und CB kongruente Figuren sind. Alsdann wird B die *Mitte* der Strecke AC (oder CA) genannt, und kein

---

[1]) Der vierte wird in § 15, der fünfte in § 19 gebraucht.

anderer eigentlicher Punkt b der Geraden AC besitzt die Eigenschaft, kongruente Strecken bA und bC zu liefern. In der Tat sind die Figuren AC und CA kongruent, und man kann B' angeben, so daß ACB und CAB' kongruent sind; dann ist aber B' mit B im Schenkel AC gelegen und AB' mit AB kongruent, B' fällt mit B zusammen. Also sind die Figuren ABC und CBA kongruent. Wären noch die Strecken bA und bC kongruent, also b in der Strecke AC gelegen, so wären auch die Figuren $ABCb$ und $CBAb$ kongruent, im Widerspruch mit Satz 7. Wenn wir aber unter D den vierten harmonischen Punkt zu ACB verstehen und D' so einführen, daß $ACBD$ und $CABD'$ kongruent sind, so muß das Gebilde $CABD'$ harmonisch, D' mit D identisch und $ABCD$ mit $CBAD$ kongruent sein. Man schließt daraus, daß D kein eigentlicher Punkt sein kann. *Sucht man zu beiden Endpunkten und der Mitte einer Strecke den vierten harmonischen Punkt, so wird man zu einem uneigentlichen Punkte geführt.*

In jeder Strecke fg ist eine Mitte vorhanden, deren Konstruktion sich aus den bisherigen Sätzen ergibt. Wird nämlich außerhalb der Geraden fg ein eigentlicher Punkt c beliebig angenommen, so gibt es in der Ebene cfg einen bestimmten eigentlichen Punkt d, der mit c auf derselben Seite der Geraden fg liegt und kongruente Figuren fgc und gfd liefert; bei geeigneter Wahl des Punktes c wird d von c verschieden ausfallen.

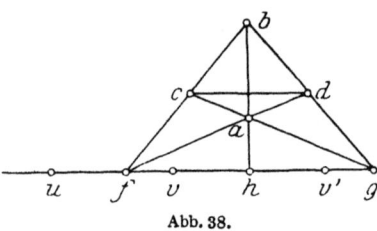

Abb. 38.

Die Kongruenz, bei der fg, gf, cd Paare von homologen Punkten sind, läßt sich auf jedes andere Element und zwar nur in bestimmter Weise ausdehnen. Die Ebene cfg und die Gerade fg entsprechen sich selbst. Sollen demnach dd' homologe Punkte sein, also die Figuren fgc, gfd, fgd' kongruent, so muß d' in der Ebene cfg liegen, aber d und d' (mithin c und d') nicht auf verschiedenen Seiten der Geraden fg, d. h. es müssen c und d' zusammenfallen. Wir haben somit noch dc als homologe Punkte, $cf\,dg$, $dg\,cf$, $cg\,df$, $df\,cg$ als Paare von homologen Geraden, während die Gerade cd sich selbst entspricht. Da die Schenkel fc und fd auf derselben Seite der Geraden fg liegen, so liegt entweder der Schenkel fd zwischen den Schenkeln fc und fg oder (der Schenkel fc zwischen den Schenkeln fd und fg und im letzteren Falle) der Schenkel gd zwischen den Schenkeln gc und gf. Es mag das erstere zutreffen; dann schneiden sich cg und df in einem eigentlichen Punkte a, der sich selbst entspricht und zu den Strecken cg und df gehört; zugleich ist ersichtlich, daß die Schenkel fd und fg auf derselben Seite der Geraden cf liegen. Bisher sind nur eigentliche Elemente vorgekommen; die Geraden cf und dg haben jedoch einen Punkt b gemein, der kein eigentlicher zu sein braucht. Der Punkt b

und mithin die Gerade ab entsprechen sich selbst. Es befinden sich d und f auf verschiedenen Seiten dieser Geraden, d und g auf derselben Seite, also f und g auf verschiedenen Seiten; folglich begegnen sich ab und fg in einem eigentlichen Punkte h. Auch dieser Punkt ist sich selbst homolog; also ist er die Mitte der Strecke fg.

Noch ein sich selbst homologer Punkt in der Geraden fg ist vorhanden, aber ein uneigentlicher Punkt, nämlich der Durchschnittspunkt k der Geraden cd und fg, der vierte harmonische Punkt zu fgh. In der Geraden ab entspricht jeder Punkt sich selbst. Außer dem Punkte k und den Punkten der Geraden ab treten keine sich selbst homologen Punkte auf.

Die Punkte fg werden durch hk harmonisch getrennt. Werden sie durch uv ebenfalls harmonisch getrennt, und gehört etwa v zur Strecke fg, so werden entweder fk durch gu oder gk durch fu getrennt. Wenn fk und gu getrennt liegen, so sind (§ 11 Seite 84) auch fh durch gv getrennt, d. h. v ist ein Punkt der Strecke fh; alsdann gehört der homologe Punkt v' zur Strecke gh, und ein Teil (§ 1, Definition 1 und Lehrsatz 2) der Strecke gv, nämlich gv', ist fv kongruent. *Wenn die eigentlichen Punkte $fguv$ harmonisch sind, f zwischen u und g gelegen, so ist die Strecke fv kleiner als gv.*

Von zwei Strecken heißt nämlich die eine *kleiner* als die andere, wenn jene einem Teile von dieser kongruent ist. In einer Geraden seien die Strecken ab und cd kongruent, c zwischen a und b gelegen, d etwa im Schenkel cb, und es werde

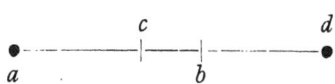

der eigentliche Punkt c' bestimmt, der kongruente Figuren abc und dcc' liefert; dann sind die Strecken cb und cc' kongruent, c' liegt zwischen c und d, also im Schenkel cb; folglich fällt b mit c' zusammen, zwischen c und d. Damit ist bewiesen, daß keine Strecke einem ihrer Teile kongruent ist. Sind also zwei Strecken ab und cd beliebig gegeben, so ist ab entweder cd kongruent, oder kleiner als cd (cd größer als ab), oder größer als cd, und zwar schließt jede dieser Möglichkeiten die beiden anderen aus.

Wenn die Strecke I kleiner oder größer ist als die Strecke II, so ist sie auch kleiner bzw. größer als jede mit II kongruente Strecke. Wenn die Strecke I kleiner ist als die Strecke II, diese kleiner als die Strecke III, so ist I kleiner als III. Wenn die Strecke I aus den Teilen 1 und 2, die Strecke II aus den Teilen 3 und 4 besteht, und es ist 1 kleiner als 3, 2 nicht größer als 4, so ist I kleiner als II.

§ 15. Herleitung einiger graphischen Sätze.

Die Lehre von den kongruenten Figuren wollen wir zunächst benutzen, um die Stammsätze der projektiven Geometrie zu vervollständigen. Dabei muß wieder die Bestimmung festgehalten werden, wonach alle in die Betrachtung eingehenden Elemente eine Figur bilden.

§ 15. Herleitung einiger graphischen Sätze.

In einer Geraden seien vier eigentliche Punkte AB_0B_1P gegeben, B_1 zwischen A und P, B_0 zwischen A und B_1. Aus AB_0B_1 werden neue Punkte $B_2B_3B_4$ ... durch Konstruktion gewonnen, und zwar sollen $AB_1B_0B_2$, $AB_2B_1B_3$, $AB_3B_2B_4$, ... harmonische Gebilde sein. Ferner werde die Strecke B_0B_1 um die kongruente Strecke B_1C_2 verlängert, diese um die kongruente Strecke C_2C_3, diese um die kongruente Strecke C_3C_4 usf. Wenn B_2 zur Strecke AP gehört (also zur Strecke B_1P), so ist B_1B_2 größer als B_0B_1, d. i. größer als B_1C_2, also AB_2

$$\underline{\quad\quad\quad\quad\quad\quad\quad\quad\quad\quad\quad\quad\quad\quad\quad\quad\quad\quad\quad\quad}$$

$A \qquad B_0B_1B_2B_3 \quad B_4 \qquad\qquad\qquad B_\lambda \quad P \qquad\qquad B_{\lambda+1}$

mit $C_2C_3C_4C_5C_6$ über der Strecke

größer als AC_2. Wenn auch B_3 zur Strecke AP gehört (also zur Strecke B_2P), so ist B_2B_3 größer als B_1B_2, mithin größer als C_2C_3, also AB_3 größer als AC_3. Wenn auch B_4 zur Strecke AP gehört (also zur Strecke B_3P), so ist B_3B_4 größer als B_2B_3, mithin größer als C_3C_4, also AB_4 größer als AC_4, usf. Nun gibt es (IV. Kernsatz in § 13) in der Reihe der Strecken B_1C_2, C_2C_3, ... eine bestimmte C_nC_{n+1}, die den Punkt P enthält (nötigenfalls ist B_1 für C_1 zu nehmen). Folglich gibt es in der Reihe der Punkte $B_2B_3B_4$ ... einen bestimmten $B_{\lambda+1}$, dem nur Punkte der Strecke AP vorangehen, während er selbst zur Strecke AP nicht gehört; B_λ fällt dann entweder mit P zusammen oder wird von $B_{\lambda+1}$ durch A und P getrennt.

Diese Betrachtung läßt sich derart verallgemeinern, daß sie in jeder Geraden möglich wird. Sind AB_0B_1 beliebige Punkte in einer Geraden, so läßt sich aus ihnen eine gewisse Reihe von Punkten $B_2B_3B_4$ ... durch Konstruktion gewinnen; es sollen nämlich $AB_1B_0B_2$, $AB_2B_1B_3$, $AB_3B_2B_4$, ... harmonische Gebilde sein. Auf eine solche Figur mag der Ausdruck *Netz*[1]) angewendet werden, und zwar wollen wir B_1 den ersten Punkt des Netzes nennen, B_2 den zweiten usw., A den *Grenzpunkt*, B_0 den *Nullpunkt*. Das Netz ist durch seinen Grenzpunkt, Nullpunkt und ersten Punkt bestimmt, so daß es erlaubt sein wird, vom „Netze AB_0B_1" zu sprechen. — Da bei ausgeschlossenem A der Punkt B_1 zwischen B_0 und B_2, B_2 zwischen B_1 und B_3, B_3 zwischen B_2 und B_4 usw., folglich B_1 und B_2 zwischen B_0 und B_3, B_2 und B_3 zwischen B_1 und B_4, $B_1B_2B_3$ zwischen B_0 und B_4, überhaupt $B_1B_2 \ldots B_{\lambda-1}$ zwischen B_0 und B_λ liegen, so kann B_λ mit keinem der Punkte AB_0B_1 ... $B_{\lambda-1}$ zusammenfallen. *Die Punkte des Netzes sind vom Grenzpunkte und voneinander verschieden.*

Wird eine gerade Punktreihe $AB_0B_1B_\lambda$ nach $ab_0b_1b_\lambda$ projiziert, und ist B_λ der λ^{te} Punkt des Netzes AB_0B_1, so ist auch b_λ der λ^{te} Punkt des Netzes ab_0b_1.

---

[1]) Im Anschluß an *A. F. Möbius*, Der baryzentrische Calcul 1827 (Gesammelte Werke, Bd. 1, 1885), 2. Abschnitt, 6. Kapitel.

§ 15. Herleitung einiger graphischen Sätze.   109

Wir können dies anwenden, wenn in einer Geraden f *drei Punkte $A B_0 B_n$ gegeben sind und B_1 so gesucht wird, daß B_n sich als n^{ter} Punkt des Netzes $A B_0 B_1$ ergibt.* Durch A wird die Gerade g beliebig gezogen, in ihr der Punkt α, in der Geraden $B_0 \alpha$ der Punkt P_1 angenommen, P_n als n^{ter} Punkt des Netzes $\alpha B_0 P_1$ konstruiert, B_n aus

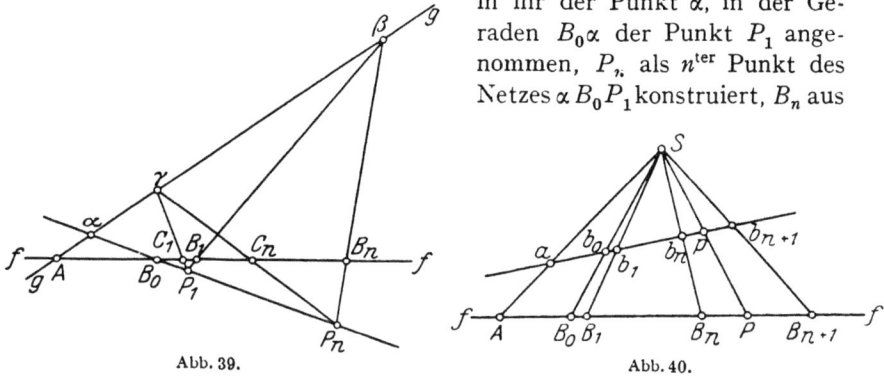

Abb. 39.   Abb. 40.

P_n auf g nach β und endlich β aus P_1 auf f nach B_1 projiziert; B_1 *ist eindeutig bestimmt.*

Ist in der Geraden f außerdem noch C_n gegeben und C_1 so gesucht, daß der n^{te} Punkt des Netzes $A B_0 C_1$ nach C_n fällt, so projiziere man

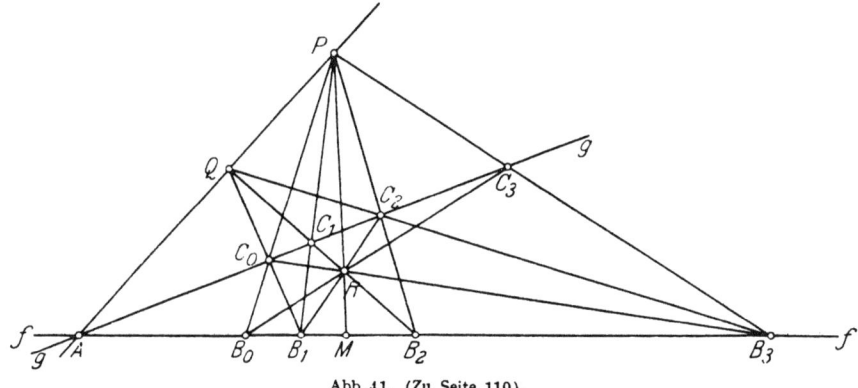

Abb. 41. (Zu Seite 110).

C_n aus P_n auf g nach γ, und γ aus P_1 auf f nach C_1. Man bemerkt dann noch, daß sich $A B_0 B_n C_n$ aus P_n nach $A \alpha \beta \gamma$, diese aus P_1 nach $A B_0 B_1 C_1$ projizieren. *Werden also $A C_n$ durch $B_0 B_n$ getrennt, so werden auch $A C_1$ durch $B_0 B_1$ getrennt!.*

Es seien jetzt (Abb. 40) vier beliebige Punkte $A B_0 B_1 P$ in einer Geraden f angenommen, und zwar $A B_1$ durch $B_0 P$ getrennt. Man kann sie stets aus einem eigentlichen Punkte S nach eigentlichen Punkten $a b_0 b_1 p$ derart projizieren, daß b_1 zwischen a und p, b_0 zwischen a und b_1 zu liegen kommt, und alsdann die positive ganze

§ 15. Herleitung einiger graphischen Sätze.

Zahl n so angeben, daß der n^{te} Punkt b_n des Netzes ab_0b_1 entweder mit p zusammenfällt oder vom $(n+1)^{ten}$ b_{n+1} durch a und p getrennt wird. Werden b_n und b_{n+1} aus S auf die Gerade AP nach B_n und B_{n+1} projiziert, so ist B_n der n^{te}, B_{n+1} der $(n+1)^{te}$ Punkt des Netzes AB_0B_1.

Werden in einer Geraden die Punkte AB_1 durch B_0P getrennt, so kann man die positive ganze Zahl n so angeben, daß der n^{te} Punkt des Netzes AB_0B_1 entweder mit P zusammenfällt oder vom $(n+1)^{ten}$ durch A und P getrennt wird. Es werden dann auch B_0B_{n+1} durch AP getrennt.

Dies ist ein graphisches Theorem, bei dessen Beweise der Begriff der Kongruenz benutzt worden ist. Indem wir es mit anderen, und zwar nur mit graphischen Theoremen verbinden, gelangen wir zu den graphischen Sätzen, um die es sich jetzt noch handelt.

Zuerst werde (Abb. 41) die Konstruktion des Netzes AB_0B_1 in der Geraden f näher erörtert. Durch A ziehen wir eine Gerade g und nehmen den Punkt P in der Ebene fg beliebig, außerhalb f und g. Aus P mögen B_0B_1 auf g nach C_0C_1 projiziert werden, die Geraden AP und B_1C_0 mögen sich in Q begegnen, und aus Q werde C_1 auf f nach B_2 projiziert; dann sind die Punkte $AB_1B_0B_2$ harmonisch, also B_2 der zweite Punkt des Netzes AB_0B_1. Wird B_2 aus P auf g nach C_2, sodann C_2 aus Q auf f nach B_3 projiziert, so ist B_3 der dritte Punkt des Netzes. Wenn überhaupt B_n, der n^{te} Punkt des Netzes AB_0B_1, aus P auf g nach C_n, sodann C_n aus Q auf f nach B_{n+1} projiziert wird, so ist B_{n+1} der $(n+1)^{te}$ Punkt.

Der Durchschnittspunkt der Geraden C_1B_2 und C_2B_1 werde mit R, der der Geraden f und PR mit M bezeichnet. Da $AB_2B_1B_3$ und $AC_1C_2C_0$ harmonische Gebilde sind, so wird B_3 aus R auf g nach C_0 projiziert, d. h. die Gerade C_0B_3 geht durch R. Da $AB_1B_2B_0$ und $AC_2C_1C_3$ harmonische Gebilde sind, so geht die Gerade B_0C_3 ebenfalls durch R. Folglich werden nicht bloß die Punkte B_1B_2, sondern auch die Punkte B_0B_3 durch AM harmonisch getrennt. Zu den Punkten B_1B_2A und B_0B_3A gehört derselbe vierte harmonische Punkt.

Hieran mag die Erklärung eines allgemeineren Begriffes angeknüpft werden, auf den der des Netzes sich zurückführen läßt. Wenn nämlich $Abcb'c'$ Punkte in einer Geraden sind und zu $bc'A$ derselbe vierte harmonische Punkt M wie zu $cb'A$ gehört, so will ich sagen, die Paare bc und $b'c'$ seien *äquivalent* für den *Grenzpunkt* A. Dabei sollen $bcb'c'$ von A verschieden sein; dagegen brauchen sie nicht unter sich verschieden zu sein, und zwar ist, wenn b' mit c zusammenfällt, c für M zu nehmen, ebenso b, wenn c' mit b zusammenfällt. — *Sind bc und $b'c'$ für irgendeinen Punkt äquivalent, so werden bc' durch cb' nicht getrennt* (§ 11 Seite 84).

Bei Festhaltung des Grenzpunktes folgt sofort: Jedes Paar bc ist sich selbst äquivalent; sind die Paare bc und $b'c'$ äquivalent, so sind

§ 15. Herleitung einiger graphischen Sätze. 111

es auch $b'c'$ und bc, cb und $c'b'$, bb' und cc' usw.; und wenn dann b mit c zusammenfällt, so kann auch b' nicht von c' verschieden sein.

Der Begriff der äquivalenten Paare läßt sich, ebenso wie der des Netzes, auf Strahlenbüschel und Ebenenbüschel übertragen. Beides sind graphische Begriffe und sich selbst reziprok. Wenn sie in der einen von zwei perspektiven Figuren anwendbar sind, so lassen sie sich auch auf die homologen Elemente der andern Figur anwenden.

Es seien in einer Geraden f die Paare bc und $b'c'$ äquivalent für den Grenzpunkt A, d. h. ein Punkt M vierter harmonischer Punkt zu $bc'A$ und $cb'A$ (oder M mit c identisch, wenn b' in c fällt usw.). Durch

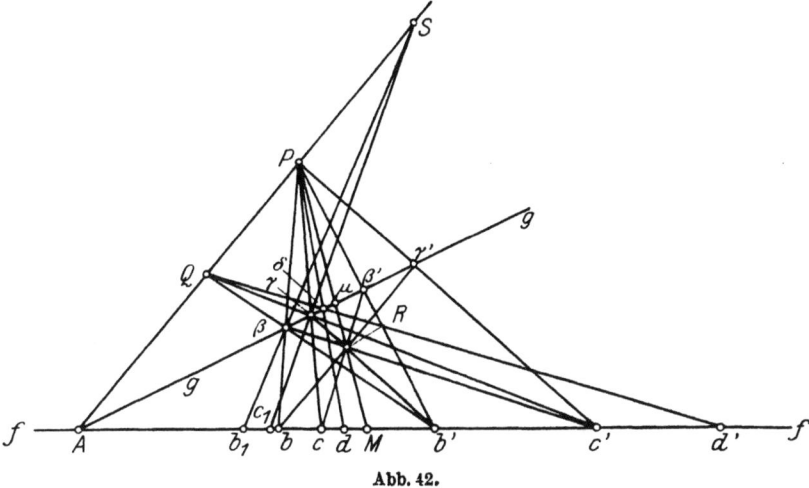

Abb. 42.

A werde noch eine Gerade g gezogen, der Punkt P in der Ebene fg außerhalb f und g angenommen, $bcb'c'M$ aus P auf g nach $\beta\gamma\beta'\gamma'\mu$ projiziert und endlich der vierte harmonische Punkt zu $M\mu P$ mit R bezeichnet. Alsdann müssen $b\gamma'$ und $\beta c'$, ebenso $c\beta'$ und $b'\gamma$ im Punkte R sich begegnen. Schneiden sich nun die Geraden $b'\beta$ und $c'\gamma$ (vorausgesetzt, daß sie verschieden sind) in Q, so sind die Strahlen f, g, AR, AQ harmonisch. aber auch die Strahlen f, g, AR, AP, also AP und AQ identisch. Demnach haben die Geraden $b'\beta$ und $c'\gamma$ stets einen Punkt Q der Geraden AP miteinander gemein.

Hieraus ergibt sich zunächst, daß $Abcb'c'$ durch wiederholte Projektion nach $Ac'b'cb$ übergeführt werden können; es werden $Abcb'c'$ aus P nach $A\beta\gamma\beta'\gamma'$, diese aus R nach $Ac'b'cb$ projiziert. *Sind also in einer Geraden die Paare bc und $b'c'$ äquivalent für den Grenzpunkt A, und werden bc' durch Ab' getrennt, so werden bc' auch durch Ac getrennt.*

Außerdem erhalten wir folgende Konstruktion des Punktes c', wenn in einer Geraden f die Punkte $Abcb'$ gegeben sind und die Paare bc, $b'c'$ für A äquivalent werden sollen. Man ziehe nämlich durch A noch eine

§ 15. Herleitung einiger graphischen Sätze.

Gerade g, nehme in der Ebene fg den Punkt P außerhalb f und g beliebig, projiziere bc aus P auf g nach $\beta\gamma$, β aus b' auf AP nach Q, endlich γ aus Q auf f nach c'. Der Punkt c' ist somit stets vorhanden und völlig bestimmt.

Treten nun in der Geraden f noch die Punkte d und d' so hinzu, daß auch die Paare cd und $c'd'$ für A äquivalent sind, so begegnen sich die Strahlen Pd und Qd' auf der Geraden g, etwa in δ, und folglich sind auch die Paare bd und $b'd'$ äquivalent. Aus P werden $Abcd$ nach $A\beta\gamma\delta$, diese aus Q nach $Ab'c'd'$ projiziert. *Wenn also in einer Geraden die Paare bc und $b'c'$ für den Grenzpunkt A äquivalent sind, ebenso die Paare cd und $c'd'$, so sind es auch die Paare bd und $b'd'$*; man kann dann $Abcd$ durch wiederholte Projektion nach $Ab'c'd'$ überführen, *und wenn bc durch Ad getrennt werden, so werden auch $b'c'$ durch Ad' getrennt.*

Sind in einer Geraden f die Paare bc und $b'c'$ äquivalent für den Grenzpunkt A, ebenso die Paare bc und b_1c_1, so sind es auch die Paare $b'c'$ und b_1c_1. Denn zieht man durch A die Gerade g beliebig, nimmt den Punkt P in der Ebene fg (außerhalb f und g) und projiziert bc aus P auf g nach $\beta\gamma$, so treffen sich die Strahlen $b'\beta$ und $c'\gamma$ in einem Punkte Q der Geraden AP, ebenso die Strahlen $b_1\beta$ und $c_1\gamma$ in einem Punkte S dieser Geraden. Daraus folgt unmittelbar die Behauptung.

Auf den Begriff der Äquivalenz läßt sich der des Netzes folgendermaßen zurückführen. Wählen wir z. B. ein Netz in einer Geraden, A als Grenzpunkt, B_0 als Nullpunkt, B_1 als ersten Punkt; nennen wir B_2 den zweiten Punkt usw. Dann sind B_0B_1 und B_1B_2 äquivalente Paare für A, ebenso B_1B_2 und B_2B_3 usw. Dadurch werden die Punkte $B_2B_3\ldots$ unter Festhaltung von AB_0B_1 vollkommen bestimmt. Nach dem vorigen Satze sind die Paare $B_\lambda B_{\lambda+1}$ und $B_\mu B_{\mu+1}$ äquivalent für den Grenzpunkt A, wenn λ und μ beliebige (nicht negative) ganze Zahlen sind.

Die vorstehenden Sätze sind gesammelt worden, um einen zur Begründung der projektiven Geometrie unentbehrlichen Satz zu beweisen. Die Frage, um die es sich handelt, tritt auf, wenn vier Punkte $ABCD$ in einer Geraden wiederholt projiziert werden, bis man in jene Gerade zurückgelangt. Es kann dabei vorkommen, daß die letzten Projektionen von drei gegebenen Punkten mit diesen selbst zusammenfallen; dann gilt vom vierten Punkte dasselbe, wie jetzt bewiesen werden soll.

Ich setze also voraus, daß $ABCD$ durch wiederholte Projektion nach $ABCE$ übergeführt worden sind, und habe zu zeigen, daß D mit E zusammenfällt.

Zu dem Ende werde die Annahme, daß D von E verschieden sei, geprüft. Bei geeigneter Bezeichnungsweise werden AC durch BD und mithin auch durch BE getrennt. Bei ausgeschlossenem B liegen dann

§ 15. Herleitung einiger graphischen Sätze.

D und E zwischen A und C, folglich entweder D zwischen A und E

```
        F    C₁              C_λ              C_{λ+1}
·————————————————·————————————·———————————————·————————
    A       B  G  B₁   C   B_n        E                 D
```

oder E zwischen A und D; es mag das letztere stattfinden, d. h. AD durch BE getrennt sein, folglich auch AD und BD durch CE. Man mache nun das Paar BB_1 dem Paare DE für den Grenzpunkt A äquivalent; dann sind BE durch AB_1 getrennt, aber AB nicht durch B_1C. Konstruiert man also das Netz ABB_1, so gelangt man jedenfalls zu einem Punkte B_n (n ist eine positive ganze Zahl und kann 1 sein), der von B durch AC getrennt wird; man kann dann weiter den Punkt C_1 so bestimmen, daß C als n^{ter} Punkt des Netzes ABC_1 herauskommt (C_1 kann mit C zusammenfallen); dabei werden AC_1 durch BB_1 getrennt, ferner (wenn C von C_1 verschieden) AC_1 durch BC, folglich jedenfalls auch AC_1 durch BD. Jetzt werde das Netz ABC_1 verfolgt, bis einer seiner Punkte C_λ mit D zusammenfällt oder von $C_{\lambda+1}$ durch A und D getrennt wird, wobei die Paare BC_1 und $C_\lambda C_{\lambda+1}$ für den Grenzpunkt A äquivalent sind; endlich mache man für denselben Grenzpunkt die Paare BF und GC_1 dem Paare $C_\lambda D$ äquivalent. (Ist C_λ nicht von D verschieden, so fällt F mit B, G mit C_1 zusammen.) Wie die vorangeschickten Sätze lehren, sind auch die Paare FC_1 und $DC_{\lambda+1}$ äquivalent, ferner BG und FC_1, folglich BG und $DC_{\lambda+1}$; überdies werden (wenn C_λ von D verschieden) BC_1 durch AF und mithin durch AG getrennt; folglich jedenfalls BB_1 durch AG und weiter DE durch $AC_{\lambda+1}$. Daraus folgt aber, daß AD durch $BC_{\lambda+1}$, $AC_{\lambda+1}$ durch BE getrennt werden. Wenn man nun die Projektionen, denen nach unserer Voraussetzung die Punkte $ABCD$ unterworfen wurden, auf das Gebilde $ABCDC_1C_{\lambda+1}$ ausdehnt, so gelangt man in die gegebene Gerade zurück, und zwar entsprechen die Punkte ABC sich selbst, demnach auch die Punkte $C_1C_{\lambda+1}$, während D als von dem entsprechenden Punkte E verschieden angenommen war. Der Annahme zufolge würden daher $BC_{\lambda+1}$, die nach dem Vorigen durch AD getrennt werden, auch durch AE und zugleich $AC_{\lambda+1}$ durch BE getrennt werden, woraus sich die Unzulässigkeit der Annahme ergibt.

Das vorstehende Beweisverfahren läßt sich leicht auch auf folgenden Satz anwenden: *Wenn die Gebilde $ABCD$ und $ABCE$ je aus vier verschiedenen Elementen einer Punktreihe oder eines Strahlenbüschels oder eines Ebenenbüschels bestehen und alle graphischen Eigenschaften gemein haben, so fällt D mit E zusammen.*

Drei Punkte ABC, die in einer Geraden beliebig gegeben sind, können allemal nach drei Punkten $\alpha\beta\gamma$, die in derselben oder in einer andern Geraden beliebig gegeben sind, durch ein- oder mehrmalige Projektion übertragen werden. Sind nämlich die Geraden AB und $\alpha\beta$ voneinander verschieden, aber ABC und $\alpha\beta\gamma$ nicht perspektiv, auch etwa α nicht in

§ 15. Herleitung einiger graphischen Sätze.

AB gelegen, so ziehe man durch α eine Gerade, die AB schneidet (nicht in A), und projiziere ABC aus einem Punkte der $A\alpha$ auf diese Gerade nach $\alpha B'C'$; die Punktreihen $\alpha B'C'$ und $\alpha\beta\gamma$ sind alsdann perspektiv. Fallen die Geraden AB und $\alpha\beta$ zusammen, und ist abc irgendeine Projektion von ABC, so kann man von abc zu $\alpha\beta\gamma$ durch eine oder zwei Projektionen gelangen.

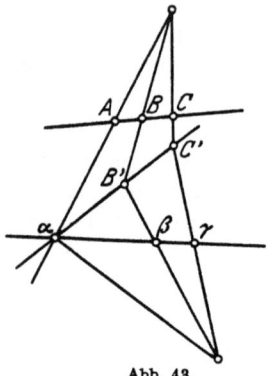

Abb. 43.

Wenn $ABCD$ vier verschiedene Punkte in einer Geraden sind, ebenso $\alpha\beta\gamma\delta$, und die Gebilde $ABCD$ und $\alpha\beta\gamma\delta$ haben alle graphischen Eigenschaften gemein, so kann man von einem zum andern durch eine oder mehrere Projektionen gelangen. Denn die Punkte $\alpha\beta\gamma$ kann man durch ein- oder mehrmalige Projektion nach ABC überführen. Wendet man dieselben Projektionen zugleich auf δ an, so mag sich E ergeben. Wäre nun D von E verschieden, so könnte man C_1 und $C_{\lambda+1}$ wie vorhin konstruieren; es wäre C der n^{te}, $C_{\lambda+1}$ der $(\lambda+1)^{\text{te}}$ Punkt des Netzes ABC_1, $BC_{\lambda+1}$ durch AD, $AC_{\lambda+1}$ durch BE getrennt. Man führe noch γ_1 und $\gamma_{\lambda+1}$ derart ein, daß γ der n^{te} und $\gamma_{\lambda+1}$ der $(\lambda+1)^{\text{te}}$ Punkt des Netzes $\alpha\beta\gamma_1$ wird; es wären dann $\beta\gamma_{\lambda+1}$ durch $\alpha\delta$ getrennt, folglich auch $BC_{\lambda+1}$ durch AE, zugleich nach obigem $AC_{\lambda+1}$ durch BE, was unmöglich ist.

Die Umkehrung dieses Satzes wird im 17. Paragraphen bewiesen werden. —

Über die Frage ob die neu erlangten graphischen Sätze auch ohne den Begriff der Kongruenz bewiesen werden können, sei folgendes bemerkt. Wir haben die Eigenschaften der kongruenten Figuren benutzt, um den Satz zu beweisen: Sind in einer Geraden die eigentlichen Punkte AB_0B_1P gegeben, B_1 zwischen A und P, B_0 zwischen A und B_1, so kann man die positive ganze Zahl λ so angeben, daß dem $(\lambda+1)^{\text{ten}}$ Punkte des Netzes AB_0B_1 nur Punkte der Strecke AP vorangehen, während er selbst zur Strecke AP nicht gehört. Man könnte diesen Satz unabhängig vom Begriff der Kongruenz herstellen, wenn man sich auf einen Kernsatz von folgendem Inhalte stützen wollte:

„Kann man in einer geraden Strecke AB Punkte $A_1A_2A_3\ldots$ in unbegrenzter Anzahl so herstellen, daß A_1 zwischen A und B, A_2 zwischen A_1 und B, A_3 zwischen A_2 und B liegt usw., so gibt es in jener

———•———•—•—•—•—•———•———•——
A A_1 A_2 A_3 C B

Strecke einen Punkt C (der mit B zusammenfallen kann) derart, daß, wie auch der Punkt D in der Geraden AB zwischen A und C gelegen sein mag, nicht alle Punkte der Reihe $A_1A_2A_3\ldots$ sich zwischen A

und D befinden, während zwischen B und C sich kein Punkt der Reihe befindet."'

Nehmen wir in der Tat die eigentlichen Punkte $A B_0 B_1 P$ in einer Geraden, B_1 zwischen A und P, B_0 zwischen A und B_1, und konstruieren das Netz $A B_0 B_1$. Es liegt B_0 zwischen A und P, B_1 zwischen B_0 und P. Wären die Punkte $B_2 B_3 \ldots$ des Netzes $A B_0 B_1$ sämtlich Punkte

----•--------•-----•----------------•------•------•--------•----

$A \qquad B_0 \quad B_1 \qquad\qquad D \quad B_n \quad C \qquad P$

der Strecke AP, so läge auch B_2 zwischen B_1 und P, B_3 zwischen B_2 und P usw., und es wäre in der Strecke AP ein Punkt C (der mit P zusammenfallen kann) vorhanden, derart, daß, wie auch der Punkt D in der Geraden AP zwischen A und C gelegen sein mag, nicht alle Punkte des Netzes zwischen A und D liegen, während zwischen C und P sich kein Punkt des Netzes befindet; den Punkt D kann ich so wählen, daß äquivalente Paare CD und $B_1 B_0$ für den Grenzpunkt A entstehen, wobei CB_0 durch AB_1, mithin auch durch AD getrennt, d. h. D zwischen B_0 und C gelegen wäre. Zwischen C und D könnte man zwei aufeinanderfolgende Punkte B_n und B_{n+1} des Netzes $A B_0 B_1$ annehmen; die Paare $B_0 B_1$ und $B_n B_{n+1}$ wären äquivalent für den Grenzpunkt A, ebenso $B_0 B_1$ und DC, folglich auch DC und $B_n B_{n+1}$; ferner wären DB_{n+1} durch AB_n getrennt, folglich auch durch AC, d. h. C zwischen D und B_{n+1} gelegen, während doch B_{n+1} zwischen C und D liegen sollte.

Das Axiom, das F. *Klein*[1]) zur Ausfüllung der Lücke in *Staudt*s Begründung der Projektivität benutzt[2]), kommt auf den eben formulierten Satz hinaus. Diesen als Kernsatz anzunehmen, stünde nicht im Einklang mit den hier vertretenen Anschauungen. Denn abgesehen davon, daß eine Beobachtung sich überhaupt nicht auf unendlich viele Dinge beziehen kann, ist die Aufstellung jenes Satzes von unserem Standpunkte aus auch deshalb noch nicht zulässig, weil wir (vgl. Seite 16) in einer Strecke nicht unendlich viele Punkte annehmen dürfen, ohne dem Sinne des Wortes „Punkt" eine weitere als die bisherige Ausdehnung zu geben und uns mithin von seiner ursprünglichen Bedeutung noch mehr zu entfernen. Eine solche Ausdehnung wird erforderlich, wenn man die Punkte der Geraden in vollständige Analogie mit den Gliedern der aus den rationalen und irrationalen reellen Zahlen bestehenden Reihe bringen will; sie erfolgt dann durch eine geeignete Definition, an die sich jener Satz als Lehrsatz anschließt[3]).

§ 16. Projektive einförmige Gebilde.

In § 12 haben wir gesehen daß alle graphischen Sätze, die auf dem damaligen Standpunkt überhaupt erreichbar waren, sich aus den graphi-

---

[1]) Mathem. Ann., Bd. 6, S. 136. 1873; Bd. 7, S. 532. 1874.
[2]) Staudt: Geometrie der Lage. S. 50. 1847.
[3]) Siehe unten § 23.

§ 16. Projektive einförmige Gebilde.

schen Sätzen der §§ 7—9 herleiten lassen. Für den dadurch abgegrenzten Teil der graphischen Geometrie konnten wir die drei Reziprozitätsgesetze aus dem Umstande folgern, daß die Worte „Punkt" und „Ebene" in den Stammsätzen vertauscht werden dürfen.

Über dieses Gebiet hat der vorige Paragraph hinausgeführt und gestattet uns, zwei weitere Sätze zu jener Gruppe hinzuzufügen, nämlich: Werden in einer Geraden die Punkte AB_1 durch B_0P getrennt, so kann man die positive ganze Zahl n so angeben, daß der n^{te} Punkt des Netzes AB_0B_1 entweder mit P zusammenfällt oder vom $(n+1)^{\text{ten}}$ durch A und P getrennt wird; und: Werden in einem Ebenenbüschel die Ebenen AB_1 durch B_0P getrennt, so kann man die positive ganze Zahl n so angeben, daß die n^{te} Ebene des Netzes AB_0B_1 entweder mit P zusammenfällt oder von der $(n+1)^{\text{ten}}$ durch A und P getrennt wird. Die erweiterte Gruppe behält die Eigenschaft, daß „Punkt" und „Ebene" vertauschbar sind, und da wir im folgenden die graphische Geometrie nicht weiter führen werden, als dies mit Hilfe der so vermehrten Stammsätze geschehen kann, so ist *für unsere Zwecke die Reziprozität zwischen den Punkten und Ebenen schon jetzt genügend erwiesen*, mithin auch die Reziprozität zwischen den Punkten und Geraden an einer Ebene und zwischen den Geraden und Ebenen an einem Punkte. Die drei Dualitätsgesetze lassen sich also ohne weiteres auf alle graphischen Sätze des vorigen Paragraphen anwenden; doch ist es überflüssig, die sich ergebenden reziproken Sätze noch besonders anzuführen. —

Wir haben zuletzt gerade Punktreihen betrachtet, die durch Projektionen ineinander übergehen. Wenn man von einer Punktreihe durch eine oder mehrere Projektionen zu einer andern gelangt, so heißen die beiden Punktreihen *projektiv*. Folgende Sätze können wir jetzt unmittelbar aussprechen.

Sind die Punktreihen $abcd$ und $a'b'c'd'$ projektiv, ab durch cd getrennt, so sind $a'b'$ durch $c'd'$ getrennt.

Sind die Punktreihen $abcd$ und $abce$ projektiv, so fallen d und e zusammen.

Die Elemente der einen von zwei projektiven Reihen darf man beliebig anordnen; aber durch die Anordnung, die man in der einen Reihe trifft, wird im allgemeinen die in der andern zu treffende bestimmt. *Wenn zwei Punktreihen aus gleichvielen, aber höchstens je drei Elementen bestehen, so sind sie stets projektiv, gleichviel wie man sie ordnet.* Nehmen wir aber vier Punkte $abcd$ in einer Geraden f. Durch d ziehe man eine Gerade g, wähle außerhalb beider Geraden in ihrer Ebene einen Punkt A, projiziere abc aus A auf g nach $\alpha\beta\gamma$ und bezeichne den Durchschnittspunkt von $a\beta$, $c\gamma$ mit B; dann werden $abcd$ aus A auf g nach $\alpha\beta\gamma d$, diese aus a auf $c\gamma$ nach $AB\gamma c$, diese endlich aus β auf f zurück nach $badc$ projiziert. *Folglich sind $abcd$ und $badc$ projektiv*, überhaupt $abcd$,

§ 16. Projektive einförmige Gebilde. 117

$badc$, $cdab$, $dcba$. Nun mögen etwa ab durch cd getrennt werden. Liegen $abcd$ harmonisch, so sind auch $abcd$ und $bacd$, $abdc$, $cdba$, $dcab$ projektiv. Umgekehrt: Sind $abcd$ und $bacd$ projektiv, so sind es zugleich $\alpha\beta\gamma d$ und $bacd$, also, wenn g und bB in a' sich schneiden, $\alpha\beta\gamma d$ und $a'\beta\gamma d$ projektiv, d. h. α mit a' identisch, $abcd$ harmonisch. *Wenn $abcd$ nicht harmonisch liegen, so ist $abcd$ keiner der Reihen $bacd, abdc, cdba, dcab$ projektiv.* Es bleiben noch 16 Permutationen übrig, die sich mit den Punkten $abcd$

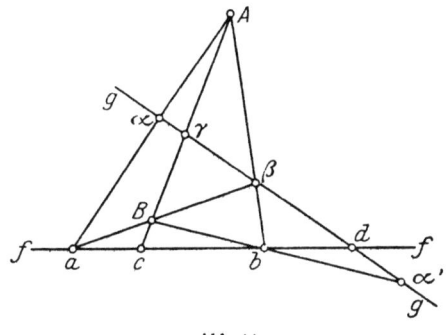

Abb. 44.

vornehmen lassen; aber da weder ac durch bd noch ad durch bc getrennt werden, so ist die Reihe $abcd$ niemals einer von diesen 16 Permutationen projektiv.

Hat man zwei projektive Punktreihen abc ... und $a'b'c'$ ..., so heißen aa', bb', cc', ... homologe Punkte; fällt ein Punkt mit dem homologen zusammen, so sagen wir, die beiden Reihen haben den Punkt entsprechend gemein. Je zwei homologe Teile der beiden Reihen sind projektiv. *Sind drei Punkte entsprechend gemein, so sind es alle.*

Es seien P und P' projektive Punktreihen, die mindestens aus je drei Punkten bestehen und in bestimmter Anordnung festgehalten werden; die Träger sollen f und f' heißen (brauchen aber nicht verschieden zu sein). In f werde ein Punkt d beliebig angenommen. Wenn er zu P gehört, so entspricht ihm in f' ein völlig bestimmter Punkt d' als homologer Punkt der Reihe P'. Wenn d nicht zu P gehört, so schreibe man d zur Reihe P hinzu und erweitere P' mittels irgendwelcher von P zu P' führenden Projektionen um einen Punkt d' derart, daß die erweiterten Figuren wieder projektiv sind; auch dann ist d' ein völlig bestimmter Punkt der f'. In beiden Fällen dürfen wir also sagen: d und d' sind homologe Punkte bei der zwischen P und P' gegebenen projektiven Beziehung (*Projektivität*), und es ist in diesem Sinne jedem Punkte der f ein und nur ein homologer Punkt der f' zugeordnet.

Um eine projektive Beziehung zwischen zwei Punktreihen herzustellen, darf man zu drei Punkten der einen Reihe die homologen Punkte beliebig wählen, durch drei solche Paare ist aber die projektive Beziehung vollkommen bestimmt.

Punktreihe, Strahlenbüschel und Ebenenbüschel werden *einförmige Gebilde* (einförmige Grundgebilde) genannt. Sind zwei einförmige Gebilde perspektiv, oder kann man zwischen sie irgendeine Anzahl von ebensolchen Gebilden derart einschalten, daß nach der Einschaltung je

§ 16. Projektive einförmige Gebilde.

zwei aufeinanderfolgende Gebilde perspektiv sind, so nennt man jene beiden Gebilde *projektiv* und wendet auf sie alle Ausdrücke an, die für Punktreihen soeben erklärt worden sind. *Jedes einförmige Gebilde ist sich selbst projektiv. Zwei einförmige Gebilde, die einem dritten projektiv sind, sind unter sich projektiv. Sind die einförmigen Gebilde $abcd$ und $a'b'c'd'$ projektiv, ab durch cd getrennt, so sind $a'b'$ durch $c'd'$ getrennt. Je zwei homologe Teile zweier projektiven einförmigen Gebilde sind projektiv.* Überhaupt lassen sich die obigen Sätze einfach verallgemeinern.

Einförmige Gebilde, die aus gleichvielen, aber höchstens je drei Elementen bestehen, sind stets projektiv. Durch drei Paare von homologen Elementen wird eine projektive Beziehung zwischen zwei einförmigen Gebilden vollkommen bestimmt, so daß jedem Element, das zu dem einen Gebilde gerechnet werden kann, im andern ein und nur ein homologes Element entspricht.

Ist von zwei projektiven einförmigen Gebilden das eine harmonisch, so ist es auch das andere. Je zwei harmonische Gebilde sind projektiv. Das harmonische Gebilde $abcd$ ist demnach zu $badc$, $cdab$, $dcba$, $bacd$, $abdc$, $cdba$ und $dcab$ projektiv, aber zu keiner der 16 übrigen Permutationen. *Ist dagegen keine Permutation, des einförmigen Gebildes $abcd$ harmonisch, so sind $badc$, $cdab$ und $dcba$ zu $abcd$ projektiv, aber keine der 20 übrigen Permutationen.*

Perspektive einförmige Gebilde sind projektiv. Umgekehrt: *Wenn zwischen zwei einförmigen Gebilden eine projektive Beziehung stattfindet, und es liegen drei Elemente des einen perspektiv mit den homologen Elementen des andern, so liegen die beiden Gebilde überhaupt perspektiv.*

Von Punktreihen auf demselben Träger oder Ebenenbüscheln mit derselben Achse oder konzentrischen Strahlenbüscheln an derselben Ebene wird gesagt, daß sie *aufeinander liegen* oder sich in vereinigter Lage befinden. *Zwei projektive Punktreihen oder Ebenenbüschel oder Strahlenbüschel (mit gemeinschaftlichem Scheitel oder in einerlei Ebene), die ein Element entsprechend gemein haben, ohne aufeinander zu liegen, sind allemal perspektiv.*

Liegen zwei projektive einförmige Gebilde $abc\ldots$ und $a'b'c'\ldots$ aufeinander, so kann es vorkommen, daß nicht bloß aa' (die von einander verschieden sein sollen), sondern auch $a'a$ homologe Elemente sind, d. h. $aa'bc$ und $a'ab'c'$ projektiv. Alsdann sind $b'b$ ebenfalls homolog, da $aa'bb'$ und $a'ab'b$ projektiv, und man kann überhaupt durchweg die homologen Elemente miteinander vertauschen. Von solchen Gebilden $abc\ldots$, $a'b'c'\ldots$ sagt man, daß sie *involutorisch* liegen, oder man sagt, daß die Paare aa', bb', cc', ... eine *Involution* bilden; die Elemente eines jeden Paares heißen *konjugiert* und sind vertauschbar. Durch zwei Paare ist die Involution bestimmt, d. h. zu jedem Element das konjugierte; zwei Paare aber können beliebig angenommen werden.

§ 16. Projektive einförmige Gebilde.

Die Aufgabe, *in einer durch zwei Paare gegebenen Involution zu einem Elemente das konjugierte zu konstruieren*, gibt uns Gelegenheit, die in § 10 gegen Ende angestellte Betrachtung zu ergänzen. Die Seiten eines ebenen vollständigen Vierecks $abcd$ werden dort mit einer Geraden durchschnitten, und zwar die Seiten bc, ca, ab, ad, bd, cd in f, g, h, f_1, g_1, h_1. Damals wurde bewiesen, daß der sechste Punkt durch die übrigen bestimmt ist; jetzt können wir zeigen, daß ff_1, gg_1, hh_1 Paare einer Involution sind, d. h.: *Die drei Paare gegenüberliegender Seiten eines vollständigen Vierecks werden von jeder Geraden seiner Ebene in Punktpaaren einer Involution geschnitten.* In der Tat ist die Punktreihe $fghh_1$ ein Schnitt des Strahlenbüschels $b(cgah_1)$, d. h. des Büschels der Strahlen bc, bg, ba, bh_1, die Punktreihe $f_1g_1h_1h$ ein Schnitt des Strahlenbüschels $a(dg_1h_1b)$; da diese Strahlenbüschel perspektiv zum Büschel $h_1(cgab)$ d. i. $h_1(dg_1ab)$ liegen, so sind $fghh_1$ und $f_1g_1h_1h$ projektiv, folglich die Paare ff_1, gg_1, hh_1 in Involution. — Die auf Seite 75f. beschriebene Konstruktion liefert also in der durch zwei Paare ff_1 und gg_1 gegebenen Involution von Punkten zum gegebenen Punkte h den konjugierten h_1; auf die Involution im Ebenenbüschel und Strahlenbüschel läßt sie sich leicht übertragen. Auch ist jetzt klar, daß man bei jener Konstruktion f mit f_1 oder g mit g_1 vertauschen darf.

Wenn in einer Involution irgendein Paar durch ein anderes getrennt wird, so wird jedes Paar durch jedes andere getrennt. Denn wenn die Elemente aa' durch bb' getrennt werden, so liegt bei ausgeschlossenem c von den Elementen b und b' das eine (b) zwischen a und a', das andere (b') aber nicht; sollen nun $aa'b'c$ und $a'abc'$ projektiv sein, so werden aa' zwar durch bc, aber nicht durch bc' getrennt; folglich sind aa' durch cc' getrennt, ebenso bb' durch cc' usw.

Bei aufeinanderliegenden projektiven Gebilden werden die etwa sich selbst entsprechenden Elemente auch *Doppelelemente* genannt. *Werden in einem einförmigen Gebilde die Paare aa', bb', cc' ... durch die festen Elemente f und g harmonisch getrennt, so bilden sie eine Involution mit den Doppelelementen f und g.* Denn es sind (§ 11 Seite 84) $fga'b$ und $fgab'$, $fgab$ und $fga'b'$ projektiv; daraus darf man aber die Projektivität der Gebilde $fgaa'b$ und $fga'ab'$, überhaupt $fgaa'bc...$ und $fga'ab'c'...$ schließen. Umgekehrt: *Sind aa' konjugierte Elemente einer Involution mit den Doppelelementen f und g, so liegen $fgaa'$ harmonisch*; denn dann sind $fgaa'$ und $fga'a$ projektiv. Weiter ergibt sich (§ 11 Seite 84): *Sind aa' und bb' Paare einer Involution mit zwei Doppelelementen, so werden aa' durch bb' nicht getrennt.*

Hiernach können nicht bei jeder Involution, also nicht bei jeder projektiven Beziehung zwischen aufeinanderliegenden projektiven Gebilden zwei Doppelelemente auftreten[1]). *Aber wenn die projektiven ein-*

---
[1]) Siehe noch unten § 23.

§ 16. Projektive einförmige Gebilde.

förmigen Gebilde $abc\ldots$ und $a'b'c'\ldots$ aufeinander liegen und ein Doppelelement f besitzen, so haben sie (mit einer sogleich zu erwähnenden Ausnahme) *noch ein zweites Doppelelement.* Es sei in der Tat weder a noch b entsprechend gemein, so daß die Paare ab' und ba' eine Involution bestimmen, und in dieser Involution sei g das zu f konjugierte Element, also $fgab$ und $gfb'a'$ projektiv; dann sind auch $fgab$ und $fga'b'$ projektiv, also g Doppelelement der gegebenen Projektivität. — Bei dieser Gelegenheit bemerken wir: *Wenn in einem einförmigen Gebilde $fgab$ und $fga'b'$ projektiv sind, so liegen die Paare fg, ab' und ba' in Involution, und umgekehrt*; es sind dann auch $fgaa'$ und $fgbb'$ projektiv.

Sollen die projektiven einförmigen Gebilde $abc\ldots$ und $a'b'c'\ldots$, die in vereinigter Lage und mit einem Doppelelement f angenommen werden, kein weiteres Doppelelement besitzen, so muß f zugleich in der durch die Paare ab' und ba' bestimmten Involution sich selbst entsprechen ($fab'b$ und $fb'aa'$ projektiv). Ist alsdann m das vierte harmonische Element zu $ab'f$ ($fab'm$ und $fb'am$ projektiv, mithin auch $fmab'b$ und $fmb'aa'$), so ist m das andere Doppelelement jener Involution, also zugleich das vierte harmonische Element zu $ba'f$, d. h. die Paare ab und $a'b'$ sind äquivalent für das Grenzelement f, ebenso die Paare ac und $a'c'$ usw. Wir wollen deshalb eine derartige Beziehung eine *Äquivalenz* mit dem *Grenzelement* f nennen; sie ist nicht involutorisch. Zu ihrer Bestimmung sind außer dem Grenzelement f noch irgend zwei homologe Elemente aa' anzugeben; konstruiert man a'' als viertes harmonisches Element zu $a'fa$, so sind die Paare aa' und $a'a''$ für das Grenzelement f äquivalent, und man hat drei Paare ff, aa', $a'a''$ der projektiven Beziehung. —

Ist in einer Geraden f durch zwei projektive, aber nicht involutorische Punktreihen P und P' eine projektive Beziehung gegeben, und entspricht dem Punkte b der Geraden f, der kein Doppelpunkt sein soll, bei der Beziehung PP' der Punkt c, bei der Beziehung $P'P$ der Punkt a, so sind die Punkte a und c nicht bloß von b, sondern auch voneinander verschieden. Wenn also noch cd homologe Punkte bei der Beziehung PP' vorstellen, so ist durch die Punkte $abcd$, nämlich durch die drei Paare ab, bc, cd, die projektive Beziehung bestimmt.

Dem in der Geraden f variierenden Punkte y entspreche z bei der Beziehung PP', dagegen x bei der Beziehung $P'P$. Zieht man durch b noch eine Gerade g, nimmt in der Ebene fg den Punkt O außerhalb der beiden Geraden und projiziert $cdyz$ aus O auf g nach $\beta\gamma\xi\eta$, so sind $abxy$ und $bcyz$ projektiv, $bcyz$ und $b\beta\xi\eta$ perspektiv, folglich $abxy$ und $b\beta\xi\eta$ projektiv, ebenso die Strahlenbüschel $\eta(abxy)$ und $y(b\beta\xi\eta)$, diese mithin sogar perspektiv. Begegnen sich also die Geraden $x\eta$ und ξy im Punkte Q, so liegen $\alpha\beta Q$ in gerader Linie, Q in der festen Geraden $\alpha\beta$.

Dem (von a, b, c verschiedenen) Punkte m der Geraden f seien die

§ 16. Projektive einförmige Gebilde. 121

Punkte l und n in den Beziehungen $P'P$ und PP' zugeordnet. Projiziert man m und n aus O auf g nach λ und μ, so sind $ablx$ und $bcmy$, $bcmy$ und $cdnz$ projektiv, $cdnz$ und $\beta\gamma\mu\eta$ perspektiv, folglich $ablx$ und $\beta\gamma\mu\eta$ projektiv. Indem wir den Durchschnittspunkt R der Geraden $x\eta$ und $l\mu$ einführen, erkennen wir die Strahlenbüschel $\mu(ablx)$ und $R(\beta\gamma\mu\eta)$ nicht bloß als projektiv, sondern auch als perspektiv,

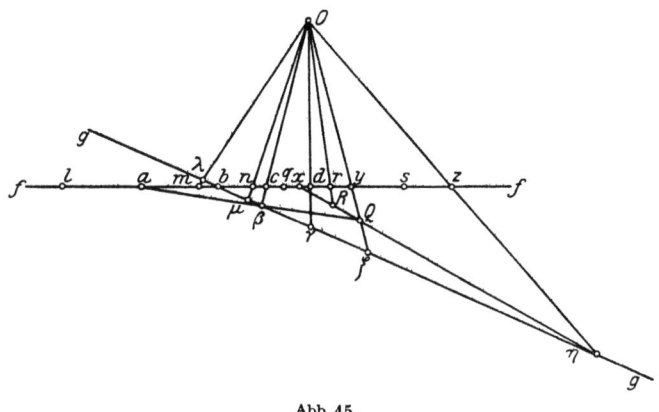

Abb. 45.

da die Geraden μl und $R\mu$ zusammenfallen. Demnach liegt der Durchschnittspunkt der Strahlen μa und $R\beta$ in gerader Linie mit γ und x; die Strahlen μa und $R\beta$ schneiden sich auf der Geraden γx. Weiter sind die Büschel $a(b\beta\gamma\mu)$ und $\beta(xQ\eta R)$ perspektiv; denn die Strahlen ab und βx begegnen sich in x, $a\gamma$ und $\beta\eta$ in γ, $a\mu$ und βR auf γx, $a\beta$ und βQ fallen zusammen. Da mithin die Punktreihen $b\beta\gamma\mu$ und $xQ\eta R$, $b\beta\gamma\mu$ und $bcdn$, $bcdn$ und $abcm$ projektiv sind, so ergibt sich schließlich die Projektivität der Punktreihen $xQ\eta R$ und $abcm$.

Aus O projiziere ich R auf f nach r. Dann sind $xyzr$ und $xQ\eta R$ perspektiv, folglich $xyzr$ und $abcm$ projektiv. Da man durch passende Wahl des Punktes m das Gebilde $abcm$ einem beliebig gegebenen, aus vier verschiedenen Elementen bestehenden einförmigen Gebilde projektiv machen kann, so ist in der Geraden f jedem Punkt y ein Punkt r durch die Forderung zugeordnet, daß $xyzr$ einem festen Gebilde projektiv sein soll. Wenn m in einen Doppelpunkt der Projektivität PP' fällt, so vereinigt sich der Punkt m mit l und n, der Punkt λ mit μ, die Gerade $l\mu$ mit Om, und der Punkt r hat beständig die Lage m. In jedem andern Falle beschreiben die Strahlen γx und βR, während y variiert, perspektive Büschel um γ und β mit dem perspektiven Durchschnitt $a\mu$, mithin gleichzeitig die Punkte x und R projektive Punktreihen in den Geraden f und $l\mu$; also ist auch die Beziehung zwischen y und r in der Geraden f Projektivität. Wenn endlich die Punkte z' und s bei der Beziehung PP' den Punkten z und r entsprechen, also das Paar zs

§ 16. Projektive einförmige Gebilde.

dem Paare yr, so sind $xyzr$ und $yzz's$ projektiv, d. h. $yzz's$ dem festen Gebilde projektiv, z und s zugeordnete Punkte der zwischen y und r bestehenden Projektivität. Die Paare dieser Beziehung werden durch die Projektivität PP' in Paare derselben Beziehung übertragen, und wir können daher sagen, die Beziehung yr sei bei der Projektivität PP' sich selbst homolog.

Werden auf einer Geraden, in der durch zwei projektive, aber nicht involutorische Punktreihen P und P′ eine projektive Beziehung gegeben ist, dem Punkte y durch die Beziehungen P′P und PP′ die Punkte x und z zugeordnet und ein weiterer Punkt r so konstruiert, daß die gerade Punktreihe xzyr einem festen Gebilde projektiv ausfällt, so ist auch die zwischen y und r entstehende Beziehung Projektivität und bei der Projektivität PP′ sich selbst homolog. Fällt jedoch r bei einer Lage von y in einen Doppelpunkt der Projektivität PP', so bleibt r bei allen Lagen von y unverändert.

Durch die Beziehung $P'P$ werde dem Punkte r der (von r verschiedene) Punkt q zugeordnet. Dann sind $yrxq$ und $zsyr$ projektiv, mithin auch $yrxq$ und $rysz$, folglich die Paare qz, ry, sx in Involution, $xzyr$ und $sqry$ projektiv. — Nimmt man also $xzyr$ harmonisch, so werden auch $sqry$ oder $qsry$ harmonisch, $xzyr$ und $qsry$ projektiv; also wird dann y durch r in derselben Weise bestimmt, wie r durch y.

Werden auf einer Geraden f, in der durch zwei projektive, aber nicht involutorische Punktreihen P und P′ eine projektive Beziehung gegeben ist, dem Punkte y durch die Beziehungen P′P und PP′ die Punkte x und z zugeordnet und zu den Punkten xzy der vierte harmonische Punkt r aufgesucht so bilden die Paare yr eine Involution, die durch die Beziehung PP′ in sich selbst übertragen wird. Ist jedoch die Beziehung PP' eine Äquivalenz, so fällt r bei allen Lagen von y mit dem Grenzpunkte der Äquivalenz zusammen.

Im Strahlenbüschel und im Ebenenbüschel gelten analoge Sätze.

* * *

Die Sammlung der Stammbegriffe und Stammsätze für die projektive Geometrie ist jetzt abgeschlossen. Als *Stammbegriffe der projektiven Geometrie* habe ich in § 10 (Seite 69) bezeichnet: Punkt, Gerade und Ebene als Elemente, jedes in erweitertem Sinn; Aneinanderliegen von zwei ungleichartigen Elementen; Getrenntliegen von zwei Elementenpaaren in einem einförmigen Grundgebilde. Zur Gewinnung dieser Begriffe haben die in den beiden ersten Paragraphen aufgestellten Kernsätze genügt. Die Stammbegriffe der projektiven Geometrie sind also nicht bloß von Kongruenz und Parallelismus unabhängig, sondern auch von jedem Kernsatz, der aufgestellt wird, um die Lücke in *Staudts* Begründung der Projektivität auszufüllen.

Anders verhält es sich mit den *Sätzen* der projektiven Geometrie. Diese führen sich auf eine Gruppe von Stammsätzen zurück. Die *Stammsätze der projektiven Geometrie* sind in § 12 (Seite 90) und im zweiten Absatz des gegenwärtigen Paragraphen angegeben; die in § 12 angegebenen stammen aus den §§ 7—9; von den beiden im zweiten Absatz des gegenwärtigen Paragraphen angegebenen ist der eine der reziproke des anderen, in § 15 erlangten. Die Mittel nun, die zur Gewinnung der projektiven Stammbegriffe dienten, genügen auch zum Beweis der projektiven Stammsätze, mit Ausnahme des in § 15 bewiesenen. Dieser ist wesentlich anderer Art; er wurde erst nach Vermehrung der Hilfsmittel bewiesen. Die projektive Geometrie wurde dadurch abhängig von der Kongruenz, blieb aber unabhängig vom Parallelismus.

§ 17. Kollineare Figuren.

Wir gehen jetzt zu den *Gebilden zweiter Stufe* über, indem wir unter diesem Namen Planfiguren und zentrische Figuren zusammenfassen. Wenn man eine aus beliebig vielen Punkten bestehende Planfigur ein- oder mehrmal projiziert, so erhält man eine aus ebenso vielen Punkten bestehende Planfigur, und sooft Punkte der einen Figur an einer geraden Linie liegen, ist dies auch bei den entsprechenden Punkten der andern Figur der Fall. Solche Figuren heißen deshalb *kollinear*, aber man wendet diesen Ausdruck überhaupt auf zwei Gebilde zweiter Stufe an, wenn sie perspektiv sind oder wenn man zwischen sie irgendeine Anzahl von Gebilden zweiter Stufe derart einschalten kann, daß nach der Einschaltung je zwei aufeinanderfolgende Gebilde perspektiv werden. Man kann dabei die einförmigen Gebilde als spezielle Fälle zulassen und demgemäß projektive einförmige Gebilde auch kollinear nennen. *Jedes Gebilde zweiter Stufe ist sich selbst kollinear. Je zwei homologe Teile zweier kollinearen Gebilde zweiter Stufe sind kollinear. Gebilde zweiter Stufe sind kollinear, wenn sie einem und demselben Gebilde zweiter Stufe kollinear sind.*

Um zwei Gebilde zweiter Stufe kollinear aufeinander zu beziehen, darf man vier gleichartigen Elementen des einen, von denen keine drei einem einförmigen Gebilde angehören, vier ebensolche Elemente des andern beliebig zu ordnen; z. B. wenn man in einer Ebene vier Punkte $abcd$ annimmt, von denen keine drei in gerader Linie liegen, und vier ebensolche Punkte $a'b'c'd'$ in derselben oder in einer andern Ebene, so sind die Figuren $abcd$ und $a'b'c'd'$ kollinear. Der Satz wird leicht als allgemein richtig erkannt, sobald er sich in dem angeführten besonderen Falle bewährt. Es sei nun m der Durchschnittspunkt der Geraden ab und cd, m' der der Geraden $a'b'$ und $c'd'$, P eine von $a'b'c'$ verschiedene Ebene durch $a'b'$; so kann man $abcdm$ durch eine geeignete Anzahl von Projektionen auf die Ebene P so übertragen, daß aa', bb', mm' homologe Punkte werden. Ergeben sich dabei $\gamma\delta$ als homologe Punkte zu cd, so

§ 17. Kollineare Figuren.

sind die Figuren $a'b'\gamma\delta$ und $a'b'c'd'$ perspektiv; Zentrum der Perspektivität ist der Durchschnittspunkt der Geraden $\gamma c'$ und $\delta d'$.

Eine Kollineation zwischen zwei Gebilden zweiter Stufe ist vollkommen bestimmt, wenn man zu vier gleichartigen Elementen des einen, von denen keine drei einem einförmigen Gebilde angehören, die homologen kennt. Es ist hinreichend, folgenden besonderen Fall zu beweisen: Sind die aus je fünf Punkten bestehenden Planfiguren $abcde$ und $abcde'$ kollinear und keine drei von den Punkten $abcd$ in gerader Linie, so fällt e mit e' zusammen. Zu dem Zweck braucht man aber nur zu beachten, daß die Geraden ae und ae' wegen der Kollineation zwischen den Strahlenbüscheln $a(bcde)$ und $a(bcde')$ identisch sind, ebenso die Geraden be und be', ce und ce', de und de'. —

Um jetzt den Begriff der Kollineation in voller Allgemeinheit einzuführen, stellen wir folgende Betrachtung an. Es seien drei Punkte Oaa' in einer Geraden gegeben und eine Ebene P, die keinen der drei Punkte enthält. Jedem Punkte b außerhalb der Geraden aa' ordnen wir in der Geraden Ob den Punkt b' zu, dessen Verbindungslinie mit a' der ab auf P begegnet; wird dagegen β auf aa' von O verschieden angenommen, so nehmen wir einen Punkt b außerhalb der Ebene P und den zugeordneten Punkt b' zu Hilfe und ordnen dem Punkte β in der Geraden aa' den Punkt β' zu, dessen Verbindungslinie mit b' der $b\beta$ auf P begegnet; der Punkt O endlich wird sich selbst zugeordnet. Daß β' unabhängig von b ausfällt, bedarf eines Beweises. Es sei daher zunächst c irgendein Punkt außerhalb der Ebenen P und Oab, c' der zugeordnete Punkt in Oc, so daß ac und $a'c'$ sich auf P begegnen. Wegen der Perspektivität der Dreiecke abc und $a'b'c'$ schneiden sich bc $b'c'$, ca $c'a'$, ab $a'b'$ auf einer Geraden, folglich auch bc und $b'c'$ auf P, ebenso βc und $\beta'c'$ wegen der Perspektivität der Dreiecke βbc und $\beta'b'c'$, d. h. bei der Konstruktion von β' kann b durch c ersetzt werden. Ist ferner γ ein Punkt der Ebene Oab, aber außerhalb der Ebene P und der Geraden aa', also außerhalb der Ebene Oac, so kann man γ statt c benutzen, also auch statt b. Die Geraden $c\gamma$ und $c'\gamma'$ treffen sich auf P, ebenso $b\gamma$ und $b'\gamma'$. Sind also dd' und ee' Paare von homologen (d. i. zugeordneten) Punkten, so treffen sich die Geraden de und $d'e'$ auf P; man kann daher das Paar aa', von dem wir ausgingen, durch jedes andere Paar homologer Punkte, wenn sie voneinander verschieden sind, ersetzen. Der Punkt O und die Punkte der Ebene P sind sich selbst homolog, aber nur diese.

Bezeichnet man zwei aufeinander bezogene Punktgruppen als *perspektiv*, wenn die homologen Punkte durch die Strahlen eines Bündels miteinander verbunden werden, dann bildet die soeben definierte Beziehung eine besondere Art von Perspektivität. Wir wollen sie *Kollinear-Perspektivität* nennen, weil Punkten einer Geraden stets Punkte einer Geraden entsprechen. Sind in der Tat abc Punkte einer Geraden g,

§ 17. Kollineare Figuren.

so liegen die homologen Punkte $a'b'c'$ auf einer Geraden g'. Ist g in P enthalten, so sind abc entsprechend gemein; liegt g außerhalb P, ohne O zu enthalten, so fallen die Geraden $a'b'$ und $a'c'$ in eine einzige zusammen, weil sie durch den Punkt gP gehen; geht endlich g durch O, so liegen $a'b'c'$ auf g. Wir nennen gg' homologe Geraden. Die Geraden, die in P liegen oder durch O gehen, sind sich selbst homolog, aber nur diese. Je zwei homologe Geraden begegnen sich in einem Punkte von P, ihre Ebene geht durch O.

Jeder Planfigur entspricht eine Planfigur; die Ebenen solcher Figuren nennen wir homolog. Die Ebene P und alle durch O gehenden Ebenen sind unter sich selbst homolog, aber nur diese. Je zwei homologe Ebenen schneiden sich in einer Geraden der Ebene P. Sind DD' und EE' Paare von homologen Ebenen, so geht die Ebene der Geraden DE und $D'E'$ durch O. Die Beziehung ist jetzt auf Figuren ausgedehnt, die sich in beliebiger Weise aus Punkten, Geraden und Ebenen zusammensetzen, und man sieht, wie neben dem Punkte O und der Ebene P, an denen nur sich selbst homologe Ebenen liegen, ein Paar homologer Punkte oder Ebenen notwendig und hinreichend ist, um die ganze Beziehung zu bestimmen. Die Definition ist sich selbst reziprok.

Jede Planfigur, deren Ebene nicht durch O geht, liegt perspektiv zur homologen, wobei O Zentrum der Perspektivität ist; auch jede zentrische Figur, deren Scheitel nicht zu P gehört, liegt zur homologen perspektiv, wobei P der perspektive Durchschnitt ist. Wir nennen daher O das *Zentrum der Perspektivität* und P den *perspektiven Durchschnitt* für unsere allgemeine Beziehung. Nimmt man eine Figur in einer durch O gehenden Ebene, so liegt die homologe Figur in derselben Ebene, und wenn aa' (verschiedene) homologe Punkte außerhalb dieser Ebene sind, so wird die erste Figur aus a auf P nach derselben Figur projiziert, wie die zweite aus a'. Analog verhalten sich die zentrischen Figuren, deren Scheitel auf P liegen. Hiernach sind je zwei homologe Gebilde zweiter Stufe kollinear. Man schließt daraus: Sind $abcd$ und $a'b'c'd'$ homologe einförmige Gebilde und ab durch cd getrennt, so werden $a'b'$ durch $c'd'$ getrennt. Überdies wissen wir, daß aneinanderliegenden Elementen ebensolche entsprechen. *Folglich haben kollinear-perspektive Figuren alle graphischen Eigenschaften miteinander gemein.*

Jede perspektive Beziehung zwischen zwei Figuren in verschiedenen Ebenen läßt sich zu einer Kollinear-Perspektivität erweitern, die sich auf alle Elemente erstreckt; man hat nämlich außer dem Zentrum der Perspektivität zwei homologe Ebenen, durch deren Schnittlinie man den perspektiven Durchschnitt beliebig legen kann. *Ebenso kann man zwei perspektive zentrische Figuren, deren Scheitel verschieden sind, stets zu homologen Teilen von kollinear-perspektiven Figuren mit beliebigen Elementen machen.*

Im Anschluß an diese Bemerkung kann nunmehr die Definition der

Kollinearität von Figuren, bei denen die homologen Elemente gleichartig sind, zu voller Allgemeinheit erhoben werden. Zwei solche Figuren heißen *kollinear*, wenn sie kollinear-perspektiv sind, oder wenn man zwischen sie eine Anzahl von Figuren derart einschalten kann, daß nach der Einschaltung je zwei aufeinanderfolgende Figuren kollinear-perspektiv sind. *Jede Figur ist sich selbst kollinear. Je zwei homologe Teile von kollinearen Figuren sind kollinear. Zwei Figuren sind stets kollinear, wenn sie einer dritten kollinear sind.* Die Begriffe kollinear und kollinear-perspektiv sind sich selbst reziprok.

Zwei Figuren $abcde$ und $a'b'c'd'e'$, die sich aus je fünf Punkten derart zusammensetzen, daß in keiner Figur vier Punkte einer Ebene vorkommen, sind kollinear. Wird nämlich e aus d auf die Ebene abc nach m, e' aus d' auf die Ebene $a'b'c'$ nach m' projiziert, so sind die Figuren $abcm$ und $a'b'c'm'$ kollinear. Lassen sich bei dieser Kollineation den Punkten $d\,e$ die Punkte $\delta\varepsilon$ zuordnen, so sind die Figuren $a'b'c'\delta\varepsilon$ und $a'b'c'd'e'$ kollinear-perspektiv; Zentrum der Perspektivität ist der Durchschnittspunkt der Geraden $\delta d'$ und $\varepsilon e'$, perspektiver Durchschnitt die Ebene $a'b'c'$. — *Eine Kollineation ist vollkommen bestimmt, wenn man zu fünf Punkten, von denen keine vier in einer Ebene liegen, die homologen kennt*; d. h.: Wenn die aus je sechs Punkten bestehenden Figuren $abcdef$ und $abcdef'$ kollinear sind und von den Punkten $abcde$ keine vier in einer Ebene liegen, so fällt f mit f' zusammen. Da nämlich die Strahlenbündel $a(bcdef)$ und $a(bcdef')$ kollinear sind, so fallen die Strahlen af und af' zusammen, ebenso bf und bf', cf und cf', df und df', ef und ef'. — Die reziproken Sätze mögen nicht erst besonders ausgesprochen werden.

Kollineare Gebilde jeder Art nennt man auch *projektiv*, aber diese Benennung ist nicht auf den Fall der Kollineation beschränkt. *Kollineare Figuren, bei denen die homologen Elemente gleichartig sind, haben alle graphischen Eigenschaften miteinander gemein.* So werden z. B. die graphischen Eigenschaften einer Punktreihe durch keine Projektion geändert. Daß umgekehrt zwei Punktreihen projektiv sind, die in allen graphischen Eigenschaften übereinstimmen, hat sich schon in § 15 ergeben. Übertragen wir dies nun auf die allgemeineren Gebilde. Zunächst setzen wir in einem Gebilde zweiter Stufe aus gleichartigen Elementen die Figuren $abcde$ und $abcde'$ zusammen, die alle graphischen Eigenschaften gemein haben sollen, wobei aber keine drei von den Elementen $abcd$ einem einförmigen Gebilde angehören dürfen. Je zwei derartige Elemente a und b bestimmen ein reziprokes Element ab in jenem Gebilde; die Elemente ab, ac, ad, ae liegen in einem einförmigen Gebilde, ebenso die Elemente ab, ac, ad, ae'; da diese Gebilde alle graphischen Eigenschaften gemein haben, so fallen ae und ae' zusammen, ebenso be und be', ce und ce', de und de', also e und e'. Setzen wir endlich aus Punkten oder aus Ebenen die Figuren $abcdef$ und $abcdef'$, die wieder alle graphischen Eigenschaften gemein haben sollen, derart zusammen, daß von den Elementen $abcde$ keine vier in einem Gebilde zweiter Stufe liegen, so fällt af mit af' zusammen, bf mit bf' usw., folglich f mit f'. Wird also die Figur $abcdef$ aus sechs Punkten derart gebildet, daß von den Punkten $abcde$ keine vier in einer Ebene liegen, und die Figur $a'b'c'd'e'f'$ aus sechs Punkten derart, daß die beiden Figuren in allen graphischen Eigenschaften übereinstimmen, so sind die Figuren kollinear. Mithin gilt der Satz:

Eine Beziehung, vermöge deren jedem Punkte ein bestimmter Punkt derart zugeordnet wird, daß je zwei homologe Figuren alle graphischen Eigenschaften gemein haben, ist eine Kollineation.

Eine solche Beziehung ist die Kongruenz. Mit Hilfe zweier kongruenter Figuren, die aus je drei nicht in gerader Linie gelegenen eigentlichen Punkten bestehen, kann man eine Beziehung herstellen, die sich auf alle Punkte, Geraden und Ebenen erstreckt; dabei sind je zwei homologe Figuren kongruent und stimmen in allen graphischen Eigenschaften überein. Kongruente Figuren können immer als homologe Teile derartiger Figuren aufgefaßt werden. Hieraus folgt:

Kongruente Figuren sind kollinear. —

Weil die graphischen Eigenschaften einer Planfigur durch Projektion auf eine andere Ebene, mithin überhaupt durch Übergang zu einer kollinearen Planfigur nicht geändert werden, so durfte man zunächst die graphischen Eigenschaften der Planfiguren projektive, d. i. bei der Projektion sich übertragende nennen. Nun ist bereits erwähnt worden, daß man kollineare Gebilde jeder Art auch projektiv nennt. In entsprechender Weise hat man die Benennung *projektive Eigenschaften* ausgedehnt, indem man sie für die graphischen Eigenschaften beliebiger Figuren einführte. Die Geometrie der Lage heißt infolgedessen auch *die Lehre von den projektiven Eigenschaften der Figuren* oder *die projektive Geometrie*.

§ 18. Reziproke Figuren.

Der Name Projektivität wird, wie schon erwähnt, nicht bloß auf die kollinearen Beziehungen angewendet. Um auch die übrigen hierher gehörigen Beziehungen kennen zu lernen, kann man folgenden Ausgangspunkt wählen.

Es seien efg drei Geraden, von denen keine zwei einander begegnen. Die Durchschnittslinie zweier Ebenen, die irgendeinen Punkt der e mit f und g verbinden, begegnet gleichzeitig den drei gegebenen Linien; durch jeden Punkt einer der gegebenen Linien kann man eine solche Gerade ziehen, und zwar nur eine; zwei solche Geraden können einander nicht begegnen. Wenn nun die Geraden $iklm$ die Linie e in $abcd$, f in $a'b'c'd'$, g in $a''b''c''d''$ schneiden, so liegen z. B. die Punktreihen

$abcd$ und $a'b'c'd'$ zum Ebenenbüschel $g(iklm)$ perspektiv, und es sind daher $abcd$, $a'b'c'd'$, $a''b''c''d''$ projektive Gebilde.

Umgekehrt: Werden auf den Trägern e und f, die sich nicht schneiden, projektive Punktreihen $abcd$ und $a'b'c'd'$ angenommen, so wird jede Gerade g, die von den Linien aa', bb', cc' getroffen wird, auch von dd' getroffen. Denn von den Geraden aa', bb', cc', dd' können keine zwei einander treffen, mithin auch keine zwei von den Geraden efg; durch d kann man also eine Gerade m ziehen, die f und g schneidet, etwa f in D; die Punktreihen $a'b'c'd'$ und $a'b'c'D$ sind projektiv zu $abcd$, folglich d' mit D, dd' mit m identisch, dd' und g in einer Ebene. — Wenn also die drei Geraden efg, von denen keine zwei sich schneiden, von den vier Geraden $iklm$ getroffen werden, so wird jede Gerade, die von ikl geschnitten wird, auch von m geschnitten.

Mittels zweier projektiven Punktreihen, deren Träger e und f sich nicht schneiden, werden wir nun jedem Punkte N eine Ebene N' und jeder Ebene P einen Punkt P' zuordnen. Durch den Punkt N geht eine Gerade l, die e und f schneidet, etwa in a und α; bildet man aus Punkten, die vermöge der gegebenen Projektivität zusammengehören, die Paare $a\beta$ und $b\alpha$, so ist die Ebene $Nb\beta$ mit N' zu bezeichnen. Die Ebene P schneide e in c, f in γ; $c\delta$ und $d\gamma$ seien Paare von Punkten, die vermöge der gegebenen Projektivität zusammengehören; dann schneidet $d\delta$ die Ebene P im Punkte P'. Nennen wir die Elemente NN' homolog, ebenso PP', so sind auch $N'N$, $P'P$ homolog, und jeder Punkt liegt in der homologen Ebene.

Die Punktreihen $abcd$ und $\beta\alpha\delta\gamma$ sind projektiv, mithin auch $abcd$ und $\alpha\beta\gamma\delta$; daher wird jede Gerade, die die Linien $a\alpha$, $b\beta$, $c\gamma$ schneidet, auch von $d\delta$ getroffen. Die Gerade PN' schneidet stets die Linien $b\beta$ und $c\gamma$; wenn N in P liegt, so schneiden sich außerdem PN' und $a\alpha$, mithin auch PN' und $d\delta$, d. h. die Ebene N' enthält den Durchschnittspunkt P' der Ebene P und der Geraden $d\delta$. Es dreht sich also die Ebene N' um den Punkt P', während N in P variiert. Läßt man demnach den Punkt N eine Gerade h durchlaufen, so dreht sich die Ebene N' um eine bestimmte Gerade h', und solange die Ebene P durch h geht, bewegt sich der Punkt P' auf h'. Die Geraden hh' oder $h'h$ heißen homolog. Ein Strahlenbüschel, dessen Scheitel seiner Ebene homolog ist, besteht nur aus sich selbst homologen Geraden. Eine Gerade, die in keinem derartigen Büschel vorkommt, ist von ihrer homologen stets verschieden und hat mit ihr keinen Punkt gemein. Jede Gerade, die zwei homologe (verschiedene) Geraden schneidet, ist sich selbst homolog; jede sich selbst homologe Gerade, die die eine von zwei homologen Geraden schneidet, schneidet auch die andere.

Von den Paaren, die mittels dieser auf alle Punkte, Geraden und Ebenen sich erstreckenden Zuordnung zusammengesetzt werden können, sagt man, daß sie ein *Nullsystem* bilden. Den Punkten $pqrs$ einer Ge-

§ 18. Reziproke Figuren. 129

raden h entsprechen die Ebenen $p'q'r's'$ durch die homologe Gerade h'; die Gebilde $pqrs$ und $p'q'r's'$ sind projektiv. Denn ist h von h' verschieden, so sind sie sogar perspektiv; fällt aber h mit h' zusammen, so seien nn' homologe verschiedene Geraden, und es mögen die Ebenen $p'q'r's'$ von n in $p_1q_1r_1s_1$, von n' in $p_2q_2r_2s_2$ getroffen werden; da pp_1p_2 in gerader Linie liegen, ebenso qq_1q_2, rr_1r_2, ss_1s_2, so sind die Gebilde $pqrs$ und $p_1q_1r_1s_1$ projektiv, überdies $p_1q_1r_1s_1$ und $p'q'r's'$ perspektiv. — Sind daher u und v sich selbst homologe Geraden, die sich nicht schneiden, und $iklm$ sich selbst homologe Geraden, die jene beiden schneiden, etwa u in $ABCD$, v in $A_1B_1C_1D_1$, so sind $ABCD$ und $A_1B_1C_1D_1$ projektiv; denn die Ebenen ui, uk, ul, um sind den Punkten $ABCD$ zugeordnet und gehen durch $A_1B_1C_1D_1$. — Zur Erzeugung des Nullsystemes waren zwei sich selbst homologe Geraden (e und f), die sich nicht schneiden, und drei sich selbst homologe Geraden (z. B. $a\beta$, $b\alpha$, $c\delta$), die jene beiden schneiden, gegeben. Wir sehen jetzt, daß diese Bestimmungsstücke beliebig gewählt werden dürfen, und daß sie nur ein einziges Nullsystem liefern.

Auch die Strahlenbüschel $EFGH$ und $E'F'G'H'$ sind projektiv, wenn sie homolog sind; wählt man nämlich an der Ebene EF, aber nicht am Punkte EF, die Gerade h beliebig und bezeichnet mit h' die homologe, so daß h' durch den Punkt $E'F'$ geht, ohne in die Ebene $E'F'$ zu fallen, so ist die Punktreihe $h(EFGH)$ zum Ebenenbüschel $h'(E'F'G'H')$ projektiv. Es sind demnach je zwei homologe einförmige Gebilde projektiv. Elementen, die aneinanderliegen, sind aneinanderliegende zugeordnet, getrennten Paaren getrennte. Wenn also eine Figur irgendeine graphische Eigenschaft besitzt, so kommt der homologen Figur die reziproke Eigenschaft zu.

Daraus folgt aber ohne Einschränkung, daß zu jeder aus Punkten, Geraden und Ebenen beliebig zusammengesetzten Figur A eine andere aus den reziproken Elementen bestehende Figur A' möglich ist, die von allen graphischen Eigenschaften der Figur A die reziproken besitzt und sonst keine. Bezeichnen wir daher mit α und β graphische Eigenschaften einer Figur, mit α' und β' die reziproken Eigenschaften, die natürlich die reziproken Elemente voraussetzen, und nehmen wir an, daß die Eigenschaft α stets die Eigenschaft β nach sich zieht, so hat auch α' stets β' zur Folge; denn wenn man von einer Figur A mit der Eigenschaft α' mittels eines Nullsystemes zur Figur A' übergeht, so besitzt A' die Eigenschaft α und mithin auch β, und folglich kommt der Figur A die Eigenschaft β' zu.

Damit ist nun das Gesetz der Dualität zwischen Punkt und Ebene ohne jeden Vorbehalt erwiesen, infolgedessen sind es auch die beiden anderen Dualitätsgesetze der projektiven Geometrie. Es stand zwar schon fest, daß die drei Arten der Reziprozität für alle Folgerungen aus den bisher aufgeführten Stammsätzen gültig sind; wir sehen aber jetzt, daß diese

Gesetze in der projektiven Geometrie allgemeine Anwendung finden müssen, gleichviel ob sich noch weitere Stammsätze mögen angeben lassen oder nicht. —

Wenn man ein Nullsystem mit einer (auf alle Elemente ausdehnbaren) Kollineation derart verbindet, daß man zu jedem Elemente erst das homologe im Nullsystem und dann zu diesem das homologe in der Kollineation bestimmt, so erhält man eine sogenannte *reziproke* oder *duale Beziehung*. Dabei wird jedem Punkte eine Ebene, jeder Geraden eine Gerade und jeder Ebene ein Punkt zugeordnet. Zwei Figuren, die vermöge einer solchen Beziehung homolog sind, heißen reziprok oder dual; zu jeder projektiven Eigenschaft der einen Figur ist die reziproke Eigenschaft bei der andern vorhanden. — *Zwei Figuren, die zu einer dritten reziprok sind, haben alle projektiven Eigenschaften gemein.* — Wenn von fünf Punkten $abcde$ keine vier in einer Ebene liegen und von fünf Ebenen $a'b'c'd'e'$ keine vier einen Punkt gemein haben, so sind die Figuren $abcde$ und $a'b'c'd'e'$ stets reziprok, und zwar gibt es nur eine einzige Reziprozität, bei der sie als homologe Figuren auftreten. Sind nämlich $ABCDE$ die homologen Ebenen zu $abcde$ in irgendeinem Nullsystem, so sind die Figuren $ABCDE$ und $a'b'c'd'e'$ kollinear, folglich $abcde$ und $a'b'c'd'e'$ reziprok. Ist ferner f ein beliebiger Punkt, so kann man nicht zwei verschiedene Ebenen f' und f'' so bestimmen, daß $a'b'c'd'e'f'$ und $a'b'c'd'e'f''$ reziprok zu $abcdef$ werden, weil die Figuren $a'b'c'd'e'f'$ und $a'b'c'd'e'f''$ alle graphischen Eigenschaften gemein haben müßten.

Das Nullsystem ist ein besonderer Fall der Reziprozität. *Wenn eine reziproke Beziehung so beschaffen ist, daß jeder Punkt in der homologen Ebene liegt, so entsteht ein Nullsystem.* Nimmt man nämlich zu irgendeinem Punkte a die homologe Ebene a', die durch a geht, und zieht durch a nach irgendeinem andern Punkte b der Ebene a' die Gerade g beliebig, so liegt auch die homologe Gerade g' in a'; die homologe Ebene zum Punkte b enthält b und g', ist aber von a' verschieden; folglich liegt b in g', d. h. g fällt mit g' zusammen, jede Gerade in a' durch a ist sich selbst homolog, a der homologe Punkt zu a'. Man kann also je zwei homologe Elemente miteinander vertauschen. Sind nun u und v sich selbst homologe Geraden, die keinen Punkt gemein haben, $ikl\ldots$ sich selbst homologe Geraden, die u und v schneiden, so werden durch die letzteren projektive Punktreihen auf den beiden ersteren erzeugt, da das Ebenenbüschel $u(ikl\ldots)$ der Punktreihe $u(ikl\ldots)$ projektiv und der Punktreihe $v(ikl\ldots)$ perspektiv ist; und so gelangt man zu den oben für das Nullsystem angegebenen Konstruktionen.

Wenn man bei einer Reziprozität die homologen Elemente miteinander vertauschen kann, so heißt die homologe Ebene eines Punktes seine *Polare*, der homologe Punkt einer Ebene ihr *Pol*, die homologe Gerade einer Geraden ebenfalls deren *Polare*, je zwei homologe Figuren

§ 18. Reziproke Figuren.

polarreziprok, die Beziehung eine *Polarreziprozität*. Von den Paaren, die mittels einer solchen Beziehung entstehen, sagt man, daß sie ein *Polarsystem* bilden. Das Nullsystem gehört zu den Polarsystemen; ein Polarsystem, bei dem nicht jeder Punkt in seiner Polare liegt, heißt ein *gewöhnliches Polarsystem.* —
Einen beliebig gegebenen Punkt O und eine beliebig gegebene Ebene P kann man zu homologen Elementen einer dualen Beziehung machen. Dadurch wird jeder durch O gehenden Ebene ein in P gelegener Punkt, jeder durch O gehenden Geraden eine in P gelegene Gerade zugeordnet, und umgekehrt; man erhält eine reziproke Beziehung zwischen den beiden Gebilden zweiter Stufe. Um die durch den Punkt O gehenden Ebenen und Geraden auf die Punkte und Geraden der Ebene P reziprok zu beziehen, kann man zu vier an O liegenden Ebenen, von denen keine drei durch eine Gerade gehen, die homologen Punkte, von denen keine drei in einer Geraden liegen dürfen, oder zu vier an O liegenden Geraden, von denen keine drei einer Ebene angehören, die homologen Geraden, von denen keine drei durch einen Punkt gehen dürfen, beliebig wählen, und zwar ist durch solche vier Paare die Zuordnung vollkommen bestimmt. — *Bei den Gebilden zweiter Stufe gibt es aber noch zwei andere Zuordnungsarten, die man duale oder reziproke nennt.* Geht man von einer ebenen Figur zu einer reziproken zentrischen, von dieser zu einer kollinearen ebenen über, so heißen die beiden Planfiguren dual oder reziprok; dabei ist jedem Punkte der einen eine Gerade der andern zugeordnet. Um zwischen zwei Ebenen eine solche Beziehung herzustellen, kann man zu vier Punkten der einen, von denen keine drei in gerader Linie liegen, die homologen Geraden beliebig wählen, jedoch so, daß keine drei durch einen Punkt gehen; vier solche Paare bestimmen die ganze Beziehung. Geht man von einer zentrischen Figur zu einer reziproken ebenen, von dieser zu einer kollinearen zentrischen über, so heißen die beiden zentrischen Figuren dual oder reziprok; jeder Geraden der einen entspricht eine Ebene der andern. Ordnet man vier durch einen Punkt gehenden Geraden, von denen keine drei in einer Ebene liegen, vier ebenfalls durch einen Punkt gehende Ebenen zu, von denen keine drei eine Gerade gemein haben, so wird dadurch eine und nur eine duale Zuordnung zentrischer Figuren bewirkt.
Reziproke einförmige Gebilde sind projektiv; umgekehrt können zwei projektive einförmige Gebilde auch reziprok genannt werden, ausgenommen den Fall zweier Punktreihen oder zweier Ebenenbüschel. Daß die homologen einförmigen Gebilde projektiv sind, ist eine Eigenschaft, die die reziproken Figuren mit den kollinearen gemein haben. *Man nennt aus diesem Grunde auch je zwei reziproke Figuren projektiv.* Aber mit der Kollineation und der Reziprozität sind alle Zuordnungsarten erschöpft, bei denen jedem einförmigen Gebilde ein projektives einförmiges Gebilde entspricht.

9*

Über die reziproken Gebilde zweiter Stufe ist noch folgendes zu bemerken. Duale Planfiguren kann man in derselben Ebene annehmen; wenn alsdann die homologen Elemente vertauschbar sind, so heißt die homologe Linie eines Punktes seine *Polare*, der homologe Punkt einer Linie ihr *Pol*. Duale zentrische Figuren können an demselben Scheitel liegen; wenn alsdann die homologen Elemente vertauschbar sind, so heißt jedes Element die *Polare* des homologen. Sooft überhaupt duale Gebilde zweiter Stufe *aufeinanderliegen* (an einerlei Ebene oder an einerlei Scheitel) und die homologen Elemente vertauschbar sind, nennt man je zwei homologe Figuren *polarreziprok*, die Beziehung eine *Polarreziprozität*, und von den Paaren, die durch eine solche Beziehung entstehen, sagt man, daß sie ein (ebenes oder zentrisches) *Polarsystem* bilden.

Schließlich führen wir einige Sätze an, die für alle Arten von Reziprozität und Kollineation gelten:

Wenn die eine von zwei reziproken Figuren eine gewisse projektive Eigenschaft besitzt, so hat die andere die reziproke Eigenschaft.

Zwei Figuren, die einer dritten reziprok sind, sind kollinear.

Eine Figur, die zu der einen von zwei kollinearen Figuren reziprok ist, ist es auch zur andern.

Zwei Figuren, die zu einer dritten projektiv sind, sind projektiv.

§ 19. Kongruente Figuren in der eigentlichen Ebene.

In § 17 war die Kongruenz als eine besondere Kollineation erkannt worden. Es soll nun eine Eigentümlichkeit hergeleitet werden, durch die sich die Kongruenz von andern Kollineationen unterscheidet. Dabei wird sich Gelegenheit bieten, von den vorstehenden Erörterungen über die Reziprozität Gebrauch zu machen. Zuvor jedoch ist es nötig, die Kongruenz in der eigentlichen Ebene zu betrachten.

Daß kongruente Figuren alle Eigenschaften, die sich nur auf das Aneinanderliegen der Elemente und die Anordnung von eigentlichen Punkten in Geraden beziehen, und mithin insbesondere alle graphischen Eigenschaften gemein haben, ist schon in § 14 (Seite 103 und 105) hervorgehoben worden. *Es haben aber kongruente Figuren überhaupt alle Eigenschaften gemein, die sich mit den bisher eingeführten Begriffen definieren lassen.* Denn diese Begriffe umfassen außer dem Aneinanderliegen der Elemente und der Anordnung von eigentlichen Punkten in Geraden nur noch den der Kongruenz; sooft aber in der einen von zwei kongruenten Figuren kongruente Teile vorkommen, sind auch die homologen Teile der andern Figur kongruent (§ 14, Seite 105).

Kongruente (aber verschiedene) Punktreihen, die auf einer und derselben eigentlichen Geraden f liegen, haben niemals mehr als einen eigentlichen Punkt entsprechend gemein (§ 14, Seite 105). *Ist ein eigent-*

§ 19. Kongruente Figuren in der eigentlichen Ebene.

licher Doppelpunkt b vorhanden, so ist die Beziehung involutorisch und durch den Punkt b bestimmt; denn nimmt man auf f den eigentlichen Punkt a beliebig und nennt c den homologen Punkt, so sind die Paare ba und bc kongruent, a und c auf verschiedenen Seiten von b gelegen, folglich für c nur eine einzige Lage möglich, und der homologe Punkt zu c ist a. Umgekehrt: *Ist die Beziehung involutorisch, so existiert ein eigentlicher Doppelpunkt b*; denn sind a und c homologe eigentliche Punkte, b die Mitte der Strecke ac, b' der homologe Punkt, also acb und cab' kongruent, so ist b' die Mitte der Strecke ca und folglich mit b identisch. Je zwei in dieser Weise aufeinander bezogene Punktreihen einer eigentlichen Geraden heißen *invers kongruent*. Sie besitzen außer dem eigentlichen Doppelpunkte b noch einen uneigentlichen Doppelpunkt β (vgl. § 14 Seite 107), der auf der Geraden f durch b völlig bestimmt wird; wir wollen β den mit b *verknüpften*[1]) Punkt der Geraden f nennen. Der Mittelpunkt einer Strecke ac wird allemal durch ihre Endpunkte von dem mit der Mitte verknüpften Punkte der Geraden ac harmonisch getrennt.

Liegen zwei kongruente Punktreihen auf einer und derselben eigentlichen Geraden f, ohne einen eigentlichen Punkt entsprechend gemein zu haben, so sind sie nicht involutorisch und heißen *direkt kongruent*. Ist dann dem eigentlichen Punkte a der Punkt b, diesem der Punkt c zugeordnet und β der mit b verknüpfte Punkt der f, so sind a, b, c voneinander verschieden, ab und bc kongruent, b die Mitte der Strecke ac, $acb\beta$ harmonisch, und es kann also der gegen Ende des § 16 bewiesene Satz auf die Paare $b\beta$ angewendet werden. Der Punkt β ist danach für alle Lagen von b derselbe, oder er verändert sich immer mit b. Im ersten Falle nennen wir β den *absoluten*[2]) *Punkt* der Geraden f; im zweiten Falle bilden die Paare $b\beta$ eine Involution, die die *absolute Involution* auf der Geraden f genannt werden soll. — Zwei identische Punktreihen auf f sind einander stets kongruent und zwar zu den direkt kongruenten zu rechnen.

Beim Übergange von einer Figur zu einer kongruenten gehen je zwei verknüpfte Punkte der Geraden f in verknüpfte Punkte der entsprechenden Geraden über. Wenn daher f einen absoluten Punkt besitzt, so gilt dies auch von jeder andern eigentlichen Geraden. Es sind dann auf jeder eigentlichen Geraden alle eigentlichen Punkte mit dem absoluten Punkte der Geraden verknüpft; die Beziehung zwischen zwei direkt kongruenten Punktreihen auf der eigentlichen Geraden ist nach der in § 16 eingeführten Ausdrucksweise eine Äquivalenz, die den ab-

---

[1]) In Anlehnung an eine Ausdrucksweise von *Reye*, Journal für die reine und angewandte Mathematik Bd. 82, S. 174. 1877.

[2]) Das Wort „absolut" wird hier und im folgenden in dem von *Cayley*, Phil. Trans., Vol. 149 (1859), eingeführten Sinn gebraucht.

§ 19. Kongruente Figuren in der eigentlichen Ebene.

soluten Punkt zum Grenzpunkte hat; je zwei direkt kongruente Punktpaare der eigentlichen Geraden sind für deren absoluten Punkt äquivalent. Wenn aber f eine absolute Involution besitzt, so erhält man auch auf jeder andern eigentlichen Geraden eine absolute Involution.

Hiernach gibt es entweder auf jeder eigentlichen Geraden einen absoluten Punkt oder auf jeder eigentlichen Geraden eine absolute Involution. Nimmt man das Erste an, so erhält man die *Euklidische Geometrie*; die andere Annahme führt zu *Nichteuklidischer Geometrie*. Welche Annahme der Wirklichkeit entspricht, geht aus den der bisherigen Entwicklung zugrunde gelegten Tatsachen nicht hervor. —

Kongruente (aber verschiedene) Figuren in einer eigentlichen Ebene E haben niemals drei eigentliche Punkte, die nicht in gerader Linie liegen, entsprechend gemein (§ 14, Seite 105). *Wenn zwei eigentliche Punkte a, b sich selbst entsprechen sollen, so müssen alle Punkte der Verbindungslinie f von a und b sich selbst entsprechen, die Beziehung wird durch die eigentliche Gerade f völlig bestimmt, und je zwei homologe Punkte sind vertauschbar.* Denn nimmt man in der Ebene E den eigent-

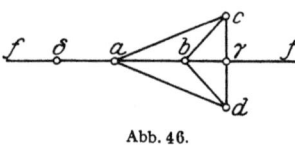

Abb. 46.

lichen Punkt c außerhalb der f beliebig und bezeichnet mit d den homologen Punkt, so sollen in der Ebene E die Figuren abc und abd kongruent sein, d ist also nach dem IX. Kernsatz in § 13 bestimmt, und zwar müssen c und d auf verschiedenen Seiten der f liegen; der eigentliche Punkt γ, in dem die Geraden f und cd sich treffen, entspricht sich selbst, ebenso die Gerade cd, die auf cd entstehenden kongruenten Punktreihen haben den Doppelpunkt γ, liegen mithin involutorisch, und es sind also auch dc homolog. — Die beiden Figuren haben noch einen uneigentlichen Punkt F außerhalb der f, nämlich den auf cd mit γ verknüpften Punkt, aber sonst keinen außerhalb der f gelegenen Punkt (§ 17) entsprechend gemein. Der Punkt F heißt der *absolute Pol* der Geraden f in der Ebene E und ist mit jedem eigentlichen Punkte δ der f verknüpft; denn bei der vorhin betrachteten Kongruenz entspricht die Gerade δF sich selbst, und es liegen auf ihr kongruente Punktreihen mit den Doppelpunkten δ und F.

Eine Kongruenz dieser Art entsteht, wenn man auf zwei durch

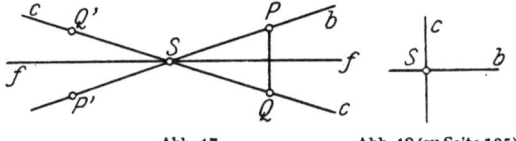

Abb. 47.   Abb. 48 (zu Seite 135).

einen eigentlichen Punkt S gezogenen Strahlen b, c von S aus kongruente Strecken SP, SQ aufträgt. Nach dem V. Kernsatze in § 13 sind die Figuren PSQ und QSP kongruent; dabei entspricht die Gerade PQ sich selbst, ebenso die Mitte der Strecke PQ, überhaupt alle Punkte des Strahls f, der diese Mitte mit S verbindet. —

§ 19. Kongruente Figuren in der eigentlichen Ebene.

Auch b und c, c und b sind homolog; folglich *sind die Figuren bc und cb kongruent.* — Wenn insbesondere c einen absoluten Pol B von b enthält, so kann man einen Punkt C so angeben, daß die Figuren bcB und cbC kongruent werden; es liegt dann C in b und ist der absolute Pol von c in der Ebene bc; die Beziehung zwischen den Strahlen b und c ist also gegenseitig, die Strahlen werden aufeinander *senkrecht* genannt. In jedem Strahlenbüschel mit eigentlichem Scheitel steht jeder Strahl auf einem und nur einem Strahle des Büschels senkrecht, und diese beiden Strahlen sind voneinander verschieden. Aus jedem eigentlichen Punkte kann man nach jeder nicht an ihm gelegenen eigentlichen Geraden eine und nur eine Senkrechte ziehen.

Außerdem bieten sich hier noch folgende Sätze dar.

1. Trägt man auf zwei durch einen eigentlichen Punkt S gezogenen Strahlen b, c von S aus kongruente Strecken SP, SQ und auf den anderen Schenkeln der Strahlen b, c von S aus kongruente Strecken SP', SQ' auf, so sind die Figuren $P'SQ$ und $Q'SP$ kongruent.

Beweis: Da die Figuren SPQ und SQP kongruent sind, so gibt es einen Punkt Q_1 derart, daß die Figuren $P'SPQ$ und Q_1SQP kongruent ausfallen; Q_1 liegt in der Geraden SQ, d. i. c, aber nicht im Schenkel SQ. Die Strecken SQ_1 und SP' sind kongruent, folglich auch SQ_1 und SQ', Q_1 mit Q' identisch, $P'SPQ$ und $Q'SQP$ kongruent.

2. Liegen in einer Ebene die eigentlichen Punkte $ABCD$ derart, daß die Strecken AC und AD kongruent sind, ebenso BC und BD, so sind die Figuren $ABCD$ und $ABDC$ kongruent.

Beweis: Sollten ACD in eine Gerade fallen und zugleich auch BCD, so kann A sich nicht von B unterscheiden. Ich nehme daher an, daß etwa ACD nicht in gerader Linie liegen; dann sind die Figuren ACD und ADC kongruent, und ich kann in der Ebene ACD den Punkt B_1 so wählen, daß die Figuren $ABCD$ und AB_1DC kongruent ausfallen. Liegen A und B auf derselben Seite von CD, so gilt dies auch von A und B_1, und umgekehrt; folglich liegen B und B_1 nicht auf verschiedenen Seiten von CD. Da nun BCD und BDC, BCD und B_1DC, folglich BDC und B_1DC kongruent sind, so ist B_1 mit B identisch.

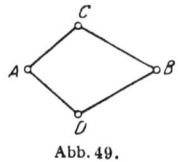

Abb. 49.

3. Liegen die eigentlichen Punkte ABC beliebig und die eigentlichen Punkte $A'B'C'$ derart, daß die Strecken AB, AC, BC den Strecken $A'B'$, $A'C'$, $B'C'$ kongruent sind, so sind die Figuren ABC und $A'B'C'$ kongruent.

Beweis: In einer durch ABC gelegten Ebene kann ich den Punkt D so wählen, daß ABD und $A'B'C'$ kongruent werden. Es sind dann AC und AD, BC und BD kongruent, folglich nach dem vorigen Satze ABC und ABD.

4. Wenn in einer eigentlichen Ebene E zwei kongruente Figuren

136 § 19. Kongruente Figuren in der eigentlichen Ebene.

derart liegen, daß zwei eigentliche Punkte PP' einander in beiderlei Sinn entsprechen, und daß sich zwei auf verschiedenen Seiten der Geraden PP' gelegene homologe eigentliche Punkte QQ' vorfinden, so ist die Mitte S der Strecke PP' und jeder in der Ebene E durch S gezogene Strahl sich selbst zugeordnet, und je zwei homologe eigentliche Punkte liegen auf verschiedenen Seiten von S.

Beweis: Zunächst entspricht der Strahl PP' sich selbst, auf ihm liegen zwei invers kongruente Punktreihen mit dem Doppelpunkte S,

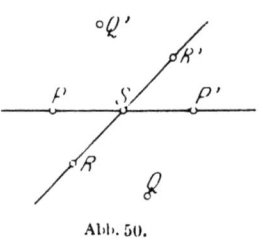

Abb. 50.

die Strecken SP und SP' sind kongruent. Auf irgendeinem andern Strahle des Büschels S in der Ebene E mache man von S aus die Strecken SR und SR' mit SP und SP' kongruent, indem man etwa R mit Q, also R' mit Q' auf einerlei Seite von PP' annimmt, und nenne R_1 den homologen Punkt zu R. Nach Satz 1 sind $P'SR$ und $R'SP$ kongruent,

folglich sind es auch $P'SR$ und PSR', PSR_1 und PSR'; überdies liegen Q' und R_1, also auch R' und R_1 auf einerlei Seite von PP'. Hiernach fällt R_1 mit R' zusammen, R und R' sind homolog.

5. Wenn in einer eigentlichen Ebene E zwei kongruente Figuren derart liegen, daß zwei eigentliche Punkte PP' einander in beiderlei Sinn entsprechen, und daß sich zwei auf derselben Seite der Geraden PP' gelegene zugeordnete eigentliche Punkte QQ' vorfinden, so sind alle Punkte der Geraden f, die in der Ebene E auf der Geraden PP' im Mittelpunkte S der Strecke PP' senkrecht steht, sich selbst homolog.

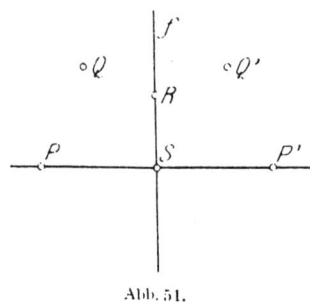

Abb. 51.

Beweis: Da der Strahl PP' und der Punkt S sich selbst entsprechen, so fällt auch der Strahl f mit dem homologen zusammen. Auf f nehme ich den eigentlichen Punkt R, mit Q und Q' auf einerlei Seite von PP', und bezeichne mit R' den homologen Punkt; da R' mit Q', also R mit R' auf einer Seite von PP' liegen muß, so fällt R' mit R zusammen.

6. Werden durch einen eigentlichen Punkt S zwei Strahlen b und c, nicht senkrecht zueinander, gezogen, so liegt im Büschel bc ein und nur ein von c verschiedener Strahl c', der kongruente Figuren bc und bc' ergibt.

Beweis: Ich nehme auf c den eigentlichen Punkt Q beliebig (von S verschieden). Sollen bei einer Kongruenz in der Ebene bc die Elemente b und S sich selbst entsprechen, aber nicht c, so müssen auf b entweder alle Punkte sich selbst zugeordnet oder eine inverse Kongruenz mit dem Doppelpunkte S angenommen werden. Ist im ersten Fall Q_1 der homologe Punkt zu Q, so geht die Gerade QQ_1 durch den absoluten Pol

§ 19. Kongruente Figuren in der eigentlichen Ebene.

der b in der Ebene bc, d. h. sie steht auf b senkrecht und ist also von c verschieden, Q_1 nicht in c gelegen; die hiernach von c verschiedene Verbindungslinie c' der Punkte S und Q_1 ist mit c homolog. Im zweiten Falle seien Q und Q_2 zugeordnete Punkte; aus Satz 4 wird man folgern, daß sie auf einerlei Seite von b liegen müssen, also Q_1 und Q_2 auf verschiedenen Seiten. Macht man auf b die Strecken SP und SP' kongruent, so sind SPQ und $SP'Q_2$ kongruent, zugleich SPQ und SPQ_1, folglich SPQ_1 und $SP'Q_2$, $SPP'Q_1$ und $SP'PQ_2$. Nach Satz 4 fallen daher die Strahlen SQ_1 und SQ_2 zusammen, und man erhält wieder c' als zugeordneten Strahl zu c.

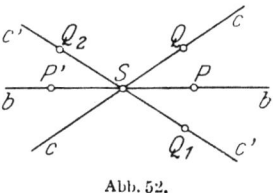

Abb. 52.

7. Wird bei einer Kongruenz in einem Strahlenbüschel mit eigentlichem Scheitel S der Strahl b sich selbst zugeordnet, so ist auch der auf b senkrechte Strahl β des Büschels ein Doppelstrahl, und es werden entweder je zwei homologe Strahlen durch $b\beta$ harmonisch getrennt, oder es entspricht jeder Strahl sich selbst.

Beweis: Der homologe Strahl zu β ist senkrecht zu b, also mit β identisch. Ich nehme nun im Büschel $b\beta$ einen dritten Strahl c und nenne c' den homologen Strahl. Fallen c und c' zusammen, so gilt dies von allen Strahlen; anderenfalls gehört zu c' ein von c' verschiedener homologer Strahl d, der bc' und bd, also bc und bd kongruent macht und mithin nach dem vorigen Satze von c nicht verschieden sein kann, die Beziehung ist also involutorisch und hat die beiden Doppelstrahlen $b\beta$.

Zwei kongruente (aber verschiedene) Strahlenbüschel in einer Ebene, die einen und denselben eigentlichen Punkt zum Scheitel haben, heißen *invers kongruent*, wenn Doppelstrahlen vorkommen, andernfalls *direkt kongruent*. Zwei identische Strahlenbüschel sind allemal zu den direkt kongruenten zu rechnen.

Invers kongruente Büschel liegen in Involution und haben zwei aufeinander senkrechte Doppelstrahlen, die Beziehung ist durch einen Doppelstrahl bestimmt; nach Satz 4 ist auf dem einen Doppelstrahl jeder Punkt sich selbst homolog, während auf dem andern invers kongruente Punktreihen liegen; nach § 16 (Seite 119) wird kein Paar homologer Strahlen durch ein andres getrennt.

8. Wird durch den eigentlichen Punkt S irgendeine Ebene E angenommen, so liegen die in der Ebene E mit S verknüpften Punkte auf einer Geraden.

Beweis: In der Ebene E lege ich durch S zwei senkrechte Strahlen $a\alpha$, einen beliebigen dritten Strahl b und zu $a\alpha b$ den vierten harmonischen Strahl c, so daß ab und ac kongruent werden. Sind $a_1\alpha_1 b_1 c_1$ die auf $a\alpha bc$ mit S verknüpften Punkte, so sind $a_1\alpha_1$ die absoluten

§ 19. Kongruente Figuren in der eigentlichen Ebene.

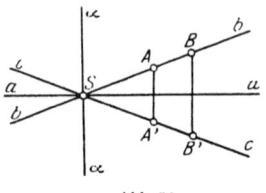
Abb. 53.

Pole von αa in der Ebene E. Ich stelle nun in der Ebene E eine Kongruenz auf, bei der alle Punkte der a sich selbst, die Strahlen bc einander entsprechen; auch b_1 und c_1 werden homolog, und den eigentlichen Punkten AB der b werden $A'B'$ auf c zugeordnet. Die Punktreihen $SABb_1$, $SA'B'c_1$ sind perspektiv, die Strahlen AA' und BB' stehen senkrecht auf a und treffen sich in α_1, folglich geht b_1c_1 durch α_1. Aber dann muß b_1c_1 ebenso durch a_1 gehen, d. h. auf der Geraden $a_1\alpha_1$ liegt b_1 und mithin jeder mit S verknüpfte Punkt der Ebene E.

Diese Gerade heiße die *absolute Polare* des Punktes S in der Ebene E. Sie enthält den Punkt S nicht, ist überhaupt eine uneigentliche Gerade; jeder ihrer Punkte ist mit S verknüpft. Sie ist zugleich der Ort der absoluten Pole, die in der Ebene E zu den in dieser Ebene durch S gelegten Strahlen gehören.

9. Liegen an einem eigentlichen Punkte S und an einer Ebene zwei kongruente Strahlenbüschel derart, daß zwei nicht senkrechte Strahlen cc' einander in beiderlei Sinn entsprechen, so sind die Büschel invers kongruent; die Beziehung ist durch das Paar cc' bestimmt.

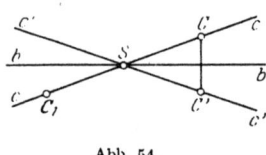
Abb. 54.

Beweis: Machen wir auf c die Strecken SC und SC_1 kongruent und nennen C' den auf c' gelegenen homologen Punkt zu C, so werden SC und SC' kongruent. Der homologe Punkt zu C' soll auf c liegen und ist daher C; denn sonst wären $C'C_1$ homolog, SCC' und $SC'C_1$ kongruent, also SCC' und SC_1C' kongruent, c auf c' senkrecht. Folglich entspricht die Gerade CC' sich selbst, ebenso die Mitte der Strecke CC' und der Strahl b, der diese Mitte mit S verbindet, usw.

10. In jedem Strahlenbüschel mit eigentlichem Scheitel bilden die Paare senkrechter Strahlen $b\beta$ eine Involution.

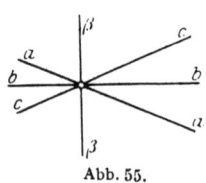
Abb. 55.

Beweis: Nimmt man in dem Büschel den Strahl a beliebig, aber von b und β verschieden, so sind ab homologe Strahlen einer, nach Satz 6 völlig bestimmten, nicht involutorischen (also direkten) Kongruenz in dem Büschel; dem Strahle b entspricht ein von a und b verschiedener Strahl c, der ba und bc kongruent macht. Zu acb ist β der vierte harmonische Strahl. Mit b variiert nun β, und die Paare $b\beta$ bilden eine Involution (§ 16 am Ende).

Diese Involution soll die *absolute Involution* in dem Strahlenbüschel genannt werden; sie hat keine Doppelstrahlen.

§ 19. Kongruente Figuren in der eigentlichen Ebene.

11. In jedem Strahlenbüschel mit eigentlichem Scheitel S wird durch Zuordnung zweier beliebiger Strahlen eine direkte Kongruenz bestimmt.

Beweis: Sind die beiden Strahlen nicht senkrecht, so folgt die Behauptung, wie bereits im vorigen Beweise erwähnt wurde, aus Satz 6. Werden aber zwei senkrechte Strahlen $a\alpha$ einander zugeordnet, so muß die Beziehung involutorisch werden. Es seien dann AB homologe eigentliche Punkte von $a\alpha$, und auf a seien die Strecken SA, SC kongruent. Dem Punkte B ist A oder C zugeordnet; wäre es A, so gäbe es nach Satz 5 einen Doppelstrahl; folglich sind BC homolog. Man ziehe nun einen Strahl b des Büschels zwischen A und B hindurch und nenne β den (in beiderlei Sinn) homologen Strahl. Da β zwischen B und C hindurchgeht, so werden $a\alpha$ durch $b\beta$ getrennt, die durch die Paare SS, AB, BC bestimmte Kongruenz ist direkt, die Strahlen $b\beta$ stehen aufeinander senkrecht. Durch die beiden Paare $a\alpha, b\beta$ ist die Involution bestimmt, sie fällt daher mit der absoluten Involution des Büschels zusammen.

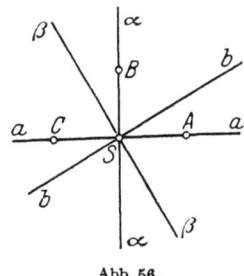
Abb. 56.

Die direkte Kongruenz im Strahlenbüschel ist hierdurch im allgemeinen nicht involutorisch, nur die absolute Involution des Büschels ist als eine direkte Kongruenz aufzufassen. Je zwei senkrechte Strahlen des Büschels werden durch jedes andere Paar senkrechter Strahlen desselben getrennt.

12. Sind zwischen drei eigentlichen Punkten ABC senkrechte Strahlen AB, AC gezogen und aus A nach BC eine Senkrechte gefällt, die der BC in a begegnet, so liegt a zwischen B und C.

Beweis: Läge etwa C zwischen a und B, so müßte der Schnittpunkt β der AB mit der auf BC im Punkte C und in der Ebene ABC errichteten Senkrechten zwischen A und B fallen. Errichtet man in derselben Ebene $C\gamma$ senkrecht auf AC, so wären die Senkrechten $CA, C\gamma$ durch die Senkrechten $CB, C\beta$ nicht getrennt.

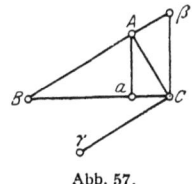
Abb. 57.

13. Liegen die eigentlichen Punkte ABC beliebig, nicht in gerader Linie, und werden die Geraden BC, CA, AB von den aus A, B, C nach ihnen gefällten Senkrechten in a, b, c getroffen, so liegt entweder a zwischen B und C, oder b zwischen C und A, oder c zwischen A und B.

Beweis: Nehmen wir an, daß etwa b nicht zwischen C und A liegt, sondern A zwischen b und C. Die Senkrechte auf AC in A und in der Ebene ABC trifft dann BC in β zwischen B und

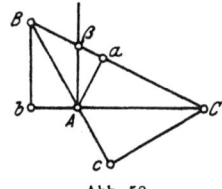
Abb. 58.

140   § 20. Die absoluten Polarsysteme.

C (oder in B selbst), folglich liegt a zwischen β und C (Satz 12), d. i. zwischen B und C.

14. Wird der eigentliche Punkt S sich selbst, der Schenkel SF' dem Schenkel SF zugeordnet so wird dadurch in der Ebene SFF' eine und nur eine Kongruenz bestimmt, bei der das Büschel S in ein direkt kongruentes übergeht.

Beweis: Dem eigentlichen Punkte A im Schenkel SF entspricht ein bestimmter Punkt A' im Schenkel SF'. Wird der eigentliche Punkt

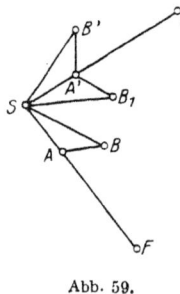

Abb. 59.

B in der Ebene SFF' außerhalb des Strahles SF und der in dem Büschel gelegenen Senkrechten gewählt, so gibt es in der Ebene SFF' zwei Punkte B' und B_1, die $SA'B'$ und $SA'B_1$ mit SAB kongruent machen. Die Strahlen SB' und SB_1 fallen nicht zusammen; einer von ihnen, etwa SB', ist dem Strahle SB zuzuordnen (10), und B' ist dann der homologe Punkt zu B.

Wenn eine Figur durch eine solche Kongruenz in eine andere übergeht, so sagt man, sie sei in der Ebene SFF' um S *gedreht*. Hierher gehört insbesondere diejenige Kongruenz, bei der je zwei homologe Punkte mit S auf einer Geraden liegen (vgl. Satz 4).

15. Wird die eigentliche Gerade g der Ebene E sich selbst und auf g dem eigentlichen Punkte A der Punkt A' zugeordnet, so wird dadurch in der Ebene E eine und nur eine Kongruenz bestimmt, bei der auf g direkt kongruente Punktreihen entstehen und zwei homologe eigentliche Punkte (B, B') auf einerlei Seite der g sich vorfinden.

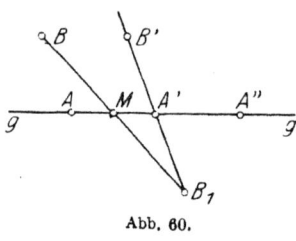

Abb. 60.

Beweis: Der Punkt A' soll nicht in A, sondern etwa in A'' übergehen. Ist nun M die Mitte der Strecke AA', so drehe man zuerst um M so, daß A nach A' gelangt; dabei geht A' in A, B in B_1 über, B und B_1 liegen in der Geraden MB auf verschiedenen Seiten der g. Hierauf drehe man um A' so, daß A nach A'' gelangt; dabei muß B_1 in B' übergehen, und man erkennt also zugleich, daß die Strecke B_1B' in A' ihren Mittelpunkt besitzt.

Wenn eine Figur durch eine solche Kongruenz in eine andere übergeht, so sagt man, sie sei in der Ebene E längs der Geraden g *verschoben*. Die Verschiebung läßt sich auf zwei Drehungen zurückführen.

§ 20. Die absoluten Polarsysteme[1]).

Wir werden jetzt an den Begriff der absoluten Polare anknüpfen. Es seien RST eigentliche Punkte in einer Ebene E, rst ihre absoluten

---
[1]) *Cayley* hat bemerkt, daß die metrischen Eigenschaften der Figuren in der Euklidischen Geometrie als besondere Fälle von projektiven Eigenschaften er-

§ 20. Die absoluten Polarsysteme. 141

Polaren in E; die Gerade RS wird von r in dem mit R verknüpften Punkte R', von s in dem mit S verknüpften S' geschnitten; r und s enthalten den absoluten Pol der RS in E. Macht man nun die Annahme, die zur Euklidischen Geometrie führt, so fällt R' mit S' zusammen, nämlich in den absoluten Punkte der RS, folglich haben r und s zwei Punkte gemein und fallen in ein und dieselbe Gerade e, die die *absolute Gerade* der Ebene E genannt werden mag. Jeder eigentliche Punkt der Ebene E hat e zur absoluten Polare, von jeder eigentlichen Geraden enthält e den ab-

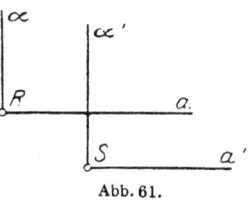

Abb. 61.

soluten Pol und schneidet sie in ihrem absoluten Punkte. Aus der in E zum Punkte R gehörigen absoluten Involution $a\alpha$, $b\beta$, $c\gamma$ ... schneidet e involutorische Punktepaare $a_1\alpha_1$, $b_1\beta_1$, $c_1\gamma_1$ ... heraus; zieht man nun in E durch S den Strahl α' senkrecht zu a, den Strahl a' senkrecht zu α', so treffen sich α und α' in α_1, a und a' in a_1, d. h. e schneidet auch aus der in E zu S gehörigen absoluten Involution die Punktepaare $a_1\alpha_1$, $b_1\beta_1$, $c_1\gamma_1$, ... heraus. Die so auf e entstehende Involution mag die *absolute Involution* der Ebene E genannt werden; je zwei ihrer Paare liegen getrennt, Doppelpunkte sind nicht vorhanden.

Wesentlich anders gestaltet sich die Sache bei derjenigen Annahme, der Nichteuklidische Geometrie entspricht. Hier ist R' von S', r von s verschieden, der Punkt rs der absolute Pol der RS in E; in gleicher Beziehung steht der Punkt st zur Geraden ST, der Punkt rt zur Geraden RT. Gehen rst durch einen Punkt, so liegen RST auf einer Geraden; denn jener Punkt ist dann absoluter Pol der RS und der RT, mithin RS mit RT identisch. Sind also $ABCD$ eigentliche Punkte der E, von denen keine drei in gerader Linie liegen, und $abcd$ ihre absoluten Polaren in E, so gehen von diesen keine drei durch einen Punkt, und es wird in der Ebene E durch die Paare Aa, Bb, Cc, Dd eine Reziprozität bestimmt, bei der den Geraden AB, AC, AD ihre absoluten Pole β, γ, δ (d. i. ab, ac, ad) entsprechen. Es werde mit P ein fünfter eigentlicher Punkt der E, mit ε der dem Strahle AP zugeordnete (mit β, γ, δ auf a gelegene) Punkt bezeichnet. Die Figuren $A(BCDP)$ und $\beta\gamma\delta\varepsilon$ werden projektiv, $\beta\gamma\delta\varepsilon$ und $A(\beta\gamma\delta\varepsilon)$ perspektiv, folglich $A(BCDP)$ und $A(\beta\gamma\delta\varepsilon)$ projektiv; die Strahlen AB und $A\beta$ bilden ein Paar der absoluten Involution in demselben Büschel, ebenso AC und $A\gamma$, AD und $A\delta$, folglich gilt dies auch von AP und $A\varepsilon$, d. h. ε ist absoluter Pol der AP. In gleicher Weise liefern bei jener Reziprozität BP, CP, DP als homologe Punkte ihre absoluten Pole, mit-

scheinen, wenn man gewisse Gebilde zuzieht, die hier durch ein ,,absolutes Polarsystem'' vertreten werden; vgl. die auf Seite **133** angeführte Abhandlung. Diese Theorie hat F. *Klein* (Math.Ann. Bd. **4**, S. 573ff., 1871) auf die nichteuklidische Geometrie ausgedehnt und aus anderen Gesichtspunkten beleuchtet.

hin P als homologe Gerade seine absolute Polare. Überhaupt ist jedem eigentlichen Punkte seine absolute Polare, jeder eigentlichen Geraden ihr absoluter Pol zugeordnet, die Reziprozität von den Punkten $ABCD$ unabhängig. Sind nun α' und β' die homologen Punkte zu den Geraden $A\beta$ und $B\beta$, also $\alpha'\beta'$ die homologe Gerade zu β, so liegen α' und β' auf der Geraden AB, die somit dem Punkte β entspricht; ebenso ist CA die homologe Gerade zu γ, also A der homologe Punkt zu a. Da hiernach auch die Paare aA, bB, cC, dD der betrachteten Beziehung angehören, so ist diese als Polarreziprozität zu bezeichnen; wir nennen sie die *absolute Polarreziprozität* der Ebene E, die Paare homologer Elemente bilden das *absolute Polarsystem* der Ebene E.

Indem wir jetzt aus der Ebene heraustreten und zunächst die Euklidische Geometrie von der anderen nicht trennen, betrachten wir einen Strahl e durch den eigentlichen Punkt P, drei auf e senkrechte Strahlen fgh durch P und einen beliebigen Strahl k des Büschels fg.

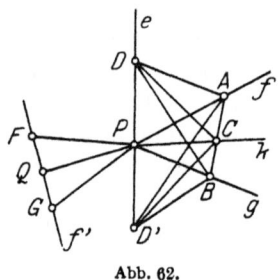

Abb. 62.

Mit A und B bezeichnen wir eigentliche Punkte von f und g auf verschiedenen Seiten von k, so daß k von der Geraden AB in einem eigentlichen Punkte C geschnitten wird; auf e machen wir die Strecken PD, PD' kongruent. Es werden dann AD und AD' kongruent, ebenso BD und BD', folglich auch ABD und ABD', $ABDC$ und $ABD'C$, DC und $D'C$, PCD und PCD', folglich e senkrecht zu k. Die Ebenen eh und fg schneiden sich daher in einer auf e senkrechten, also mit h identischen Geraden, d. h. h liegt in der Ebene fg. Demnach ist der Ort aller Geraden, die auf e in P senkrecht stehen, eine Ebene E; man nennt e und E *senkrecht* zueinander. Durch jeden eigentlichen Punkt geht eine und nur eine Ebene, die auf einer gegebenen eigentlichen Geraden senkrecht steht. Steht die Gerade e' auf E in Q senkrecht, so steht auch die in E auf PQ durch Q errichtete Senkrechte f' auf e' senkrecht; macht man auf f' die Strecken QF und QG kongruent, so werden PF und PG kongruent, weiter DF und DG, DQF und DQG, folglich ist f' senkrecht zu DQ, überhaupt zur Ebene eQ, e' in der Ebene eQ, e und e' in einer Ebene (Eukl. XI, 6). Hiernach geht durch jeden eigentlichen Punkt R eine und nur eine Gerade r, die auf einer gegebenen eigentlichen Ebene E senkrecht steht; denn liegt R auf E, und zieht man in E durch R zwei Strahlen st, sodann durch R zwei auf s bzw. t senkrechte Ebenen S und T, so ist die Gerade ST senkrecht auf der Ebene st; liegt aber R nicht auf E, und errichtet man in einem auf E gelegenen eigentlichen Punkte Q die Senkrechte e' auf E, so muß r in die Ebene P' fallen usw.

Alle Senkrechten auf einer eigentlichen Ebene gehen durch einen

§ 20. Die absoluten Polarsysteme.   143

(uneigentlichen) Punkt. Wir nennen ihn den *absoluten Pol* der Ebene; er ist mit allen eigentlichen Punkten der Ebene verknüpft; jede durch ihn gezogene eigentliche Gerade steht auf der Ebene senkrecht; zu jeder eigentlichen Geraden der Ebene ist er absoluter Pol. Werden durch eine eigentliche Gerade zwei Ebenen E und E' derart gelegt, daß E' den absoluten Pol von E enthält, so liegt der absolute Pol von E' in E; jede Senkrechte, auf der Geraden EE' in der einen Ebene errichtet, steht auf der andren Ebene senkrecht; solche Ebenen heißen *senkrecht*. Jede Ebene, die eine zur Ebene E senkrechte Gerade enthält, steht senkrecht auf E. Legt man durch einen eigentlichen Punkt drei paarweise senkrechte Ebenen, so sind je zwei Durchschnittslinien auf einander senkrecht.

Durch die eigentliche Gerade g lege man Paare senkrechter Ebenen $a\alpha, b\beta, \ldots$ und durch den eigentlichen Punkt P der g eine Ebene senkrecht zu g. Diese Ebene schneidet aus jenen Paaren die Strahlenpaare $a_1\alpha_1, b_1\beta_1, \ldots$ heraus, die durch P gehen und involutorisch liegen. Also bilden auch die Paare $a\alpha, b\beta, \ldots$ im Ebenenbüschel g eine Involution; diese werde die *absolute Involution* im Ebenenbüschel g genannt. Je zwei ihrer Paare liegen getrennt, Doppelebenen sind nicht vorhanden. —

Um die Kongruenz im Ebenenbüschel näher zu untersuchen, stellen wir zuerst folgenden Satz auf: *Sind $PQR \ldots$ Ebenen an der eigentlichen Geraden g, $pqr \ldots$ und $p'q'r' \ldots$ Schnitte des Ebenenbüschels $PQR \ldots$ mit Ebenen, die auf g (in A bzw. A') senkrecht stehen, so sind die Strahlenbüschel $pqr \ldots$ und $p'q'r' \ldots$ kongruent.* Beweis: Auf $pp', qq', rr', \ldots$ verzeichne ich die Paare kongruenter Strecken $AB\ A'B'$, $AC\ A'C'$, $AD\ A'D', \ldots$ je auf derselben Seite der g und nenne M die Mitte der Strecke AA'; die in M auf g senkrechte Ebene wird die Strecken BB', CC' in zwei Punkten N, O schneiden. Da $MNAB$ und $MNA'B'$, $MOAC$ und $MOA'C'$ kongruent sind, so ist N die Mitte der BB', O die Mitte der CC', MN senkrecht auf BB', MO auf CC'; die Ebene MNO ist

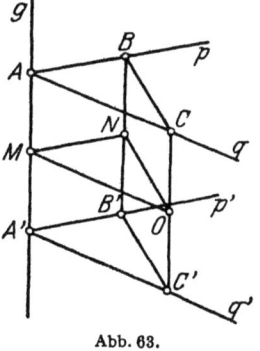

Abb. 63.

senkrecht auf g, mithin auf P, auf BB', auf CC', demnach BB' und CC' auf NO, $NOBC$ und $NOB'C'$ kongruent, weiter BC und $B'C'$, ABC und $A'B'C'$, ebenso ABD und $A'B'D'$ usw. Liegen nun C und D auf derselben Seite der p, so liegen C und D, C und C', D und D', C' und D' auf derselben Seite der P, folglich C' und D' auf derselben Seite der p'; liegen dagegen C und D auf verschiedenen Seiten der p, so liegen C' und D' auf verschiedenen Seiten der p'. Folglich sind auch $ABCD$ und $A'B'C'D'$ kongruent, überhaupt $ABCD \ldots$ und $A'B'C'D' \ldots$, mithin $pqr \ldots$ und $p'q'r' \ldots$.

§ 20. Die absoluten Polarsysteme.

Die hierbei auftretende Kongruenz zwischen $ABCD\ldots$ und $A'B'C'D'\ldots$ läßt sich erweitern; dabei entsprechen $gPQR\ldots$ sich selbst, und die auf g entstehende Kongruenz ist eine direkte, da sonst die drei nicht in gerader Linie gelegenen Punkte MNO sich selbst entsprechen müßten. *Wird die eigentliche Gerade g sich selbst und auf g dem eigentlichen Punkte A der Punkt A' zugeordnet, so wird dadurch eine und nur eine Kongruenz bestimmt, bei der auf g direkt kongruente Punktreihen entstehen und zwei homologe eigentliche Punkte in einer Ebene mit g und auf einerlei Seite der g sich vorfinden*; dabei entspricht jede Ebene des Büschels g sich selbst, und jede in einer Ebene mit g enthaltene Figur wird in dieser Ebene längs g verschoben. Wird überhaupt eine Figur durch eine solche Kongruenz in eine andere übergeführt, so sagt man, sie werde *längs der Geraden g verschoben*.

Werden durch die eigentliche Gerade g zwei kongruente Ebenenbüschel $PQR\ldots$ und $P'Q'R'\ldots$ gelegt und aus diesen durch eine auf g senkrechte Ebene die (konzentrischen) Strahlenbüschel $pqr\ldots$ und $p'q'r'\ldots$ herausgeschnitten, so sind $pqr\ldots$ und $p'q'r'\ldots$ kongruent. — Beweis: Die beiden Ebenenbüschel sind homologe Figuren einer Kongruenz, bei der g sich selbst entspricht. Schneidet die zur Ebene pq homologe Ebene, die ebenfalls auf g senkrecht steht, aus $P'Q'R'\ldots$ das Strahlenbüschel $p_1q_1r_1\ldots$ heraus, so sind $pp_1, qq_1, rr_1, \ldots$ homolog, mithin $pqr\ldots$ und $p_1q_1r_1\ldots$ kongruent; außerdem sind $p'q'r'\ldots$ und $p_1q_1r_1\ldots$ kongruent. — *Die Figuren PQ und QP sind kongruent.* Steht P nicht senkrecht auf Q, so liegt im Büschel g eine und nur eine von P verschiedene Ebene Π, die kongruente Figuren PQ und ΠQ ergibt, und die vierte harmonische Ebene zu $P\Pi Q$ steht senkrecht auf Q.

Die Kongruenz der Strahlenbüschel $pqr\ldots$ und $p'q'r'\ldots$ ist entweder für alle Lagen ihrer auf g senkrechten Ebene direkt oder für alle diese Lagen invers. Im ersten Fall heißt die Kongruenz der aufeinanderliegenden Ebenenbüschel $PQR\ldots$ und $P'Q'R'\ldots$ *direkt*, im zweiten Fall *invers*. Ist die Kongruenz direkt, so entsprechen entweder alle Ebenen sich selbst oder keine; die Beziehung ist durch zwei homologe Ebenen bestimmt und im allgemeinen nicht involutorisch, nur die absolute Involution des Büschels g ist als eine direkte Kongruenz aufzufassen. Ist jene Kongruenz invers, so ist sie involutorisch und hat zwei zueinander senkrechte Doppelebenen.

Es gibt eine und nur eine Kongruenz, bei der alle Punkte der eigentlichen Geraden g sich selbst entsprechen und der Schenkel gF in den Schenkel gF' übergeht. Jede auf g senkrechte Ebene E entspricht dabei sich selbst, und in ihr entstehen kongruente Strahlenbüschel mit dem Scheitel gE; diese Strahlenbüschel sind direkt kongruent, weil es sonst auf E außer gE noch eigentliche Punkte gäbe, die sich selbst entsprechen; es wird also jede auf E gelegene Figur in E um gE gedreht, und an der Achse g entstehen direkt kongruente Ebenenbüschel. Wenn eine Figur durch

§ 20. Die absoluten Polarsysteme. 145

diese Kongruenz in eine andere übergeführt wird, so sagt man, sie werde um die Achse g *gedreht*.

Jede Verschiebung läßt sich auf zwei Drehungen, jede Kongruenz auf eine Verschiebung und zwei Drehungen zurückführen. —

Die Betrachtung der Kongruenz im Ebenenbüschel war zur Herstellung der absoluten Polarsysteme nicht erforderlich. Wir wenden uns jetzt zuerst zur Erzeugung des absoluten Polarsystemes eines eigentlichen Punktes P und schicken folgende Bemerkungen voraus.

Beschreibt der Strahl e ein Strahlenbüschel mit dem Scheitel P, so beschreibt die auf e in P senkrechte Ebene E ein Ebenenbüschel, dessen Achse in P auf der Ebene des Strahlenbüschels senkrecht steht. Beschreibt die Ebene E ein Ebenenbüschel im Bündel P, so beschreibt der auf E in P senkrechte Strahl e ein Strahlenbüschel, dessen Ebene in P auf der Achse des Ebenenbüschels senkrecht steht. Dabei durchlaufen e und E jedesmal projektive Gebilde; denn wird E von der Ebene des Strahlenbüschels in f geschnitten, so steht e auf f senkrecht, e und f durchlaufen projektive, E und f perspektive Gebilde.

Legen wir nun durch P vier Strahlen $abcd$, von denen keine drei an einer Ebene liegen, und durch P senkrecht zu $abcd$ die Ebenen $ABCD$, von denen alsdann keine drei an einer Geraden liegen, so bestimmen die Paare aA, bB, cC, dD eine Reziprozität im Bündel P. Es sei e ein beliebiger Strahl durch P, ε' der auf ae in P senkrechte Strahl, und $\beta\gamma\delta\varepsilon$ seien die homologen Strahlen zu den Ebenen ab, ac, ad, ae, also $\beta\gamma\delta\varepsilon'$ auf A gelegen, β senkrecht auf ab, γ auf ac, δ auf ad; dann liegen die Strahlenbüschel $\beta\gamma\delta\varepsilon$ und $\beta\gamma\delta\varepsilon'$ mit dem Ebenenbüschel $a(bcde)$ und mithin untereinander projektiv, ε' ist mit ε identisch, ε auf ae senkrecht. Ebenso liefern be, ce, de senkrechte homologe Strahlen, mithin e eine senkrechte homologe Ebene, so daß im Bündel P jedem Strahle die senkrechte Ebene, jeder Ebene der senkrechte Strahl entspricht. Die Reziprozität ist also von den Strahlen $abcd$ nicht abhängig und ist Polarreziprozität, weil auch die Paare Aa, Bb, Cc, Dd ihr angehören; wir nennen sie die *absolute Polarreziprozität* des Punktes P, die Paare homologer Elemente bilden das *absolute Polarsystem* des Punktes P.

Die absoluten Polaren des eigentlichen Punktes P in sämtlichen Ebenen des Bündels P schneiden sich zu je zweien, gehen aber nicht alle durch einen Punkt, sie liegen mithin auf einer Ebene; diese Ebene ist der Ort der mit P verknüpften Punkte, der Ort der absoluten Pole aller Ebenen des Bündels P, und werde die *absolute Polare (Polarebene)* des Punktes P genannt. Die absoluten Pole der eigentlichen Geraden g in sämtlichen Ebenen des Büschels g werden mit dem eigentlichen Punkte A der g durch senkrechte Strahlen zu g, also durch Strahlen eines Büschels verbunden und liegen mithin auf der zu g in A senkrechten Ebene E, und zwar mit A verknüpft, also auf der in der Ebene

146 § 20. Die absoluten Polarsysteme.

E zum Punkte A gehörigen absoluten Polare; diese Gerade werde die *absolute Polare* des Strahles g genannt. Jede auf g senkrechte Ebene E geht durch die absolute Polare des Strahles g, die in der Ebene E die absolute Polare zum Punkte gE darstellt; jeder eigentliche Punkt der g liefert eine absolute Polarebene, die durch den absoluten Polarstrahl der g hindurchgeht; jede Ebene durch g liefert einen absoluten Pol, der auf dem absoluten Polarstrahle der g liegt.

Es seien nun $ABCDE$ eigentliche Punkte, von denen keine vier in einer Ebene liegen, und $abcde$ ihre absoluten Polaren; die Ebenen a und b enthalten die absolute Polare der Geraden AB; die Gerade AB wird von der Ebene a in dem mit A verknüpften Punkte A', von der Ebene b in dem mit B verknüpften Punkte B' getroffen. In der *Euklidischen Geometrie* fällt A' mit B' zusammen, folglich auch a mit b, d. h. alle eigentlichen Punkte haben dort die nämliche absolute Polarebene, eine uneigentliche Ebene, die die *absolute Ebene* heißen mag und jede eigentliche Ebene in ihrer absoluten Geraden schneidet. Wird mit m ein Punkt der absoluten Ebene, mit μ die absolute Polare des Strahles mA, also die absolute Gerade einer auf mA senkrechten Ebene bezeichnet, so ist m der absolute Pol dieser Ebene, die somit auch auf mB senkrecht steht; folglich hat auch mB die absolute Polare μ, d. h. μ ist durch m allein bestimmt. Wenn m variiert, so bilden die Paare Am, $A\mu$ ein Polarsystem, nämlich das absolute Polarsystem des Punktes A; aus diesem schneidet die absolute Ebene die Paare $m\mu$ heraus, die somit ebenfalls Paare eines Polarsystemes sind. Das so auf der absoluten Ebene erzeugte Polarsystem kann das *absolute Polarsystem* genannt werden.

In der *Nichteuklidischen Geometrie* ist A' von B', a von b verschieden, die Gerade ab die absolute Polare der AB, ebenso ac die absolute Polare der AC usw. Da ABC nicht in gerader Linie liegen, so haben abc nur einen Punkt gemein; denn hätten abc eine Gerade gemein, so hätten die Strahlen AB und AC jene Gerade zur absoluten Polare und stünden in A auf einer Ebene senkrecht. Der Punkt abc ist der absolute Pol der Ebene ABC, ebenso abd der absolute Pol der ABD usw. Hätten $abcd$ einen Punkt gemein, so hätten die Ebenen ABC und ABD jenen Punkt zum absoluten Pol und stünden in A auf einer Geraden senkrecht; die Ebenen $abcd$ gehen also nicht durch einen Punkt, überhaupt keine vier von den Ebenen $abcde$.

Die Paare Aa, Bb, Cc, Dd, Ee bestimmen eine Reziprozität, bei der den Ebenen ABC, ABD, ABE ihre absoluten Pole γ, δ, ε (d. i. abc, abd, abe) entsprechen. Es werde mit P ein sechster eigentlicher Punkt, mit ζ der der Ebene ABP zugeordnete (mit γ, δ, ε auf der Geraden ab gelegene) Punkt, mit g die Gerade AB bezeichnet. Die Figuren $g(CDEP)$ und $\gamma\delta\varepsilon\zeta$ werden projektiv, $\gamma\delta\varepsilon\zeta$ und $g(\gamma\delta\varepsilon\zeta)$ perspektiv, folglich $g(CDEP)$ und $g(\gamma\delta\varepsilon\zeta)$ projektiv. Die Ebenen $g\gamma$, $g\delta$,

§ 20. Die absoluten Polarsysteme.

$g\varepsilon$ stehen auf den Ebenen gC, gD, gE senkrecht, folglich auch $g\zeta$ auf gP, d. h. ζ ist der absolute Pol der Ebene gP. Demnach entsprechen den Ebenen ABP, ACP, BCP usw. ihre absoluten Pole, dem Punkte P die Ebene dieser Pole, d. i. die absolute Polare von P. Bei jener Reziprozität wird also jedem eigentlichen Punkte seine absolute Polare, jeder eigentlichen Ebene ihr absoluter Pol zugeordnet, die Reziprozität ist von den Punkten $ABCDE$ unabhängig. Sind nun α_1, α_2, α_3 die homologen Punkte zu den Ebenen $BC\gamma$, $CA\gamma$, $AB\gamma$, also $\alpha_1\alpha_2\alpha_3$ die homologe Ebene zu γ, so stehen die Ebenen $BC\gamma$, $CA\gamma$, $AB\gamma$ senkrecht auf ABC, mithin liegen α_1, α_2, α_3 in der Ebene ABC, dem Punkte γ ist die Ebene ABC zugeordnet, ebenso dem Punkte δ die Ebene ABD, folglich der Geraden ab (d. i. $\gamma\delta$) die Gerade AB, weiter der ac die AC, der Ebene a der Punkt A. Es erweisen sich also aA, bB, cC, dD, eE als Paare der Reziprozität, diese als Polarreziprozität; wir nennen sie die *absolute Polarreziprozität*, die Paare homologer Elemente bilden das *absolute Polarsystem*. Das absolute Polarsystem der Nichteuklidischen Geometrie ist kein Nullsystem.

Sowohl in der Euklidischen als auch in der Nichteuklidischen Geometrie bestimmt man mit Hilfe des absoluten Polarsystemes zu jedem eigentlichen Punkte die absolute Polarebene, zu jeder eigentlichen Geraden die absolute Polargerade, zu jeder eigentlichen Ebene den absoluten Pol. *Beim Übergange von einer Figur zu einer kongruenten entspricht das absolute Polarsystem sich selbst.* Wieweit durch diese Eigenschaft die Beziehung bestimmt wird, soll hier nicht untersucht werden. Es mag jedoch zum Schluß noch eine Betrachtung Platz finden, für die der Satz 13 des vorigen Paragraphen vorbereitet wurde.

Sind drei eigentliche Punkte ABC gegeben, nicht in gerader Linie, so wird nach dem soeben angeführten Satze bei geeigneter Verteilung der Buchstaben die aus A nach BC gefällte Senkrechte die BC in a zwischen B und C treffen; der entgegengesetzte Schenkel zu Aa sei Aa'. Man errichte nun in der Ebene ABC im Punkte A die Senkrechte auf Aa und nenne AD den Schenkel der Senkrechten, der mit B auf einerlei Seite der Aa liegt, AD' den entgegengesetzten, also auf einerlei Seite mit C verlaufenden Schenkel; der Schnittpunkt d von BC und DD' ist mit a verknüpft. Es sei M die Mitte der Strecke AB; auf aM

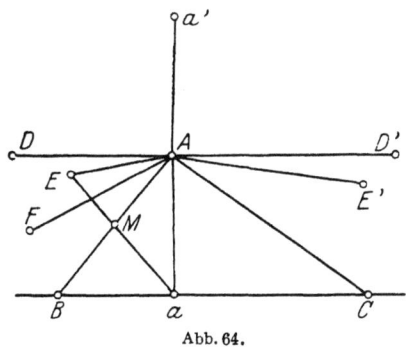

Abb. 64.

mache man die Strecke ME der Strecke Ma kongruent, so daß B und E auf einer Seite der Aa liegen. Wird dann in der Ebene ABC diejenige

10*

§ 20. Die absoluten Polarsysteme.

Drehung um M vollzogen, bei der A in B, also E in a, die Gerade AE in BC übergeht, so bleiben alle mit M verknüpften Punkte der Ebene fest, demnach treffen sich AE und BC in dem mit M verknüpften Punkte e. Der Punkt E ist in der Ebene ABC dadurch definiert, daß ABa und BAE kongruent sind und C, E auf verschiedenen Seiten der AB liegen. Ebenso ist in der Ebene ABC ein Punkt E' dadurch definiert, daß ACa und CAE' kongruent sind und B, E' auf verschiedenen Seiten der AC liegen; E' und C befinden sich auf einer Seite der Aa.

In der *Euklidischen* Geometrie fallen d und e zusammen, also auch die Schenkel AD und AE, AD' und AE'. „Die Summe der Winkel des Dreiecks ist ein gestreckter Winkel."

Für den Fall der *Nichteuklidischen* Geometrie heiße f in BC, b in AB der jedesmal mit B verknüpfte Punkt, und AF der mit B auf einer Seite der Aa gelegene Schenkel der Af. Die Punkte AB werden durch Mb getrennt; dies überträgt sich auf die absoluten Polaren und auf deren Durchschnittspunkte mit der BC, d. h. es werden df durch eB getrennt, folglich AD, AF durch AE, AB. Da der Schenkel AB nicht zwischen den Schenkeln AD und AF liegt, so muß der Schenkel AE zwischen den Schenkeln AD und AF liegen.

In der Euklidischen Geometrie ist auf jeder eigentlichen Geraden die absolute Involution „parabolisch", d. h. sie ist in unserer Ausdrucksweise eine Äquivalenz. In der Nichteuklidischen Geometrie ist entweder auf jeder eigentlichen Geraden die absolute Involution „hyperbolisch", d. h. kein Paar durch ein anderes getrennt; oder auf jeder eigentlichen Geraden die absolute Involution „elliptisch", d. h. jedes Paar durch jedes andere getrennt. Danach hat *F. Klein* die drei Möglichkeiten als *parabolische*, *hyperbolische* und *elliptische Geometrie* unterschieden[1]).

In der hyperbolischen Geometrie liegen auf der Geraden BC die Punkte ad und Bf nicht getrennt, folglich werden die Strahlen Aa, AD durch AB, AF nicht getrennt. Der Schenkel AB liegt zwischen den Schenkeln Aa und AD, folglich auch der Schenkel AF und endlich der Schenkel AE; ebenso liegt der Schenkel AE' zwischen den Schenkeln Aa und AD'. „Die Summe der Winkel des Dreiecks ist kleiner als ein gestreckter."

In der elliptischen Geometrie liegen auf der Geraden BC die Punkte ad und Bf getrennt, folglich der Schenkel AF nicht zwischen den Schenkeln Aa und AD, sondern zwischen den Schenkeln AD und Aa', ebenso der Schenkel AE; zugleich wird der Schenkel AE' zwischen die Schenkel Aa' und AD' fallen. „Die Summe der Winkel des Dreiecks ist größer als ein gestreckter[2])".

---

[1]) Math. Ann. Bd. 4, S. 577. 1871. — Geschichtliches über Nichteuklidische Geometrie gab *Richard Baltzer*: Die Elemente der Mathematik, Bd. 2 (1. Aufl. 1862, 6. Aufl. 1883), Planimetrie § 2, sowie Vorwort zur sechsten Auflage.

[2]) Siehe noch § 23 am Ende.

§ 21. Doppelverhältnisse.

Unter den Begriffen, die zur Beschreibung der Erscheinungen dienen, bilden die mathematischen Begriffe eine selbständige Gruppe. Sie lassen sich miteinander durch eine Reihe von Beziehungen verknüpfen, ohne daß man andere Begriffe hinzuzunehmen braucht.

In derselben Weise lassen sich innerhalb der Mathematik die Begriffe aussondern, mit denen sich die *Zahlenlehre* (Arithmetik, Algebra, Analysis) befaßt. Die Geometrie nimmt andere, ihr eigentümliche Begriffe hinzu; diese machen jedoch keine selbständige Gruppe aus, indem sie nicht unter sich allein, sondern *unter Zuziehung der Zahlenbegriffe* in Verbindung gesetzt werden, wodurch die Anwendung der Zahlenlehre auf die Geometrie bedingt wird.

Die Zahl wird in der Geometrie am häufigsten bei der *Messung* gebraucht. Alle Messungen sind auf den einfachsten Fall zurückzuführen, wo man eine Figur, z. B. eine gerade Strecke, aus mehreren kongruenten zusammensetzt und diese zählt. Die Aneinanderreihung von kongruenten Strecken auf einer Geraden ist eine Konstruktion, durch die man, auf Kernsatz IV in § 13 gestützt, Zahlen für die Punkte der Geraden einführen kann. Aber die in § 15 eingeführten Begriffe des Netzes und der äquivalenten Paare bieten uns ein anderes Mittel zur Einführung von Zahlen zunächst für die Elemente einförmiger Gebilde dar, indem eine gewisse projektive Konstruktion wiederholt ausgeführt und die Anzahl der Konstruktionen gezählt wird.

Es seien $u a_0 a_1$ beliebige Elemente eines einförmigen Gebildes. Macht man die Paare $a_0 a_1, a_1 a_2, a_2 a_3, \ldots$ für das Grenzelement u äquivalent, so entsteht ein Netz. Diesen Begriff wollen wir zunächst dadurch erweitern, daß wir die Paare $a_1 a_0, a_0 b_1, b_1 b_2, \ldots$ ebenfalls für das Grenzelement u äquivalent machen. Die so hinzutretenden, voneinander und von $u a_0 a_1 a_2 a_3 \ldots$ verschiedenen Elemente $b_1, b_2, \ldots$ mögen auch mit
$$a_{-1}, a_{-2}, \ldots$$
bezeichnet und $(-1)^{\text{tes}}, (-2)^{\text{tes}}, \ldots$ *Element des Netzes* $u a_0 a_1$ ge-

●————●——●—●——————————●
a_{-2} a_{-1} a_0 a_1 a_2 u

nannt werden. *Wenn jetzt λ und μ beliebige ganze Zahlen vorstellen, so sind die Paare $a_\lambda a_{\lambda+1}$ und $a_\mu a_{\mu+1}$ für u äquivalent; das Gebilde $a_{\lambda-1}$, $a_{\lambda+1}, a_\lambda, u$ ist harmonisch; zu drei Elementen $u a_0 a_\lambda$ läßt sich a_1 eindeutig so bestimmen, daß a_λ das λ^{te} Element des Netzes $u a_0 a_1$ wird. — Nimmt man in demselben Gebilde das Element p beliebig, von u verschieden, so kann man die ganze Zahl n derart angeben, daß das n^{te} Element des Netzes entweder mit p zusammenfällt oder vom $(n+1)^{\text{ten}}$ durch p und u getrennt wird.* Denn wenn p von a_0, a_1, b_1 verschieden ist, so werden entweder $a_0 a_1$ durch $p u$ oder $a_0 p$ durch $a_1 u$ oder $a_1 p$ durch $a_0 u$ getrennt; im ersten Falle ist $n = 0$, der zweite ist in § 15 (Seite 110) erledigt; im dritten Falle werden, da $a_1 b_1$ und $a_0 u$ getrennt liegen, $b_1 p$ nicht durch $a_0 u$ getrennt, sondern entweder $a_0 b_1$ durch pu — und dann ist $n = -1$ zu nehmen — oder $a_0 p$ durch $b_1 u$, so daß man den erwähnten Satz aus § 15 auf das Netz $u a_0 b_1$ anwenden kann.

In der Euklidischen Geometrie ist der Fall von besonderem Interesse, wo a_0 und a_1 eigentliche Punkte sind und u in den absoluten Punkt der Geraden $a_0 a_1$ gelegt wird. Die Äquivalenz mit dem Grenzpunkte u und den einander zugeordneten Punkten $a_0 a_1$ ist dort nach § 19 (Seite 133) direkte Kongruenz auf der Geraden $a_0 a_1$, die Paare $a_\lambda a_{\lambda+1}$ und $a_\mu a_{\mu+1}$ sind also direkt kongruent. Der absolute Betrag der Zahl λ gibt an, in wie viele mit $a_0 a_1$ direkt kongruente Strecken sich bei positivem λ die Strecke von a_0 bis a_λ, bei negativem λ die Strecke von a_λ bis a_0 zerlegen läßt. Die Zahl λ wird deshalb das *Verhältnis der beiden Strecken* $a_0 a_\lambda$ und $a_0 a_1$, und weiter die Zahl $\dfrac{\lambda}{\mu}$ das Verhältnis der Strecken $a_0 a_\lambda$ und $a_0 a_\mu$ genannt, wobei jede Strecke durch eine direkt kongruente ersetzt werden kann.

Ist aber p das λ^{te} Element des *beliebigen* Netzes $u a_0 a_1$, so werden wir die durch $u a_0 a_1 p$ vollkommen bestimmte ganze Zahl λ den *Index des Elementes p im Netze $u a_0 a_1$* oder auch den *Index der Paare $a_0 p$, $a_0 a_1$ für das Grenzelement u* nennen und schreiben:

$$\overset{u a_0 a_1}{\operatorname{ind}} p = \overset{u}{\operatorname{ind}} \begin{pmatrix} a_0 p \\ a_0 a_1 \end{pmatrix} = \lambda,$$

so daß

$$\overset{u}{\operatorname{ind}} \begin{pmatrix} a_0 a_0 \\ a_0 a_1 \end{pmatrix} = 0, \quad \overset{u}{\operatorname{ind}} \begin{pmatrix} a_0 a_1 \\ a_0 a_1 \end{pmatrix} = 1.$$

Dabei kann das Paar $a_0 a_1$ das *Einheitspaar* genannt werden. Versteht man unter $\alpha\beta$ ein mit dem Einheitspaare für u äquivalentes Paar in demselben Gebilde (α, β voneinander und von u verschieden), so läßt sich das Element a_1 und mithin überhaupt das Einheitspaar durch die Elemente $\alpha\beta a_0$ eindeutig bestimmen. In Rücksicht hierauf wollen wir die Zahl λ auch den Index der Paare $a_0 p$, $\alpha\beta$ für das Grenzelement u, in Zeichen

$$\lambda = \overset{u}{\operatorname{ind}} \begin{pmatrix} a_0 p \\ \alpha\beta \end{pmatrix},$$

und $\alpha\beta$ ein Einheitspaar nennen. Jedes mit $\alpha\beta$ für u äquivalente Paar ist ein Einheitspaar. Bei einem von Null verschiedenen Index sind alle Einheitspaare für u äquivalent.

Im gegenwärtigen Paragraphen werden nur Elemente eines und desselben einförmigen Gebildes in Betracht gezogen. Die Gleichung

$$\overset{u}{\operatorname{ind}} \begin{pmatrix} p q \\ \alpha\beta \end{pmatrix} = 0$$

§ 21. Doppelverhältnisse. 151

bedeutet alsdann, daß p und q zusammenfallen. Die Gleichung

$$\operatorname*{ind}_{}{}^u \binom{p\,q}{\alpha\,\beta} = 1$$

bedeutet, daß die Paare pq und $\alpha\beta$ für u äquivalent sind. Endlich wird durch die Gleichung

$$\operatorname*{ind}_{}{}^u \binom{\alpha\,\gamma}{\alpha\,\beta} = -1$$

die harmonische Lage der Elemente $\beta\gamma\alpha u$ dargestellt. Dabei sind allemal $\alpha\beta\gamma pq$ von u, α von β verschieden.

Sind drei verschiedene Elemente pqu gegeben, so kann man ein Einheitspaar $\alpha\beta$ derart bestimmen, daß der Index der Paare pq, $\alpha\beta$ für u einer beliebigen ganzen, von Null verschiedenen Zahl λ gleich wird. Man kann nämlich r so bestimmen, daß q das λ^{te} Element des Netzes upr wird, und braucht dann nur $\alpha\beta$ für u mit pr äquivalent zu machen.

Sind die Paare pq, $p'q'$ für das Grenzelement u äquivalent, und ist

$$\lambda = \operatorname*{ind}{}^u \binom{p\,q}{\alpha\,\beta},$$

so ist auch

$$\lambda = \operatorname*{ind}{}^u \binom{p'\,q'}{\alpha\,\beta}.$$

Denn macht man die Paare pr und $p'r'$ für u mit $\alpha\beta$ (also auch unter sich) äquivalent, so wird zunächst

$$\lambda = \operatorname*{ind}{}^u \binom{p\,q}{p\,r}.$$

Diese Gleichung stellt eine projektive Eigenschaft der Figur $upqr$ dar und muß daher auch für jede projektive Figur bestehen. Nun werden aber pp', qq', rr' Paare homologer Elemente einer Äquivalenz mit dem Grenzelement u (§ 16 Seite 120), folglich die Gebilde $upqr$ und $up'q'r'$ projektiv; mithin ist

$$\lambda = \operatorname*{ind}{}^u \binom{p'\,q'}{p'\,r'} = \operatorname*{ind}{}^u \binom{p'\,q'}{\alpha\,\beta}.$$

Umgekehrt: *Wenn die Paare pq und $p'q'$, auf ein gewisses Einheitspaar bezogen, einen und denselben Index für u ergeben, so sind die Paare pq und $p'q'$ für u äquivalent.* Denn macht man das Paar pr mit dem Einheitspaare, das Paar ps mit $p'q'$ für u äquivalent, so kommt:

$$\operatorname*{ind}{}^u \binom{p\,q}{p\,r} = \operatorname*{ind}{}^u \binom{p'\,q'}{p\,r} = \operatorname*{ind}{}^u \binom{p\,s}{p\,r},$$

d. h. die Elemente q und s haben im Netze upr gleichen Index, sie können also nicht voneinander verschieden sein.

Man darf hiernach im Index der beiden Paare pq und $\alpha\beta$ für u nicht bloß $\alpha\beta$, sondern auch pq mit jedem für u äquivalenten Paare vertauschen, aber mit keinem andern. Vertauscht man also $\alpha\beta$ mit $\beta\alpha$

§ 21. Doppelverhältnisse.

oder pq mit qp, so wird der Index, wenn er nicht Null ist, eine Änderung erleiden. Es sei etwa

$$\overset{u}{\operatorname{ind}}\binom{pq}{\alpha\beta}=\lambda$$

positiv. Macht man alsdann die Paare $a_1 a_0$, $a_0 b_1$, $b_1 b_2$, ..., $b_{\lambda-1} b_\lambda$ mit $\alpha\beta$ für u äquivalent, so daß

$$\lambda = \overset{u}{\operatorname{ind}}\binom{a_0 b_\lambda}{a_0 b_1} = \overset{u}{\operatorname{ind}}\binom{a_0 b_\lambda}{\alpha\beta},$$

also $a_0 b_\lambda$ mit pq für u äquivalent wird, überdies $b_\lambda b_{\lambda-1}$, $b_{\lambda-1} b_{\lambda-2}$, ..., $b_1 a_0$, $a_0 a_1$ mit $\beta\alpha$, $b_\lambda a_0$ mit qp, so ist b_λ der $(-\lambda)^{\text{te}}$ Punkt des Netzes $u a_0 a_1$, a_0 der λ^{te} Punkt des Netzes $u b_\lambda b_{\lambda-1}$, d. h.

$$\overset{u}{\operatorname{ind}}\binom{a_0 b_\lambda}{a_0 a_1} = -\lambda, \quad \overset{u}{\operatorname{ind}}\binom{b_\lambda a_0}{b_\lambda b_{\lambda-1}} = \lambda,$$

oder

$$\overset{u}{\operatorname{ind}}\binom{pq}{\beta\alpha} = -\lambda, \quad \overset{u}{\operatorname{ind}}\binom{qp}{\beta\alpha} = \lambda$$

und folglich

$$\overset{u}{\operatorname{ind}}\binom{qp}{\alpha\beta} = \overset{u}{\operatorname{ind}}\binom{qp}{\beta\alpha} = -\lambda.$$

Dieselben Beziehungen erhält man, wenn man

$$\overset{u}{\operatorname{ind}}\binom{pq}{\beta\alpha} = \lambda = -\mu$$

negativ voraussetzt. Wenn also die Paare pq, $\alpha\beta$ für u einen Index besitzen, so ist

$$\overset{u}{\operatorname{ind}}\binom{pq}{\alpha\beta} = -\overset{u}{\operatorname{ind}}\binom{pq}{\beta\alpha} = \overset{u}{\operatorname{ind}}\binom{qp}{\beta\alpha},$$

$$\overset{u}{\operatorname{ind}}\binom{pq}{\alpha\beta} = -\overset{u}{\operatorname{ind}}\binom{qp}{\alpha\beta}.$$

Die sich hieraus ergebende Gleichung

$$\overset{u}{\operatorname{ind}}\binom{pq}{\alpha\beta} + \overset{u}{\operatorname{ind}}\binom{qp}{\alpha\beta} = 0$$

läßt sich unter Hinzunahme eines Elementes r zur folgenden

$$\overset{u}{\operatorname{ind}}\binom{pq}{\alpha\beta} + \overset{u}{\operatorname{ind}}\binom{qr}{\alpha\beta} + \overset{u}{\operatorname{ind}}\binom{rp}{\alpha\beta} = 0$$

erweitern, sofern solche Indizes überhaupt vorhanden sind. Um die neue Gleichung zu beweisen, beachte man zunächst, daß sie sich nicht ändert, wenn man die Elemente pqr zyklisch permutiert oder p mit q (pqr mit qpr) vertauscht, also überhaupt, wenn man qpr beliebig permutiert. Da nun mindestens zwei von den drei Addenden einerlei Zeichen haben, so kann ich durch geeignete Verteilung der Buchstaben bewirken, daß die beiden ersten Addenden

$$\overset{u}{\operatorname{ind}}\binom{pq}{\alpha\beta} = m, \quad \overset{u}{\operatorname{ind}}\binom{qr}{\alpha\beta} = n$$

§ 21. Doppelverhältnisse.

ein und dasselbe Zeichen und zwar das positive besitzen, und brauche die Gleichung nur unter dieser Voraussetzung zu beweisen. Zu dem Zwecke mache man die Paare $a_0 a_1$, $a_1 a_2$, ..., $a_{m-1} a_m$, $a_m a_{m+1}$, ..., $a_{m+n-1} a_{m+n}$ für u mit $\alpha\beta$ äquivalent; es wird dann $a_0 a_m$ mit pq, $a_m a_{m+n}$ mit qr, folglich (nach § 15 Seite 111f.) $a_0 a_{m+n}$ mit pr äquivalent, d. h.

$$\overset{u}{\text{ind}}\binom{pr}{\alpha\beta} = m+n, \quad \overset{u}{\text{ind}}\binom{rp}{\alpha\beta} = -m-n.$$

Bei jeder Anordnung der von u verschiedenen Elemente $p, q, r, s, r_1, r_2, \ldots r_{n-1}$ haben wir jetzt:

$$\overset{u}{\text{ind}}\binom{pq}{\alpha\beta} = \overset{u}{\text{ind}}\binom{pr}{\alpha\beta} + \overset{u}{\text{ind}}\binom{rq}{\alpha\beta}$$

und ebenso:

$$\overset{u}{\text{ind}}\binom{rp}{\alpha\beta} = \overset{u}{\text{ind}}\binom{rs}{\alpha\beta} + \overset{u}{\text{ind}}\binom{sp}{\alpha\beta}, \quad \overset{u}{\text{ind}}\binom{rq}{\alpha\beta} = \overset{u}{\text{ind}}\binom{rs}{\alpha\beta} + \overset{u}{\text{ind}}\binom{sq}{\alpha\beta},$$

folglich auch:

$$\overset{u}{\text{ind}}\binom{pq}{\alpha\beta} + \overset{u}{\text{ind}}\binom{qr}{\alpha\beta} + \overset{u}{\text{ind}}\binom{rs}{\alpha\beta} + \overset{u}{\text{ind}}\binom{sp}{\alpha\beta} = 0$$

oder

$$\overset{u}{\text{ind}}\binom{pq}{\alpha\beta} = \overset{u}{\text{ind}}\binom{pr}{\alpha\beta} + \overset{u}{\text{ind}}\binom{rs}{\alpha\beta} + \overset{u}{\text{ind}}\binom{sq}{\alpha\beta},$$

überhaupt

$$\overset{u}{\text{ind}}\binom{pq}{\alpha\beta} = \overset{u}{\text{ind}}\binom{pr_1}{\alpha\beta} + \overset{u}{\text{ind}}\binom{r_1 r_2}{\alpha\beta} + \cdots + \overset{u}{\text{ind}}\binom{r_{n-1} q}{\alpha\beta},$$

immer unter der Voraussetzung, daß die betreffenden Indizes vorhanden sind. Es ist übrigens in dieser Hinsicht leicht einzusehen, daß durch das Vorhandensein von

$$\overset{u}{\text{ind}}\binom{pr}{\alpha\beta} \quad \text{und} \quad \overset{u}{\text{ind}}\binom{rq}{\alpha\beta}$$

allemal das Vorhandensein eines Index der Paare pq, $\alpha\beta$ für u bedingt wird, folglich auch durch das Vorhandensein von

$$\overset{u}{\text{ind}}\binom{pr_1}{\alpha\beta}, \overset{u}{\text{ind}}\binom{r_1 r_2}{\alpha\beta}, \ldots, \overset{u}{\text{ind}}\binom{r_{n-1} q}{\alpha\beta}.$$

Sind die n Paare $pr_1, r_1 r_2, \ldots, r_{n-1} q$ für u äquivalent, p von r_1 verschieden, so erhält man:

$$\overset{u}{\text{ind}}\binom{pq}{\alpha\beta} = n\,\overset{u}{\text{ind}}\binom{pr_1}{\alpha\beta}, \quad \overset{u}{\text{ind}}\binom{pq}{pr_1} = n, \quad \overset{u}{\text{ind}}\binom{pq}{r_1 p} = -n,$$

folglich:

$$\overset{u}{\text{ind}}\binom{pq}{\alpha\beta} = \overset{u}{\text{ind}}\binom{pq}{pr_1} \cdot \overset{u}{\text{ind}}\binom{pr_1}{\alpha\beta} = \overset{u}{\text{ind}}\binom{pq}{r_1 p} \cdot \overset{u}{\text{ind}}\binom{r_1 p}{\alpha\beta}.$$

Sooft daher Indizes der Paare pq, ab und ab, $\alpha\beta$ für u vorhanden sind, besteht die Gleichung

$$\overset{u}{\text{ind}}\binom{pq}{ab} \cdot \overset{u}{\text{ind}}\binom{ab}{\alpha\beta} = \overset{u}{\text{ind}}\binom{pq}{\alpha\beta}.$$

§ 21. Doppelverhältnisse.

Wenn überhaupt Indizes der Paare pq, ab und pq, $\alpha\beta$ für u vorhanden sind, ohne daß p und q zusammenfallen, so bestimmen alle drei Paare mit einem geeigneten Einheitspaare Indizes für u; denn bei geeigneter Wahl der Elemente $a'b'\alpha'\beta'$ ist

$$\overset{u}{\text{ind}}\begin{pmatrix}a\,b\\a'b'\end{pmatrix} = \overset{u}{\text{ind}}\begin{pmatrix}p\,q\\ \alpha\beta\end{pmatrix},\quad \overset{u}{\text{ind}}\begin{pmatrix}\alpha\,\beta\\ \alpha'\beta'\end{pmatrix} = \overset{u}{\text{ind}}\begin{pmatrix}p\,q\\ a\,b\end{pmatrix},$$

folglich

$$\overset{u}{\text{ind}}\begin{pmatrix}p\,q\\a'b'\end{pmatrix} = \overset{u}{\text{ind}}\begin{pmatrix}p\,q\\a\,b\end{pmatrix}\cdot\overset{u}{\text{ind}}\begin{pmatrix}a\,b\\a'b'\end{pmatrix} = \overset{u}{\text{ind}}\begin{pmatrix}p\,q\\ \alpha\beta\end{pmatrix}\cdot\overset{u}{\text{ind}}\begin{pmatrix}\alpha\,\beta\\ \alpha'\beta'\end{pmatrix} = \overset{u}{\text{ind}}\begin{pmatrix}p\,q\\ \alpha'\beta'\end{pmatrix},$$

mithin $a'b'$ mit $\alpha'\beta'$ für u äquivalent, $a'b'$ ein Paar der verlangten Art. Wenn außerdem Indizes der Paare rs, ab und rs, $\alpha\beta$ für u existieren, so hat man bei unveränderter Bedeutung von $a'b'$:

$$\overset{u}{\text{ind}}\begin{pmatrix}r\,s\\a\,b\end{pmatrix}\cdot\overset{u}{\text{ind}}\begin{pmatrix}a\,b\\a'b'\end{pmatrix} = \overset{u}{\text{ind}}\begin{pmatrix}r\,s\\a'b'\end{pmatrix} = \overset{u}{\text{ind}}\begin{pmatrix}r\,s\\ \alpha\beta\end{pmatrix}\cdot\overset{u}{\text{ind}}\begin{pmatrix}\alpha\,\beta\\a'b'\end{pmatrix}$$

oder

$$\overset{u}{\text{ind}}\begin{pmatrix}p\,q\\a\,b\end{pmatrix}\cdot\overset{u}{\text{ind}}\begin{pmatrix}r\,s\\ \alpha\beta\end{pmatrix} = \overset{u}{\text{ind}}\begin{pmatrix}r\,s\\a\,b\end{pmatrix}\cdot\overset{u}{\text{ind}}\begin{pmatrix}p\,q\\ \alpha\beta\end{pmatrix},$$

d. h. bei Vertauschung von ab mit $\alpha\beta$ bleibt das Verhältnis

$$\overset{u}{\text{ind}}\begin{pmatrix}r\,s\\a\,b\end{pmatrix} : \overset{u}{\text{ind}}\begin{pmatrix}p\,q\\a\,b\end{pmatrix}$$

ungeändert und ist mithin durch $rspqu$ allein bestimmt. Indem wir jetzt dieses Verhältnis den *Index der Paare rs, pq für das Grenzelement u* nennen und mit

$$\overset{u}{\text{ind}}\begin{pmatrix}r\,s\\p\,q\end{pmatrix}$$

bezeichnen, erhalten wir als Indizes *alle endlichen rationalen Zahlen*, ohne mit den bisherigen Festsetzungen in Widerspruch zu geraten. Ist in der Tat der Zähler $= mn$, der Nenner $= m$, wo m und n ganze Zahlen sind, m nicht Null, so ist auch im früheren Sinne n der Index der Paare rs, pq für u.

Auf den erweiterten Begriff des Index lassen sich die oben aufgestellten Sätze leicht übertragen. Bei den Beweisen wird der Umstand benutzt, daß, wenn die Paare cd, $\alpha_1\beta_1$ und die Paare cd, $\alpha_2\beta_2$ Indizes für u bestimmen, bei geeigneter Wahl der Elemente $\alpha'\beta'$ Indizes von $\alpha_1\beta_1$, $\alpha'\beta'$ und von $\alpha_2\beta_2$, $\alpha'\beta'$ vorhanden sind.

Besitzen die Paare pq, $\alpha\beta$ einen Index für u, und sind $\alpha\beta$, $\alpha'\beta'$ für u äquivalent, so haben die Paare pq, $\alpha'\beta'$ denselben Index. Besitzen die Paare pq und $\alpha\beta$ denselben, von Null verschiedenen Index, wie die Paare pq und $\alpha'\beta'$, so sind $\alpha\beta$ und $\alpha'\beta'$ äquivalent.

Sind drei verschiedene Elemente pqu gegeben, so kann man $\alpha\beta$ derart bestimmen, daß der Index der Paare pq, $\alpha\beta$ oder auch der Index der Paare $\alpha\beta$, pq für u einer beliebigen rationalen, endlichen und von Null verschiedenen Zahl gleich wird.

§ 21. Doppelverhältnisse.

Besitzen die Paare pq, $\alpha\beta$ einen Index für u, und sind pq, $p'q'$ für u äquivalent, so besitzen die Paare $p'q'$, $\alpha\beta$ denselben Index. Haben die Paare pq und $\alpha\beta$ denselben Index, wie die Paare $p'q'$ und $\alpha\beta$, so sind pq und $p'q'$ äquivalent.

Besitzen die Paare pq und $\alpha\beta$ einen Index für u, so ist

$$\overset{u}{\operatorname{ind}}\begin{pmatrix}p\,q\\ \beta\,\alpha\end{pmatrix}=\overset{u}{\operatorname{ind}}\begin{pmatrix}q\,p\\ \alpha\,\beta\end{pmatrix}=-\overset{u}{\operatorname{ind}}\begin{pmatrix}p\,q\\ \alpha\,\beta\end{pmatrix}.$$

Daran schließen sich die Gleichungen:

$$\overset{u}{\operatorname{ind}}\begin{pmatrix}p\,q\\ \alpha\,\beta\end{pmatrix}=\overset{u}{\operatorname{ind}}\begin{pmatrix}p\,r\\ \alpha\,\beta\end{pmatrix}+\overset{u}{\operatorname{ind}}\begin{pmatrix}r\,q\\ \alpha\,\beta\end{pmatrix},$$

$$\overset{u}{\operatorname{ind}}\begin{pmatrix}p\,q\\ \alpha\,\beta\end{pmatrix}=\overset{u}{\operatorname{ind}}\begin{pmatrix}p\,r_1\\ \alpha\,\beta\end{pmatrix}+\overset{u}{\operatorname{ind}}\begin{pmatrix}r_1 r_2\\ \alpha\,\beta\end{pmatrix}+\cdots+\overset{u}{\operatorname{ind}}\begin{pmatrix}r_{n-1}\,q\\ \alpha\,\beta\end{pmatrix},$$

die das Vorhandensein der rechts stehenden Indizes zur Voraussetzung haben.

Sind Indizes von rs, pq und von pq, ab für u vorhanden, so ist

$$\overset{u}{\operatorname{ind}}\begin{pmatrix}r\,s\\ p\,q\end{pmatrix}\cdot\overset{u}{\operatorname{ind}}\begin{pmatrix}p\,q\\ a\,b\end{pmatrix}=\overset{u}{\operatorname{ind}}\begin{pmatrix}r\,s\\ a\,b\end{pmatrix}.$$

Sind p, q verschieden und Indices von rs, ab und von pq, ab für u vorhanden, so ist das Verhältnis

$$\overset{u}{\operatorname{ind}}\begin{pmatrix}r\,s\\ a\,b\end{pmatrix}:\overset{u}{\operatorname{ind}}\begin{pmatrix}p\,q\\ a\,b\end{pmatrix}$$

von ab unabhängig und gleich dem Index der Paare rs, pq für u. —

Wenn die Paare bp, bc einen Index für a besitzen, so wollen wir ihn auch den *Index des Elementes p im Netze abc* nennen und schreiben:

$$\overset{a}{\operatorname{ind}}\begin{pmatrix}b\,p\\ b\,c\end{pmatrix}=\overset{abc}{\operatorname{ind}}p.$$

Bei Festhaltung von a, b, c durchläuft dieser Index alle endlichen rationalen Werte[1]), nimmt aber jeden Wert nur einmal an. Er bleibt ungeändert, wenn man die Figur $abcp$ durch irgendeine projektive Figur $a'b'c'p'$ aus demselben oder aus einem andern einförmigen Gebilde ersetzt. Nun sind, solange $abcp$ vier verschiedene Elemente vorstellen, die Figuren $abcp$, $pcba$, $cpab$, $bapc$ projektiv (§ 16 Seite 116f.); folglich ist alsdann

$$\overset{abc}{\operatorname{ind}}p=\overset{pcb}{\operatorname{ind}}a=\overset{cpa}{\operatorname{ind}}b=\overset{bap}{\operatorname{ind}}c.$$

Nur bei harmonischer Lage können die vier Elemente noch auf andere Arten permutiert werden, ohne daß der Index sich ändert; *die harmonische Lage wird jetzt durch die Gleichung*

$$\overset{abc}{\operatorname{ind}}p=-1$$

ausgedrückt.

---
[1]) Mit der Einschränkung, die in § 23 zur Sprache kommt.

§ 21. Doppelverhältnisse.

Aus der Formel
$$\operatorname{ind}\genfrac{}{}{0pt}{}{a}{}\binom{rp}{bc} = \operatorname{ind}\genfrac{}{}{0pt}{}{a}{}\binom{rb}{bc} + \operatorname{ind}\genfrac{}{}{0pt}{}{a}{}\binom{bp}{bc} = \operatorname{ind}\genfrac{}{}{0pt}{}{a}{}\binom{bp}{bc} - \operatorname{ind}\genfrac{}{}{0pt}{}{a}{}\binom{br}{bc},$$
die das Vorhandensein von Indizes der Elemente p und r im Netze abc voraussetzt, folgt:
$$\operatorname{ind}^{abc} p - \operatorname{ind}^{abc} r = \operatorname{ind}^{a}\binom{rp}{bc}.$$
Wird diese Voraussetzung noch auf ein Element q ausgedehnt, so hat man:
$$\operatorname{ind}^{abc} q - \operatorname{ind}^{abc} r = \operatorname{ind}^{a}\binom{rq}{bc}$$
und daraus, falls pqr voneinander verschieden sind:
$$\frac{\operatorname{ind}^{abc} p - \operatorname{ind}^{abc} r}{\operatorname{ind}^{abc} q - \operatorname{ind}^{abc} r} = \operatorname{ind}^{a}\binom{rp}{rq} = \operatorname{ind}^{arq} p = \operatorname{ind}^{pqr} a = \operatorname{ind}^{p}\binom{qa}{qr}.$$
Tritt endlich ein von p verschiedenes Element s hinzu, das im Netze abc einen Index besitzt, so hat man noch:
$$\frac{\operatorname{ind}^{abc} q - \operatorname{ind}^{abc} s}{\operatorname{ind}^{abc} p - \operatorname{ind}^{abc} s} = \operatorname{ind}^{a}\binom{sq}{sp} = \operatorname{ind}^{asp} q = \operatorname{ind}^{pqa} s = \operatorname{ind}^{p}\binom{qs}{qa}$$
und gelangt also, da das Produkt
$$\operatorname{ind}^{p}\binom{qs}{qa} \cdot \operatorname{ind}^{p}\binom{qa}{qr} = \operatorname{ind}^{p}\binom{qs}{qr}$$
sich als Index von s im Netze pqr erweist, zu der wichtigen Formel:
$$\operatorname{ind}^{pqr} s = \frac{\operatorname{ind}^{abc} p - \operatorname{ind}^{abc} r}{\operatorname{ind}^{abc} q - \operatorname{ind}^{abc} r} \cdot \frac{\operatorname{ind}^{abc} q - \operatorname{ind}^{abc} s}{\operatorname{ind}^{abc} p - \operatorname{ind}^{abc} s}.$$
Wir können auch schreiben:
$$\operatorname{ind}^{pqr} s = \operatorname{ind}^{a}\binom{rp}{rq} \cdot \operatorname{ind}^{a}\binom{sq}{sp} = \frac{\operatorname{ind}^{a}\binom{pr}{rq}}{\operatorname{ind}^{a}\binom{ps}{sq}}.$$

In der Euklidischen Geometrie wird, wenn $pqrs$ eigentliche Punkte sind und a in den absoluten Punkt ihrer Geraden gelegt wird, im Anschluß an die auf Seite 150 gemachte Bemerkung, der Zähler des vorstehenden Bruches, also das Verhältnis der Strecken pr und rq, das *Teilungsverhältnis der Strecke pq im Punkte r* und der Nenner entsprechend das Teilungsverhältnis der Strecke pq im Punkte s genannt. Die Zahl, die wir als den Index von s im Netze pqr eingeführt haben, erscheint hier als Verhältnis zweier Verhältnisse. Daher kommt es, daß ihr der Name *Doppelverhältnis* beigelegt worden ist.

§ 21. Doppelverhältnisse.

Ist d irgendein Element, das in dem *beliebigen* Netze abc einen Index besitzt, so heißt dieser Index das *Doppelverhältnis der vier Elemente abcd* oder *der beiden Paare ab und cd* und wird zur Abkürzung mit $(abcd)$ bezeichnet:
$$\overset{abc}{\text{ind}}\, d = (abcd).$$

Ziehen wir einstweilen nur Doppelverhältnisse von je vier verschiedenen Elementen in Betracht, die also außer $0, 1, \infty$ alle rationalen Werte annehmen können. Wenn man alsdann zwei Elemente vertauscht, zugleich aber auch die beiden andern, so entsteht eine mit der ursprünglichen projektive Figur; also ist $(abcd) = (cdab) = (badc)$, d. h.: *Da Doppelverhältnis zweier Paare bleibt ungeändert, wenn man die Paare vertauscht oder in beiden Paaren die Elemente gleichzeitig umstellt, folglich auch bei der Verbindung dieser Handlungen.* Dagegen tritt bei den andern Umstellungen der Elemente im allgemeinen eine Änderung des Doppelverhältnisses ein. *Vertauscht man die Elemente eines Paares, so geht das Doppelverhältnis in den reziproken Wert über*; denn wenn die Paare bd und bc einen Index für a besitzen, so ist sein reziproker Wert der Index der Paare bc und bd. *Nach Vertauschung der inneren oder äußeren Elemente erhält man den Wert des Doppelverhältnisses, indem man den ursprünglichen Wert von Eins abzieht*; denn es ist

$$1 - \overset{a}{\text{ind}}\binom{bd}{bc} = \overset{a}{\text{ind}}\binom{cb}{cb} + \overset{a}{\text{ind}}\binom{bd}{cb} = \overset{a}{\text{ind}}\binom{cd}{cb} = (acbd) = (dbca).$$

Wenn also vier Elemente bei irgendeiner Anordnung ein Doppelverhältnis ergeben, etwa $(abcd) = x$, so entspricht jeder Anordnung ein Doppelverhältnis, und zwar ist

$$(abcd) = (badc) = (cdab) = (dcba) = x,$$
$$(abdc) = (bacd) = (dcab) = (cdba) = \frac{1}{x},$$
$$(acbd) = (cadb) = (bdac) = (dbca) = 1 - x,$$
$$(adbc) = (dacb) = (bcad) = (cbda) = 1 - \frac{1}{x},$$
$$(acdb) = (cabd) = (dbac) = (bdca) = \frac{1}{1-x},$$
$$(adcb) = (dabc) = (cbad) = (bcda) = \frac{1}{1-\frac{1}{x}}.$$

Diese sechs Zahlen sind voneinander verschieden, außer wenn x einen der Werte $-1, 2, \frac{1}{2}$ besitzt; in diesem Falle sind acht Anordnungen harmonisch und haben das Doppelverhältnis -1, während acht andere das Doppelverhältnis 2, die acht übrigen $\frac{1}{2}$ liefern. — Man bemerke noch: *Wenn Doppelverhältnisse* (abp_1p_2), (abp_1p_3) *bestehen, so geben*

auch abp_2p_3 ein Doppelverhältnis, und zwar ist
$$(abp_2p_3)(abp_3p_1)(abp_1p_2) = 1.$$
Wenn Doppelverhältnisse
$$(abcp_1) = x_1, \ (abcp_2) = x_2, \ (abcp_3) = x_3, \ (abcp_4) = x_4$$
bestehen, so geben auch $p_1p_2p_3p_4$ ein Doppelverhältnis
$$(p_1p_2p_3p_4) = \frac{(x_1 - x_3)(x_2 - x_4)}{(x_2 - x_3)(x_1 - x_4)}.$$

An dem Vorzeichen des Doppelverhältnisses $(abcd)$ erkennt man, ob die Paare ab und cd getrennt liegen oder nicht. *Ist das Doppelverhältnis $(abcd)$ positiv, so werden ab nicht durch cd getrennt; ist es negativ, so werden ab durch cd getrennt.* Es seien nämlich m und n positive ganze Zahlen, und bei gegebenen a, b, c seien die Elemente e, d, d' so gewählt, daß
$$(abce) = \frac{1}{n}, \ (abcd) = \frac{m}{n}, \ (abcd') = -\frac{m}{n};$$
da $(abec) = n$, $(abed) = (abec)(abcd) = m$ wird, so ist c das n^{te}, d das m^{te} des Netzes abe, folglich (§ 15 Seite 109) ae durch bc und durch bd getrennt, mithin ab weder durch ce noch durch de, schließlich ab nicht durch cd; da
$$(abdd') = (abdc), \ (abcd') = -1,$$
so werden ab durch dd' getrennt, aber nicht durch dc, folglich werden ab durch cd' getrennt.

Aus drei verschiedenen Elementen abc können wir die Doppelverhältnisse $(abcb) = 0$ und $(abcc) = 1$ bilden. Es empfiehlt sich aber, Doppelverhältnisse zuzulassen, in denen irgend zwei Elemente identisch sind. Um die soeben abgeleiteten Sätze (wenn auch zum Teil mit Modifikationen) aufrechtzuerhalten, hat man
$$(acbc) = (cacb) = 0, \ (abcc) = (ccab) = 1, \ (cabc) = (accb) = \infty$$
und dem entsprechend
$$\overset{abc}{\text{ind}}\, a = (abca) = \infty$$
anzunehmen; die zwölf Permutationen der Elemente $abcc$ geben die je viermal auftretenden Doppelverhältnisse $0, 1, \infty$.

Jetzt gehört zu jeder rationalen Zahl λ, mit Einschluß der Zahl ∞, ein und nur ein Element p, das mit abc ein Doppelverhältnis $(abcp) = \lambda$ bildet und allemal ein *Element des Netzes abc* heißen soll. Je vier voneinander und von a verschiedene Elemente $p_1p_2p_3p_4$ des Netzes abc liefern ein Doppelverhältnis, das nach der auf Seite 156 gegebenen Formel aus ihren Indizes berechnet wird. Aber auch wenn ein Element nach a gelegt wird, ergibt sich ein Doppelverhältnis; denn nach einer auf Seite 156 gegebenen Formel ist
$$(p_1p_2p_3a) = \frac{(abcp_1) - (abcp_3)}{(abcp_2) - (abcp_3)}.$$

§ 21. Doppelverhältnisse. 159

Bezeichnet man also mit $p_1 p_2 p_3$ irgendwelche Elemente des Netzes abc, so ist jedes Element des Netzes abc ein Element des Netzes $p_1 p_2 p_3$ und umgekehrt.

Sind die Elemente e und f von a verschieden, so gibt es Elemente des Netzes abc, die durch e und f von a getrennt werden. Beweis: Sind e und f Elemente des Netzes abc, so suche man ein Element u, das im Netze efa einen negativen Index hat; u ist auch ein Element des Netzes abc, und ef werden durch au getrennt. Ist e ein Element des Netzes abc, f aber nicht, so ist wenigstens eines der Elemente b und c von e verschieden, etwa b; der Fall, wo ef durch ab getrennt werden, bedarf keiner weiteren Erörterung; werden aber eb durch af getrennt, so bestimmt man nach § 15 (Seite 110) ein Element u des Netzes eab (also auch des Netzes abc) derart, daß au durch ef getrennt werden; liegen endlich ae durch bf getrennt (also be nicht durch af), so bestimmt man ein Element t des Netzes abe derart, daß bt durch af getrennt werden (also et durch af), und hierauf ein Element u des Netzes eat derart, daß au durch ef getrennt werden. Es bleibt noch die Annahme übrig, daß weder e noch f zum Netze abc gehören. Man mache $b\varphi$ mit ef für a äquivalent, suche im Netze abc ein Element β, das von a durch b und φ getrennt wird, und nach Seite 149 im Netze $ab\beta$ zwei Elemente γ und u derart, daß die Paare γu, ae getrennt liegen und die Paare $b\beta$, γu für a äquivalent sind; endlich mache man γg und $b\varphi$ für a äquivalent. Es werden $b\gamma$, βu, φg Paare von homologen Elementen einer Äquivalenz mit dem Grenzelement a, folglich $ab\beta\varphi$ und $a\gamma ug$ projektiv, γg durch au getrennt, d. h. für a liegt u zwischen γ und g, e zwischen γ und u, folglich e zwischen γ und g, u zwischen e und g; ferner werden (§ 15 Seite 111) $aefyg$ und $agyfe$ projektiv, für a liegt e zwischen g und γ, folglich g zwischen e und f, also auch u zwischen e und f. Das Element u gehört zum Netze abc und wird von a durch e und f getrennt.

Werden die Elemente efh beliebig angenommen, so gibt es Elemente des Netzes abc, die durch e und f von h getrennt werden. Denn wenn man unter α ein von h nicht durch e und f getrenntes, unter β und γ zwei von α verschiedene Elemente des Netzes abc, unter u ein von α durch e und f getrenntes Element des Netzes $\alpha\beta\gamma$ versteht, so werden ef durch uh getrennt, und u gehört zum Netze abc. — *Sind e und f eigentliche Punkte, abc beliebige Punkte der Geraden ef, so gibt es eigentliche Punkte des Netzes abc, die zwischen e und f liegen.*

Sind efu Elemente des Netzes abc, so liegt der Index von u zwischen den Indizes von e und f, wenn ef durch au getrennt werden, und umgekehrt. Denn wenn ef und au getrennt liegen, so ist das Doppelverhältnis

$$(efua) = \frac{(abce) - (abcu)}{(abcf) - (abcu)}$$

negativ, also Zähler und Nenner von verschiedenem Zeichen, usw. — *Sind abc Punkte einer eigentlichen Geraden, efu eigentliche Punkte des*

Netzes abc, u zwischen e und f gelegen, so liegt der Index von u zwischen den Indizes von e und f, wenn a nicht zur Strecke ef gehört, und umgekehrt.

Das Doppelverhältnis von vier Punkten, die aus einer Geraden g durch vier Ebenen $ABCD$ herausgeschnitten werden, bezeichnet man durch $g(ABCD)$. Das Doppelverhältnis von vier Strahlen, die in einer Ebene von einem Punkte p nach vier Punkten $abcd$ gezogen werden, bezeichnet man durch $p(abcd)$. Usw.

§ 22. Koordinaten[1]).

Werden in einem einförmigen Gebilde drei Elemente abe festgehalten, und wird unter p ein beliebiges Element des Netzes abe, unter x der Index von p in dem Netze verstanden, so durchläuft $x = (abep)$ alle rationalen Werte[2]), mit Einschluß der Zahl ∞, und es wird durch den Wert von x das Element p im Netze abe ebenso vollständig bestimmt, wie umgekehrt x durch p. Nach dem Sprachgebrauch der analytischen Geometrie können wir daher die Zahl x eine *Koordinate* des Elementes p nennen. Da

$$(abea) = \infty, \quad (abeb) = 0, \quad (abee) = 1,$$

so haben a, b, e die Koordinaten ∞, 0, 1; es wird a das *Unendlichkeitselement* oder *erste Fundamentalelement*, b das *Nullelement* oder *zweite Fundamentalelement*, e das *Einheitselement*, x die Koordinate von p in dem durch a als erstes, b als zweites Fundamentalelement und e als Einheitselement bestimmten *Koordinatensysteme*, kürzer die *Koordinate von p im Netze abe* heißen.

Jede Zahl kann man als Quotient zweier endlichen Zahlen $x_1 : x_2$ schreiben; x_1 und x_2 nehmen unabhängig voneinander alle endlichen Werte an, nur dürfen sie nicht gleichzeitig $= 0$ angenommen werden. Jedes derartige Wertepaar (x_1, x_2) kann unter Festhaltung der Reihenfolge als *Repräsentant* einer bestimmten Zahl, nämlich des Quotienten $x_1 : x_2$, gelten; aber umgekehrt hat diese Zahl nicht einen, sondern unendlich viele Repräsentanten, nämlich alle Wertepaare von der Form $(\varrho x_1, \varrho x_2)$, wo ϱ eine beliebige endliche und von Null verschiedene Zahl bedeutet. Diejenigen Wertepaare, deren Glieder in rationalem Verhältnis stehen, werden die Koordinaten aller Elemente eines Netzes repräsentieren und dürfen deshalb als Repräsentanten der Elemente selbst angesehen werden. Ist im Netze abe das Paar (x_1, x_2) der Repräsentant des Elementes p mit der Koordinate x, so heißen x_1, x_2 der (gewöhnlichen) *Koordinate* $x = \dfrac{x_1}{x_2}$ *entsprechende homogene Koordinaten*

---

[1]) Vgl. zu diesem Paragraphen: *A. F. Möbius*: Der baryzentrische Calcul. 1827 (Ges. Werke Bd. 1. 1885), zweiter Abschnitt, sechstes Kapitel; *Staudt*: Beiträge zur Geometrie der Lage, 2. H. § 29. 1857.

[2]) Mit der Einschränkung, die in § 23 zur Sprache kommt.

§ 22. Koordinaten.

oder *homogene Koordinaten des Elementes p im Netze abe*, und man bezeichnet das Element p durch (x_1, x_2). Bei endlichem x kann man $x_1 = x$, $x_2 = 1$, bei $x = \infty$ kann man $x_1 = 1$, $x_2 = 0$ nehmen. Die Fundamentalelemente werden durch $(1, 0)$ und $(0, 1)$, das Einheitselement durch $(1, 1)$ dargestellt.

Nehmen wir beispielsweise an, daß es sich um Punkte einer Geraden handelt, so können wir p jetzt nennen: Punkt der (homogenen) Koordinaten x_1, x_2; und hierfür ist die Formel (x_1, x_2) eine Abkürzung. Diese Festsetzungen haben aber nur dann einen bestimmten Sinn, wenn man das Koordinatensystem — etwa System Q — kennt. Für sich vollständig ist daher nur eine Formel, die auch das Koordinatensystem enthält, etwa:

$$(x_1, x_2; Q).$$

Doch ist es nicht üblich, das Koordinatensystem in den analytischen Ausdruck für p aufzunehmen. Um so mehr ist es wünschenswert, daß zwischen dem Ausdruck (x_1, x_2) für p und der ihm zugrunde liegenden Zahlenfolge unterschieden werde. Wir können für diese Folge etwa schreiben:

$$(x_1 \mid x_2) \text{ oder bloß } x_1 \mid x_2.$$

Wir können auch hierin homogene Veränderliche[1]) annehmen, so daß jedesmal nur das Verhältnis der beiden „Komponenten" in Betracht kommt.

Die homogenen Koordinaten erweisen sich als zweckmäßig schon bei der Lösung der Aufgabe: *Das Doppelverhältnis von vier Elementen pqrs zu berechnen, die im Netze abe durch (x_1, x_2), (y_1, y_2), (z_1, z_2), (t_1, t_2) repräsentiert werden.* Sind zuerst $pqrs$ voneinander und von a verschieden, so kommt:

$$(pqrs) = \frac{\left(\frac{x_1}{x_2} - \frac{z_1}{z_2}\right)\left(\frac{y_1}{y_2} - \frac{t_1}{t_2}\right)}{\left(\frac{y_1}{y_2} - \frac{z_1}{z_2}\right)\left(\frac{x_1}{x_2} - \frac{t_1}{t_2}\right)} = \frac{(x_1 z_2 - x_2 z_1)(y_1 t_2 - y_2 t_1)}{(y_1 z_2 - y_2 z_1)(x_1 t_2 - x_2 t_1)}$$

$$= (srqp) = (rspq) = (qpsr),$$

$$(pqra) = \frac{\frac{x_1}{x_2} - \frac{z_1}{z_2}}{\frac{y_1}{y_2} - \frac{z_1}{z_2}} = \frac{(x_1 z_2 - x_2 z_1)(y_1 \cdot 0 - y_2 \cdot 1)}{(y_1 z_2 - y_2 z_1)(x_1 \cdot 0 - x_2 \cdot 1)}.$$

Demnach bleibt die Formel

$$(pqrs) = \frac{(x_1 z_2 - x_2 z_1)(y_1 t_2 - y_2 t_1)}{(y_1 z_2 - y_2 z_1)(x_1 t_2 - x_2 t_1)}$$

noch gültig, wenn eines der Elemente nach a fällt, und schließlich auch dann, wenn zwei Elemente zusammenfallen. — Diese Formel läßt noch-

---
[1]) Siehe: Veränderliche und Funktion § 45. 1914.

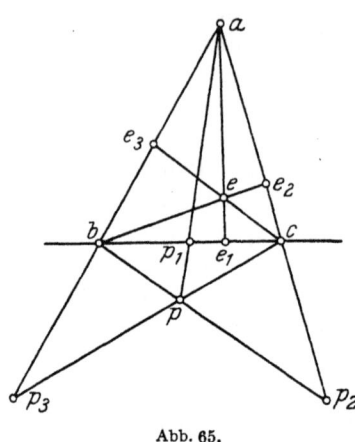

Abb. 65.

mals erkennen, daß $pqrs$ in $srqp$, $rspq$, $qpsr$ permutiert werden dürfen, Sie ändert sich nicht, wenn man x_1 und x_2 durch ϱx_1 und ϱx_2 ersetzt, oder y_1 und y_2 durch ϱy_1 und ϱy_2, usw. — wie vorherzusehen war.

Zu den Gebilden zweiter Stufe übergehend, nehmen wir zuerst auf einer Ebene vier feste Punkte $abce$ an, von denen keine drei in gerader Linie liegen, und projizieren e aus den Punkten a, b, c auf die Geraden bc, ca, ab nach e_1, e_2, e_3. Ist p_1 ein Punkt des Netzes bce_1, p_2 ein Punkt des Netzes cae_2, p der Durchschnittspunkt der Strahlen ap_1 und bp_2, endlich p_3 die Projektion von p aus c auf ab, so sind die Büschel $b(caep)$ und $p(e_1aeb)$ perspektiv, folglich

$$(cae_2p_2) = b(caep) = p(e_1aeb), \quad (bce_1p_1) = p(bce_1a) = p(e_1abc);$$

es besteht also auch ein Doppelverhältnis

$$p(e_1ace) = c(bape) = (bap_3e_3) = (abe_3p_3),$$

d. h. p_3 ist ein Punkt des Netzes abe_3. Jeder Punkt p der Ebene abc, der sich aus a, b, c auf bc, ca, ab nach Punkten der Netze bce_1, cae_2, abe_3 projiziert, wird ein *Punkt des Netzes* $abce$ genannt; insbesondere sind alle Punkte der Netze bce_1, cae_2, abe_3 Punkte des Netzes $abce$. Bezeichnet man mit v_1, v_2 die Koordinaten von p_1 im Netze bce_1, mit w_1, w_2 die von p_2 im Netze cae_2, mit x_1, x_2 die von p_3 im Netze abe_3, so ist

$$\frac{v_1}{v_2}\frac{w_1}{w_2}\frac{x_1}{x_2} = (bce_1p_1)(cae_2p_2)(abe_3p_3) = p(e_1aeb)\cdot p(e_1abc)\cdot p(e_1ace) = 1.$$

Bezeichnet man ferner den gemeinschaftlichen Wert der Quotienten

$$\frac{x_2v_2}{v_1} = \frac{x_1w_1}{w_2}$$

mit x_3, so ist

$$x_2 : x_3 = v_1 : v_2, \qquad x_3 : x_1 = w_1 : w_2.$$

Es gibt also drei Zahlen x_1, x_2, x_3 von der Beschaffenheit, daß

$$\frac{x_2}{x_3} = (bce_1p_1) = a(bcep), \quad \frac{x_3}{x_1} = (cae_2p_2) = b(caep),$$

$$\frac{x_1}{x_2} = (abe_3p_3) = c(abep).$$

Dies bleibt auch dann richtig, wenn p auf einer Seite des Dreiecks abc, aber nicht in einer Ecke liegt. Fällt p z. B. in die ab, aber nicht nach a oder b selbst, so fallen $p_1p_2p_3$ nach bap, und man hat $x_3 = 0$, während

§ 22. Koordinaten.

x_1 und x_2 von Null verschieden sind. Liegt p aber in einer Ecke jenes Dreiecks, so wird einer der Punkte $p_1 p_2 p_3$ unbestimmt; wenn p sich z. B. mit a deckt, so wird p_1 unbestimmt, p_2 und p_3 fallen nach a, man nimmt $x_2 = 0$, $x_3 = 0$ und für x_1 eine beliebige endliche, von Null verschiedene Zahl.

Da von den Quotienten $x_2 : x_3$, $x_3 : x_1$, $x_1 : x_2$ höchstens einer unbestimmt werden kann, so liefern die in ihrer Reihenfolge zu belassenden Zahlen x_1, x_2, x_3 mindestens für zwei von den Punkten p_1, p_2, p_3 oder von den Strahlen ap_1, bp_2, cp_3 bestimmte Lagen und also den Punkt p als Durchschnittspunkt dieser Strahlen. Umgekehrt werden durch p die drei Zahlen nicht vollkommen bestimmt, vielmehr sind mit dem Wertsystem (x_1, x_2, x_3) als Repräsentanten des Punktes p allemal unendlich viele andere gleichberechtigt, nämlich alle Systeme $(\varrho x_1, \varrho x_2, \varrho x_3)$, wo ϱ eine beliebige endliche, von Null verschiedene Zahl bedeutet. Wenn wir daher x_1, x_2, x_3 *Koordinaten des Punktes p im Netze abc* nennen, so sind diese Koordinaten als *homogene* zu bezeichnen. Abgesehen davon, daß sie nicht gleichzeitig Null werden können, unterliegen die Koordinaten noch der Beschränkung, daß ihre Verhältnisse *rationale* Zahlen sein müssen, können jedoch im übrigen beliebig angenommen werden.

Für alle Punkte der Netze bce_1, cae_2, abe_3 — aber nur für diese — ist beziehungsweise $x_1 = 0$, $x_2 = 0$, $x_3 = 0$. Die Punkte a, b, c haben der Reihe nach die Repräsentanten $(1, 0, 0)$, $(0, 1, 0)$ $(0, 0, 1)$ und heißen der *erste, zweite, dritte Fundamentalpunkt*. Der Punkt e hat die Koordinaten $(1, 1, 1)$ und heißt der *Einheitspunkt*. Die drei Fundamentalpunkte (in fester Reihenfolge) bestimmen mit dem Einheitspunkte das *Koordinatensystem*.

Jetzt können wir p nennen: Punkt der (homogenen) Koordinaten x_1, x_2, x_3; und hierfür ist die Formel (x_1, x_2, x_3) eine Abkürzung. Diese Festsetzungen haben aber nur dann einen bestimmten Sinn, wenn man das Koordinatensystem — etwa System R — kennt. Für sich vollständig ist daher nur eine Formel, die auch das Koordinatensystem enthält, etwa:

$$(x_1, x_2, x_3; R).$$

Doch ist es üblich, sich mit der vorherigen Formel zu begnügen. Die zugrunde liegende Zahlenformel wird man zur Unterscheidung etwa mit

$$(x_1 \mid x_2 \mid x_3) \text{ oder bloß } x_1 \mid x_2 \mid x_3$$

bezeichnen. Nimmt man auch hierin homogene Veränderliche an, so ordnen sich die Folgen den (gewöhnlichen) Zahlenpaaren zu. Wie man nun zur Begründung des Imaginären den Zahlbegriff dahin erweitert, daß die Paare reeller Zahlen wieder Zahlen heißen — etwa Zahlen zweiter Stufe —, so kann man bei Annahme von homogenen Kompo-

11*

§ 22. Koordinaten.

nenten die Folge $x_1|x_2|x_3$ als *Zahl zweiter Stufe* einführen und den Folgen $x_1|x_2$ als den *Zahlen erster Stufe* gegenüberstellen.

Nimmt man jetzt auf einer Ebene vier feste Geraden $ABCE$ an, von denen keine drei durch einen Punkt laufen, und nennt jede Gerade G, für die zwei von den Doppelverhältnissen $A(BCEG)$, $B(CAEG)$, $C(ABEG)$ vorhanden sind, eine *Gerade des Netzes ABCE*, so kann man für die Geraden dieses Netzes homogene Koordinaten u_1, u_2, u_3 derart einführen, daß im allgemeinen

$$\frac{u_2}{u_3} = A(BCEG), \quad \frac{u_3}{u_1} = B(CAEG), \quad \frac{u_1}{u_2} = C(ABEG).$$

Bestehen zwei von diesen Doppelverhältnissen, so besteht auch das dritte, außer wenn G eine der Geraden ABC ist. Für A nimmt man als Koordinaten $(1, 0, 0)$ oder $(\varrho, 0, 0)$ für B $(0, 1, 0)$ oder $(0, \varrho, 0)$, für C $(0, 0, 1)$ oder $(0, 0, \varrho)$, E wird durch $(1, 1, 1)$ oder $(\varrho, \varrho, \varrho)$ dargestellt. Die Geraden $ABCE$ bestimmen, die drei ersten als *Fundamentallinien*, die letzte als *Einheitslinie*, das Koordinatensystem.

Man pflegt in der Ebene Punkt- und Linienkoordinaten gleichzeitig einzuführen, indem man in ihr ein Dreieck und ein Paar Elemente, die in bezug auf das Dreieck Pol und Polare (§ 11, Seite 84) sind, festhält. Es seien abc die Ecken des Dreiecks, ABC ihre Gegenseiten, der Punkt e Pol der Geraden E für abc; von den Punkten $abce$ sollen keine drei auf einer Geraden, also auch von den Strahlen $ABCE$ keine drei in einem Büschel liegen. (Die Figuren $abce$, $ABCE$ und $ABCE$, $abce$ sind polarreziprok.) Nehmen wir einen Punkt $p(x_1, x_2, x_3)$ im Netze $abce$ und eine Gerade $G(u_1, u_2, u_3)$ im Netze $ABCE$, dann wird G von den Strahlen A, B, C, ap, bp, cp in $\gamma_1, \gamma_2, \gamma_3, p_1, p_2, p_3$ so getroffen, daß

$$(\gamma_2\gamma_3\gamma_1 p_1) = -\frac{x_3 u_3}{x_2 u_2}, \quad (\gamma_3\gamma_1\gamma_2 p_2) = -\frac{x_1 u_1}{x_3 u_3}, \quad (\gamma_1\gamma_2\gamma_3 p_3) = -\frac{x_2 u_2}{x_1 u_1},$$

oder

$$(\gamma_1\gamma_2\gamma_3 p_1) = -\frac{x_2 u_2}{x_2 u_2 + x_3 u_3}, \quad (\gamma_1\gamma_2\gamma_3 p_2) = \frac{x_1 u_1 + x_3 u_3}{x_1 u_1},$$

$$(\gamma_1\gamma_2\gamma_3 p_3) = -\frac{x_2 u_2}{x_1 u_1};$$

denn bedeutet für einen Augenblick ε den Punkt AE, so ist

$$a(bcep) = \frac{x_2}{x_3}, \quad A(BCEG) = (cbe\gamma_1) = \frac{u_2}{u_3}, \quad a(cbee) = -1,$$

$$-\frac{x_2 u_2}{x_3 u_3} = a(cbpe) \cdot a(cbe\varepsilon) \cdot a(cb\varepsilon\gamma_1) = a(cbp\gamma_1) = (\gamma_2\gamma_3 p_1\gamma_1) \text{ usw.}$$

Liegt p auf G, so fällt p mit p_1, p_2, p_3 zusammen, die Doppelverhältnisse $(\gamma_1\gamma_2\gamma_3 p_1)$, $(\gamma_1\gamma_2\gamma_3 p_2)$, $(\gamma_1\gamma_2\gamma_3 p_3)$ werden gleich, die Summe $x_1 u_1 + x_2 u_2 + x_3 u_3$ wird Null, und umgekehrt. Man überzeugt sich leicht, daß dies auch dann richtig bleibt, wenn eine oder mehrere Koordinaten verschwinden.

§ 22. Koordinaten.

Sind nun $q(y_1, y_2, y_3)$ und $r(z_1, z_2, z_3)$ Punkte des Netzes $abce$, und macht man
$$v_1 = y_2 z_3 - y_3 z_2, \quad v_2 = y_3 z_1 - y_1 z_3, \quad v_3 = y_1 z_2 - y_2 z_1,$$
so verhalten sich v_1, v_2, v_3 wie ganze Zahlen, ohne gleichzeitig verschwinden zu können, und stellen, da
$$y_1 v_1 + y_2 v_2 + y_3 v_3 = 0, \quad z_1 v_1 + z_2 v_2 + z_3 v_3 = 0,$$
eine Gerade dar, die zum Netze $ABCE$ gehört und die Punkte qr enthält, d. h.: *Verbindet man zwei Punkte des Netzes $abce$, so erhält man eine Gerade des Netzes $ABCE$; sucht man den Durchschnittspunkt zweier Geraden des Netzes $ABCE$, so erhält man einen Punkt des Netzes $abce$.* Nennen wir daher solche Geraden auch „Geraden des Netzes $abce$", ihre Koordinaten auch „Koordinaten im Netze $abce$", jene Punkte auch „Punkte des Netzes $ABCE$" usw., so *sind alle Punkte und Geraden, die aus den Punkten $abce$ oder aus den Geraden $ABCE$ dadurch hervorgehen, daß man in der Ebene abc nur Punkte durch Geraden verbindet und Durchschnittspunkte von Geraden aufsucht, Elemente des Netzes $abce$ oder nach Belieben $ABCE$ zu nennen.* Und nach § 15 (Seite 110) *lassen sich alle Elemente des Netzes aus den Punkten $abce$ oder aus den Geraden $ABCE$ durch jene Konstruktionen allein herstellen.*

Die Gleichung $x_1 u_1 + x_2 u_2 + x_3 u_3 = 0$ ist die notwendige und hinreichende Bedingung für das Aneinanderliegen der Elemente (x_1, x_2, x_3) und (u_1, u_2, u_3), von denen das eine ein Punkt, das andere eine Gerade des Netzes $abce$ ist.

Das Element (x_1, x_2, x_3) werde mit x bezeichnet, das Element (p_1, p_2, p_3) mit p usw. Durch den Punkt x des Netzes $abce$ kann man vier zum Netze gehörige Strahlen ziehen, indem man x mit vier Punkten $pqrs$ des Netzes verbindet. Der Strahl xp hat die Koordinaten
$$x_2 p_3 - x_3 p_2, \quad x_3 p_1 - x_1 p_3, \quad x_1 p_2 - x_2 p_1.$$
Folglich ist das Doppelverhältnis
$$A(B, C, E, xp) = \frac{x_3 p_1 - x_1 p_3}{x_1 p_2 - x_2 p_1}, \quad \text{ebenso } A(B, C, E, xq) = \frac{x_3 q_1 - x_1 q_3}{x_1 q_2 - x_2 q_1} \text{ usw.}$$
Daraus ergibt sich aber auch für die Strahlen xp, xq, xr, xs ein Doppelverhältnis
$$\frac{(x_3 p_1 - x_1 p_3)(x_1 r_2 - x_2 r_1) - (x_1 p_2 - x_2 p_1)(x_3 r_1 - x_1 r_3)}{(x_3 q_1 - x_1 q_3)(x_1 r_2 - x_2 r_1) - (x_1 q_2 - x_2 q_1)(x_3 r_1 - x_1 r_3)} \times$$
$$\frac{(x_3 q_1 - x_1 q_3)(x_1 s_2 - x_2 s_1) - (x_1 q_2 - x_2 q_1)(x_3 s_1 - x_1 s_3)}{(x_3 p_1 - x_1 p_3)(x_1 s_2 - x_2 s_1) - (x_1 p_2 - x_2 p_1)(x_3 s_1 - x_1 s_3)},$$
und wenn z. B. (xpr) die Determinante $\sum \pm x_1 p_2 r_3$ bedeutet, so ist
$$x(pqrs) = \frac{(xpr)(xqs)}{(xqr)(xps)}.$$
War $x_1 = 0$, so mußte man ABC durch BCA oder CAB ersetzen.

§ 22. Koordinaten.

Auf der Geraden u des Netzes $abce$ kann man vier Punkte des Netzes bestimmen, indem man u mit vier Strahlen $\alpha\beta\gamma\delta$ des Netzes zum Schneiden bringt. Für diese Punkte ergibt sich das Doppelverhältnis

$$u(\alpha\beta\gamma\delta) = \frac{(u\alpha\gamma)\ (u\beta\delta)}{(u\beta\gamma)\ (u\alpha\delta)}.$$

Sind also $xpqrs$ gleichartige Elemente des Netzes $abce$, und liegen von den vier Elementen $pqrs$ keine drei in einem einförmigen Gebilde, so bestehen mindestens zwei von den Doppelverhältnissen

$$p(qrsx),\quad q(rpsx),\quad r(pqsx),$$

d. h. x ist ein Element des Netzes $pqrs$, und überhaupt alle Punkte und Geraden des Netzes $abce$ gehören zum Netze $pqrs$, insbesondere $abce$, $ABCE$ selbst. *Bezeichnet man mit $pqrs$ vier Punkte des Netzes $abce$, von denen keine drei in gerader Linie liegen, oder vier Geraden des Netzes $abce$, von denen keine drei sich in einem Punkte treffen, so gehören alle Elemente des Netzes $abce$ auch zum Netze $pqrs$ und umgekehrt.*

Die vorstehenden planimetrischen Betrachtungen lassen sich sofort auf zentrische Figuren übertragen. Durch einen beliebigen Punkt ziehe man drei Strahlen abc, die durch drei Ebenen ABC verbunden werden, und außerhalb dieser Ebenen einen Strahl e nebst der (nach § 11, Seite 85) als Polare für abc zu e gehörigen Ebene E. Diejenigen Strahlen und Ebenen des Bündels abc, die aus den Strahlen $abce$ oder aus den Ebenen $ABCE$ dadurch hervorgehen, daß man nur Strahlen durch Ebenen verbindet und Durchschnittslinien von Ebenen aufsucht, werden *Elemente des Netzes $abce$ oder $ABCE$* genannt. Sind $pqrs$ vier Strahlen oder vier Ebenen des Netzes $abce$, von denen keine drei in einem Büschel liegen, so gehören alle Elemente des Netzes $abce$ auch zum Netze $pqrs$ und umgekehrt. Diese Elemente haben je drei *homogene Koordinaten im Netze $abce$ oder $ABCE$*; abc heißen *Fundamentalstrahlen*, e *Einheitsstrahl*, ABC *Fundamentalebenen*, E *Einheitsebene* des Koordinatensystemes. Sind $x_1 x_2 x_3$ die Koordinaten des Strahles x, $u_1 u_2 u_3$ die der Ebene u im Netze $abce$, so hat man:

$$\frac{x_2}{x_3} = a(bcex)\quad \text{usw.},\quad \frac{u_2}{u_3} = A(BCEu)\quad \text{usw.}$$

Der Strahl x und die Ebene u liegen dann und nur dann aneinander, wenn

$$x_1 u_1 + x_2 u_2 + x_3 u_3 = 0.$$

Sind $xpqrs$ Strahlen oder Ebenen des Netzes, so hat man:

$$x(pqrs) = \frac{(xpr)\ (xqs)}{(xqr)\ (xps)}.$$

Damit verlassen wir die Gebilde zweiter Stufe. Wir nehmen jetzt fünf feste Punkte an, $abcde$, von denen keine vier auf einer Ebene liegen, und projizieren e aus den Punkten a, b, c, d auf die Ebenen

§ 22. Koordinaten.

bcd, cda, dab, abc nach e_1, e_2, e_3, e_4. Die Ebene abe mag die Gerade cd im Punkte e_{12} schneiden, die Ebene ace die Gerade bd im Punkte e_{13} usw. Sind p_{12}, p_{23}, p_{34} Punkte der Netze cde_{12}, ade_{23}, abe_{34}, ist p der Durchschnittspunkt der Ebenen abp_{12}, bcp_{23}, cdp_{34}, und werden die Geraden ac, ad, bd von den Ebenen bdp, bcp, acp in den Punkten p_{24}, p_{23}, p_{13} getroffen, so sind p_{24}, p_{23}, p_{13} Punkte der Netze ace_{24}, ade_{23}, bde_{13}; denn wenn man noch p aus a, b, c, d auf bcd, cda, dab, abc nach p_1, p_2, p_3, p_4 projiziert, so ist in der Ebene cda der Punkt e_2 aus c, d, a nach da, ac, cd nach e_{23}, e_{24}, e_{12} projiziert, ebenso p_2 nach p_{23}, p_{24}, p_{12}, folglich liegt p_{24} im Netze ace_{24} usw.; und man bemerkt, daß die Punkte p_1, p_2, p_3, p_4 zu den Netzen $bcde_1$, $cdae_2$, $dabe_3$, $abce_4$ gehören. Jeder Punkt p, der sich aus a, b, c, d auf bcd cda, dab, abc nach Punkten der Netze $bcde_1$, $cdae_2$, $dabe_3$, $abce_4$ projiziert, wird ein *Punkt des Netzes* $abcde$ genannt; die Gerade cd wird von der Ebene abp in einem Punkte p_{12} des Netzes cde_{12} getroffen usw. Insbesondere sind alle Punkte der Netze $bcde_1$, $cdae_2$, $dabe_3$, $abce_4$ zum Netze $abcde$ zu rechnen.

Es seien $x_1 x_2 x_3$ die Koordinaten von p_4 im Netze $abce_4$, also

$$\frac{x_2}{x_3} = (bce_{14} p_{14}), \quad \frac{x_3}{x_1} = (cae_{24} p_{24}), \quad \frac{x_1}{x_2} = (abe_{34} p_{34}).$$

Dann kann man die Zahl x_4 so hinzufügen, daß $x_2 x_3 x_4$ die Koordinaten von p_1 im Netze $bcde_1$ werden, daß also noch

$$\frac{x_3}{x_4} = (cde_{12} p_{12}), \quad \frac{x_4}{x_2} = (dbe_{13} p_{13}).$$

Aus den Werten von $(ace_{24} p_{24})$ und $(cde_{12} p_{12})$, oder von $(abe_{34} p_{34})$ und $(bde_{13} p_{13})$ folgt:

$$\frac{x_4}{x_1} = (dae_{23} p_{23}).$$

Die Zahlen $x_1 x_2 x_3 x_4$ haben also die Eigenschaft, daß $x_2 x_3 x_4$ die Koordinaten von p_1 im Netze $bcde_1$, $x_3 x_4 x_1$ die von p_2 im Netze $cdae_2$, $x_4 x_1 x_2$ die von p_3 im Netze $dabe_3$, $x_1 x_2 x_3$ die von p_4 im Netze $abce_4$ vorstellen. Solche Zahlen sind auch dann vorhanden, wenn p mit zweien der Punkte $abcd$ in gerader Linie liegt, aber in keinen dieser Punkte fällt. Liegt p z. B. in der ab, aber nicht in a oder b, so fallen $p_1 p_2 p_3 p_4$ nach $bapp$, und man hat $x_3 = 0$, $x_4 = 0$, aber x_1, x_2 nicht Null. Vereinigt sich p mit einem der Punkte $abcd$, so wird eine der Projektionen $p_1 p_2 p_3 p_4$ unbestimmt; fällt p z. B. nach a, so wird p_1 unbestimmt, $p_2 p_3 p_4$ fallen nach a, man nimmt $x_2 = 0$, $x_3 = 0$, $x_4 = 0$ und für x_1 irgendeine endliche, von Null verschiedene Zahl.

Die Zahlen $x_1 x_2 x_3 x_4$ bestimmen den Punkt p als Durchschnittspunkt der Ebenen abp_{12}, acp_{13} usw. und heißen *Koordinaten von* p *im Netze* $abcde$; man kann statt ihrer auch ϱx_1, ϱx_2, ϱx_3, ϱx_4 nehmen, wenn ϱ weder 0 noch ∞ ist. Diese Koordinaten sind wieder als *homogene* zu bezeichnen; sie können nicht gleichzeitig Null werden, ihre Ver-

§ 22. Koordinaten.

hältnisse sind *rationale* Zahlen, andere Beschränkungen bestehen nicht. Für alle Punkte des Netzes $bcde_1$ ist $x_1 = 0$, für alle Punkte des Netzes cde_{12} ist $x_1 = x_2 = 0$, usw. Die Punkte a, b, c, d, e haben der Reihe nach die Repräsentanten $(1, 0, 0, 0)$, $(0, 1, 0, 0)$, $(0, 0, 1, 0)$, $(0, 0, 0, 1)$, $(1, 1, 1, 1)$ und heißen der *erste, zweite, dritte, vierte Fundamentalpunkt*, beziehungsweise der *Einheitspunkt*. Die vier Fundamentalpunkte (in fester Reihenfolge) bestimmen mit dem Einheitspunkte das *Koordinatensystem*.

Nunmehr können wir p nennen: Punkt der (homogenen) Koordinaten x_1, x_2, x_3, x_4; und hierfür ist die Formel (x_1, x_2, x_3, x_4) die übliche Abkürzung. Für sich vollständig wäre erst eine Formel, die auch das Koordinatensystem — etwa System S — enthält:

$$(x_1, x_2, x_3, x_4; S).$$

Die zugrunde liegende Zahlenfolge bezeichne ich mit

$$(x_1 | x_2 | x_3 | x_4) \text{ oder bloß } x_1 | x_2 | x_3 | x_4.$$

Indem ich auch hierin homogene Komponenten voraussetze, schließe ich diese Folgen den schon früher eingeführten Zahlen erster und zweiter Stufe als *Zahlen dritter Stufe* an. Zahlen erster Stufe werden in der Geometrie den Elementen eines Grundgebildes erster Stufe zugeordnet, usw.

Wie die Punkte des Netzes $abcde$ und ihre Koordinaten definiert wurden, werden nach dem Gesetze von der Reziprozität zwischen Punkt und Ebene, wenn von den fünf festen Ebenen $ABCDE$ keine vier in einem Bündel liegen, die *Ebenen des Netzes $ABCDE$* und ihre Koordinaten definiert; $ABCD$ werden die *Fundamentalebenen*, E die *Einheitsebene* des Koordinatensystemes. Ist P eine Ebene des Netzes $ABCDE$ mit den Koordinaten $u_1 u_2 u_3 u_4$, so hat man im allgemeinen:

$$\frac{u_1}{u_2} = (CDA, CDB, CDE, CDP),$$

$$\frac{u_1}{u_3} = (BDA, BDC, BDE, BDP), \text{ usw.}$$

Man pflegt Punkt- und Ebenenkoordinaten gleichzeitig einzuführen, indem man vier feste Punkte a, b, c, d, die durch vier Ebenen A, B, C, D (nämlich bcd, cda, dab, abc) verbunden werden, und außerhalb dieser Ebenen einen Punkt e nebst seiner Polarebene E für $abcd$ (§ 11 am Ende) annimmt, so daß $abcde$, $ABCDE$ und $ABCDE$, $abcde$ polarreziprok werden. Der Punkt e_1, in dem die Gerade ae der Ebene A begegnet, ist dann der Pol der Geraden AE für bcd. Es sei $p(x_1, x_2, x_3, x_4)$ ein Punkt im Netze $abcde$, $P(u_1, u_2, u_3, u_4)$ eine Ebene im Netze $ABCDE$; von den Ebenen A, B, C, D werde P in den Geraden g_1, g_2, g_3, g_4, von den Strahlen ap, bp, cp, dp in den Punkten p_1, p_2, p_3, p_4 getroffen. Im Netze $bcde_1$ hat die Gerade g_1 die Koordinaten $u_2 u_3 u_4$, die Projektion p' des Punktes p aus a auf A die Koordinaten $x_2 x_3 x_4$.

§ 22. Koordinaten.

Bezeichnet man den Punkt $g_1 g_2$ d. i. ABP (also den Durchschnittspunkt der Geraden cd mit der Ebene P) mit γ_{12} usw., so liegen $\gamma_{12} p_3 p_4$ auf einer Geraden (nämlich auf den Ebenen P und cdp) usw.

Wenn von den Geraden $g_1 g_2 g_3 g_4$ keine drei durch einen Punkt gehen (d. h. wenn P keinen Fundamentalpunkt enthält, oder wenn $u_1 u_2 u_3 u_4$ von Null verschieden sind), so kann man auf der Ebene P etwa von g_1 den Pol ε in bezug auf $g_2 g_3 g_4$ (oder $\gamma_{34}\gamma_{24}\gamma_{23}$) konstruieren und findet

$$x_2 u_2, \quad x_3 u_3, \quad x_4 u_4$$

als Koordinaten von p_1 im Netze $g_2 g_3 g_4 g_1$ (oder $\gamma_{34}\gamma_{24}\gamma_{23}\varepsilon$),

$$-x_1 u_1 - x_3 u_3 - x_4 x_4, \quad x_3 u_3, \quad x_4 u_4$$

als Koordinaten von p_2 in demselben Netze, usw. Wird nämlich in der Ebene A der Punkt p' aus b auf die Gerade cd nach p'' projiziert, so erhält man nach einer oben (Seite 164) gemachten Bemerkung, wenn man noch berücksichtigt, daß $p'' p_2 \gamma_{34}$ auf einer Geraden (nämlich auf den Ebenen P und abp) liegen, und daß die Indizes permutiert werden dürfen:

$$(\gamma_{13}\gamma_{14}\gamma_{12} p'') = -\frac{x_4 u_4}{x_3 u_3},$$

$$p_2(\gamma_{13}\gamma_{14}\gamma_{12}\gamma_{34}) = \gamma_{34}(\gamma_{13}\gamma_{14}\gamma_{12} p_2) = -\frac{x_4 u_4}{x_3 u_3},$$

$$p_2(\gamma_{31}\gamma_{14}\gamma_{24}\gamma_{13}) = -\frac{x_1 u_1}{x_3 u_3}, \quad \gamma_{34}(\gamma_{24}\gamma_{23}\gamma_{12} p_1) = -\frac{x_3 u_3}{x_4 u_4},$$

$$p_2(\gamma_{34}\gamma_{14}\gamma_{24}\gamma_{12}) = p_2(\gamma_{34}\gamma_{14}\gamma_{24}\gamma_{13}) \cdot p_2(\gamma_{34}\gamma_{14}\gamma_{13}\gamma_{12}) = \frac{-x_1 u_1}{x_3 u_3 + x_4 u_4},$$

$$p_2(\gamma_{13}\gamma_{34}\gamma_{23}\gamma_{24}) = \frac{-x_4 u_4}{x_1 u_1 + x_3 u_3}, \quad \gamma_{24}(\gamma_{23}\gamma_{34}\gamma_{13} p_2) = \frac{x_4 u_4}{x_1 u_1 + x_3 u_3 + x_4 u_4};$$

$$\gamma_{34}(\gamma_{21}\gamma_{23}\varepsilon p_1) = \gamma_{34}(\gamma_{24}\gamma_{23}\varepsilon \gamma_{12}) \cdot \gamma_{34}(\gamma_{24}\gamma_{23}\gamma_{12} p_1) = \frac{x_3 u_3}{x_4 u_4},$$

$$\gamma_{24}(\gamma_{23}\gamma_{34}\varepsilon p_1) = \frac{x_4 u_4}{x_2 u_2}, \quad \gamma_{23}(\gamma_{34}\gamma_{24}\varepsilon p_4) = \frac{x_2 u_2}{x_3 u_3}.$$

$$\gamma_{34}(\gamma_{24}\gamma_{23}\varepsilon p_2) = \gamma_{31}(\gamma_{24}\gamma_{23}\varepsilon p_1) = \frac{x_3 u_3}{x_4 u_4},$$

$$\gamma_{24}(\gamma_{23}\gamma_{34}\varepsilon p_2) = \frac{-x_4 u_4}{x_1 u_1 + x_3 u_3 + x_4 u_4},$$

$$\gamma_{23}(\gamma_{34}\gamma_{24}\varepsilon p_2) = \frac{x_1 u_1 + x_3 u_3 + x_4 u_4}{-x_3 u_3}.$$

Liegt p auf P, so fällt p mit p_1, p_2, p_3, p_4 zusammen, die Summe $x_1 u_1 + x_2 u_2 + x_3 u_3 + x_4 u_4$ wird Null, und umgekehrt. Von der Beschränkung, daß P keinen Fundamentalpunkt enthalten soll, kann man sich leicht befreien. Sind daher $q(y_1 y_2 y_3 y_4)$, $r(z_1 z_2 z_3 z_4)$, $s(t_1 t_2 t_3 t_4)$ Punkte des Netzes $abcde$, und setzt man die Determinanten

$$\begin{vmatrix} y_2 & y_3 & y_4 \\ z_2 & z_3 & z_4 \\ t_2 & t_3 & t_4 \end{vmatrix} = v_1, \quad \begin{vmatrix} y_3 & y_1 & y_4 \\ z_3 & z_1 & z_4 \\ t_3 & t_1 & t_4 \end{vmatrix} = v_2,$$

§ 22. Koordinaten.

$$\begin{vmatrix} y_1 & y_2 & y_4 \\ z_1 & z_2 & z_4 \\ t_1 & t_2 & t_4 \end{vmatrix} = v_3, \quad -\begin{vmatrix} y_1 & y_2 & y_3 \\ z_1 & z_2 & z_3 \\ t_1 & t_2 & t_3 \end{vmatrix} = v_4,$$

so verschwinden die Summen

$$y_1 v_1 + y_2 v_2 + y_3 v_3 + y_4 v_4, \quad z_1 v_1 + z_2 v_2 + z_3 v_3 + z_4 v_4,$$
$$t_1 v_1 + t_2 v_2 + t_3 v_3 + t_4 v_4,$$

und es stellen $v_1 v_2 v_3 v_4$ eine Ebene dar, die zum Netze $ABCDE$ gehört und die Punkte q, r, s enthält, d. h.: *Verbindet man drei Punkte des Netzes $abcde$, so erhält man eine Ebene des Netzes $ABCDE$; sucht man den Durchschnittspunkt dreier Ebenen des Netzes $ABCDE$, so erhält man einen Punkt des Netzes $abcde$.* Demnach fallen die Geraden, die je zwei Punkte des Netzes $abcde$ verbinden, mit den Geraden, in denen je zwei Ebenen des Netzes $ABCDE$ sich schneiden, zusammen. Diese Geraden sollen „*Geraden des Netzes $abcde$*" oder „*Geraden des Netzes $ABCDE$*", die Ebenen des Netzes $ABCDE$ auch „*Ebenen des Netzes $abcde$*", ihre Koordinaten auch „*Koordinaten im Netze $ABCDE$*" die Punkte des Netzes $abcde$ auch „*Punkte des Netzes $ABCDE$*", ihre Koordinaten auch „*Koordinaten im Netze $ABCDE$*" heißen. *Alle Punkte, Geraden und Ebenen, die aus den Punkten $abcde$ oder aus den Ebenen $ABCDE$ durch graphische Konstruktionen hervorgehen, sind Elemente des Netzes $abcde$ (oder des Netzes $ABCDE$).* Und *alle Elemente des Netzes werden aus den Punkten $abcde$ oder aus den Ebenen $ABCDE$ durch graphische Konstruktionen hergestellt.*

Die Gleichung $x_1 u_1 + x_2 u_2 + x_3 u_3 + x_4 u_4 = 0$ ist die notwendige und hinreichende Bedingung für das Aneinanderliegen der Elemente $(x_1 x_2 x_3 x_4)$ und $(u_1 u_2 u_3 u_4)$, von denen das eine ein Punkt, das andere eine Ebene des Netzes $abcde$ ist.

Das Element $(x_1 x_2 x_3 x_4)$ werde mit x bezeichnet, das Element $(y_1 y_2 y_3 y_4)$ mit y usw. Durch die Punkte x und y des Netzes $abcde$ kann man vier zum Netze gehörige Ebenen legen, indem man die Gerade xy mit vier Punkten $pqrs$ des Netzes verbindet. Die Ebene xyp hat die Koordinaten $\Sigma \pm x_2 y_3 p_4$, $\Sigma \pm x_3 y_1 p_4$ usw., so daß

$$CD(A, B, E, xyp) = \frac{\Sigma \pm x_2 y_3 p_4}{\Sigma \pm x_3 y_1 p_4},$$

ebenso

$$CD(A, B, E, xyq) = \frac{\Sigma \pm x_2 y_3 q_4}{\Sigma \pm x_3 y_1 q_4}$$

usw. Folglich bestimmen die Ebenen xyp, xyq, xyr, xys ein Doppelverhältnis

$$\frac{\Sigma \pm x_2 y_3 p_4 \cdot \Sigma \pm x_3 y_1 r_4 - \Sigma \pm x_3 y_1 p_4 \cdot \Sigma \pm x_2 y_3 r_4}{\Sigma \pm x_2 y_3 q_4 \cdot \Sigma \pm x_3 y_1 r_4 - \Sigma \pm x_3 y_1 q_4 \cdot \Sigma \pm x_2 y_3 r_4}$$
$$\times \frac{\Sigma \pm x_2 y_3 q_4 \cdot \Sigma \pm x_3 y_1 s_4 - \Sigma \pm x_3 y_1 q_4 \cdot \Sigma \pm x_2 y_3 s_4}{\Sigma \pm x_2 y_3 p_4 \cdot \Sigma \pm x_3 y_1 s_4 - \Sigma \pm x_3 y_1 p_4 \cdot \Sigma \pm x_2 y_3 s_4}.$$

§ 23. Die stetige Zahlenreihe in der Geometrie. 171

Bedeutet daher z. B. $(xypr)$ die Determinante $\Sigma \pm x_1 y_2 p_3 r_4$, so ist
$$xy(pqrs) = \frac{(xypr)(xyqs)}{(xyqr)(xyps)}.$$
Im Falle $x_3 y_4 - x_4 y_3 = 0$, d. i. $x_3 : x_4 = y_3 : y_4$, ersetzt man $ABCD$ durch eine Permutation.

Auf der Durchschnittslinie zweier Ebenen u und v des Netzes $abcde$ werden vier Punkte des Netzes bestimmt, indem man die Gerade uv mit vier Ebenen $\alpha\beta\gamma\delta$ des Netzes durchschneidet. Für diese Punkte ergibt sich das Doppelverhältnis
$$uv(\alpha\beta\gamma\delta) = \frac{(uv\alpha\gamma)(uv\beta\delta)}{(uv\beta\gamma)(uv\alpha\delta)}.$$
Sind also $xypqrs$ gleichartige Elemente des Netzes $abcde$, und liegen von den fünf Elementen $pqrsx$ keine vier in einem Gebilde zweiter Stufe, so bestehen mindestens drei von den Doppelverhältnissen
$$rs(pqxy), \quad qs(prxy), \quad qr(psxy) \text{ usw.},$$
d. h. y ist ein Element des Netzes $pqrsx$, und überhaupt alle Elemente des Netzes $abcde$ gehören zum Netze $pqrsx$, insbesondere $abcde$, $ABCDE$ selbst. *Bezeichnet man mit $pqrsx$ fünf Punkte des Netzes $abcde$, von denen keine vier in einer Ebene liegen, oder fünf Ebenen des Netzes $abcde$, von denen keine vier durch einen Punkt gehen, so sind alle Elemente des Netzes $abcde$ auch Elemente des Netzes $pqrsx$ und umgekehrt.*

§ 23. Die stetige Zahlenreihe in der Geometrie.

Wurden fünf Punkte a, b, c, d, e festgehalten, von denen keine vier in einer Ebene liegen, so konnten wir jedes Element des Netzes $abcde$ durch Zahlen darstellen. Jeder graphischen Beziehung zwischen solchen Elementen entsprach ein gewisser Zusammenhang zwischen den Zahlen, die zur Darstellung der Elemente dienten. Es war aber noch nicht zu erkennen, ob sich die analytische Behandlung auf *alle* Elemente ausdehnen läßt.

Zuerst waren Zahlen zur Unterscheidung der Elemente von Netzen in einförmigen Gebilden eingeführt worden; wir werden demgemäß auch jetzt zuerst ein einförmiges Gebilde in Betracht ziehen. Es seien a, b, e beliebige Punkte einer Geraden, die den eigentlichen Punkt p enthält, und in dieser Geraden mögen die eigentlichen Punkte f und g auf verschiedenen Seiten von p angenommen werden. Im Netze abe kann ich (§ 21, Seite 159 f.) einen eigentlichen Punkt B zwischen f und p, einen eigentlichen Punkt E zwischen p und g, endlich einen nicht zur Strecke BE gehörigen Punkt A wählen, so daß BE durch Ap getrennt werden, und um festzustellen, ob p zum Netze abe gehört, brauche ich nur die Beziehung jenes Punktes zum Netze ABE zu untersuchen. Wenn nun der Punkt p

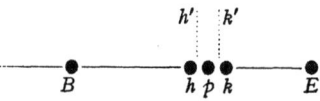

§ 23. Die stetige Zahlenreihe in der Geometrie.

einen Index im Netze ABE besitzt, so liegt dieser jedenfalls zwischen 0 und 1 (§ 21, Seite 159 f.); es wird daher genügen, die Punkte des Netzes ABE, die den Indizes

$$\frac{1}{2};\ \frac{1}{3},\ \frac{2}{3};\ \frac{1}{4},\ \frac{2}{4},\ \frac{3}{4};\ \ldots$$

entsprechen, der Reihe nach zu konstruieren und darauf zu achten, ob man unter ihnen dem Punkte p begegnet.

Allein nach den bereits in den beiden ersten Paragraphen (Seite 16 und 24, vgl. auch § 15 am Ende) gemachten Bemerkungen ist diese Konstruktion nicht beliebig weit auszudehnen, vielmehr besteht allemal *unter Berücksichtigung der Verhältnisse des einzelnen Falles* eine Grenze, die man nicht zu überschreiten hat. Um eine solche Grenze zu ermitteln, geht man von der Erwägung aus:

daß man in jedem einzelnen Falle eine Strecke MN anzugeben vermag, innerhalb deren einzelne Punkte nicht mehr voneinander unterschieden werden, und daß von jeder kongruenten oder kleineren Strecke dasselbe gilt. (Vgl. die Einleitung, Seite 2 f.) Man mache nun auf der Geraden ab zu beiden Seiten von p die Strecken ph und pk mit MN kongruent und bestimme zwei Punkte h' und k' des Netzes ABE, die zwischen p und h, bzw. zwischen p und k fallen; die Indizes von h' und k' im Netze ABE sind positive echte Brüche, die — auf den kleinsten gemeinschaftlichen Nenner gebracht — durch $\frac{r}{v}$, $\frac{s}{v}$ dargestellt werden mögen. Da p zwischen h' und k' liegt, so können (§ 21, Seite 159 f.) als etwaige Indizes von p im Netze ABE nur diejenigen (positiven, echt gebrochenen) Zahlen in Betracht kommen, die zwischen $\frac{r}{v}$ und $\frac{s}{v}$ liegen. Mindestens *eine* solche Zahl kommt in der Reihe

$$\frac{1}{v+1},\ \frac{2}{v+1},\ \ldots,\ \frac{v}{v+1}$$

vor; der entsprechende Punkt ist, wenn er nicht genau mit p zusammenfällt, doch nicht merklich von p verschieden, da er sonst zwischen h' und p oder zwischen p und k' müßte eingeschaltet werden können. Dasselbe gilt für die Nenner $v+2$, $v+3$, $\ldots$; überhaupt werden die Punkte, die den Zahlen zwischen $\frac{r}{v}$ und $\frac{s}{v}$ entsprechen, soweit deren Konstruktion gelingt, von p nicht merklich verschieden sein.

Wenn man nicht schon unter den positiven echten Brüchen mit kleinerem Nenner eine Zahl angetroffen hat, die den Punkt p genau darstellt, so wird es hernach zwecklos sein, die Versuche über den Nenner $v+1$ hinaus fortzusetzen, und so führt immer eine endliche Anzahl von Konstruktionen zu einer Zahl ξ, die als Index im Netze ABE den Punkt p *mit hinreichender Genauigkeit* darstellt. Endlich be-

§ 23. Die stetige Zahlenreihe in der Geometrie. 173

rechnet man eine rationale Zahl x, die als Index im Netze abe den Punkt p hinreichend genau angibt, aus der Gleichung

$$\xi = \frac{(abeA)-(abeE)}{(abeB)-(abeE)} \cdot \frac{(abeB)-x}{(abeA)-x}.$$

Es werde jetzt ein Strahlenbüschel mit eigentlichem Scheitel angenommen, und in ihm werden drei Strahlen $\alpha\beta\varepsilon$ festgehalten. Bezeichnet man mit ϱ einen beliebigen Strahl des Büschels, so entsteht die Frage, ob ϱ durch einen Index im Netze $\alpha\beta\varepsilon$ dargestellt werden kann. Man lege durch einen (vom Scheitel des Büschels möglichst entfernten) eigentlichen Punkt p des Strahles ϱ eine Gerade, die α, β, ε in a, b, e schneidet, und bestimme eine rationale Zahl x, die als Index im Netze abe den Punkt p genau oder doch hinreichend genau wiedergibt; die Zahl x, als Index im Netze $\alpha\beta\varepsilon$ aufgefaßt, darf für einen hinreichend genauen Repräsentanten des Strahles ϱ erklärt werden. Auf diese Bestimmung kann man immer zurückgehen, wenn in einem einförmigen Gebilde vier Elemente $a'b'e'p'$ gegeben sind und gefragt wird, ob zu p' ein Index im Netze $a'b'e'$ gehört; denn man kann im Büschel $\alpha\beta$ den Strahl ϱ derart konstruieren, daß die Figuren $\alpha\beta\varepsilon\varrho$ und $a'b'e'p'$ projektiv werden, und darf dann die nach der obigen Vorschrift bestimmte Zahl x, als Index im Netze $a'b'e'$ aufgefaßt, für einen hinreichend genauen Repräsentanten des Elementes p' erklären.

Da hiermit die Möglichkeit gegeben ist, *in jedem einförmigen Gebilde die Lage eines beliebigen Elementes gegen drei feste durch eine gewöhnliche Koordinate und folglich auch durch zwei homogene Koordinaten hinreichend genau zu bezeichnen*, so wird die entsprechende Forderung zunächst für die Gebilde zweiter Stufe ebenfalls erfüllbar. Sind z. B. $abce$ vier Punkte einer Ebene, von denen keine drei in gerader Linie liegen, p ein Punkt der Ebene abc außerhalb der Geraden bc, ca, ab, so untersucht man, wie der Strahl ap gegen die Strahlen ab, ac, ae liegt, der Strahl bp gegen bc, ba, be, usw. Hat man zwei dieser Strahlen möglichst genau durch Indizes in den betreffenden Netzen dargestellt, so geben die drei homogenen Koordinaten, die nach § 22, Seite 162 den beiden Indizes entsprechen, die Lage des Punktes p mit hinreichender Genauigkeit an. Versteht man endlich unter ΑΒΓΔΕ fünf Punkte, von denen keine vier in einer Ebene liegen, unter p einen Punkt außerhalb der Ebenen ΒΓΔ ΓΔΑ ΔΑΒ ΑΒΓ oder eine Ebene außerhalb der Bündel ΑΒΓΔ, so ergeben sich aus drei Indizes-Bestimmungen die vier homogenen Koordinaten eines mit p genau oder annähernd zusammenfallenden Elementes, und wenn es sich darum handelt, die Lage einer Geraden zu bezeichnen, so werden zwei an ihr gelegene Punkte oder Ebenen benutzt.

Übrigens kann man als gegebene Elemente in letzter Linie stets *eine Anzahl von eigentlichen Punkten* ansehen, die möglichst genau durch eigentliche Punkte des Netzes ΑΒΓΔΕ darzustellen sind. Dabei wird

§ 23. Die stetige Zahlenreihe in der Geometrie.

man die zwischen den gegebenen Elementen stattfindenden Beziehungen berücksichtigen; sollen z. B. vier Punkte $pqrs$ in einer Ebene liegen, aber pqr nicht in einer Geraden, so sucht man, nachdem die Punkte pqr und also auch die Ebene pqr dargestellt sind, von den drei für s erforderlichen Indizes nur zwei direkt auf, während man den dritten aus der Bedingung für das Aneinanderliegen der Ebene pqr und des Punktes s berechnet, usw.

Der Einfachheit wegen wollen wir *nur Punkte* als gegeben betrachten. Wenn diese nicht durchweg mit Punkten des Netzes ΑΒΓΔΕ genau zusammenfallen, wenn also die den ermittelten Koordinaten entsprechende Figur nicht genau mit der gegebenen übereinstimmt, so kann doch die analytische Untersuchung sich nur auf die erstere beziehen, und ihre Resultate werden an der letzteren sich *nur annähernd* bestätigen.

Die übliche Darstellung der Geometrie geht nicht auf den empirischen Ursprung der geometrischen Begriffe zurück und kennt daher nicht die Ungenauigkeit und die Beschränkungen, mit denen die hier vertretene empiristische Auffassung sich abfinden muß. So entsteht die Aufgabe, auf dem gewonnenen *empiristischen Unterbau* das übliche Lehrgebäude, das jene Hindernisse nicht kennt, zu begründen. Zu dem Zweck will ich von einem Grundgebilde erster Stufe, der geraden Punktreihe, ausgehen und darin ein Koordinatensystem Q voraussetzen, so daß der Punkt x durch die Formel $(x_1, x_2; Q)$ bezeichnet werden kann; dabei müssen wir den Quotienten der (homogenen) Koordinaten rational annehmen. Ist nun der Punkt g der Formel $(g_1, g_2; Q)$ eine hinreichend genaue Darstellung von x, so gilt dies auch vom Punkt h der Formel $(h_1, h_2; Q)$, wenn die Zahlenfolge (Zahl erster Stufe) $h_1 \mid h_2$ zwischen $x_1 \mid x_2$ und $g_1 \mid g_2$ liegt, d. h. der Quotient $h_1 : h_2$ zwischen $x_1 : x_2$ und $g_1 : g_2$. (Im Fall eines Quotienten ∞ ist eine Abänderung vorzunehmen.) Wir treffen nun die Bestimmung: Wenn die Zahl $h_1 \mid h_2$ zwischen $x_1 \mid x_2$ und $g_1 \mid g_2$ liegt, so soll $h_1 \mid h_2$, auch wenn $h_1 : h_2$ nicht rational ist, so behandelt werden, als wäre es eine im Koordinatensystem Q einem Punkte, und zwar einer Näherungsstelle für x, entsprechende Zahlenfolge, d. h. als wäre die Formel $(h_1, h_2; Q)$ die Formel eines Punktes h, der x annähernd darstellt. So erhalten wir eine nicht bloß überalldichte, sondern stetige Menge von Näherungsstellen, überhaupt eine stetige Menge von Punkten in der Punktreihe. Damit ist für die Gerade mit ihren Punkten die Auffassung erreicht, die in dem üblichen Lehrgebäude, in der *mathematischen Geometrie*, von vornherein als etwas Fertiges auftritt. Während die *physikalische Geometrie* gewisse Punktformeln, wie oben (x_1, x_2) und (h_1, h_2), nicht auseinander zu halten braucht, werden diese in der mathematischen Geometrie als „mathematische" Punkte unbedingt voneinander unterschieden. Indem man die vorstehende Betrachtung auf die Zahlen zweiter und dritter

§ 23. Die stetige Zahlenreihe in der Geometrie. 175

Stufe ausdehnt, gelangt man schließlich dazu, unter Annahme eines Koordinatensystems S folgende Bestimmungen zu treffen:

1. Die aus einer beliebigen Zahl dritter Stufe $x_1 \mid x_2 \mid x_3 \mid x_4$ gebildete Formel $(x_1, x_2, x_3, x_4; S)$ kann, wie eine Punktformel, Formel des *mathematischen Punktes* x, behandelt werden.

2. Die aus einer beliebigen Zahl dritter Stufe $u_1 \mid u_2 \mid u_3 \mid u_4$ gebildete Formel $(u_1, u_2, u_3, u_4; S)$ kann auch als Formel einer Ebene, der *mathematischen Ebene* u, behandelt werden, mit der Maßgabe, daß der Punkt x dann und nur dann der Ebene u angehört, wenn

$$u_1 x_1 + u_2 x_2 + u_3 x_3 + u_4 x_4 = 0.$$

3. Die Gesamtheit der mathematischen Punkte x, die zwei Ebenen u, v zugleich angehören, also die beiden Gleichungen

$$u_1 x_1 + u_2 x_2 + u_3 x_3 + u_4 x_4 = 0, \quad v_1 x_1 + v_2 x_2 + v_3 x_3 + v_4 x_4 = 0$$

erfüllen, heißt eine *mathematische gerade Linie*.

Ziehen wir hieraus, ehe wir weitere Bestimmungen treffen, einige Folgerungen. Vier mathematische Punkte x, y, z, t liegen dann und nur dann in einer Ebene[1]), wenn die Determinante $\Sigma \pm x_1 y_2 z_3 t_4$ verschwindet. Drei Punkte x, y, z liegen dann und nur dann in einer Geraden, wenn alle Determinanten dritten Grades aus der Matrix

$$\begin{vmatrix} x_1 & x_2 & x_3 & x_4 \\ y_1 & y_2 & y_3 & y_4 \\ z_1 & z_2 & z_3 & z_4 \end{vmatrix}$$

verschwinden. Nimmt man in einer Ebene drei Punkte a, b, c an, die nicht in gerader Linie liegen, so werden alle Punkte der Ebene durch die Zahlenfolge (Zahl dritter Stufe)

$$\varkappa a_1 + \lambda b_1 + \mu c_1, \quad \varkappa a_2 + \lambda b_2 + \mu c_2, \quad \varkappa a_3 + \lambda b_3 + \mu c_3,$$
$$\varkappa a_4 + \lambda b_4 + \mu c_4$$

dargestellt, wenn $\varkappa \mid \lambda \mid \mu$ alle Zahlen zweiter Stufe durchläuft. Nimmt man in einer Geraden zwei Punkte a, b an, so werden alle Punkte der Geraden durch die Zahlenfolge (Zahl dritter Stufe)

$$\varkappa a_1 + \lambda b_1 \mid \varkappa a_2 + \lambda b_2 \mid \varkappa a_3 + \lambda b_3 \mid \varkappa a_4 + \lambda b_4$$

dargestellt, wenn $\varkappa \mid \lambda$ alle Zahlen erster Stufe durchläuft. Werden die auf das Aneinanderliegen der „*Elemente*": Punkt, gerade Linie, Ebene bezüglichen Ausdrücke und Bezeichnungsweisen in dem früher erklärten Sinne weiter beibehalten, so erkennt man, daß in den vorstehenden Bemerkungen die Worte „Punkt" und „Ebene" miteinander vertauscht werden dürfen, und daß die Sätze 1, 2, 4, 5, 7—15 des § 8

---

[1]) Das Beiwort „mathematisch" wird bei den Punkten, Geraden und Ebenen im folgenden weggelassen, dagegen werden die eigentlichen und die durch solche definierten Elemente besonders kenntlich gemacht.

§ 23. Die stetige Zahlenreihe in der Geometrie.

gültig bleiben. Sind vier Ebenen eines Büschels gegeben, und nimmt man auf der Achse des Büschels zwei Punkte x, y und in jenen Ebenen, aber außerhalb der Achse, vier Punkte p, q, r, s, so stellt der Quotient

$$\frac{(xypr)\,(xyqs)}{(xyqr)\,(xyps)},$$

wo z. B. $(xypr)$ die Determinante $\Sigma \pm x_1 y_2 p_3 r_4$ bedeuten soll, eine nur von den gegebenen Ebenen abhängige Zahl vor. In Rücksicht hierauf schreibt man

4. in dem Büschel, dessen Achse die Punkte x und y enthält, den vier Ebenen, die nach den Punkten p, q, r, s (in dieser Reihenfolge) hingehen, ein bestimmtes *Doppelverhältnis* zu, das durch den Ausdruck

$$\frac{(xypr)\,(xyqs)}{(xyqr)\,(xyps)}$$

definiert wird. Ebenso wird

5. auf der Geraden, in der die Ebenen u und v sich durchschneiden, für die vier Punkte, durch die die Ebenen α, β, γ, δ (in dieser Reihenfolge) hindurchgehen, der nur von diesen vier Punkten abhängige Ausdruck

$$\frac{(uv\alpha\gamma)\,(uv\beta\delta)}{(uv\beta\gamma)\,(uv\alpha\delta)}$$

als *Doppelverhältnis* eingeführt.

Sind α, β, γ, δ die Ebenen xyp, xyq, xyr, xys, so kann man wählen:

$$\alpha_1 = \Sigma \pm x_2 y_3 p_4, \quad \alpha_2 = -\Sigma \pm x_1 y_3 p_4, \quad \alpha_3 = \Sigma \pm x_1 y_2 p_4,$$
$$\alpha_4 = -\Sigma \pm x_1 y_2 p_3$$

usw. und erhält:

$$(uv\alpha\gamma) = - \begin{vmatrix} u_1 & u_2 & u_3 & u_4 \\ v_1 & v_2 & v_3 & v_4 \\ \alpha_1 & \alpha_2 & \alpha_3 & \alpha_4 \end{vmatrix} \begin{vmatrix} x_1 & x_2 & x_3 & x_4 \\ y_1 & y_2 & y_3 & y_4 \\ r_1 & r_2 & r_3 & r_4 \end{vmatrix} = - \begin{vmatrix} u_x & u_y & u_r \\ v_x & v_y & v_r \\ \alpha_x & \alpha_y & \alpha_r \end{vmatrix},$$

wo z. B. $u_x = u_1 x_1 + u_2 x_2 + u_3 x_3 + u_4 x_4$. Da $\alpha_x = \alpha_y = 0$, $\alpha_r = -(xypr)$, so wird

$$(uv\alpha\gamma) = (xypr)(u_x v_y - u_y v_x),$$

ebenso

$$(uv\beta\delta) = (xyqs)(u_x v_y - u_y v_x)$$

usw. Die Differenz $u_x v_y - u_y v_x$ ist nicht Null, folglich haben die Ebenen $\alpha\beta\gamma\delta$ dasselbe Doppelverhältnis wie die perspektive Punktreihe auf der Geraden uv. Man schließt hieraus: Je zwei perspektive Punktreihen haben einerlei Doppelverhältnis, ebenso je zwei perspektive Ebenenbüschel.

6. Das feste Doppelverhältnis aller Punktreihen und Ebenenbüschel, die mit vier Strahlen eines Strahlenbüschels perspektiv liegen, wird das *Doppelverhältnis der vier Strahlen* genannt.

Das Doppelverhältnis von vier Elementen $abcd$ eines einförmigen

§ 23. Die stetige Zahlenreihe in der Geometrie.

Gebildes ist also gleich dem Doppelverhältnis jeder projektiven Figur. Diese Zahl soll auch der Index von d im Netze abc genannt werden; ist sie eine ganze Zahl n, so soll d das n^{te} Element des Netzes abc heißen.

7. Sind a, b, c, d vier Elemente in einem einförmigen Gebilde, so sagt man von den Paaren ab (oder ba) und cd (oder dc), daß sie *getrennt* oder *nicht getrennt* liegen, je nachdem das Doppelverhältnis von $abcd$ negativ oder positiv ist.

Die Worte „Punkt" und „Ebene" können auch jetzt überall miteinander vertauscht werden.

Die so eingeführten Begriffe werden wieder *graphische* oder *projektive* genannt. Aus ihnen werden alle Begriffe und Bezeichnungen, die wir in der *projektiven Geometrie* eingeführt hatten, auch jetzt in gleicher Weise abgeleitet. Dies ist freilich nur deshalb zulässig, weil alle graphischen Sätze — *und zwar jetzt ohne jeden Vorbehalt* — gültig bleiben, wie zunächst in Kürze gezeigt werden soll.

Das Doppelverhältnis von vier Punkten $pqrs$ einer Geraden läßt sich nämlich auf eine einfache Form bringen, wenn man zwei weitere Punkte a, b der Geraden einführt und dann für $i = 1, 2, 3, 4$ setzt:

$$p_i = a_i + \varkappa b_i, \quad q_i = a_i + \lambda b_i, \quad r_i = a_i + \mu b_i, \quad s_i = a_i + \nu b_i,$$

wodurch unter vorübergehender Benutzung von zwei willkürlichen Punkten xy auf einer die vorige nicht schneidenden Geraden jenes Doppelverhältnis

$$\frac{(xypr)(xyqs)}{(xyqr)(xyps)} = \frac{(\varkappa - \mu)(\lambda - \nu)}{(\lambda - \mu)(\varkappa - \nu)}$$

sich ergibt. Aus dieser Form leitet man sofort den Zusammenhang zwischen den durch Permutation der Punkte $pqrs$ sich ergebenden Doppelverhältnissen ab, wie er in § 21, Seite 157 angegeben ist, und überträgt ihn auf beliebige einförmige Gebilde. Man beweist ferner für fünf Elemente $pqrst$ eines einförmigen Gebildes, daß die Doppelverhältnisse der drei Figuren $pqst, pqtr, pqrs$ als Produkt die Eins liefern. Daraus folgt die Richtigkeit der vier letzten Sätze des § 7. Von den graphischen Sätzen des § 9 braucht nur einer hier bewiesen zu werden, etwa der dritte; behält man die dortigen Bezeichnungen bei, so liefern die Doppelverhältnisse der Figuren $KLii', LJkk', JKll'$ das Produkt Eins (vgl. die Betrachtung auf Seite 161 f.); wenn also das erste Doppelverhältnis negativ und das zweite positiv ist, so ist das dritte negativ. Die graphischen Sätze der §§ 10—12 werden aus den vorhergehenden graphischen Sätzen gefolgert. — Figuren mit gleichem Doppelverhältnis sind projektiv. Das Doppelverhältnis von vier harmonischen Elementen ist negativ und gleich seinem reziproken Werte, also $= -1$. Je vier Elemente mit dem Doppelverhältnis -1 sind harmonisch.

Unter Beibehaltung der vorigen Bezeichnungen findet man:

$$\overset{abs}{\operatorname{ind}} p = \frac{(xyas)(xybp)}{(xybs)(xyap)} = \frac{\nu}{\varkappa}, \quad \overset{abs}{\operatorname{ind}} q = \frac{\nu}{\lambda}, \quad \overset{abs}{\operatorname{ind}} r = \frac{\nu}{\mu},$$

§ 23. Die stetige Zahlenreihe in der Geometrie.

$$\overset{pqr}{\text{ind}}\, a = \frac{(xypr)(xyqa)}{(xyqr)(xypa)} = \frac{(\mu - \varkappa)\lambda}{(\mu - \lambda)\varkappa} = \frac{\dfrac{\nu}{\varkappa} - \dfrac{\nu}{\mu}}{\dfrac{\nu}{\lambda} - \dfrac{\nu}{\mu}};$$

wenn also im Netze abs der Index von r zwischen den Indizes von p und q liegt, so ist das Doppelverhältnis der Punkte $pqra$ negativ, die Paare pq und ra liegen getrennt. — Die Punkte $pqra$ liegen harmonisch unter der Bedingung

$$\frac{2}{\mu} = \frac{1}{\varkappa} + \frac{1}{\lambda}.$$

Diese ist u. a. erfüllt, wenn p, q, r im Netze abs die Indizes $n-1$, $n+1$, n besitzen, wo n eine ganze Zahl bedeutet, d. h. auch bei der jetzigen Definition der ganzzahligen Indizes wird der $(n-1)^{\text{te}}$ Punkt des Netzes vom $(n+1)^{\text{ten}}$ durch den n^{ten} und den Nullpunkt harmonisch getrennt, die Definition fällt also mit der früheren zusammen. Werden nun in einer Geraden die Punkte AB_1 durch $B_0 P$ getrennt, ist also das Doppelverhältnis der Punkte $AB_1 B_0 P$ negativ, folglich das der Punkte $AB_0 B_1 P$ größer als Eins, ist ferner n die größte positive ganze Zahl, die den Index von P im Netze $AB_0 B_1$ nicht übersteigt, B_n der n^{te} und B_{n+1} der $(n+1)^{\text{te}}$ Punkt des Netzes $AB_0 B_1$, so fällt entweder B_n mit P zusammen oder (der Index von P fällt zwischen n und $n+1$ und) es werden $B_n B_{n+1}$ durch AP getrennt. Damit ist jener graphische Lehrsatz des § 15 (Seite 110) erwiesen, der auf dem damaligen Standpunkte nicht aus graphischen Sätzen hergeleitet werden konnte, und es schließen sich daran ohne weiteres alle übrigen graphischen Sätze an, die wir in den §§ 15—18 abgeleitet haben. — Die Paare pq und rs sind für a äquivalent unter der Bedingung

$$\frac{1}{\lambda} + \frac{1}{\mu} = \frac{1}{\varkappa} + \frac{1}{\nu}, \quad \text{oder} \quad \frac{1}{\varkappa} - \frac{1}{\lambda} = \frac{1}{\mu} - \frac{1}{\nu}.$$

Um alle Sätze des § 21 auf irrationale Indizes ausdehnen zu können, bemerken wir, daß

$$\overset{apq}{\text{ind}}\, r = \overset{rqp}{\text{ind}}\, a = \frac{(\varkappa - \mu)\lambda}{(\varkappa - \lambda)\mu} = \frac{\dfrac{1}{\varkappa} - \dfrac{1}{\mu}}{\dfrac{1}{\varkappa} - \dfrac{1}{\lambda}},$$

und definieren für beliebige Lage der fünf Punkte:

$$\overset{a}{\text{ind}}\binom{rs}{pq} = \frac{\dfrac{1}{\mu} - \dfrac{1}{\nu}}{\dfrac{1}{\varkappa} - \dfrac{1}{\lambda}},$$

so daß

$$\overset{a}{\text{ind}}\binom{pr}{pq} = \overset{apq}{\text{ind}}\, r$$

§ 23. Die stetige Zahlenreihe in der Geometrie. 179

und mithin, wenn für a die Paare pq und rt äquivalent sind:

$$\operatorname{ind}{}^a\!\binom{rs}{pq} = \operatorname{ind}{}^a\!\binom{rs}{rt} = \operatorname{ind}{}^{art} s,$$

eine Erklärung, die man für die in § 21 betrachteten Punktreihen mit der dort gegebenen in Übereinstimmung bringt. Die in § 21 gegebenen Sätze werden jetzt auch für nicht durchweg rationale Indizes als gültig erkannt, zunächst in der Punktreihe, infolgedessen aber auch im Strahlen- und Ebenenbüschel. Dadurch fallen schließlich auch in § 22 die Beschränkungen weg, wonach die Koordinatenverhältnisse rationale Zahlen sein mußten und nur diejenigen Elemente durch Koordinaten darstellbar waren, die sich aus den das Koordinatensystem bestimmenden Elementen durch gewisse Konstruktionen ergeben. Der Koordinatenbegriff wird derart erweitert, daß aus irgend fünf Punkten, von denen keine vier in einer Ebene liegen, ein Koordinatensystem gebildet werden kann, wobei die Doppelverhältnisse in jedem Koordinatensysteme in gleicher Weise aus den Koordinaten berechnet werden und die Bedingung des Aneinanderliegens von Punkt und Ebene immer die nämliche Gestalt besitzt.

Die Stammbegriffe der projektiven Geometrie haben durch die vorstehenden Festsetzungen die umfassendere Bedeutung erlangt, auf die am Ende des § 15 hingewiesen wurde; sie sind in analytische Begriffe umgesetzt. Damit ist die *analytische Geometrie* für das Gebiet der projektiven Geometrie in der üblichen Gestalt gewonnen, wobei die krummen Gebilde außer Betracht geblieben sind. Die allgemeine Geometrie erwuchs aus einem *Kern*: Kernbegriffen, Kernsätzen. Der auf projektive Eigenschaften beschränkte Teil der Geometrie erwächst aus einem Stamm; der Stamm der projektiven Geometrie ist jedoch kein Kern; die projektiven Stammbegriffe und Stammsätze sind vielmehr abgeleitete Begriffe und Sätze, die auf Definitionen und Beweisen beruhen. Dieser Stamm ist jetzt rein analytisch geworden, nur die Einkleidung ist der Geometrie entnommen. Ein innerer Widerspruch in diesem Stamm wäre also ein Widerspruch innerhalb der Analysis; ein solcher muß aber hier als ausgeschlossen angesehen werden.

Wir waren, von den Figuren ausgehend, zu rein analytischer Behandlung aufgestiegen. Bei der Übertragung der analytischen Ergebnisse in die Figur kommt der am Ende des § 15 besprochene Satz zur Geltung. Um diesen jetzt aufstellen zu können, bedarf es nur noch der Bestimmung, daß

8. wenn a, b, c eigentliche Punkte auf einer Geraden sind, c zwischen a und b gelegen, jeder durch a und b nicht von c getrennte Punkt der Geraden ab ein „*Punkt der Strecke* ab" oder ein „*zwischen a und b gelegener Punkt*" und

9. wenn d und e Punkte der Strecke ab sind, jeder durch d und e

12*

von a oder b getrennte Punkt f der Geraden ab ein „*zwischen d und e gelegener Punkt*" genannt wird.

Von den Punkten der Strecke ab gelten die Sätze 6—18 und die Definition 4 des ersten Paragraphen; zum Beweise kann man die Indizes im Netze abc einführen, wobei die Punkte der Strecke ab allen positiven Werten entsprechen und der Index von f zwischen die Indizes von d und e fällt (vgl. § 21, Seite 159f.). Nehmen wir nun innerhalb einer geraden Strecke AB den uneigentlichen Punkt E, und setzen wir voraus, daß auf der Geraden AB Punkte $A_1 A_2 A_3 \ldots$ in unbegrenzter Anzahl definiert werden. Im Netze ABE seien $a_1 a_2 a_3 \ldots$ die Indizes der Punkte $A_1 A_2 A_3 \ldots$; diese positiven Zahlen besitzen eine positive untere Schranke c, derart, daß keine jener Zahlen unter den Wert c sinkt, daß aber, wenn d irgendeine über c gelegene Zahl bedeutet, nicht alle Zahlen $a_1 a_2 a_3 \ldots$ über d liegen. Ordnet man den Indizes c und d die Punkte C und D zu, so fällt C entweder nach B oder zwischen A und B; kein Punkt der Reihe $A_1 A_2 A_3 \ldots$ liegt zwischen B und C; zwischen A und D liegen nicht alle Punkte der Reihe. Damit ist der in § 15, Seite 114 angegebene Satz bewiesen, zugleich aber auch der allgemeinere:

Sind drei Elemente ABF in einem einförmigen Gebilde gegeben, und kann man in diesem Gebilde Elemente $A_1 A_2 A_3 \ldots$ in unbegrenzter Anzahl definieren, die von F durch A und B getrennt werden, so gibt es ein von F durch A und B getrenntes oder mit B identisches Element C, derart, daß, wie immer das von F und A durch C getrennte Element D in dem Gebilde gelegen sein mag, nicht alle Elemente der Reihe $A_1 A_2 A_3 \ldots$ durch A und D von F getrennt werden, während kein Element der Reihe durch B und C von F getrennt wird.

Diesen Satz kann man beispielsweise bei der Aufsuchung der Doppelelemente einer Involution im einförmigen Gebilde anwenden. Die Involution ist durch zwei Elementenpaare bestimmt; liegen die Paare getrennt, so sind keine Doppelelemente vorhanden (§ 16, Seite 119). Demnach seien etwa auf einer Geraden h die Punktepaare $a\alpha$, $b\beta$ in nicht getrennter Lage gegeben; die Paare $a\beta$, $b\alpha$ mögen getrennt liegen. Nimmt man auf h den Punkt c zwischen b und β für den Grenzpunkt a

und nennt γ den homologen Punkt in der durch die Paare $a\alpha$, $b\beta$ bestimmten Involution, so liegt für a auch γ zwischen b und β (§ 16, Seite 119), folglich γ entweder zwischen b und c oder zwischen c und β. Fassen wir nun diejenigen Lagen von c ins Auge, bei denen das letztere eintritt, und nennen wir f den durch diese Punktmenge nach dem vorstehenden Satze bestimmten Punkt der Geraden h zwischen b und β, so liegt f zwischen c und γ (denn zwischen β und γ liegt kein Punkt c); jedem Punkte zwischen b und f entspricht in der Involution ein Punkt zwischen β und f, und umgekehrt; folglich entspricht f sich selbst.

§ 23. Die stetige Zahlenreihe in der Geometrie. 181

ebenso (§ 16, Seite 119) der vierte harmonische Punkt g zu a α f. *Sind also in einem einförmigen Gebilde zwei nicht getrennte Elementenpaare gegeben, so besitzt die dadurch bestimmte Involution zwei Doppelelemente.* Die Frage nach den *Doppelelementen von zwei aufeinander liegenden einförmigen Gebilden, die projektiv, aber weder äquivalent noch involutorisch sind,* läßt sich auf den Fall der Involution zurückführen; denn solche Doppelelemente müssen zugleich Doppelelemente der durch die gegebene Projektivität nach dem letzten Satze des § 16 bestimmten Involution werden, und umgekehrt.

Zu demselben Ergebnis bezüglich der Involution führt die Gleichheit der Doppelverhältnisse $(ab\beta x)$ und $(\alpha\beta b\xi)$ für konjugierte Elemente $x\xi$. Setzt man zur Abkürzung die negative Zahl $(\alpha\beta b\alpha) = -m$, so wird

$$(ab\beta x) = 1 - (a\beta b x),$$

$$(\alpha\beta b\xi) = \frac{(\alpha\beta b a)}{(\alpha\beta \xi a)} = \frac{1+m}{1-(a\beta\xi a)} = \frac{1+m}{1+\frac{m}{(a\beta b\xi)}}$$

$$\big(1 - (a\beta b x)\big)\big(m + (a\beta b\xi)\big) = (1+m)(a\beta b\xi).$$

Wird x ein Doppelpunkt, werden also $(a\beta b x)$ und $(a\beta b\xi)$ eine und derselben Zahl φ gleich, so kommt: $\varphi^2 + 2m\varphi = m$ und

$$\varphi = -m \pm \sqrt{m(m+1)}.$$

Diese beiden Werte von φ sind die Koordinaten der Doppelpunkte f und g im Netze $a\beta b$. Da $m(m+1) < (1+m)^2$, so entspricht dem oberen Zeichen ein Wert $(a\beta b f)$ zwischen 0 und 1, dem unteren ein Wert $(a\beta b g) < -m$.

Beide Werte sind im allgemeinen *irrational*, und es entsteht daher die Frage, was sie geometrisch zu bedeuten haben. Dabei können wir uns auf den Fall beschränken, wo die gegebenen Punkte a, α, b, β eigentliche Punkte einer Geraden sind; m ist daher eine positive rationale Zahl und bezeichnet, als Index im Netze $a\beta b$ aufgefaßt, die Lage des Punktes α oder eines von α nicht merklich verschiedenen Punktes, der für die weitere Betrachtung an Stelle von α tritt. Der Index von f in jenem Netze

$$(a\beta b) = x, \text{ wo } 0 < x < 1,$$

ist im allgemeinen irrational, aber auch wenn er rational ist, so kann es vorkommen, daß er mehr Konstruktionen verlangt, als die Figur auszuführen gestattet. Man bestimme nun die positive ganze Zahl λ

$$\bullet \quad \bullet \quad \overset{f'}{\bullet}\bullet \quad \overset{e_1}{\bullet}\bullet \quad \bullet$$
$$a \quad b \quad A_v\; B_v \quad e_2\; \beta \quad \alpha$$

so groß, daß der dem Index λ im Netze $\beta a b$ entsprechende Punkt e_1 mit β eine Strecke begrenzt, die nicht größer ist, als die auf Seite 171 f. ein-

§ 23. Die stetige Zahlenreihe in der Geometrie.

geführte Strecke MN. Wenn im Netze $\alpha\beta e_1$ den Indizes 2, 3, ... die Punkte $e_2, e_3, \ldots$ entsprechen, so ist

$$(\alpha\beta b e_1) = \frac{1}{\lambda}, \quad (\alpha\beta b e_2) = \frac{2}{\lambda}, \quad (\alpha\beta b e_3) = \frac{3}{\lambda}, \ldots;$$

die Gebilde $ae_1\beta e_2$, $ae_2 e_1 e_3$, $ae_3 e_2 e_4$, ... sind harmonisch, und nach § 14, Seite 107 sind die Strecken $e_1 e_2$, $e_2 e_3$, ... kleiner als die Strecke βe_1, folglich auch kleiner als MN. In der Reihe

$$0, \frac{1}{w}, \frac{2}{w}, \ldots, \frac{w-1}{w}, 1$$

seien a_w, $a_w + \frac{1}{w}$ diejenigen Zahlen, zwischen denen x liegt, A_w und B_w seien die entsprechenden Punkte, und in der Reihe 2, 3, ..., λ sei v die erste Zahl, für die die Strecke $A_v B_v$ nicht größer als MN ausfällt. Ist dann x unter den Zahlen

$$\frac{1}{2}; \frac{1}{3}, \frac{2}{3}; \ldots; \frac{1}{v}, \frac{2}{v}, \ldots, \frac{v-1}{v}$$

nicht anzutreffen, so nenne man f' einen eigentlichen Punkt zwischen A_v und B_v; von den mit A_v und B_v in der Involution konjugierten Punkten liegt einer außerhalb der Strecke $A_v B_v$, der andere — etwa der mit A_v konjugierte — fällt zwischen A_v und B_v und ist also nicht merklich von f' verschieden. Da hiernach $A_v f'$ annähernd als ein Paar der Involution zu betrachten sind, so ist f' von seinem konjugierten Punkte nicht merklich verschieden und hat wenigstens annähernd die Eigenschaften des Punktes f. Deshalb wird bei der Anwendung der analytischen Geometrie der eigentliche Punkt, den wir vorhin f' genannt haben, geradezu mit f bezeichnet und als der dem Index x entsprechende Punkt, also als Doppelpunkt der Involution angesehen. — Nach der Auseinandersetzung auf Seite 172f. läßt sich dieses Ergebnis auf beliebige Involutionen in einförmigen Gebilden übertragen.

Um die berührte Frage allgemein zu erfassen, nehme ich an, daß auf analytischem Wege ein Punkt f ermittelt sei, der zu einer durch eigentliche Elemente eines Netzes ABΓΔE (vgl. S. 173f.) gegebenen Figur in einer vorgeschriebenen projektiven Beziehung steht. Wir haben dann für jenen Punkt Koordinaten $f_1 f_2 f_3 f_4$, deren Verhältnisse reell sind, aber nicht rational, oder doch zur genauen Konstruktion nicht geeignet zu sein brauchen. Das vorausgeschickte Beispiel mag genügen, um erkennen zu lassen, daß immer ein eigentlicher oder durch eigentliche Strahlen darstellbarer Punkt vorhanden ist, der zur gegebenen Figur genau oder annähernd in der verlangten Beziehung steht. *Dieser Punkt wird bei der Anwendung der analytischen Geometrie geradezu mit f bezeichnet und als die geometrische Darstellung der Punktformel (f_1, f_2, f_3, f_4) angesehen.*

Die gegebene Figur kann um den jetzt mit f bezeichneten Punkt erweitert und die erweiterte Figur von neuem· der analytischen Be-

§ 23. Die stetige Zahlenreihe in der Geometrie. 183

handlung unterworfen werden. Sucht man aber den ursprünglichen Bestimmungen gemäß Koordinaten im Netze A B Γ Δ E zu ermitteln, so fallen deren Verhältnisse nicht immer rational aus und brauchen jedenfalls mit den Verhältnissen der Zahlen $f_1 f_2 f_3 f_4$ — die wir doch soeben als Koordinaten von f hingestellt haben — nicht übereinzustimmen. Der hierin gelegene Widerspruch wird nur dadurch gehoben, daß wir der Ungenauigkeit, die den Koordinaten anhaftet, gehörig Rechnung tragen. Jede Koordinatenbestimmung wurde auf die Aufgabe zurückgeführt, in der Verbindungslinie zweier eigentlichen Punkte B, E die Lage des zwischen B und E gelegenen eigentlichen Punktes p durch einen Index im Netze ABE darzustellen, wobei wir A außerhalb der Strecke BE annahmen. Waren $\frac{r}{v}$ und $\frac{s}{v}$ die Indizes zweier eigentlichen Punkte h' und k', zwischen denen p liegt, derart, daß innerhalb der Strecke $h'k'$ einzelne Punkte nicht mehr voneinander unterschieden werden können, und ließ sich zu der zwischen $\frac{r}{v}$ und $\frac{s}{v}$ gelegenen rationalen Zahl ξ ein eigentlicher Punkt konstruieren, so war er von p nicht merklich verschieden, und wir nahmen deshalb ξ als Koordinate von p im Netze ABE. Diese Bestimmung ist aber (siehe Seite 174 f.) dahin zu erweitern, daß jede zwischen $\frac{r}{v}$ und $\frac{s}{v}$ gelegene — rationale oder irrationale — Zahl ξ' mit gleichem Rechte als Koordinate von p genommen werden kann; sucht man in der Tat ξ' auf die vorhin erörterte Weise innerhalb der Strecke BE darzustellen, so gelangt man zu einem von p nicht merklich verschiedenen Punkte. Dadurch ordnen wir dem Punkte p eine *stetige Folge von Zahlen* zu, deren jede die Lage von p mit hinreichender Genauigkeit wiedergibt; und die Koordinatenverhältnisse überhaupt erhalten, indem jedes aus einer gewissen Zahlenfolge willkürlich entnommen werden darf, diejenige Unbestimmtheit, die durch die am Schluß der Einleitung schon hervorgehobene Ungenauigkeit der geometrischen Begriffe bedingt wird. Die Rechnung folgert aus gegebenen Zahlenrelationen andere, die mit jenen unbedingt zusammenbestehen, und bringt aus gegebenen Zahlen andere hervor, die vorgeschriebenen Beziehungen zu den gegebenen Zahlen vollkommen genau entsprechen; *aber die Übertragung der Figur in Zahlen und die Rückkehr von den Rechnungsergebnissen zur Figur kann nicht mit gleicher Genauigkeit erfolgen.*

Wir haben im vorstehenden nur graphische Konstruktionen in Betracht gezogen, aber die mit dem Begriff der Kongruenz zusammenhängenden sind nicht minder mit Ungenauigkeit behaftet. Bezeichnet man, wie in § 20, Seite 147 mit $ABDEaa'$ eigentliche Punkte einer Ebene, derart daß Aa' in einer Geraden, A zwischen a und a', B und D auf einerlei Seite der aa', a und E auf verschiedenen Seiten der AB

liegen, aB und AD auf aa' senkrecht stehen und die Figuren ABa, BAE kongruent sind, so fällt in der Euklidischen Geometrie der Schenkel AE mit dem Schenkel AD zusammen, in der hyperbolischen fällt er zwischen die Schenkel AD und Aa, in der elliptischen zwischen die Schenkel AD und Aa'. Danach ist das Doppelverhältnis $A(BDaE)$ entweder Null oder negativ oder positiv. *Die Versuche ergeben, daß die Schenkel AD und AE zusammenfallen oder doch nicht merklich auseinandergehen.* Wir sind daher berechtigt, den Wert jenes Doppelverhältnisses, den Index des Strahles AE im Netze $A(BDa)$, aus einer stetigen Folge von positiven und negativen Zahlen, die in gewisser Nähe der Null liegen, beliebig zu entnehmen; aber wir sind nicht genötigt, ihn genau gleich Null zu setzen, wie es die Euklidische Geometrie verlangt, die freilich für die von uns betrachteten Figuren (vgl. § 1, Seite 16) *hinreichende* Genauigkeit besitzt.

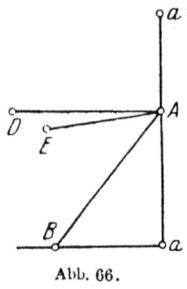

Abb. 66.

Die Grundlegung der Geometrie in historischer Entwicklung.

Einleitung.

A. Anfang. Die ersten Kenntnisse von den räumlichen Dingen sind gewiß unbeabsichtigt entstanden, wie sie noch heute bei jedem heranwachsenden Menschen entstehen können. Dann haben Lebensnotwendigkeiten, Hausbau und Ackerwirtschaft, Handwerk aller Art den Menschen veranlaßt, diese Kenntnisse bedeutend zu erweitern, und ihn zur Entdeckung mancher merkwürdigen und nicht immer einfachen Erscheinungen geführt. Zuerst die Griechen haben gleichsam Gedankenexperimente, die sich methodisch aufeinander aufbauen, dazu benutzt, um diese Kenntnisse fast ins Unabsehbare zu vermehren, Experimente, die man recht gut vergleichen kann mit denjenigen, die man von jeher zur Erforschung physikalischer Zusammenhänge, speziell in der Mechanik und auch heute noch in der Thermodynamik benutzt. Diese in der Geometrie üblichen Gedankenexperimente bezeichnen wir mit dem Namen „Konstruktionen". Sehr bald entstand bei den Griechen der Trieb, die außerordentliche Sicherheit der geometrischen Ableitungen sich klarzumachen, einmal dadurch, daß sie das Gedankenverfahren bei diesen Experimenten genauer untersuchten, andererseits indem sie die hierbei gemachten Voraussetzungen genauer analysierten. Dieses Bestreben bestand naturgemäß ganz besonders bei denjenigen Griechen, die mit wahrhaft umfassender Leidenschaft die „Weisheit" liebten, den echten Philosophen, insbesondere *Platon*[1]) und *Aristoteles*[2]). Derartige Bemühungen haben sich bei den Philosophen bis in die neueste Zeit fast ungeschwächt fortgesetzt. Sind doch die mathematischen, speziell die geometrischen Erkenntnisse eine besonders scharf charakterisierte, scheinbar besonders einfache „reine" Art von Erkenntnissen.

Freilich haben die Philosophen in den meisten Fällen den ersten Teil jener Untersuchungen bevorzugt, der sich mit der geometrischen *Methode* im allgemeinen beschäftigt, und den zweiten Teil den zünftigen Mathematikern überlassen. Denn auch die schaffenden Mathematiker sind sehr bald dazu gekommen, sich mit den Grundlagen der Geometrie genauer zu beschäftigen. *Hippokrates* von Chios (um 450 v. Ch.), derselbe,

---

[1]) Über die Beschäftigung *Platons* mit der mathematischen Methodik s. *Cantor*, Gesch. d. Math. Bd. I, Cap. X.

[2]) Vgl. *Heiberg*: Mathematisches zu Aristoteles, Abhandl. zur Gesch. d. math. Wiss. 1904.

welcher die wunderbaren quadrierbaren „Möndchen" entdeckte, hat nach dem Zeugnis des Proklos (um 400 n. Chr.) als erster *Elemente der Geometrie* (στοιχεῖα) geschrieben[1]). Es war ja charakteristisch, daß die Geometrie bei den Griechen im Gegensatz etwa zu der ägyptischen Praxis sehr früh *öffentlich* gelehrt wurde — eine Ausnahme hiervon bildete nur die alte pythagoreische Schule —, daß geometrische Abhandlungen abgefaßt und verbreitet wurden. Schließlich entstand eine Art Elementarbücher, in denen die Anfangsgründe der Wissenschaft dargestellt wurden. Dies führte naturgemäß dazu, ein für allemal bestimmte Grundtatsachen festzulegen, auf die sich der Lehrer bei der Fortentwicklung berufen konnte. So werden auch die Elemente von *Hippokrates*, die uns nicht erhalten sind, eine Sammlung von Grundtatsachen enthalten und damit die Grundlegung der Geometrie begonnen haben.

Aus dem Altertum ist uns nur eine einzige Elementarlehre erhalten, das berühmte Werk *Euklids* (ca. 330 v. Chr.[2])), das durch seine Vollkommenheit alle früheren verdrängte, jedes spätere überflüssig machte. Die στοιχεῖα *Euklids* beginnen mit einer ausführlichen, wohlgegliederten Darlegung der Voraussetzungen für die weitere Entwicklung, die wir später ausführlicher zu betrachten haben.

Es gab noch einen dritten Anlaß, sich ernsthaft mit den Grundlagen zu beschäftigen, das war die dem gesunden Menschenverstand scheinbar widersprechende Entdeckung der Pythagoreer (ungefähr 500 v. Chr.), daß es nichtrationale Streckenverhältnisse gibt, daß speziell Seite und Diagonale des Quadrates kein gemeinsames Maß besitzen. Gleichsam erschrocken hielt der auf der vertrauten Bahn der Erkenntnis rüstig fortschreitende Grieche an vor den zum ersten Male enthüllten geheimnisvollen Tiefen der Mathematik; zum ersten Male wurde der Mißklang zwischen Zahl und geometrischer Größe wahrgenommen[3]). Es wurde nötig, eine ganz „strenge", der unmittelbaren Anschauung nicht bedürfende Beweis-

---

[1]) Es ist wahrscheinlich, daß die geschichtliche Auseinandersetzung bei Proklos von *Eudemos* (4. Jh. v. Chr.) stammt, aber ganz sicher ist es nicht. Und so trifft man leider bei einer kritischen Untersuchung der Quellen für die Geschichte der griechischen Mathematik überall, auch in den wichtigsten Dingen, eine außerordentliche Unsicherheit. — Der Bericht des Proklos steht z. B. bei *Bretschneider*, Die Geometrie etc. vor Euklides, Lpz. 1870, S. 27 ff.

[2]) Von Euklidausgaben seien besonders hervorgehoben: a) *Heiberg* (griechisch mit lat. Übersetzung). Leipzig 1883 ff. b) *Heath*, The thirteen Books of Euclid's Elements, 3 Bde., Cambridge 1908 (englische Übersetzung und sehr vollständige Sammlung alles dessen, was mit dem Text in Zusammenhang ist). Für das Verständnis der Grundlagen der Geometrie ist es sehr vorteilhaft, *Euklid* gründlich zu lesen und seine Methoden mit den heutigen zu vergleichen.

[3]) Vgl. hierzu die bei *Cantor* Bd. I (3. Aufl.) S. 183 wiedergegebene alte Anekdote von dem mystischen Untergang des Entdeckers der irrationalen Verhältnisse, ferner *Platon*, Gesetze 819/820, wo jemand, der nicht weiß, daß es irrationale Streckenverhältnisse gibt (er denkt wahrscheinlich neben dem Verhältnis der Diagonale des Quadrates zur Seite auch an das Verhältnis der Körperdiagonale des Würfels zur Seite), als des Namens Mensch und Grieche unwürdig bezeichnet wird.

methode zu schaffen. So können wir in dem die Größenverhältnisse behandelnden Buch V von *Euklid* die erste uns erhaltene im modernen Sinne axiomatische Darstellung eines Teilgebietes der Mathematik bewundern. Da von *Hippokrates* durch *Eudemos* überliefert ist[1]), daß er bewies: „Die Inhalte von Kreisen verhalten sich wie die Quadrate der Durchmesser", so ist anzunehmen, daß schon *Hippokrates* die zur Begründung jener geometrischen Arithmetik nötigen Hilfsmittel besessen hat.

B. Hauptpunkte der Entwicklung. Man erkennt leicht vier Zentren für die Untersuchungen über die Grundlagen der Geometrie:

1. *Das Parallelenaxiom:* Von allen Voraussetzungen, auf die *Euklid* die Geometrie aufgebaut hat, ist die auffallendste das Parallelenpostulat. Seit dem Altertum hat man immer wieder versucht, diese Voraussetzung aus den übrigen abzuleiten, resp. auf eine einfachere zurückzuführen. Das 19. Jahrhundert hat diese Fragen vollständig geklärt:

a) Man kann das Parallelenaxiom nicht mit Hilfe „einfacherer" Voraussetzungen, speziell nicht mit Hilfe der übrigen in den Euklidischen Elementen gemachten Voraussetzungen ableiten.

b) Auch ohne das Parallelenaxiom kann man die Geometrie vollständig entwickeln, freilich auf einem schwierigeren Wege; diese Geometrie hat natürlich — wegen a) — einen allgemeineren Charakter als diejenige, bei deren Entwicklung das Parallelenaxiom als gültig vorausgesetzt wird. — Endlich hat man eine große Reihe der in Betracht kommenden Voraussetzungen auf ihre Äquivalenz mit dem Parallelenpostulat hin untersucht.

2. Schon *Archimedes*[2]) hat es für nötig gehalten, die Benutzung von *Stetigkeitsvoraussetzungen für Strecken- und Inhaltsgrößen* zu rechtfertigen. Hatten doch die Griechen in den allgemeinen Winkeln ein nicht stetiges (wir sagen heute „Nicht-Archimedisches") Größensystem entdeckt. *Euklid* III 16 zeigt nämlich (s. Fig. 1), daß der Winkel α zwischen dem Halbkreis und dem Durchmesser größer als jeder spitze Winkel (und kleiner als ein rechter Winkel) ist und

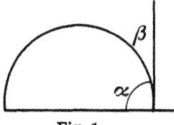

Fig. 1.

weiter, daß der Winkel β zwischen Tangente und Peripherie kleiner als jeder spitze Winkel ist, daß also die Neigung zweier Geraden nicht durch fortgesetztes Halbieren kleiner gemacht werden kann als die Neigung der Tangente gegen die Peripherie.

Die möglichst vollkommene Formulierung der Stetigkeitsvoraussetzungen und das damit zusammenhängende Problem, die Geometrie durch arithmetische Konstruktionen zu beherrschen, hat die Mathematiker bis in die neueste Zeit beschäftigt. Von besonderer Wichtigkeit sind die — sehr erfolgreichen — Bestrebungen gewesen, die Geometrie

---

[1]) Das sog. Hippokratesfragments. b. *Rudio*, Biblioth. math. 3. Folge. Bd. III. 1902.

[2]) In der Einleitung zur „Quadratur der Parabel". Archimedes-Ausgaben: a) *Heiberg* (griechisch mit lat. Übers.) Leipzig 1880/81. b) *Heath* 1897/1912 (englische Übersetzung), deutsche Übers. v. *Kliem*, Berlin 1914.

möglichst weit ohne Benutzung von Stetigkeitsbetrachtungen, sozusagen „elementar", zu entwickeln.

3. *Die projektive Geometrie*: Um die Wende des 19. Jahrhunderts hob sich rasch aus der Masse der übrigen geometrischen Phänomene ein Teil immer schärfer heraus, in dem nur ganz wenige der allgemeinen geometrischen Beziehungen zur Geltung kommen. In diesem Teil, der projektiven Geometrie, gibt es im wesentlichen nur Lagenbeziehungen, keine Größenbeziehungen (er wird deswegen zuweilen auch „Geometrie der Lage" genannt). Es entstand die Aufgabe, diesen Teil der Geometrie nur mit Hilfe von Voraussetzungen über die Lageigenschaften der geometrischen Gebilde zu entwickeln. — Die sich weiter erhebende interessante Frage, ob die projektive Geometrie im Sinne von 2. zur elementaren Geometrie gehört, also ohne Stetigkeitsvoraussetzungen abgeleitet werden kann, wurde bejahend beantwortet. Damit war ein bedeutender Fortschritt über *Euklid* hinaus erzielt. Endlich hat man wegen der besonderen Einfachheit den Bau der sich aufeinander stützenden Sätze in der projektiven Geometrie gründlich erforscht.

4. Seit dem Verfalle der griechischen Mathematik bis zum Ende des 18. Jahrhunderts ist die Grundlegung der Mathematik sehr vernachlässigt worden. Die ersten so wunderbar fruchtbaren Jahrhunderte der modernen Mathematik sind charakterisiert durch Mangel an Systematik und naive Sorglosigkeit. Aber vom Beginn des 19. Jahrhunderts an ist in immer stärkerem Maße das gesamte Fundament der Mathematik, besonders auch der Geometrie untersucht worden. In der Geometrie bedeutet in dieser Beziehung die erste Auflage des vorliegenden Buches einen gewissen Abschluß, weil hier zum ersten Male ein vollständiges Axiomsystem für die Elementargeometrie aufgestellt wurde. — Auch die logischen Elemente in dem mathematischen Schlußverfahren wurden von den Mathematikern schärfer untersucht. Es zeigte sich, daß es gar nicht einfach ist, zwischen rein mathematischen und rein logischen Beweiselementen zu scheiden. Hier spielt der Satz von der vollständigen Induktion eine ausgezeichnete Rolle.

Man kann, streng genommen, nicht von „den" Grundlagen der Geometrie reden. Denn Art und Umfang der Grundlegung ist in sehr viel höherem Maße abhängig von subjektiven Anschauungen des Bearbeiters als es mit anderen Gebieten der Mathematik der Fall ist. Was den Alten vollkommen streng erschien, kommt vielen heutigen Mathematikern naiv vor und selbst die arithmetische Begründung der Lehre von stetig ausgedehnten Größen durch *Dedekind* und *Weierstraß*, die der vorigen Generation endgültig erschien, wird heute nicht mehr als vollständig anerkannt. Wenn wir also die Ergebnisse der menschlichen Bestrebungen in diesem Gebiet übersehen und uns von der eigenen allzu subjektiven Einstellung befreien wollen, werden wir die historische Entwicklung zu Hilfe nehmen müssen[1]).

---

[1]) Eine gute Literaturübersicht findet man vor allem im Encycl.-Artikel III AB 1 (*Enriques*). Alles, was sich auf Untersuchungen über das Parallelenpostulat

Erstes Kapitel.
Das Parallelenpostulat.
§ 1. Das Postulat und ihm äquivalente Voraussetzungen.

Das Parallelenpostulat lautet bei *Euklid*[1]):
Καὶ ἐὰν εἰς δύο εὐθείας εὐθεῖα ἐμπίπτουσα τὰς ἐντὸς καὶ ἐπὶ τὰ αὐτὰ μέρη γωνίας δύο ὀρθῶν ἐλάσσονας ποιῇ, ἐκβαλλομένας τὰς δύο εὐθείας ἐπ' ἄπειρον συμπίπτειν, ἐφ' ἃ μέρη εἰσὶν αἱ τῶν δύο ὀρθῶν ἐλάσσονες (γωνίαι).

„Und wenn eine Gerade zwei Geraden (einer Ebene) schneidet und die inneren und auf einer Seite liegenden Winkel (zusammen) kleiner als zwei rechte macht, dann sollen die zwei Geraden, unbegrenzt verlängert, sich schneiden auf derjenigen Seite, wo die Winkel sind, die zusammen weniger als zwei rechte ausmachen."

Die *Stellung*, die dieser Satz, häufig kurz das Euklidische Postulat genannt, in dem Gebäude der Euklidischen Elemente einnimmt, ist eins der wenigen Dinge in diesem Werk, die nicht ganz sicher überliefert sind. Die Mehrzahl der uns erhaltenen Manuskripte der Elemente geben diesen Satz als elftes „Axiom" unter den κοιναὶ ἔννοιαι, d. i. unter denjenigen vorausgesetzten Eigenschaften geometrischer Gebilde, die von dem gemeinen Menschenverstand ohne weiteres als richtig anerkannt werden. Aber gerade die älteste Handschrift bringt den Satz als fünftes „Postulat" unter den αἰτήματα, die im wesentlichen Konstruktionspostulate sind. Bei dieser Stellung hat unser Satz die Bedeutung: „Wenn eine Gerade ..., dann wird gefordert, daß man den gemeinsamen Punkt der beiden Geraden konstruieren kann". Die genaue Untersuchung zeigt, daß die zweite Stellung wahrscheinlich der originalen Stellung entspricht und die Umstellung etwa durch den Bearbeiter *Theon von Alexandria* (370 n. Chr.) erfolgt ist. — Der dem Parallelensatz unmittelbar vorhergehende Satz über die Gleichheit aller rechten Winkel hat diesen Platz, damit in dem Parallelensatz von der Größe rechter Winkel gesprochen werden kann. Wenn also der Hauptsatz an eine andere Stelle gebracht wurde, dann mußte auch der Vorbereitungssatz mit verstellt werden.

Die Euklidische *Fassung* des Parallelenpostulats wird leicht als künstlich empfunden. Aber den Griechen würde eine dem heutigen Gebrauch entsprechende Fassung, etwa: „Liegt der Punkt P nicht auf der Geraden a, dann gibt es durch P höchstens eine Gerade, die a nicht schneidet",

---

(Nichteuklidische Geometrie) bezieht, findet man sehr gut bei *Bonola-Liebmann*, die Nichteuklidische Geometrie 2. Aufl., Lpz. 1919. Die ältere Literatur wird besonders berücksichtigt bei *Tropfke*, Geschichte der Elementarmathem. II. Aufl. Leipzig-Berlin 1921/24.

[1]) *Heiberg*, S. 8/9.

künstlich und unehrlich erscheinen. Daß es überhaupt eine a nicht schneidende Gerade durch P gibt, kann ja auf Grund der übrigen Voraussetzungen bewiesen werden (*Euklid* I 27, Satz vom Außenwinkel). Deswegen darf das Parallelenpostulat nicht die natürliche Fassung bekommen: durch P gibt es nur *eine a* nicht schneidende Gerade. Denn nach Möglichkeit wird man immer versuchen, die zugrunde zu legenden Voraussetzungen „teilfremd" aufzubauen, d. h. so, daß nicht ein Teil der einen Voraussetzung bereits aus den übrigen Voraussetzungen folgt. So kann man wohl behaupten, daß die Euklidische Fassung noch heute als die beste zu gelten hat — wenn man die Schlußworte: „ἐφ᾽ ἃ μέρη...", „auf derjenigen Seite..." wegläßt, weil diese Behauptung ebenfalls unmittelbar aus dem Satz 27 folgt.

Viele Mathematiker[1]) haben *bewußt* die Euklidische Voraussetzung durch andere ersetzt, die ihnen natürlicher erschienen. Andererseits kommen die meisten der angeblichen Beweise des Parallelenpostulats — es werden deren noch jetzt geliefert — dadurch zustande, daß, dem Verfasser unbewußt, sich in den Beweis Voraussetzungen einschleichen, die mit dem Parallelenpostulat äquivalent sind. Wir wollen einige von diesen Voraussetzungen aufführen. Sie zerfallen in zwei Gruppen:

1. Durch jeden Punkt eines Winkelraumes geht eine Gerade, die beide Schenkel schneidet. Oder: Zu jedem Dreieck gibt es einen umschriebenen Kreis.

2. Jedes Viereck liegt im Innern eines Dreiecks. Oder: Die Winkelsumme in einem Dreieck ist gleich zwei Rechten. Oder: Eine Figur kann ähnlich verändert werden.

Die ersten Voraussetzungen jeder Gruppe haben reinen Lagencharakter. Die anderen Voraussetzungen sind Aussagen über Größenbeziehungen. Während eine der Annahmen der zweiten Gruppe nur mit wesentlicher Benutzung von Stetigkeitsvoraussetzungen äquivalent ist mit dem Parallelenpostulat, ist das für jede der Annahmen der ersten Gruppe ohne jene Voraussetzungen der Fall. Z. B.: Ist (Figur 2) $\sphericalangle BAC = R$, $\sphericalangle DBA < R$ (D,C auf derselben Seite von AB) und die Halbgeraden BD und AC schneiden sich im Widerspruch zu dem Euklidischen Postulat nicht, dann tragen wir auf der anderen Seite von AB den

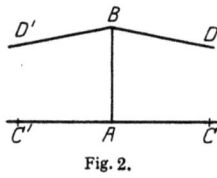
Fig. 2.

Winkel $D'BA$ gleich $\sphericalangle DBA$ an. Aus den Kongruenzsätzen folgt, daß auch BD' die Verlängerung AC' von CA über A hinaus nicht schneidet. Dann gibt es in dem von dem Winkel $D'BD$ gebildeten Raum durch den Punkt A keine Gerade, die beide Schenkel des Winkels schneidet. Also folgt umgekehrt aus der ersten Voraussetzung der Gruppe 1 die Gültigkeit des Euklidischen Postulats.

---

[1]) s. *Bonola-Liebmann*, Kap. 1.

§ 2. Erste Fortschritte über Euklid.

Euklid hat die ersten 28 Sätze des ersten Buches ohne Benutzung des Parallelenpostulates abgeleitet. Eine sehr fruchtbare Idee war es, zu versuchen, ob man nicht noch sehr viel weiter ohne Parallelpostulat kommen könne. Diese Idee, die ihren Ursprung wohl in dem Wunsche hatte, das Parallelenpostulat zu beweisen, führte *Saccheri* (1733) und *Lambert* (1766) zu wesentlich über *Euklid* hinausgehenden Resultaten[1]).

Das Wichtigste in jenen ersten Sätzen von *Euklid* kann man so zusammenfassen:

1. Die Kreislinie ist konvex. 2. Die Kreistangente steht senkrecht auf dem Durchmesser.

Saccheri und *Lambert* stellen analoge Untersuchungen über die *Abstandslinie* an, d. i. den Ort aller Punkte gleichen Abstandes von einer Geraden, der „Achse" a. In der Geometrie auf der Kugel ist sie wieder ein Kreis und auch in der hier in Betracht kommenden „Nichteuklidischen" Geometrie hat diese Linie die wichtigsten Eigenschaften mit der Kreislinie gemeinsam. Sie ist

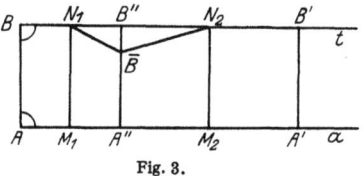

Fig. 3.

hier nämlich ein Kreis mit „imaginärem Radius", während der Ort in der gewöhnlichen Euklidischen Geometrie eine Gerade ist. — *Saccheri* und *Lambert* beweisen, daß auch die Abstandslinie, falls sie nicht eine Gerade ist, eine konvexe Kurve ist und daß in diesem Falle ihre Tangenten mit dem Lote auf a rechte Winkel bilden. Das hauptsächliche Beweismittel ist ebenso wie bei *Euklid* die Spiegelung. Als Beispiel möge der folgende Satz angeführt werden (Fig. 3):

Ist AB im Punkt A senkrecht auf der Achse a und t senkrecht auf AB in B, dann liegt auf t kein weiterer Punkt der Abstandslinie zu a durch B oder t ist selbst diese Abstandslinie.

Es mögen A', A'' weitere Punkte von a, $A'B'$ und $A''B''$ Lote auf a sein und B' und B'' auf t liegen. Dann wird also behauptet, aus $AB = A'B'$ folgt $A''B'' = AB$. Beweis: Nach Voraussetzung geht das Viereck $AA'BB'$ durch Spiegelung an der Mittelsenkrechten auf AA' in sich über, folglich ist auch der Winkel $A'B'B$ ein rechter. Man halbiere nun AA'' in M_1 und $A'A''$ in M_2, errichte in M_1 und M_2 Lote auf a, die t in N_1 und N_2 treffen, spiegele das Viereck ABM_1N_1 an M_1N_1 und das Viereck $A'B'M_2N_2$ an M_2N_2. Nach unserer Voraussetzung ($AB = A'B'$) liegen dann die Spiegelbilder von B und B' in demselben Punkte $\bar{B}$ von $A''B''$. Es sind aber die beiden Winkel $A''\bar{B}N_1$ und $A''\bar{B}N_2$ gleich einem

---

[1]) Die wichtigsten hierhergehörenden Teile der Schriften von *Saccheri*, *Lambert* und den folgenden Mathematikern sind gesammelt herausgegeben in *Stäckel* und *Engel*, Theorie d. Parallellinien von Euklid bis auf Gauß. Leipzig 1895.

Rechten. Folglich liegen die drei Punkte $\bar{B}$, N_1 und N_2 auf einer Geraden, und es fällt also $\bar{B}$ nach B''. Also folgt in der Tat aus unserer Voraussetzung $A''B'' = AB$.

Aus diesen Sätzen über die Abstandslinie folgen dann die wichtigen „Homogenitätssätze". 1. Ist für irgend ein Dreieck die Differenz d von zwei Rechten und der Summe der Dreieckswinkel $\gtreqless 0$, dann ist entsprechend in jedem Dreieck $d \gtreqless 0$. 2. Entsprechend ist in jedem Viereck $AA'BB'$ (Fig. 6), in dem die beiden Winkel bei A und A' rechte Winkel sind und $AB = A'B'$ ist, $AA' \gtreqless BB'$.

Eine neue Erkenntnisreihe wird begonnen, indem man durch die Betrachtung der beiden Zerlegungsfiguren (Fig. 4 und 5) einsieht, daß

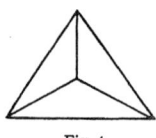

Fig. 4.

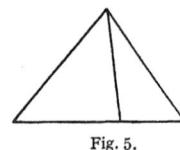

Fig. 5.

d eine Zerlegungsinvariante ist, d. i. daß, wenn mit d_i die entsprechende Größe für ein Teildreieck bezeichnet wird, bei allgemeinster Zerlegung eines Dreiecks in Teildreiecke $\Sigma d_i = d$ ist.

Lambert kommt durch die Betrachtung dieser Eigenschaften von d auf die Idee, die Größe d mit dem *Inhalt* des Dreiecks in Verbindung zu bringen. In der Tat kann man leicht, unabhängig vom Parallelenpostulat, jedes Dreieck in ein Viereck $ABCD$ verwandeln, bei dem die Winkel A und B rechte Winkel, die Winkel C und D gleich sind und für das die Seite CD eine vorgeschriebene Länge hat. Diese Verwandlung ist durch die Figuren 7 und 8 angedeutet. In 7 wird das Dreieck $CD'E'$ in das Dreieck CDE mit der vorgeschriebenen Seite CD verwandelt. In der Figur ist $D'M_1 = DM_1$, $D'M_2 = E'M_2$ und M_3 ist der Schnittpunkt der Geraden CDE und M_1M_2. Ferner ist $E'M_3 = EM_3$, daraus folgt

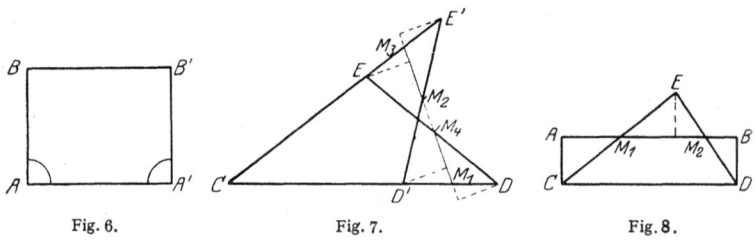

Fig. 6.   Fig. 7.   Fig. 8.

$EM_4 = DM_4$, wo M_4 der Schnittpunkt von ED und $M_1M_2M_3$ ist. Zum Beweise fälle man die Lote von D, D', E, E' auf $M_1M_2M_3M_4$ und beachte die in Fig. 8 dargestellten Paare von kongruenten Dreiecken. In Fig. 8

wird die Verwandlung des Dreiecks ECD in das Viereck $ABCD$ dargestellt. Hier ist $CM_1 = EM_1$, $DM_2 = EM_2$ und die Winkel A und B sind rechte. Nun gibt es aber, *falls die Abstandslinie keine Gerade ist*, keine zwei solcher Vierecke $CDAB$ und $CDA'B'$ mit gleicher Seite CD und gleichen Winkeln C und D, weil es sonst ein Rechteck $ABA'B'$ geben würde. Dreiecke mit gleichen d ergeben aber nach obigem auch Vierecke mit gleichen Basiswinkeln C und D. Daraus folgt, daß, falls die Abstandslinie keine Gerade ist, *zwei Dreiecke mit gleichen d in dasselbe Viereck $ABCD$ verwandelt werden können*, also in der Tat *zwei Dreiecke mit gleichen d inhaltsgleich sind*. Daraus folgt weiter, wegen des Verhaltens von d bei der Zusammensetzung, daß in diesem Falle die *Inhaltsgröße proportional mit d* sein muß; denn die Funktionalgleichung $f(d_1 + d_2) = f(d_1) + f(d_2)$ hat als stetige Lösung nur $f(d) \equiv cd$. Diese Erkenntnis war für die Weiterentwicklung der Untersuchungen über das Parallelenpostulat von großer Bedeutung (s. § 4).

Endlich schloß *Lambert* mit Hilfe von Stetigkeitsvoraussetzungen, daß der erste Fall von 1., $d > 0$, d. i. die Winkelsumme ist größer als zwei Rechte, resp. von 2., $AA' > BB'$, unmöglich sei. Den besonders einfachen Beweis, den *Legendre* (1791) für diesen Satz gegeben hat, wollen wir hier anführen (Fig. 9): Es seien $A, A_1, A_2 \cdots A_n$ Punkte auf einer Geraden und $AA_1 = A_1A_2 = \cdots = A_{n-1}A_n$; ferner $\sphericalangle BAA_1 = \sphericalangle B_1A_1A_2 = \cdots = R$ und $AB = A_1B_1 = \cdots A_nB_n$.

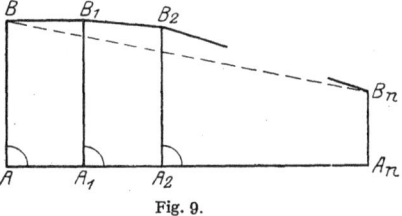

Fig. 9.

Wir wollen die Annahme $AA_1 = BB_1 + p$ als falsch nachweisen. Nach Konstruktion ist $BB_1 = B_1B_2 = \cdots = B_{n-1}B_n$, also $AA_n = BB_1 + B_1B_2 + \cdots + B_{n-1}B_n + np$; daraus (nach *Euklid* I 20: im Dreieck ist die Summe zweier Seiten größer als die dritte) $AA_n \geq BB_n + np$, andererseits nach demselben Satz $AA_n < BB_n + 2AB$. Aber, wenn wir voraussetzen, daß die Strecken ein stetiges Größensystem bilden, dann kann man n so groß wählen, daß $np > 2AB$ ist, wodurch die erste der Ungleichungen in Widerspruch zu der zweiten kommt.

§ 3. Die Begründung der Geometrie ohne Parallelenpostulat.

Wesentlich weiter als bis zu den Ergebnissen des vorigen Paragraphen sind *Saccheri*, *Lambert* und *Legendre* auf diesem Wege nicht gekommen, auch nicht *Gauß*, der sich sein Leben lang sehr viel mit diesen Fragen beschäftigt hat. Freilich vollzog sich bei *Lambert* und *Gauß* ein für die Entwicklung der mathematischen Methodik außerordentlich wichtiger Schritt, die Einsicht in die *Möglichkeit* einer allgemeineren Geometrie. Darauf werden wir in dem nächsten Paragraphen eingehen.

I. Das Parallelenpostulat.

Welche Probleme waren denn aber noch zu lösen, damit die *Begründung der allgemeineren Geometrie* als abgeschlossen betrachtet werden konnte? Man kann kurz antworten, es mußte eine Methode gefunden werden, um die geometrischen Probleme durch algebraische ersetzen zu können. Dieses Problem ist gelöst, wenn es gelingt, die *Bewegungen durch algebraische Beziehungen darzustellen*. Ordnet man etwa jedem Punkt einer Ebene das Paar der Abstände von zwei einander schneidenden Geraden zu, so liefern die den Parallelverschiebungen resp. Drehungen entsprechenden Streckenbeziehungen, nämlich die „Transformationsformeln"

$$x' = x + a \qquad\qquad x' = \frac{a}{c}x + \frac{b}{c}y$$
$$\text{resp.} \qquad\qquad\qquad\qquad\qquad \text{mit } a^2 + b^2 = c^2$$
$$y' = y + b \qquad\qquad y' = -\frac{b}{c}x + \frac{a}{c}y$$

die vollständige Lösung jenes Problems in der gewöhnlichen Geometrie. — Dieser Tatbestand wird durch die praktisch ungemein wichtige Einführung von Winkelgrößen, resp. Bogenlängen auf dem Kreis verschleiert, indem dadurch das scheinbar nicht algebraische System der trigonometrischen Beziehungen in die Geometrie hineinkommt. —

Die Aufstellung dieser Transformationsformeln der gewöhnlichen Geometrie wird durch die Proportionenlehre (*Euklid* V und VI) ermöglicht. Analysiert man diese genauer, so erkennt man als ihren Inhalt die Sätze über die Gruppe der Ähnlichkeitstransformationen in Verbindung mit der Gruppe der Parallelverschiebungen (s. Kap. II). (Man nennt eine Gesamtheit von Transformationen der Ebene oder des Raumes eine Gruppe, wenn zwei Transformationen nacheinander ausgeführt wieder eine Transformation ergeben und wenn zu jeder Transformation der Gesamtheit eine ebenfalls der Gesamtheit angehörende Transformation gefunden werden kann, die nach der ersten angewandt jeden Punkt wieder in die ursprüngliche Lage bringt.) Die Proportionenlehre kann mit Hilfe der Ähnlichkeitslehre nur in der Euklidischen Geometrie aufgebaut werden, denn nur hier gibt es ja ähnliche Figuren. Andererseits ist die Proportionenlehre eine direkte Folge der allgemeinen Theorie der projektiven Transformationen. Die Aussagen der projektiven Geometrie haben aber mit dem Parallelenpostulat nichts zu tun. In der Tat ist es möglich, die projektive Geometrie ohne Parallelenpostulat aufzubauen. Dadurch eröffnet sich ein Weg zur Begründung der Geometrie ohne dieses Postulat, indem man die Bewegungen als besondere projektive Transformationen darstellt. Dieser Weg ist in dem Hauptteil des vorliegenden Buches eingeschlagen. Er wird im § 1 des nächsten Kapitels dargestellt werden. Aber er ist erst gangbar geworden durch die Entwicklung der projektiven Geometrie im 19. Jahrhundert. Deswegen ist der Scharfsinn zweier Mathematiker auf das höchste zu bewundern, die beinahe gleichzeitig am Anfang des 19. Jahrhunderts (um 1830) und erstaunlicherweise auf demselben Wege zuerst diese zentrale

§ 3. Die Begründung der Geometrie ohne Parallelenpostulat.

Schwierigkeit der Geometrie überwanden: *Lobatschewskij*[1]) (1793—1856) und *Johann Bolyai*[2]) (1803—1860).

Da wir, wie bereits gesagt, den moderneren Weg, der über die projektive Geometrie führt, später ausführlich darstellen werden, wollen wir hier den Weg, den *Bolyai* und *Lobatschewskij* einschlugen, nur andeuten[3]). Sie entdeckten und benutzten — modern ausgedrückt — eine Gruppe von Bewegungen, die nur in dem Falle der Nichtgültigkeit des Parallelenpostulats existiert: es sei (Fig. 10) eine Gerade a gegeben und auf ihr ein Punkt A, ferner außerhalb a der Punkt P; ist dann BPA der kleinste Winkel, dessen Schenkel PB die Gerade a durch A nicht schneidet, so wollen wir BP und a parallel nennen. Die Flächen, die eine Schar von parallelen Geraden überall senkrecht schneiden, nennen wir Grenzkugeln; die Kurven, die von Ebenen durch Geraden der Schar aus den Grenzkugeln ausgeschnitten werden, nennen wir Grenzkreise. *Bolyai* und *Lobatschewskij* betrachten nun diejenigen Bewegungen des dreidimensionalen Raumes, bei denen eine Grenzkugel in sich übergeht. Die Gruppe dieser Bewegungen erweist sich als identisch mit der Gruppe der ebenen Bewegungen

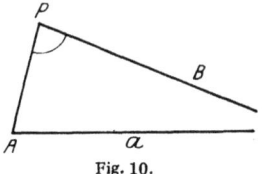

Fig. 10.

im Falle der gewöhnlichen Geometrie, oder elementarer und anschaulicher ausgedrückt: *auf der Grenzkugel gilt die gewöhnliche Geometrie*, falls man als Geraden die Grenzkreise ansieht. Für die Gebilde auf der Grenzkugel kann man folglich die Proportionenlehre zur Anwendung bringen. Dann beweist z. B. *Bolyai* zunächst entsprechend der üblichen Ableitung der sphärischen Trigonometrie, daß auf der endlichen Kugel auch in der allgemeineren Geometrie dieselben Formeln gelten wie in der Euklidischen. Auf Grund dieser Einsicht leitet er in einer übrigens noch sehr zu vereinfachenden Weise (s. u. S. 198) die Trigonometrie für die „Nichteuklidische" Ebene ab, d. i. für eine Ebene, in der das Euklidische Parallelenpostulat nicht erfüllt ist. Diese Trigonometrie ist überraschenderweise fast dieselbe wie die sphärische, denn ihre Formeln entstehen aus den sphärischen, indem man in diesen überall, wo die Maßzahl a einer Seite auftritt, an deren Stelle ia einsetzt. Dadurch entsteht aus:

$$\cos a = \frac{e^{ia} + e^{-ia}}{2} \text{ die Funktion } \mathfrak{Cof}\, a = \frac{e^a + e^{-a}}{2},$$

der hyperbolische Cosinus und aus

---

[1]) S. Urkunden zur Geschichte der Nichteuklidischen Geometrie. Bd. I. Lobatschewskij, hrsg. v. *Engel*, Leipzig 1898, ferner die Ausgaben von *Liebmann* in Ostwalds Klassiker Nr. 130 und Abhandl. z. Gesch. d. math. Wiss.. Bd. 19 (1902).

[2]) Urk. z. Gesch. d. Nichteuklidischen Geom. Bd. II. Wolfgang und Johann Bolyai, hrsg. v. *P. Stäckel*, Leipzig 1913. Johann B.s Werk „Appendix scientiam spatii absolutam exhibens etc." ist übersetzt Tl. 2, S. 182—216.

[3]) Vgl. neben den angeführten Hauptwerken von *Bolyai* und *Lobatschewskij* auch *Liebmann, H.*: Nichteuklidische Geometrie. 2. Aufl. Leipzig 1912.

196   I. Das Parallelenpostulat.

$$\sin a = \frac{e^{ia} - e^{-ia}}{2i} \quad \text{die Funktion} \quad i \, \mathfrak{Sin}\, a = i \cdot \frac{e^{a} - e^{-a}}{2},$$

der mit der imaginären Einheit multiplizierte hyperbolische Sinus. Aus der sphärischen Beziehung zwischen der Hypotenuse und den Katheten im rechtwinkligen Dreieck:

$$\cos c = \cos a \cos b$$

wird

$$\mathfrak{Cos}\, c = \mathfrak{Cos}\, a \, \mathfrak{Cos}\, b$$

und aus dem Kosinussatz im allgemeinen sphärischen Dreieck

$$\cos a = \cos b \cos c - \sin b \sin c \cos \alpha$$

wird

$$\mathfrak{Cos}\, a = \mathfrak{Cos}\, b \, \mathfrak{Cos}\, c + \mathfrak{Sin}\, b \, \mathfrak{Sin}\, c \cos \alpha.$$

§ 4. Differentialgeometrische Untersuchungen.

Auf diese neue Trigonometrie waren schon vor *Bolyai* und *Lobatschewskij Lambert, Schweikart, Taurinus* und *Gauß* gekommen. Es ist anzunehmen, daß die Entdeckung der Formel für den Inhalt des Dreiecks im Falle des Nichtgeltens des Parallelpostulats sie auf die Analogie mit der sphärischen Geometrie hinwies. Diese Analogie wurde verstärkt durch die Bemerkung, daß es in beiden Geometrien *ausgezeichnete, absolute Strecken* gibt, während es in der Euklidischen Geometrie nur ausgezeichnete Winkel gibt, in der sphärischen z. B. die Länge des größten Kreises, in der von *Lambert* usw. untersuchten die Strecke AB, die dadurch ausgezeichnet ist (s. Fig. 11), daß das Lot auf AB in A und die unter der Neigung eines halben rechten Winkels gegen AB in B gezogene Gerade parallel sind. Es kommt hinzu, daß die sphärische Geometrie eine außerordentliche Ähnlichkeit mit der gewöhnlichen ebenen Geometrie hat. Da nun, wie schon oben bemerkt, mit *Lambert* die Überzeugung begann, daß auch ohne Parallelenaxiom eine vernünftige Geometrie möglich war, so lag es nahe, eine der sphärischen Geometrie verwandte Trigonometrie zu suchen, in der die Winkelsumme im Dreieck sich als kleiner als zwei Rechte ergab. Und dies führte *Lambert* und nach ihm, am Anfang des 19. Jahrhunderts, *Gauß, Schweikart, Taurinus* auf die oben angegebene Trigonometrie. Das Substrat derselben, die Geometrie, in der diese Formeln galten, deren Möglichkeit freilich durchaus nicht klar war, wurde etwa pseudo-sphärische oder Astralgeometrie und von *Gauß*[1]) zum ersten Male Nichteuklidische Geometrie genannt.

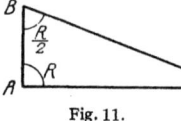
Fig. 11.

Die Vollendung dieser Ideen finden wir bei *Riemann*[2]), der vielleicht die Arbeiten von *Bolyai* und *Lobatschewskij* gar nicht kannte.

---

[1]) Brief an *Taurinus* v. 8. Nov. 1824. Ges. Werke VIII, S. 187.

[2]) „Über die Hypothesen, welche der Geometrie zu Grunde liegen." Habilit.-Vortrag Göttingen 1854, gedr. Göttinger Abhdl. XIII (1868). Ges. Werk 2. Aufl. S. 272. Leipzig 1892.

§ 4. Differentialgeometrische Untersuchungen.

Wir haben oben absolute Strecken in der sphärischen und in der *Bolyai-Lobatschewskij*schen Geometrie durch die Betrachtung der ganzen Kugel resp. der ganzen Ebene gefunden. Die *Gauß*schen Untersuchungen in der Flächentheorie führen uns dazu, auch in einem beliebig beschränkten Stück der Kugel oder Ebene absolute Strecken zu finden, etwa so: Ist u der Umfang und ϱ der Radius eines Kreises auf der Kugel mit dem Radius R, dann ist:

$$u = 2\pi R \sin \frac{\varrho}{R} = 2\pi \left(\varrho - \frac{\varrho^3}{6R^2} + \cdots \right),$$

also

$$\lim_{\varrho \to 0} \sqrt{\frac{\varrho}{6\varrho - \frac{3u}{\pi}}} = R.$$

Wir haben diese Schreibweise gewählt, damit der geometrische Sinn der Formel klar hervortritt. — Dieselbe Betrachtung können wir auf jeder Fläche machen, wenn wir die geodätischen Linien auf ihr als Geraden, die orthogonalen Trajektorien einer Schar von geodätischen Linien durch einen Punkt P als Kreise bezeichnen. Dann gibt das Quadrat dieses Grenzwertes den reziproken Wert der *Gauß*schen Krümmung der Fläche im Punkte P. — Auf dieselbe Weise können wir natürlich auch in der *Bolyai-Lobatschewskij*schen Ebene eine wegen der Verschiebbarkeit der Figuren in der Ebene (der „Beweglichkeit der Ebene in sich") überall gleiche absolute Strecke erzielen. Da aber, wie leicht zu sehen, das Verhältnis von Umfang und Radius eines Kreises hier stets größer als 2π ist, müssen wir in dem Nenner der oben stehenden Quadratwurzel die Vorzeichen vertauschen, um eine reelle Strecke zu erhalten. So ergibt sich für die neue Geometrie eine konstante negative Krümmung, falls wir den Ausdruck von der Flächentheorie her übertragen wollen.

Von diesen Ideen geht *Riemann* aus. Er operiert in einem beschränkten Raumstück, für das er im Falle der Dreidimensionalität voraussetzt: 1. Die Punkte sind durch eine dreifach ausgedehnte stetige Zahlenmannigfaltigkeit darzustellen. 2. Im Unendlichkleinen gilt die Euklidische Geometrie. 3. Der Raum ist mit derselben Freiheit beweglich (auf sich selbst längentreu abbildbar) wie der Euklidische Raum. Er findet dann, daß neben einer Geometrie mit dem Krümmungsmaß Null, die der Euklidischen Geometrie entspricht, nur zwei wesentlich verschiedene Geometrien möglich sind, die mit konstantem positivem Krümmungsmaß (der Geometrie auf der Kugel entsprechend) oder die mit konstantem negativem Krümmungsmaß (der *Bolyai-Lobatschewskij*schen entsprechend). Damit ist das Resultat jener beiden Mathematiker wieder erreicht. Aber man muß bedenken, daß bei *Riemann* ein sehr wesentliches Resultat vorausgesetzt wird, nämlich die Eigenschaft 2. Gerade die Ableitung dieses Resultates, daß im Unendlichkleinen, also auch im Büschel und damit auf der Kugel ohne Voraussetzung des Parallelenpostulats dieselben Sätze gültig sind, wie mit Voraussetzung des Parallelenpostulats, also der Herleitung der Gruppe der Drehungen um einen Punkt, bildet das Hauptstück in der *Bolyai*schen Ableitung. Ja, der deus ex machina bei *Bolyai* und *Lobatschewskij*, die Grenzkugelgeometrie ist ganz unnötig, wenn man die Geometrie auf der Kugel kennt. Es genügt eben, die Drehungsgruppe zu haben, um in ganz elementarer Weise die Trigonometrie resp. die Formeln für die Bewegungen abzuleiten. Das möge hier noch ganz kurz gezeigt werden:

Man betrachte die in zwei aufeinander senkrechten Ebenen (Fig. 12) liegenden Dreiecke BAC und DAC, die bei A resp. bei C rechtwinklig

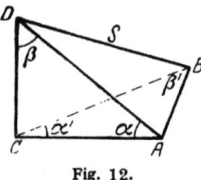

Fig. 12.

sein mögen, und das Tetraeder $ABDC$. Es sei $\sphericalangle DAC$ mit α, $\sphericalangle ADC$ mit β, $\sphericalangle ACB$ mit α', $\sphericalangle ABC$ mit β' bezeichnet. Dann steht DC auf ABC und BA auf ACD senkrecht, und die Winkel an den Kanten AB und CD sind gleich α resp. α'. Ist dann δ der Winkel an der Kante BD, dann ist auf Grund der sphärisch trigonometrischen Beziehungen an den Ecken B und D

$$\cos \delta = \cos \beta \sin \alpha' = \cos \beta' \sin \alpha.$$

Es ist also $\frac{\cos \beta}{\sin \alpha}$ (siehe Fig. 13) nur eine Funktion von der dem Winkel β gegenüberliegenden Kathete. Wir bezeichnen diese Funktion mit φ.

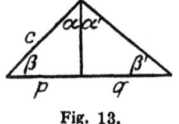

Fig. 13.

Wir betrachten nun ein in zwei rechtwinklige Dreiecke zerlegtes rechtwinkliges Dreieck (siehe Fig. 13) und erhalten nach obigem

$$\varphi(c) = \frac{\cos \beta'}{\sin \beta}, \text{ andrerseits } \frac{\cos \beta}{\sin \alpha} = \frac{\cos \beta'}{\sin \alpha'} = \frac{\cos \beta'}{\cos \alpha},$$

also $\varphi(c) = \operatorname{cotg} \alpha \operatorname{cotg} \beta$, womit wir die Beziehung zwischen der Hypotenuse und den Winkeln durch φ ausgedrückt haben.

Daher ist:

$$\varphi(p+q) = \operatorname{cotg} \beta \operatorname{cotg} \beta' = \operatorname{cotg} \beta \frac{\operatorname{cotg} \alpha \cos \beta}{\sqrt{1 - \operatorname{cotg}^2 \alpha \cos^2 \beta}},$$

ferner:

$$\varphi(p) = \frac{\cos \alpha}{\sin \beta}, \quad \varphi(q) = \frac{\sin \alpha}{\sqrt{1 - \operatorname{cotg}^2 \alpha \cos^2 \beta}}.$$

Durch Elimination von α und β erhalten wir

$$\varphi(p+q) = \varphi(p)\varphi(q) \pm \sqrt{\pm((\varphi(p))^2 - 1)} \sqrt{\pm((\varphi(q))^2 - 1)}.$$

In der sphärischen Geometrie ist das negative Vorzeichen zu nehmen, in der *Bolyai-Lobatschewskij*schen das positive, damit die Wurzelausdrücke reell sind. (In der Tat je nachdem $\alpha + \beta >$ oder $< R$ ist, ist auch $\frac{\cos \beta}{\sin \alpha} <$ oder > 1.) Diese Funktionalgleichung bestimmt aber φ als gewöhnliche resp. hyperbolische Kosinusfunktion. Damit ist die Ableitung der Trigonometrie im wesentlichen erledigt. Bei der Aufstellung der

Bewegungsgleichungen braucht man natürlich nur die Funktionalgleichung selbst. —

Freilich brauchen *Bolyai* und *Lobatschewskij* den ganzen Raum für ihre Konstruktion, *Riemann* nur das beliebig beschränkte Raumstück. Aber die ersteren mußten erst eine Gruppe von Bewegungen finden, deren analytische Darstellung bekannt war, *Riemann* hatte sie durch seine Voraussetzung. *Helmholtz*[1]), der zunächst unabhängig von *Riemann* und offenbar auch von *Bolyai* und *Lobatschewskij*, von der Sinnesphysiologie her kommend, Untersuchungen über die Grundlage der Geometrie anstellte, hat diese Lücke in dem *Riemann*schen Hypothesensystem erkannt und versucht, aus der Beweglichkeit der räumlichen Figuren direkt nachzuweisen, daß im Unendlichkleinen die Euklidische Geometrie gilt, also dasselbe Ziel zu erreichen, das *Lobatschewskij* und *Bolyai* als erstes Ziel zu erreichen gelang. Freilich entging ihm bei dieser Untersuchung zunächst gerade die Möglichkeit der Räume konstanter *negativer* Krümmung.

Riemanns Betrachtungen sind deswegen von der allergrößten Bedeutung, weil er sich als Erster definitiv losgelöst hat vom Euklidischen System der Axiome und in einem Punkte jedenfalls über *Euklid* und auch über *Bolyai* und *Lobatschewskij* herausgekommen ist. Denn dadurch, daß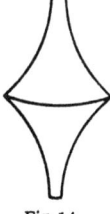

Fig. 14.

Riemann nur Voraussetzungen über das beschränkte Raumstück macht, wird der empirische Charakter der Geometrie betont: Über die Eigenschaften des gesamten Geraden- und Punktraumes, sofern er nicht etwa einmal als endlich nachgewiesen werden könnte, wird man niemals etwas aus Beobachtungen ermitteln können.

Riemann hat, wie gesagt, die Arbeiten der Begründer der Nichteuklidischen Geometrie wahrscheinlich nicht gekannt. Erst *Beltrami*[2]) hat darauf aufmerksam gemacht, daß die *Bolyai-Lobatschewskij*sche Geometrie der Ebene mit den Flächen konstanter negativer Krümmung, z. B. der Rotationsfläche der Traktrix

$$\sqrt{x^2 + y^2} = a \lg \frac{a + \sqrt{a^2 - z^2}}{z} - \sqrt{a^2 - z^2}$$

(s. Fig. 14), in engster Verbindung steht (s. u. S. 206).

§ 5. Unmöglichkeit, das Parallelenpostulat zu beweisen.

Aus der Form ihrer für die allgemeine Geometrie (von *Bolyai* absolute Geometrie genannt) entwickelten Formeln gewannen *Bolyai* und *Lobatschewskij* die Überzeugung, daß die Annahme, das Parallelenpostulat sei *nicht* erfüllt, mit den übrigen Euklidischen Voraussetzungen nicht im

---

[1]) Ges. wissensch. Abhandl. Bd. II, S. 610. 1866; S. 618 ff. 1868.
[2]) Saggio di interpretatione della geometria non-euclidea. Giorn. di mat. 1868, S. 6 und Ges. Werke Bd. I.

Widerspruch stände, oder was dasselbe ist, daß das Parallelenpostulat nicht aus den übrigen Voraussetzungen folge. Denn die Formeln bilden sicher ein in sich ebenso widerspruchfreies System wie das System der sphärischen Trigonometrie. Dies letztere aber folgt für die Kugel aus den Euklidischen Voraussetzungen. Also ist das neue System ebenso widerspruchsfrei wie das System der Euklidischen Voraussetzungen. *Bolyai* war nicht ganz zufrieden mit dieser Argumentierung. Denn noch im Alter[1]) hat er untersucht, ob nicht bei Anwendung der Formeln im Raum, etwa bei polyedrischen Figuren, ein Widerspruch entstehen könnte. Er konnte diesen Zweifel haben, weil er die Geometrie auf einer Hypersphäre, der dreidimensionalen Verallgemeinerung der Kugeloberfläche nicht in Betracht zog. Aber weder diese Überlegung noch die im vorigen Paragraphen dargestellten differentialgeometrischen Betrachtungen können endgültig davon überzeugen, daß das Parallelenpostulat unbeweisbar ist. Denn ein trigonometrisches System ist noch keine vollständige Geometrie. Zeigt sich doch gerade bei der Realisierung der Trigonometrie mit negativem Krümmungsmaß auf Flächen, daß es keine singularitätenfreie Fläche konstanter negativer Krümmung gibt[2]), also keine Realisation, bei der man jede Gerade nach beiden Seiten unbegrenzt hätte verlängern können, ohne an eine unüberschreitbare Grenze zu kommen, wie z. B. bei der Traktrixfläche (s. o. Fig. 14) an den Rückkehrkreis. Vielmehr erhebt sich gerade, wenn man wie *Riemann* vom beschränkten Raumstück ausgeht, die Frage nach der Erweiterung dieses Raumstücks, nach den möglichen Formen des ganzen Raumes, der durch Fortsetzung erzeugt wird, die Frage nach allen Euklidischen und Nichteuklidischen „Raumformen" (s. § 6).

Wir wollen nun sehen, wie zuerst die Unmöglichkeit, das Parallelenpostulat zu beweisen, durch ein vollständiges System zur Evidenz gebracht wurde. Wir wollen ein vollständiges Bild der Nichteuklidischen Geometrie konstruieren. Zunächst liefert ja der Euklidische Raum direkt eine zweidimensionale Geometrie mit konstantem positivem Krümmungsmaß, nämlich die Kugel. Auf der Kugel schneiden sich zwei Geraden (größte Kreise) in zwei Punkten, das Euklidische 6. Postulat: „Zwei Gerade sollen keinen Raum einschließen" ist nicht erfüllt. Wir betrachten deswegen besser das Bündel von Ebenen und Geraden durch einen Punkt P des Euklidischen Raumes und bezeichnen die Gerade g durch P als Punkt Γ unserer zu konstruierenden Geometrie, die Ebene e durch P als Gerade ε, den Winkel $< R$ zweier Geraden g und g_1 als den Abstand der Punkte Γ und Γ_1, die Winkel zweier Ebenen e und e_1 als die Winkel der Geraden ε und ε_1. Dann gelten in der so konstruierten Geometrie die meisten Euklidischen Voraussetzungen, speziell schneiden sich zwei Geraden nur in einem Punkt; nicht erfüllt sind dagegen die Euklidischen Voraussetzungen über die An-

---
[1]) Vgl. *Stäckel*: Math. u. Naturw. Ber. aus Ungarn Bd. XIII. 1902.
[2]) *Hilbert*: Grundlagen d. Geom. 5. Aufl., Anhang V. Leipzig 1922.

§ 5. Unmöglichkeit, das Parallelenpostulat zu beweisen. 201

ordnung der Strecken auf einer Geraden (die Gerade ist hier eine geschlossene Linie, bei *Euklid* eine „offene") und über die Anordnung der Punkte einer Ebene in bezug auf eine Gerade der Ebene (*Euklid* setzt stillschweigend voraus, daß eine Gerade die Punkte der Ebene in zwei Klassen (Halbebenen) trennt, hier trennt die Gerade nicht). Endlich haben je zwei Geraden hier einen Punkt gemeinsam: *es gibt keine parallelen Geraden.*

Für die *Bolyai-Lobatschewskij*sche Geometrie, in der von den Euklidischen Voraussetzungen nur das Parallelenpostulat nicht erfüllt ist, fehlt dagegen zunächst ein einfaches, ihre Widerspruchslosigkeit in Evidenz setzendes Bild. Dies liefert erst die projektive Geometrie: *Poncelet*[1]) hatte (um 1820) begonnen, die metrischen Beziehungen in der gewöhnlichen Geometrie (z. B. Eigenschaften von Kreisen, Brennpunktsätze usw.) durch Betrachtung der imaginären Kreispunkte und des imaginären Kugelkreises projektiv zu erfassen. Diese Einordnung der gewöhnlichen Geometrie in die allgemeine projektive wurde dann zuerst von *Laguerre* (1850) vollständig durchgeführt und veranlaßte *Cayley*[2]) zum Aufbau einer allgemeinen projektiven Metrik, der *projektiven Maßbestimmung,* die wir jetzt kurz auseinandersetzen wollen:

1. Sei C ein Punkt außerhalb der Geraden a, P irgendein von C verschiedener Punkt, P_a der Schnittpunkt von a und der Geraden CP, dann ordnen wir P einen solchen Punkt P_1 auf CP zu, daß PP_1 und CP_a harmonische Punkte sind, C und P_a ordnen wir sich selbst zu. Diese Zuordnung ist eine Kollineation, d. i. Punkten, die auf einer Geraden g liegen, entsprechen Punkte, die auf einer Geraden g_1 liegen. Die hier vorliegende spezielle Kollineation nennen wir kollineare Spiegelung (weil P_1 wieder in P übergeht), C ihr Zentrum, a ihre Achse, und bezeichnen sie kurz als Spiegelung (C, a).

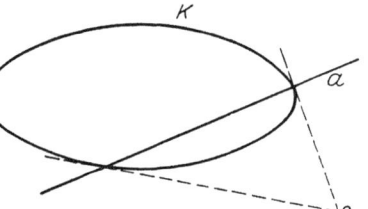

Fig. 15.

2. (Fig. 15.) Sei K ein Kegelschnitt und a die Polare zu C in bezug auf K, dann geht durch die Spiegelung (C, a) K in sich über (Vertauschung der beiden Seiten von g).

3. (Fig. 16.) Sei K ein Kegelschnitt,

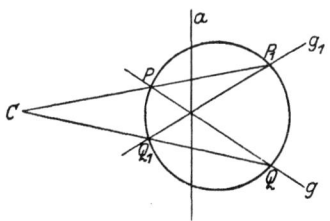

Fig. 16.

etwa ein Kreis, g und g_1 zwei Geraden, die den Kreis in P und Q resp. P_1 und Q_1 schneiden. Die Geraden PP_1 und QQ_1 mögen sich in C schneiden. Schneiden sich g und g_1 innerhalb von K, so liegt, unabhängig von der Bezeichnung, C außerhalb

---
[1]) Traité des proprietés projectives des figures. Paris 1822.
[2]) A sixth memoir upon quantics. Lond. Trans. 1859, S. 149 und Coll. pap. Bd. 2.

von K. Schneiden sich g und g_1 außerhalb von K, dann liegt einer der Punkte C innerhalb, einer außerhalb von K. Schneiden sich g und g_1 auf K, dann wollen wir die Bezeichnung so wählen, daß dieser Schnittpunkt mit P und P_1 bezeichnet wird. Als Gerade PP_1 wählen wir in diesem Falle die Tangente an K in $P = P_1$. Dann liegt C also außerhalb von K. Wir konstruieren P_a und Q_a so, daß CP_a und PP_1 sowie CQ_a und QQ_1 harmonische Punktepaare sind. a sei die Verbindungs-

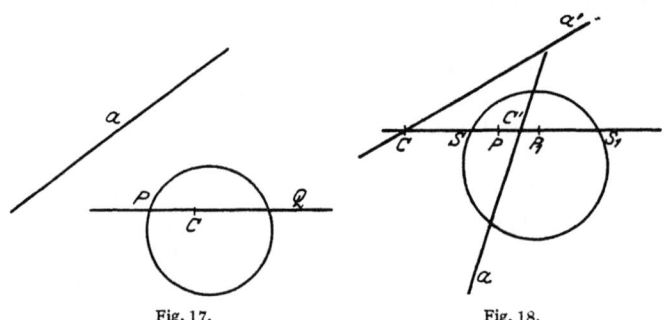

Fig. 17.   Fig. 18.

linie von P_a und Q_a. Dann ist a Polare von C in bezug auf K, K geht durch die Spiegelung (C, a) in sich, die Geraden g und g_1 ineinander über (Vertauschung zweier K schneidenden Geraden). Spezieller Fall (Fig. 17): g und g_1 fallen zusammen. Sei C ein Punkt zwischen P und Q, a seine Polare in bezug auf K. Dann geht bei der Spiegelung (C, a) K in sich und die Strecke CP in CQ über (Vertauschung der beiden „Teile" von g in bezug auf C und K).

4. (Fig. 18.) Im Innern von K seien zwei Punkte P und P_1 gegeben. Die Gerade PP_1 schneide K in S und S_1. Dann kann man zwei Punkte C und C' so finden, daß CC' und SS_1 sowie CC' und PP_1 harmonische Punktepaare sind; C und C' sind die (notwendig reellen) Fixpunkte der Involution (PP_1), (SS_1). Sei a die Polare von C, a' die Polare von C' in bezug auf K. Dann gehen bei jeder der beiden Spiegelungen (C, a) und (C', a') die Punkte P und P_1 ineinander und K in sich über (Vertauschung zweier Punkte im Inneren von K).

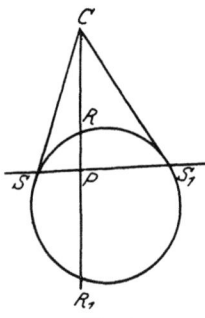

Fig. 19.

5. (Fig. 19.) Gehen bei einer Kollineation folgende Gebilde in sich über: 1. K, 2. zwei Punkte S und S_1 auf K, 3. ein Punkt P auf der Geraden SS_1, 4. die beiden Teile, in die das Innere von K durch SS_1 zerlegt wird, dann ist diese Kollineation die identische Abbildung (jeder Punkt geht in sich über). Beweis: Aus 1. und 2. folgt, daß der Pol C von SS_1 in bezug auf K in sich übergeht. Dann folgt aus 3. und 4., daß die beiden Schnittpunkte R und R_1 von CP mit K in sich übergehen. Also gehen

§ 5. Unmöglichkeit, das Parallelenpostulat zu beweisen. 203

die vier Punkte (R, R_1, S, S_1), von denen nicht drei in einer Geraden liegen, in sich über, folglich geht nach dem Fundamentalsatz der projektiven Geometrie jeder Punkt der Ebene in sich über.

6. Zusammenfassung: Durch eine Kollineation (durch eine Reihenfolge von kollinearen Spiegelungen), die K in sich überführt, kann übergeführt werden: eine beliebige K schneidende Gerade g in eine beliebige andere K schneidende Gerade g_1 und gleichzeitig ein beliebiger auf g im Inneren von K liegender Punkt P in einen beliebigen auf g_1 im Inneren von K liegenden Punkt P_1, ein beliebiger von den beiden Teilen, in die g durch P und K zerfällt, in einen beliebigen von den beiden Teilen, in die g_1 durch P_1 und K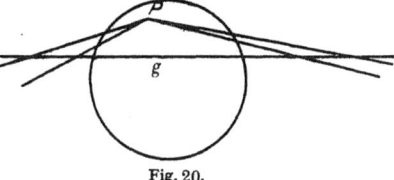

Fig. 20.

zerfällt, endlich ein beliebiger von den beiden Teilen, in die K durch g zerfällt, in einen beliebigen von den beiden Teilen, in die K durch g_1 zerfällt. Durch diese Zuordnung ist die Kollineation vollständig bestimmt.

Die reellen Kollineationen, die K in sich überführen, führen auch das Innere von K in sich über; denn die Punkte außerhalb und innerhalb von K unterscheiden sich reell projektiv dadurch voneinander, daß von den ersteren reelle, von den letzteren keine reellen Tangenten an K gehen.

7. Bezeichnen wir die Punkte im Inneren von K als die Punkte, die K schneidenden Geraden als die Geraden einer Bildgeometrie, *zwei Figuren als kongruent in diesem Bild, wenn sie durch eine K in sich überführende Kollineation ineinander übergehen,* dann gelten für die Bildgeometrie *alle* Voraussetzungen von *Euklid* (sowohl die ausdrücklich aufgeführten, wie auch die stillschweigend benutzten), *mit Ausnahme des Parallelenpostulats.* Denn es gibt (Fig. 20) durch einen Punkt P der Bildgeometrie außerhalb einer Geraden g unendlich viele Geraden, die keinen Punkt der Bildgeometrie mit g gemeinsam haben, nämlich alle Geraden, die g außerhalb von K schneiden.

8. Die Kollineationen, die K in sich überführen, sind die Bewegungen der Bildgeometrie. Sie lassen sich leicht analytisch darstellen. Aber der Übelstand ist der, daß wir bisher noch keine Koordinaten haben, die eine geometrische Bedeutung im Sinne der Bildgeometrie haben. Denn

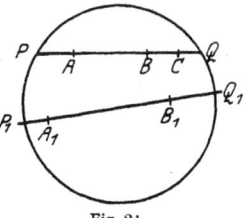

Fig. 21.

die gewöhnlichen Koordinaten der Punkte im Kreisinneren haben ja nur geometrischen Sinn in der gewöhnlichen Geometrie, von der wir ausgingen. Um die der Bildgeometrie angepaßten Koordinaten einzuführen, müssen wir den Strecken Maßzahlen im Sinne der Bildgeometrie beilegen. Nun sind (Fig. 21) zwei Strecken AB und A_1B_1 dann und nur dann in der Bildgeometrie gleich, wenn durch eine Kollineation K in sich und (A, B)

in (A_1, B_1) übergeht. Wir verlängern die Strecken AB und A_1B_1 bis zum Schnitt mit K in P und Q resp. P_1 und Q_1, und zwar mögen die Punkte $PABQ$ und $P_1A_1B_1Q_1$ in der hingeschriebenen Reihenfolge auch auf ihren Geraden aufeinander folgen; dann ist, wenn wir das Doppelverhältnis von vier Punkten in derselben Weise wie im ersten Teil (S. 157) definieren und bezeichnen,

$$0 < (ABPQ) < 1 \quad \text{und} \quad 0 < (A_1B_1P_1Q_1) < 1,$$

und die Punktepaare (A, B) und (A_1, B_1) sind dann und nur dann durch eine K erhaltende Kollineation ineinander überführbar, wenn diese beiden Doppelverhältnisse gleich sind. Es ist deshalb die Maßzahl einer Strecke allein eine Funktion des obigen Doppelverhältnisses. Wir wollen diese Funktion mit ψ bezeichnen. Es seien nun (Fig. 21) ABC drei Punkte im Inneren von K auf einer Geraden und B zwischen A und C gelegen, dann ist

$$(ACPQ) = (ABPQ)(BCPQ),$$

andererseits muß die Maßzahl von AC gleich der Summe der Maßzahlen von AB und BC sein. Also muß ψ die Funktionalgleichung befriedigen:

$$\psi(a) + \psi(b) = \psi(ab).$$

Durch diese Funktionalgleichung ist unsere Funktion genügend charakterisiert. Wenn wir noch die Stetigkeit für ψ voraussetzen, so genügt ihr allein die Funktion $c \lg x$. Die Konstante c hängt davon ab, welche Strecke in unserer Bildgeometrie wir als Einheitsstrecke wählen.

Ebenso erhalten wir als Winkelmaß

$$\frac{i}{2} \lg (abpq),$$

wo a und b die beiden den Winkel begrenzenden Geraden sind, p und q die beiden (imaginären) Tangenten vom Scheitel des Winkels an K. Der Koeffizient $\frac{i}{2}$ ist so gewählt, daß dem rechten Winkel der Bildgeometrie die Maßzahl $\frac{\pi}{2}$ zugeordnet werden kann. Wegen der Vieldeutigkeit der Logarithmusfunktion und durch Vertauschung von p und q (oder von a und b) erhalten wir für gegebene a und b die Werte $\pm \alpha + n\pi$, wo n jede ganze positive oder negative Zahl oder Null sein kann. Um dem größern Winkel auch die größere Maßzahl entsprechen zu lassen, wählen wir für den spitzen Winkel, den a und b bilden, diejenige unter diesen Zahlen, die zwischen 0 und $\frac{\pi}{2}$ liegt, für den stumpfen diejenige, die zwischen $\frac{\pi}{2}$ und π liegt.

Nun können wir leicht der Bildgeometrie angepaßte Koordinaten einführen. Rechnen wir die Bewegungsformeln in diese Koordinaten um, so erhalten wir schließlich auch die Bildtrigonometrie.

Da die Bildgeometrie alle Euklidischen Voraussetzungen erfüllt, das

§ 5. Unmöglichkeit, das Parallelenpostulat zu beweisen. 205

Parallelenpostulat aber nicht, *Bolyai* und *Lobytschewskij* andererseits gezeigt haben, daß in diesem Falle nur eine bestimmte Geometrie resp. Trigonometrie möglich ist, so muß die eben entwickelte *Cayley*sche Maßbestimmung mit der *Bolyai-Lobatschewskij*schen Nichteuklidischen Geometrie resp. Trigonometrie übereinstimmen. Dieser Zusammenhang lag *Cayley* fern. Er wurde erst von *Klein*[1]) aufgedeckt.

Ist K ein imaginärer Kegelschnitt (wie ein solcher in cartesischen Koordinaten etwa durch die Gleichung $x^2 + y^2 + 1 = 0$ gegeben ist), so gehören alle Punkte der Ebene (eigentliche und unendlich ferne Punkte) zu den Punkten der ähnlich wie vorhin konstruierten Bildgeometrie. Diese *Cayley*sche Maßbestimmung ist, wie leicht zu sehen ist, identisch mit der Geometrie im Büschel, die auch *Riemann*sche Geometrie genannt wird, einer Geometrie mit positivem Krümmungsmaß. Die Trigonometrie stimmt mit der sphärischen überein.

Die *Cayley*sche Maßbestimmung läßt sich sofort ohne jede Schwierigkeit auf den Raum erweitern: die Bildbewegungen sind die Kollineationen, die etwa eine Kugel in sich überführen. Damit ist die Unbeweisbarkeit des Parallelenpostulats zur Evidenz gebracht. Die Totalität der *Bolyai-Lobatschewskij*schen Geometrie, nicht nur das trigonometrische System, hat eine einfache Repräsentation gefunden. Jeder Fehler bei einem Versuch, das Parallelenpostulat zu beweisen, kommt sofort an Hand der *Cayley*schen Maßbestimmung zum Vorschein. Seit dieser Feststellung hat wohl kaum ein ernsthafter Mathematiker an eine Möglichkeit, das Parallelenpostulat zu beweisen, geglaubt. Freilich ist auch in dieser Betrachtung noch eine Lücke: es fehlt die ausdrückliche Formulierung aller Voraussetzungen, die in der gewöhnlichen Geometrie gebraucht werden. Wir sagten oben, daß in der *Cayley*schen Bildgeometrie alle Euklidischen Voraussetzungen, die ausgesprochenen wie die stillschweigend benutzten, gültig sind. Um diese Behauptung zu beweisen, müssen wir versuchen, die *sämtlichen* Euklidischen Voraussetzungen aufzustellen (Kap. 4).

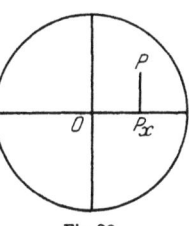

Fig. 22.

Zum Schluß sei bemerkt, daß man natürlich auch umgekehrt in der *Bolyai-Lobatschewskij*schen Geometrie die gewöhnliche Geometrie als Bildgeometrie konstruieren kann. Zu ihrer Aufstellung kann man ungezwungen durch die Forderungen kommen 1. daß die Gleichung der Gerade eine lineare Gleichung in den Bildkoordinaten sein soll, 2. daß die Winkelgrößen an einem Punkt O in der Bildgeometrie mit den Winkelgrößen in der ursprünglichen Geometrie übereinstimmen sollen. Sind dann (Fig. 22) $x = OP_x$ und $y = PP_x (PP_x$ senkrecht auf der x-Achse) die Nichteuklidischen Koordinaten in einem rechtwinkligen Koordinatensystem, dann

---

[1]) Math. Ann. Bd. 4. 1871 und ges. Abhdl. Bd. I.

erhalten wir Euklidische Bildkoordinaten u und v in bezug auf dasselbe Achsensystem durch die Beziehungen:
$$u = \mathfrak{Tg}\, x, \quad v = \frac{\mathfrak{Tg}\, y}{\mathfrak{Cof}\, x};$$
daraus ergibt sich:
$$u^2 + v^2 = 1 - \frac{1}{\mathfrak{Cof}^2 x\, \mathfrak{Cof}^2 y},$$
d. i. alle Punkte der Nichteuklidischen Ebene liegen auf der uv-Ebene innerhalb des Kreises
$$u^2 + v^2 = 1,$$
dessen Peripherie sich die Bilder von solchen Punkten (x, y) nähern, die ins Unendliche wandern. So können wir weiter die Nichteuklidische Geometrie in der Euklidischen Bildgeometrie verfolgen. Z. B. ergibt sich durch Umkehrung aus den obigen Beziehungen
$$x = \frac{1}{2} \lg \frac{u+1}{u-1},$$
was der *Cayley*schen Maßbestimmung entspricht. Wir haben also durch diesen Prozeß in der Nichteuklidischen Geometrie eine Euklidische Bildgeometrie konstruiert, in der die Nichteuklidische Geometrie selbst wieder als *Cayley*sche Maßbestimmung erscheint (s. u. S. 212 u. S. 225). Diesen Weg schlägt *Beltrami* in seiner oben angeführten Arbeit (s. o. S. 199) ein. Durch geeignete Wahl des Parametersystems auf der Fläche konstanter negativer Krümmung bildet er diese auf die Parameterebene so ab, daß alle erreichbaren Punkte der Fläche auf die Punkte innerhalb eines Kreises, die geodätischen Linien auf die Sehnen des Kreises abgebildet werden. Daraus folgt unmittelbar, daß die Bewegungen der Fläche in sich abgebildet werden durch die Kollineationen, die das Kreisinnere in sich überführen, also durch die Bewegungen der *Cayley*schen Maßgeometrie. Aber diese Folgerung ist bei *Beltrami* nicht ausgesprochen.

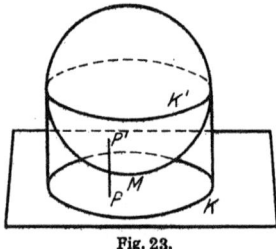

Fig. 23.

Nachdem einmal das Bild der Nichteuklidischen Geometrie in der *Cayley*schen Maßbestimmung für das Kreisinnere gefunden war, konnte man natürlich leicht durch Transformation dieses Bildes beliebig viele weitere Bilder, die auf andere Weise die Nichteuklidischen Verhältnisse veranschaulichen, gewinnen. Von diesen Bildern soll hier nur das für die Funktionentheorie wichtige Bild von *Poincaré*[1]) erwähnt werden: Sei (s. Fig. 23) wie oben K der Kreis der *Cayley*schen Maßbestimmung (im folgenden kurz als Ω-Geometrie bezeichnet), M der Mittelpunkt,

---

[1]) Acta math. Bd. 1, S. 1. 1882; ges. W. Bd. II, S. 108 ff. S. 114 wird die Verbindung mit der *Lobatschewski*schen Geometrie hergestellt und die Wichtigkeit der Nichteuklidischen Geometrie für die funktionentheoretischen Entwicklungen betont.

r sein Radius. Wir denken uns, die Ebene von K in M berührend, eine Kugel S mit dem Radius r und projizieren das Innere von K senkrecht zur Ebene von K auf die untere Hälfte von S. Dann werden die Geraden von Ω Kreise, die mit dem „Äquator" K' von S rechte Winkel bilden. Eine leichte Rechnung ergibt, daß zwei solche Kreise sich auf der Kugel unter einem Winkel schneiden, der gleich dem Winkel der beiden entsprechenden Geraden in Ω ist. Wir haben also eine konforme Abbildung der Cayleyschen Maßbestimmung auf die Euklidische Halbkugel. Projizieren wir die Halbkugel stereographisch von einem Punkt des Äquators auf die im Gegenpunkt berührende Ebene, so geht K' in eine Gerade k über, die Punkte der Halbkugel in die Punkte auf der einen Seite von k, die Kreise, die K' orthogonal treffen, in Kreise, die senkrecht auf k stehen (ihre Mittelpunkte auf k haben). (Siehe Fig. 24.) Überhaupt ist die stereographische Abbildung auf die Ebene eine konforme Abbildung.

Wir erhalten also nach obigem in der Halbebene (der „Poincaréschen Halbebene") eine konforme Abbildung der Nichteuklidischen Geometrie Ω. Den Nichteuklidischen Bewegungen, den Ω-

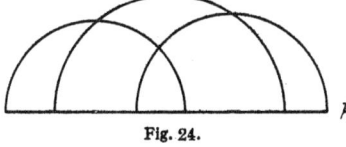

Fig. 24.

Bewegungen, entsprechen hier die Kreisverwandtschaften, die die Halbebene in sich überführen. Wenn wir uns eine komplexe Variable z in der Ebene der neuen Geometrie ausgebreitet denken und k als reelle Achse wählen, so werden diese Kreisverwandtschaften als lineare Transformationen der komplexen Veränderlichen z dargestellt durch die Formel

$$z' = \frac{az+b}{cz+d},$$

wo a, b, c, d reelle Werte haben. Damit haben wir wieder ein außerordentlich einfaches Bild der Nichteuklidischen Geometrie gewonnen; es ist auch leicht direkt aus der Definition der Bilder für die Geraden und die Bewegungen zu sehen, daß wieder alle Euklidischen Voraussetzungen außer dem Parallelenpostulat befriedigt sind. Den großen Vorteilen im Vergleich zu der Darstellung durch die Cayleysche Maßbestimmung steht der Nachteil gegenüber, daß die Bilder der Geraden hier nicht Gerade, sondern Kreise sind. Wegen der fundamentalen Rolle, die die linearen Transformationen spielen, haben wir hier eine folgenreiche Verbindung der Geometrie, und zwar der Nichteuklidischen, mit der Funktionentheorie vor uns.

§ 6. Die Nichteuklidischen Raumformen.

Es war schon oben (S. 200) gesagt, daß, wenn wir den Riemannschen Standpunkt einnehmen und nur Postulate für das beschränkte Raumstück zulassen, sich die Frage nach den möglichen Gestalten des ganzen Raumes erheben muß, d. i. nach den Zusammenhangseigenschaften des vollständigen durch Fortsetzung aus dem beschränkten Raumstück erhaltenen

Gebildes. Wir nehmen also an, daß in einem genügend kleinen Bereich eines Raumes die Euklidischen Voraussetzungen gelten, nicht aber bei beliebiger Fortsetzung. Dadurch fällt von vornherein schon das Parallelenpostulat fort, aber auch andere Euklidische Voraussetzungen, z. B. die der Offenheit der Geraden oder diejenige, die die eindeutige Bestimmung einer Geraden durch ein auf ihr liegendes Punktepaar verlangt. Dagegen heben wir hervor, daß wir hier nur Raumformen, die die Stetigkeitsvoraussetzungen erfüllen, betrachen (s. jedoch u. S. 246 ff). Im Falle, daß das Krümmungsmaß 0 ist, gibt es nur drei verschiedene zweidimensionale Raumformen: 1. die gewöhnliche unendliche Euklidische Ebene, 2. ein Zylinder im Euklidischen Raum; die Geometrie auf dem Zylinder ergibt sich durch seine Abwicklung auf die Ebene (auf einem Kreiszylinder z. B. sind als Gerade die Schraubenlinien anzunehmen). 3. ein Ringwulst, Torus (siehe Fig. 25). Die Geometrie auf ihm erhalten wir folgendermaßen: wir bilden

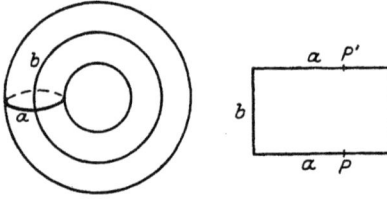

Fig. 25.

ein Rechteck der Euklidischen Ebene stetig auf den längs der „Rückkehrschnitte" a und b aufgeschnittenen Ringwulst ab, wobei gegenüberliegenden Punkten P und P' des Randes des Rechteckes derselbe Punkt auf a resp. b entspricht. Entsprechend dieser Abbildung sollen auch die Euklidischen Maßverhältnisse auf den Ringwulst übertragen werden. Eine so definierte Maßbestimmung auf dem Kreiswulst ist natürlich durchaus verschieden von der Maßbestimmung auf dem Kreiswulst, die wir erhalten, wenn wir ihn etwa in den Euklidischen Raum einbetten. Dagegen gibt es überraschenderweise einen Torus mit Euklidischer Maßbestimmung im Raum mit konstanter positiver Krümmung, z. B. auf der Hypersphäre, nämlich die sogenannten *Klein-Cliffords*chen Flächen. Diese Flächen bilden ein merkwürdiges Seitenstück zu den Grenzkugeln des *Bolyai-Lobatschewskij*schen Raumes, die Euklidische Raumformen von der ersten Gattung sind und deren fundamentale Rolle in der Begründung der Nichteuklidischen Geometrie wir oben kennengelernt haben.

Für die Geometrien mit negativem Krümmungsmaß gibt es eine außerordentliche Mannigfaltigkeit von Raumformen, die den verschiedenen Möglichkeiten, die *Bolyai-Lobatschewskij*sche Ebene resp. das *Cayley*sche Kreisinnere in kongruente Teile zu zerlegen, entsprechen. Für die zweidimensionale Geometrie mit konstantem positivem Krümmungsmaß gibt es nur zwei Formen, die uns bereits durch die Kugel und die durch einen imaginären Kegelschnitt mit *Cayley*scher Maßbestimmung versehene ganze projektive Ebene bekannt sind.

Unter allen Raumformen mit konstanter negativer oder verschwindender Krümmung sind die gewöhnlichen, d. i. die *Bolyai-Lobatschewskij*-

sche resp. Euklidische Ebene durch eine Eigenschaft ausgezeichnet: nur diese sind in dem Sinne homogen, daß alle Geraden der Raumformen die gleichen Eigenschaften haben, nur diese sind, wie man sagen könnte, „isotrop"; z. B. gibt es auf dem Zylinder oder auf dem Ringwulst durch jeden Punkt sowohl geschlossene als auch offene Gerade. Die beiden Raumformen mit konstanter positiver Krümmung erfüllen auch diese strengere Forderung der Homogenität[1]).

Zweites Kapitel.

Grundlegung der projektiven Geometrie[2]).

§ 1. Projektive und Nichteuklidische Geometrie.

Wir haben oben (S. 194) gesagt, daß von der projektiven Geometrie aus sich ein natürlicher Weg zur Begründung der Geometrie ohne Parallelenpostulat eröffnet. Dazu müssen wir aber versuchen, die projektive Geometrie unabhängig vom Parallelenpostulat aufzubauen. Bei diesem Versuch stoßen wir sogleich auf folgende Schwierigkeit: Wenn durch jeden Punkt P außerhalb a in der Ebene durch P und a eine und nur eine a nicht schneidende Gerade geht, können wir durch Einführung der unendlich fernen (uneigentlichen) Punkte den Satz ausnahmslos gültig machen: zwei Geraden einer Ebene haben stets einen Punkt gemeinsam (nämlich einen endlichen oder unendlich fernen). Wir brauchen nur noch die unendlich fernen Punkte alle als auf einer (uneigentlichen) Geraden, der unendlich fernen Geraden liegend zu definieren, damit der zweite Grundsatz wieder gültig ist: zwei Punkte bestimmen stets eine und nur eine (endliche oder unendlich ferne) Gerade. Ebenso können wir im Raum durch Hinzufügung der Elemente der unendlich fernen Ebene die entsprechenden Sätze für den Raum ausnahmslos gültig machen. Auf Grund dieser Sätze können wir dann sofort die *Unzerstörbarkeit* des harmonischen Punktquadrupels durch Projektion nachweisen und weiter einen Hauptteil der projektiven Geometrie entwickeln. Lange nicht so einfach wird dieser Weg, wenn wir jetzt das Parallelenpostulat fortlassen oder vielmehr über *Bolyai* und *Lobatschewskij* hinausgehend mit *Riemann* nur Voraussetzungen über ein beschränktes Raumstück benutzen wollen. Die ersten acht Para-

---

[1]) Literaturangaben bei *Enriques* (Encyclop. Art.) und bei *Bonola-Liebmann*, dazu kommt *Hopf*, Math. Ann. Bd. 95, S. 313.

[2]) Für die selbständige Begründung der proj. Geom. ist das Werk von *v. Staudt*, „Geometrie der Lage" (Nürnberg 1847) von entscheidender Bedeutung. Jedoch ist sein Ziel, die projektive Geometrie ganz ohne metrische Hilfsmittel zu begründen, nicht ganz befriedigend zu erreichen. Denn die Stetigkeitsvoraussetzungen, die man bei Nichtbenutzung metrischer Postulate notwendig braucht, sind ohne metrische Vorstellung nicht zwanglos empirisch zu begründen, vgl. Kap. III, § 2. — Über die historische Entwicklung orientieren die Encyclopädieartikel III AB 4a *Fano* und III AB 5 *Schoenflies* (insbes. Nr. 17 und 18).

graphen des vorliegenden Werkes von *Pasch* sind der Überwindung dieser Schwierigkeit gewidmet. Hier werden sukzessive die uneigentlichen Punkte, Geraden und Ebenen eingeführt, und zwar ohne jede Benutzung von Kongruenz-(Bewegungs-) Postulaten. Wesentlich und auch, wie wir später sehen werden, unvermeidlich ist hierbei, auch wenn wir nur die Ebene erweitern wollen, die Benutzung räumlicher Voraussetzungen.

Nun kann die Begründung der projektiven Geometrie auf verschiedenen Wegen, wie in § 2 auseinandergesetzt werden wird, bis zur Vollendung fortschreiten. Die Vollendung ist dann erreicht, wenn es gelingt, eine projektive Transformation (Kollineation) analytisch darzustellen, etwa in der Ebene unter Zugrundelegung eines koordinatenbestimmenden Punktquadrupels, sobald von der Transformation zwei durch sie ineinander übergehende Punktquadrupel gegeben sind. Dies ist das von dem vorliegenden Buche erreichte Ziel, und zwar ergeben sich die Kollineationen als lineare Transformationen der Koordinaten. Damit ist die projektive Geometrie zu einem Teil der Algebra geworden und kann in der üblichen Weise entwickelt werden.

Jetzt können ohne Schwierigkeit auch die Bewegungen, Nichteuklidische oder Euklidische, analytisch dargestellt werden, etwa so:

1. *Voraussetzungen aus der projektiven Geometrie (Algebra):*
a) Jede quadratische Form Q_2 in 2 Veränderlichen mit reellen Koeffizienten
$$\sum a_{ik} x_i x_k \equiv a_{11} x_1^2 + 2 a_{12} x_1 x_2 + a_{22} x_2^2,$$
die nicht das Quadrat einer linearen Form ist, liefert eine Involution, nämlich die lineare Transformation:
$$\frac{x_1'}{x_2'} = -\frac{a_{21} x_1 + a_{22} x_2}{a_{11} x_1 + a_{12} x_2}, \quad a_{12} = a_{21}$$

Transformiert man die x_i und x_i' linear in derselben Weise, dann gehört zu der transformierten quadratischen Form die transformierte Involution.

b) Zu jeder linearen Transformation T
$$\frac{x_1'}{x_2'} = \frac{\alpha x_1 + \beta x_2}{\gamma x_1 + \delta x_2}$$
gehört eine quadratische Form Q_2:
$$\gamma x_1^2 + (\delta - \alpha) x_1 x_2 - \beta x_2^2,$$
die durch T bis auf einen Faktor reproduziert wird. Ist Q_2 ein vollständiges Quadrat, dann nennen wir T eine parabolische Transformation. Transformiert man die x_i und x_i' linear in derselben Weise, dann gehört zu der transformierten Transformation (bis auf einen Faktor) die transformierte quadratische Form. Zu jeder nicht parabolischen Transformation T gibt es eine Involution J:
$$\frac{x_1'}{x_2'} = \frac{\dfrac{\alpha - \delta}{2} x_1 + \beta x_2}{\gamma x_1 + \dfrac{\delta - \alpha}{2} x_2}.$$

§ 1. Projektive und Nichteuklidische Geometrie. 211

J ist die Involution, die gemäß a) der zu T gehörenden Q_2 zugeordnet ist. *Diese Involution J ist mit T vertauschbar*, d. i., wenn man erst T ausführt und dann J, entsteht dieselbe Transformation, als wenn man erst J und dann T ausführt. Transformieren wir x und x' in gleicher Weise, dann gehört zu der transformierten T auch die transformierte J.

c) Zwei lineare Transformationen T_1 und T_2, die nicht Involutionen sind, sind dann und nur dann miteinander vertauschbar, wenn die zugehörigen quadratischen Formen $Q_2^{(1)}$ und $Q_2^{(2)}$ bis auf einen Faktor übereinstimmen oder, falls sie nicht parabolisch sind, wenn die zu ihnen gehörenden Involutionen J_1 und J_2 identisch sind.

d) Jede nicht zerfallende quadratische Form von drei Veränderlichen

$$Q_3 = \sum a_{ik} x_i x_k, \qquad a_{ik} = a_{ki} \qquad (i, k = 1, 2, 3)$$

erzeugt ein Polarsystem, dessen Eigenschaften wir als bekannt voraussetzen (s. S. 131). Wir wollen nur anführen: 1. Zu jedem Zahlentripel (Punkt) ξ_1, ξ_2, ξ_3 gehört eine lineare Form $\sum a_{ik} \xi_i x_k$, die gleich 0 gesetzt ausdrückt, daß der Punkt x_1, x_2, x_3 auf der Polaren zu ξ_1, ξ_2, ξ_3 liegt und umgekehrt. 2. Das Polarsystem erzeugt in jedem Punkt O der Ebene, der nicht auf seiner Polaren liegt, eine Involution J_O der durch den Punkt hindurchgehenden Geraden, und auf jeder Geraden a, die nicht durch ihren Pol geht, eine Involution J_a der auf ihr liegenden Punkte.

e) Eine nicht zerfallende Form Q_3 ist bis auf einen Faktor gegeben, wenn von ihr bekannt ist: 1. die im Punkte O von Q_3 erzeugte Involution J_O; 2. wenn a' die in J_O zu a gehörende Gerade ist, ein Punkt A auf a' als Pol zu a; 3. die von Q_3 auf der Geraden a erzeugte Involution J_a.

2. *Voraussetzungen aus der metrischen Geometrie:*

a) Alle Senkrechten auf einer Geraden a haben einen gemeinsamen (eigentlichen oder uneigentlichen) Punkt A.

b) Gehen a, b, c durch einen Punkt O, dann liegen die gemeinsamen Punkte A, B, C aller Senkrechten auf a resp. b resp. c auf einer Geraden o.

c) Die Spiegelung an einer Geraden ist eine kollineare Spiegelung (s. o. S. 201).

d) Da jede Bewegung durch Spiegelungen erzeugt werden kann, ist jede Bewegung eine (reelle) Kollineation.

e) Allen Drehungen um einen Punkt O entsprechen lineare Transformationen des Büschels von Geraden durch O, die nicht parabolisch, nicht involutorisch und alle miteinander vertauschbar sind. Es gehört zu ihnen also eine bis auf einen Faktor bestimmte quadratische Form und auch eine bestimmte Involution J_D. Diese Involution stellt die Rechtwinkelinvolution, die Drehungen um einen rechten Winkel dar, die jeder Geraden die zu ihr senkrechte Gerade zuordnet.

f) Allen Schiebungen auf einer Geraden entsprechen lineare Transformationen der Punkte auf der Geraden, die nicht involutorisch und miteinander vertauschbar sind. Es gehört also zu allen Schiebungen auf einer

14*

Geraden eine bis auf einen Faktor bestimmte quadratische Form und falls diese nicht das Quadrat einer linearen Form ist, d. i. die Schiebungen parabolische Transformationen sind, *eine* Involution J_S.

g) Sind die Schiebungen auf einer Geraden parabolische Transformationen, dann sind sie es auf allen Geraden (denn die Schiebungen gehen auseinander durch Bewegung hervor, d. i. durch lineare Transformationen): *Homogenitätssatz*, (s. o. S. 192.) *Für das Folgende wollen wir zunächst annehmen, daß die Schiebungen nicht parabolisch sind.*

h) Bei einer Spiegelung der Punkte einer Geraden an einem ihrer Punkte O geht außer O ein anderer (eigentlicher oder uneigentlicher) Punkt O_1 in sich über. O und O_1 sind entsprechende Punkte bei der zu den Schiebungen auf dieser Geraden gehörenden Involution J_S.

3. *Einordnung der (Nichteuklidischen) metrischen Geometrie in die projektive:* Durch die Involution J_D (s. 2. e)) in O als Involution J_O, durch die zu den Schiebungen auf einer beliebigen Geraden a durch O gehörende J_S s. 2. f)) als Involution J_a und durch den Punkt A, in dem sich die Senkrechten auf a schneiden, als Pol zu a, ist nach 1. e) bis auf einen Faktor eine quadratische Form Q_3 gegeben. Daraus folgt zunächst: die Polare o von O in bezug auf die Q_3 ist die Gerade, in der die gemeinsamen Punkte der Senkrechten auf die Geraden durch O liegen. Denn nach Voraussetzung liegt A auf o, ferner geht bei der Spiegelung der Geraden a an O auch der Punkt A' in sich über. Dann ist A' der gemeinsame Punkt der Lote auf der Senkrechten a' zu a durch O und nach unserer Voraussetzung gleichzeitig der Pol von a in bezug auf Q, weil er der zu O in J_a entsprechende Punkt ist. Durch A und A' ist aber o eindeutig bestimmt.

Nun können wir beweisen: Q_3 geht bei jeder Bewegung in sich über:
a) Die Spiegelung an einer Geraden b durch O ist eine kollineare Spiegelung mit der Achse b und dem Zentrum B, dem gemeinsamen Punkt der Senkrechten auf b. B ist, wie eben gezeigt wurde, der Pol von b in bezug auf Q_3, folglich geht auch Q_3 durch diese Spiegelung in sich über. b) Die Spiegelung an einer Geraden l, die auf a in P senkrecht steht, ist eine kollineare Spiegelung mit l als Achse und dem Punkte L als Zentrum, wobei L der zu P in der Involution $J_a = J_S$ auf a gehörende Punkt ist. Nach unserer Voraussetzung ist aber L der Pol von l in bezug auf die Q_3. Also geht auch durch diese Spiegelung Q_3 in sich über. Durch die Spiegelungen von der Art a) und die Spiegelungen von der Art b) kann aber jede Bewegung erzeugt werden. Damit ist gezeigt: *bei allen Bewegungen bleibt eine bestimmte quadratische Form bis auf einen Faktor unverändert.*

Aus den oben (Kap. I § 5 Abschn. 6) angeführten Betrachtungen folgt auch, daß alle Q_3 reproduzierenden Kollineationen Bewegungen sind, falls wir jedenfalls die Geometrie so erweitern, daß alle Punkte, die aus einem eigentlichen Punkt durch eine Q_3 reproduzierende Transformation hervorgehen, mit zu den eigentlichen Punkten gezählt werden. (Wenn die Stetigkeitsvoraussetzung erfüllt ist, gehören alle diese Punkte von vornherein zu den eigentlichen Punkten, weil jede Q_3 reproduzierende Transformation aus beliebig wenig von der Identität verschiedenen solchen Transformationen zusammengesetzt werden kann. Bei unstetigen „Raumformen" braucht das nicht der Fall zu sein (vgl. u. S. 246ff). *Damit ist der Aufbau der Nichteuklidischen Geometrie erledigt. Sie ist als mit einer Cayleyschen Bildgeometrie übereinstimmend nachgewiesen worden.*

Es bleibt noch der Fall übrig, daß die Schiebungen alle parabolisch sind. In diesem Falle ist die zu den Schiebungen auf einer Geraden a gehörende quadratische Form das Quadrat einer linearen Form. Daraus folgt, daß die Schiebungen einen und nur einen festen Punkt haben, und zwar den Punkt, welcher der gleich 0 gesetzten linearen Form entspricht. Bei Spiegelung einer Geraden a an einem Punkt P bleibt unabhängig von P dieser feste Punkt U_a der Schiebungen fest. Nun ist aber U_a der gemeinsame Punkt der Lote l auf die Senkrechte a' auf a im Punkte P. Folglich steht ein solches Lot l auch senkrecht auf der Senkrechten a'' auf a im Punkte P'. Folglich gibt es in diesem Falle Rechtecke, die Winkelsumme im Dreieck ist gleich zwei Rechten usw.: wir können die Euklidische Entwicklung der Proportionenlehre ansetzen und sie in gewöhnlicher Weise bis zur Vollendung der analytischen Geometrie fortsetzen. Wir haben also: *sind die Schiebungen parabolische Transformationen, dann gilt die Euklidische Geometrie.*

Damit ist der projektiv-geometrische Weg, der zur Begründung der Geometrie ohne Parallelenpostulat führt, vollständig beschrieben. Wir sehen, welche wesentliche Rolle hier der Begriff der Transformation spielt, ein Begriff, der den Alten ganz fremd war und der bei der Ableitung von *Bolyai* und *Lobatschewskij* nicht gebraucht wurde. Aber hier haben wir den wesentlichen Vorteil, *ohne über den Gesamtraum etwas zu wissen*, die drei möglichen Formen der Geometrie analytisch entwickeln zu können.

§ 2. Gliederung der grundlegenden Sätze in der projektiven Geometrie.

Im vorigen Paragraphen wurde die projektive Geometrie selbst als entwickelt vorausgesetzt. Wir müssen jetzt ihre Begründung genauer untersuchen. Zunächst wollen wir *ohne Zurückführung auf die Axiome* die grundlegenden Sätze in ihrer Verknüpfung genauer betrachten. In der Tat, wie wir schon in der Einleitung gesagt haben, ist gerade die projektive Geometrie geeignet, tiefere Einsicht in die Zusammenfügung der sich aufeinander stützenden Sätze zu einem Gesamtbau zu erhalten.

Das Ziel bei der Begründung der projektiven Geometrie ist ganz entsprechend wie bei der metrischen Geometrie das, die projektiven

Beziehungen (die Kollineationen) in algebraische Beziehungen zu verwandeln. Die Schwierigkeit ist aber gegen früher etwas verschoben: im vorigen Kapitel suchten wir in der Nichteuklidischen Geometrie eine bereits in der elementaren Geometrie als analytisch darstellbar erkannte Gruppe von Kollineationen, etwa die Gruppe der Bewegungen auf einer Grenzkugel, oder die Gruppe der Drehungen um einen Punkt, und von dieser ausgehend konnten wir die nichteuklidischen Bewegungen selbst analytisch darstellen. Hier aber ist es eine Hauptfrage, überhaupt Gruppen von Kollineationen algebraisch darzustellen. Das heißt: wir werden hier tiefer gehend den Weg zu den Resultaten der elementaren Geometrie genauer untersuchen.

I. Das rationale Netz und die Einbettung aller Punkte in das Netz mit Hilfe des Archimedischen Postulates.

a) **elementargeometrisch:** 1. *Das rationale Netz:* Aus den Kongruenzsätzen und den Sätzen über Parallelen folgt unmittelbar, daß drei Parallelen, die auf einer Geraden gleiche Stücke ausschneiden, auf jeder Geraden gleiche Stücke ausschneiden.

Zwei sich in O (dem „Anfangspunkt") schneidende Geraden (siehe Fig. 26), die x- resp. y-Achse und auf jeder derselben ein Punkt E_x resp. E_y, der Einheitspunkt, bestimmen die Koordinaten in der Ebene der beiden Achsen. Wir ziehen von einem Punkte P die Parallelen zu diesen Achsen mit Schnittpunkt P_x resp. P_y. OP_x und OP_y sind die P bestimmenden Koordinatenstrecken.

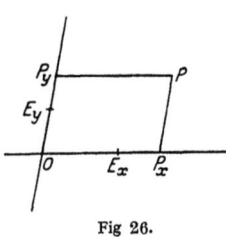

Fig 26.

Wir nennen P einen rationalen Punkt, wenn OP_x mit OE_x und OP_y mit OE_y in rationalem Verhältnis steht, d. i. die Strecken OP_x und OE_x resp. OP_y und OE_y kommensurabel sind.

Die Verbindungslinien zweier rationaler Punkte nennen wir rationale Gerade und erkennen auf Grund des an die Spitze gestellten Satzes über die Projektion durch Parallele leicht, daß, wenn zwei solche Geraden sich schneiden, sie einen rationalen Punkt gemeinsam haben. Die Gesamtheit der rationalen Punkte und Geraden nennen wir ein rationales Netz. Ordnen wir dann jedem Punkte P des Netzes die rationalen Zahlen $\frac{OP_x}{OE_x} = x$ und $\frac{OP_y}{OE_y} = y$ in der üblichen Weise mit Vorzeichen versehen als Koordinaten zu, so erkennt man wieder leicht, daß zwischen den Koordinaten sämtlicher Netzpunkte auf einer Netzgeraden eine lineare Gleichung mit rationalen Koeffizienten besteht.

Die Begründung der projektiven Geometrie im Netz bereitet jetzt keine Schwierigkeit mehr. Sie geht etwa über die Etappen: Einführung der unendlich fernen Geraden, Erklärung des Doppelverhältnisses von vier Punkten auf einer Geraden durch ihre Koordinaten, Beweis, daß

§ 2. Gliederung der grundlegenden Sätze in der projektiven Geometrie. 215

das Doppelverhältnis sich bei Projektion nicht ändert. So erreichen wir die Sätze: durch drei Punkte ist eine projektive Beziehung der Geraden auf sich eindeutig bestimmt, jede projektive Transformation des Netzes auf sich wird dargestellt durch lineare Transformationen der Koordinaten:

$$x' = \frac{a_{11}x + a_{12}y + a_{13}}{a_{31}x + a_{32}y + a_{33}}, \quad y' = \frac{a_{21}x + a_{22}y + a_{23}}{a_{31}x + a_{32}y + a_{33}}$$

mit rationalen Koeffizienten und nicht verschwindender Determinante.

2. *Die Einschaltung der irrationalen Punkte in das Netz (Euklid* V): Das Netz ist leider nicht ausreichend für die Beschreibung der geometrischen Verhältnisse. Wir können etwa in unserem Netz die Konstruktion von Kegelschnitten als Durchschnitte der Strahlen zweier projektiv aufeinander bezogener Büschel vornehmen. Wir erhalten für diese Kegelschnitte, mit C_2 bezeichnet, eine Gleichung zweiten Grades in den Koordinaten mit rationalen Koeffizienten. Ein solche C_2 teilt die Ebene in zwei Teile, Inneres und Äußeres. Die Tangente an diese C_2 in einem Netzpunkt ist wieder eine Netzgerade. Auf ihr liegen außer dem Berührungspunkt nur Netzpunkte des Äußeren von C_2. Aber diese Tangenten bedecken nicht das ganze Netz, soweit es außerhalb von C_2 liegt: durch einen allgemeinen Netzpunkt außerhalb von C_2 geht keine Netzgerade als Tangente an den Kegelschnitt. In der Tat erhalten wir durch die Bedingung, daß eine Gerade durch einen bestimmten Punkt eine C_2 berühren soll, eine quadratische Gleichung für die Koeffizienten der Gleichung dieser Geraden, und diese quadratische Gleichung ist im allgemeinen nicht durch rationale Werte der Unbekannten zu lösen. Wenn wir also der Anschauung entsprechend annehmen, daß durch jeden Punkt außerhalb von C_2 eine Tangente hindurchgeht, dann müssen wir zu den Netzgeraden auch noch diejenigen Geraden hinzunehmen, in deren Gleichung die Koeffizienten quadratischen Gleichungen mit rationalen Koeffizienten genügen. Durch den Schnitt dieser Geraden erhalten wir neue Netzpunkte, durch die Tangenten von diesen wieder neue Netzgerade, in deren Gleichung die Koeffizienten quadratischen Gleichungen mit Koeffizienten genügen, die selbst wieder quadratischen Gleichungen mit rationalen Koeffizienten genügen; usw. Wir könnten uns denken, daß wir alle diese neuen Punkte und Geraden mit in unser Netz hineinnehmen, alle Punkte also, deren Koordinaten durch eine Kette von quadratischen Gleichungen aus den Netzpunkten erzeugt werden können und alle Geraden mit analog bestimmbaren Koeffizienten. Dann würde auch in dem erweiterten Netz, wie auf Grund algebraischer Überlegungen zu sehen ist, die projektive Geometrie gültig sein. Dieses erweiterte Netz ist dadurch ausgezeichnet, daß die (Euklidischen) Bewegungen das Netz in sich überführen. Dies erkennt man daraus, daß die Drehung um den Nullpunkt, die die x-Achse in eine Gerade

durch den Punkt mit den Koordinaten a und b überführt, durch die Formeln:

$$x' = \frac{a}{c} x + \frac{b}{c} y$$

$$y' = -\frac{b}{c} x + \frac{a}{c} y$$

mit $a^2 + b^2 = c^2$, oder $c = a\sqrt{1 + \left(\frac{b}{a}\right)^2}$

dargestellt wird. Die Koordinaten x' und y' sind lineare Verbindungen von Koordinaten von Punkten des erweiterten Netzes, also gehört der Punkt (x', y') selbst zu diesem Netz. Das rationale Netz hat nicht diese Beweglichkeit. Die Forderung nach Beweglichkeit hätte uns ebenso natürlich wie die Tangentenkonstruktion zu der etwas schwächeren Erweiterung geführt, die bewirkt, daß, wenn die Koordinate ω vorkommt, auch die Koordinate $\sqrt{1 + \omega^2}$ vorkommt. Aber dieses vervollständigte Netz genügt noch lange nicht allen geometrischen Ansprüchen. Denn es lassen sich ja auch rein projektiv alle algebraischen Kurven erzeugen und analog wie oben für die Kegelschnitte müssen wir für die allgemeine algebraische Kurve das Netz erweitern durch Hinzufügung aller Punkte mit Koordinaten, die algebraischen Gleichungen mit rationalen Koeffizienten genügen. Auch in dem so erweiterten Netz gilt die projektive Geometrie. Jedoch, selbst dieses Netz genügt nicht: die Inhaltsbestimmung von Stücken der Ebene, die durch algebraische Kurven begrenzt werden (Quadratur der Kurven), führt uns aus den bisher betrachteten Netzen heraus. Ja, wir müssen sogar, auch vom rein geometrischen Standpunkt aus, die Integralkurven von Differentialgleichungen mit in Betracht ziehen. Aber bei solchen Erweiterungen tritt ein charakteristischer Unterschied gegen die frühere Erweiterung auf. Die frühere Erweiterung ist rein elementar-geometrisch konstruierbar. Auch die Tangenten an eine algebraische Kurve lassen sich rein geometrisch ohne Grenzprozeß definieren, z. B. die Tangenten an die C_2 als solche Geraden, die durch ihre Pole hindurchgehen. Dagegen ist die Inhaltsgleichheit nicht ohne Grenzprozeß zu definieren. Die Definition lautet etwa so: zwei Stücke Σ_1 und Σ_2 sind inhaltsgleich, wenn Σ_1 und Σ_2 in resp. kongruente Teilstücke zerlegt werden können bis auf Reste σ_1 und σ_2, deren Teile in einem „*beliebig kleinen Quadrat*" kongruent untergebracht werden können (vgl. u. S. 263). Damit haben wir die Schwelle der Elementargeometrie definitiv überschritten. So werden wir dazu geführt, gleich von vornherein unser rationales Netz zu erweitern durch Einschaltung aller durch einen Grenzprozeß zu erhaltenden Punkte, ohne Rücksicht darauf, wie man zu ihnen auf rein geometrische Weise vom rationalen Netz ausgehend gelangen kann. Diese Einschaltung und die Übertragung der Operationen mit rationalen Zahlen auf die irrationalen Zahlen ist im Buch V von *Euklid* musterhaft dargestellt als Lehre

§ 2. Gliederung der grundlegenden Sätze in der projektiven Geometrie. 217

von den allgemeinen Verhältnissen von „Größen" (speziell von Streckenverhältnissen). *Euklid* definiert: dann und nur dann nennt man die Verhältnisse $\frac{a}{b}$ und $\frac{a_1}{b_1}$ gleich, wenn für beliebige ganze Zahlen n, m mit

$$na \gtreqless mb \quad \text{auch entsprechend} \quad na_1 \gtreqless mb_1 \text{ ist.}$$

Er beweist, daß infolge dieser Definition der Gleichheit *dieselben Rechnungsregeln für die allgemeinen Größenverhältnisse wie für die rationalen Streckenverhältnisse gelten*, falls die Größen, die ins Verhältnis gesetzt werden, überhaupt auf diese Weise miteinander vergleichbar sind; nämlich: λόγον ἔχειν πρὸς ἄλληλα μεγέθη λέγεται, ἃ δύναται πολλαπλασιαζόμενα ἀλλήλων ὑπερέχειν; man sagt, Größen haben ein Verhältnis zueinander, die vervielfacht einander übertreffen können[1]).

Wenn man nun für Strecken diese Eigenschaft als erfüllt voraussetzt, kann man die ganze analytische Geometrie entwickeln. Zunächst folgt sofort der Proportionalsatz auch für irrationale Verhältnisse (Fig. 27). Denn der m-te Teil von a wird durch die Parallelenziehung direkt auf den m-ten Teil von a_1 übertragen, und das n-fache dieses Teiles von a wird durch die Parallelen direkt auf das n-fache dieses Teiles von a_1 übertragen. Da aber durch die Parallelprojektion die Lagebeziehungen aller Punkte unverändert bleiben, folgt aus der Lagebeziehung von $\frac{n}{m} a$ zu b die entsprechende Lagebeziehung von $\frac{n}{m} a_1$ zu b_1, also ist nach der Euklidischen Definition $\frac{a}{b} = \frac{a_1}{b_1}$.

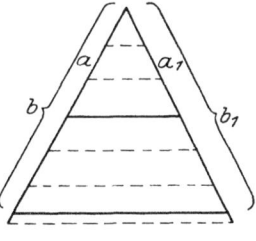

Fig. 27.

b) **Das projektive Möbiussche Netz.** 1. Die Konstruktion eines rationalen Netzes kann man leicht *rein projektiv*, d. i. unabhängig von Kongruenz- und Parallelenbetrachtungen machen. Zunächst nehmen wir als x- und y-Achse, statt der beiden aufeinander senkrecht stehenden Geraden, zwei beliebige Geraden durch O und auf jeder von ihnen zwei Punkte U_x und E_x resp. U_y und E_y. Durch fortgesetztes, rein projektives Konstruieren von vierten harmonischen Punkten können wir auf der x-Achse jeden Punkt P erhalten, für den das Doppelverhältnis $(O U_x E_x P_x)$ rational ist, ebenso auf der y-Achse. Die Schnittpunkte von $U_y P_x$ und $U_x P_y$ liefern die Punkte des Netzes. Die Geraden, die zwei Netzpunkte verbinden, sind die Netzgeraden. Zwei Netzgeraden schneiden sich stets in einem Netzpunkt. Zum Beweise dieser Beziehung brauchen wir statt des an die Spitze von a) gestellten Satzes über die Erhaltung des Streckenmittelpunktes bei Parallelprojektion hier nur

---

[1]) *Euklid*, V, Def. 4.

den Satz, daß vier harmonische Punkte durch Projektion wieder in vier harmonische Punkte übergehen, ein Satz, der unmittelbar aus dem Satz der perspektiven Dreiecke (dem sog. *Desarguesschen Satze*) folgt.

2. Um das projektive Netz zu erweitern, kann man wie *Pasch*[1]) aus der für die gewöhnliche Streckenkongruenz vorausgesetzten Meßbarkeitseigenschaft (dem sog. Archimedischen Postulat) die Gültigkeit der analogen Eigenschaft für die fortgesetzte Konstruktion von vierten harmonischen Punkten herleiten, und kann dann analog wie *Euklid* das Rechnen mit irrationalen Doppelverhältnissen und daraufhin die projektive Geometrie vollständig begründen. Jenes „projektive" Archimedische Postulat (vgl. u. S. 252) folgt bei *Pasch* aus einfach abzuleitenden Lagebeziehungen zwischen Folgen kongruenter Strecken und harmonischer Punktquadrupel.

II. Die Rechnung mit Streckenverhältnissen auf Grund der Sätze von Desargues und Pascal.

Etwas wesentlich Neues in der Betrachtung der Sätze der projektiven (analytischen) Geometrie trat auf, als man sich genauer überlegte, daß die Möglichkeit der Algebraisierung auf rein projektiven Sätzen (resp. speziell die Ableitung der Euklidischen Proportionenlehre auf einfachen, elementar-geometrischen Sätzen) beruht, auf Sätzen, die deswegen besonders elementaren Charakter haben, weil sie sich nicht, wie etwa das Archimedische Postulat, auf eine unbestimmte Anzahl von Elementen oder Operationen beziehen. Denn wir brauchen für die Algebraisierung im wesentlichen nur die Einsicht, daß die gewöhnlichen Regeln der Addition und Multiplikation für die geometrisch definierten Doppelverhältnisse (resp. für Streckenverhältnisse) erfüllt sind. Streckenverhältnisse und ihre Verknüpfung kommen am natürlichsten in der Euklidischen Geometrie zum Ausdruck. Man wird deswegen am besten, sofern man nicht schon von vornherein in der Euklidischen Geometrie operiert, ein „Bild" der Ähnlichkeitstransformationen und Parallelverschiebungen einführen. Dann ist unsere Aufgabe: 1. die Definition der Gleichheit von Streckenverhältnissen, nicht durch die Lagenbeziehung der Strecken zu den Strecken eines rationalen Netzes, wie bei *Euklid* oder bei *Pasch*, sondern eine direkte Definition durch die Ähnlichkeitstransformationen (Dehnungen) des Bildes. (Hierbei spielen Anordnungsbetrachtungen gar keine Rolle.) 2. Die Definition der Operationen der Addition und Multiplikation durch Zusammensetzung von Ähnlichkeitstransformationen und Parallelverschiebungen. 3. Der Beweis, daß die so definierten Operationen die Rechnungsregeln befriedigen. Wegen der Wichtigkeit wollen wir die Lösung dieser Aufgabe ausführlicher darstellen:

1. *Projektiv-geometrische Vorbereitungen*: Die zentralen Kollineationen

---

[1]) S. o. S. 108ff.

§ 2. Gliederung der grundlegenden Sätze in der projektiven Geometrie.

der Ebene sind solche Kollineationen, bei denen die Punkte einer Achse u in sich übergehen, oder was dasselbe ist, in der zwei entsprechende Geraden sich auf der Achse schneiden. Daraus folgt nach dem *Desarguesschen Satze über perspektive Dreiecke* sofort, daß die Verbindungslinie entsprechender Punkte durch einen festen Punkt C, das Zentrum, hindurchgehen, also alle Geraden durch C in sich selbst übergehen. Eine zentrale Kollineation ist gegeben durch die Achse u, das Zentrum C und zwei beliebige einander entsprechende, nicht auf der Achse liegende Punkte P und P' auf einer Geraden durch C. Ist P von P' durch C und u harmonisch getrennt, dann haben wie die spezielle zentrale Kollineation, die wir oben unter der Bezeichnung „kollineare Spiegelung" genauer betrachtet haben. Für das Folgende nehmen wir eine Achse u, — das Bild der unendlich fernen Geraden — fest an und betrachten alle zentralen Kollineationen mit der Achse u — die Bilder der Ähnlichkeitstransformationen D_i (Dehnungen) — und speziell diejenigen zentralen Kollineationen, bei denen das Zentrum auf der Achse liegt — die Bilder der Parallelverschiebungen S_i. Wir bezeichnen die Dehnungen durch $D_{C, P \to P'}$, durch das Zentrum C und ein Paar entsprechender Punkte, eine Schiebung durch $S_{P \to P'}$, wobei das Zentrum der Schiebung in dem Schnittpunkt von u und der Geraden PP' liegt.

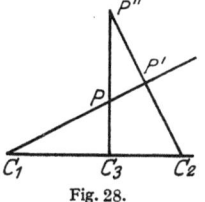
Fig. 28.

Aus der Definition folgt unmittelbar: *Die Dehnungen und Schiebungen* (die zentralen Kollineationen mit fester Achse u) *bilden eine Gruppe*, d. i.: a) zwei hintereinander ausgeführte Dehnungen D_1 und D_2 ergeben wieder eine Dehnung die wir mit $D_1 D_2$ bezeichnen. Und zwar ist $D_{C_1, P \to P'} D_{C_2, P' \to P''} = D_{C_3, P \to P''}$, wo C_3 der Schnittpunkt der Geraden $C_1 C_2$ und PP'' ist (s. Fig. 28).
b) Zu jeder Dehnung D gibt es eine reziproke D^{-1}, so daß DD^{-1} jeden Punkt in die ursprüngliche Lage bringt und zwar ist $D_{C, P' \to P} = (D_{C, P \to P'})^{-1}$. $(D_1 D_2)^{-1}$ ist gleich $D_2^{-1} D_1^{-1}$.

Die Schiebungen bilden eine Gruppe für sich, eine Untergruppe der ganzen Dehnungsgruppe. Denn das Zentrum von $S_1 S_2$ liegt auf der Verbindungslinie der Zentren von S_1 und S_2, also auch auf u.

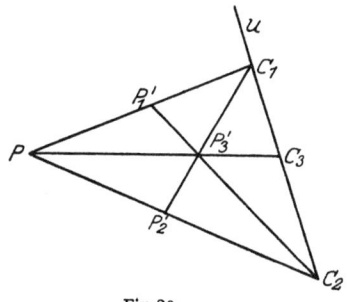
Fig. 29.

Die Schiebungen bilden eine Abelsche Gruppe, d. i. die Schiebungen sind miteinander vertauschbar: $S_1 S_2 = S_2 S_1$. Das folgt unmittelbar durch Betrachtung der Figur 29 für Schiebungen mit verschiedenen Zentren. Hat aber S_2 dasselbe Zentrum wie S_1, dann kann man $S_2 = S_3 S_4$ setzen, wo S_3 und S_4 ein von S_1 verschiedenes Zentrum haben; dann ist $S_1 S_2 = S_1 S_3 S_4 = S_3 S_1 S_4 = S_3 S_4 S_1 = S_2 S_1$.

220   II. Grundlegung der projektiven Geometrie.

Alle Dehnungen mit festem Zentrum, speziell auch alle Schiebungen mit festem Zentrum (alle „parallelen" Schiebungen) bilden eine Untergruppe. Alle Schiebungen mit festem Zentrum, *alle Schiebungen mit fester Richtung bilden eine invariante Untergruppe*, d. i. $D^{-1}SD$ ist wieder

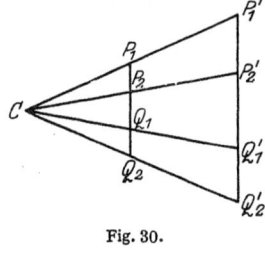

Fig. 30.

eine Schiebung, und zwar eine Schiebung mit demselben Zentrum (mit derselben Richtung) wie S. In der Tat ergibt sich durch die Betrachtung der Fig. 30, in der wir wie stets im folgenden die Gerade u als unendlich ferne Gerade der Zeichenebene angenommen haben, daß durch $D^{-1}SD$ zwei Punkte P_1' und P_2', die auf einer Geraden durch das Zentrum von S gehen, wieder in zwei Punkte Q_1' und Q_2' dieser selben

Geraden übergehen. In der Figur ist $D = D_{C,\ P_1 \to P_1'}$ und $S = S_{P_1 \to Q_1} = S_{P_2 \to Q_2}$ angenommen. Dann ist $D^{-1}SD = S_{P_1' \to Q_1'} = S_{P_2' \to Q_2'}$. Man nennt $D^{-1}SD$ die mit D transformierte Schiebung S. Ist $D^{-1}SD = S^{-1}$, dann ist D eine kollineare Spiegelung und umgekehrt.

Die mit der Schiebung $S_{C \to C'}$ transformierte Dehnung D_C ist eine Dehnung mit dem Zentrum C' (s. Fig. 31).

Es ist $D_1^{-1}SD_1 D_2^{-1}SD_2 = D^{-1}SD$, wo D nur von D_1 und D_2 aber nicht von S abhängig ist.

Beweis: Es ist:

$$(S_1^{-1}D_1^{-1}S_1)^{-1} S (S_1^{-1}D_1 S_1) = S_1^{-1}D_1^{-1}S_1 S S_1^{-1}D_1 S_1$$

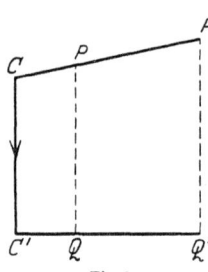

Fig. 31.

und dieses ist, weil Schiebungen miteinander vertauscht werden dürfen, und auch $D_1^{-1}SD_1$ eine Schiebung ist, gleich:

$$S_1 S_1^{-1} D_1^{-1} S_1 S_1^{-1} S D_1 = D_1^{-1} S D_1.$$

Wir können also die S transformierende Dehnung D_1, ohne das Resultat zu verändern, durch die mit einer beliebigen Schiebung transformierte D_1 ersetzen. Folglich können wir in der zu beweisenden Beziehung für D, D_1 und D_2 dasselbe Zentrum C voraussetzen.

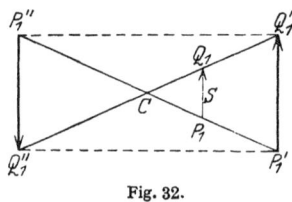

Fig. 32.

Wir betrachten zunächst den Ausnahmefall (s. Fig. 32), daß $D_1^{-1}SD_1$ und $D_2^{-1}SD_2$ zueinander reziprok sind, dann ist

$$(D_1 D_2^{-1})^{-1} S D_1 D_2^{-1} = S^{-1}.$$

Daraus folgt, wenn wir S^{-1} mit $D_1 D_2^{-1}$ transformieren, daß $D_1 D_2^{-1} D_1 D_2^{-1}$ die Kollineation ist, die jedes Element ihm selbst zuordnet. Also ist $D_1 D_2^{-1}$ die kollineare Spiegelung mit C als Zentrum und u als Achse. Dann ist aber auch für jede andere Schiebung S'

§ 2. Gliederung der grundlegenden Sätze in der projektiven Geometrie. 221

$$(D_1 D_2^{-1})^{-1} S' D_1 D_2^{-1} = S'^{-1},$$

also auch $D_1^{-1} S' D_1$ und $D_2^{-1} S' D_2$ zueinander reziprok. Die Kollineation $D_1^{-1} S D_1 D_2^{-1} S D_2$ ist also in diesem Falle unabhängig von S stets die Schiebung, die jeden Punkt in sich überführt, die „Nullschiebung", und wir können sagen, daß diese ausgeartete Schiebung aus einer gewöhnlichen Schiebung durch Transformation mit einer ausgearteten Dehnung entsteht, nämlich durch Transformation mit $D_{C, P \to C}$, bei der irgend ein Punkt P in das Zentrum C übergeführt wird, die ganze Ebene in das Zentrum zusammen gezogen wird. Wir wollen diese ausgeartete Dehnung mit D_0 bezeichnen.

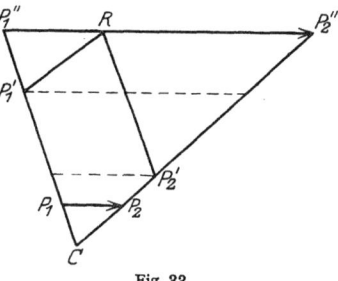

Fig. 33.

Wir schließen jetzt diesen speziellen Fall aus und haben dann zur Konstruktion von D aus D_1 und D_2 die Figur 33. Es ist nur zu zeigen, daß die Konstruktion unabhängig von dem bei der Konstruktion benutzten S ist.

Im folgenden bezeichnen wir 2 Geraden a und b als parallel, in Zeichen $a \parallel b$, wenn a und b sich auf u schneiden.

Es sei

$$D_{C, P_1 \to P_1'} = D_1, \quad D_{C, P_2 \to P_2'} = D_2, \quad S_{P_1 \to P_2} = S,$$

ferner

$$P_1' R \parallel C P_2', \quad P_2' R \parallel C P_1', \quad P_1'' R P_2'' \parallel P_1 P_2,$$

dann ist in der obigen Bezeichnungsweise

$$D_{C, P_1 \to P_1''} = D_{C, P_2 \to P_2''} = D,$$

d. i. es ist

$$D_1^{-1} S D_1 D_2^{-1} S D_2 = D^{-1} S D.$$

Jetzt lassen wir zunächst das Zentrum (die Richtung) von S unverändert, wählen nur einen anderen zu P_1 gehörenden Punkt, etwa Q_2 (s. Fig. 34) und machen dieselbe Konstruktion mit $S' = S_{P_1 \to Q_2}$.

Es sei dann $D_2 = D_{C, P_2 \to P_2'} = D_{C, Q_2 \to Q_2'}$, also $P_2 Q_2 \parallel P_2' Q_2'$, dann brauchen wir nur zu zeigen, daß der Schnittpunkt T der Parallelen $P_1' T$ zu $C Q_2'$ und der Parallelen $Q_2' T$ zu $C P_1'$ auf der Geraden $P_1'' R$ liegt.

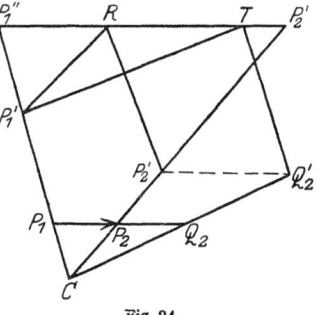

Fig. 34.

Das folgt aber sofort aus der Betrachtung der Dreiecke $C P_2' Q_2'$ und $P_1' R T$ auf Grund des *Desargues*schen Satzes.

Nun verändern wir beliebig das Zentrum von S, wählen aber den zu

P_1 gehörenden Punkt Q_2 möglichst bequem (s. Fig. 35) und zwar so, daß $P_2Q_2 \parallel CP_1$ ist. Wir brauchen nur zu zeigen, daß der Schnittpunkt T der Parallelen $P_1'T$ zu CQ_2' mit $Q_2'T_2'$ auf der Parallelen $P_1''T$ zu

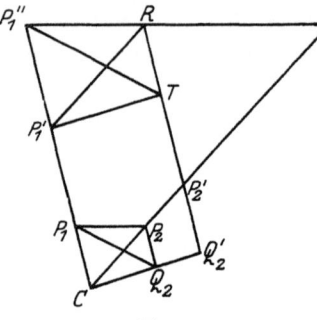

Fig. 35.

P_1Q_2 liegt. Das folgt aber wieder aus der (zweimaligen) Anwendung des *Desargues*schen Satzes auf die Vierecke $CP_1P_2Q_2$ und $P_1'P_1''RT$.

Damit ist der Beweis geliefert, daß die Beziehung unabhängig von S ist.

2. *Einführung der Dehnungsgrößen (Streckenverhältnisse).* Jeder Dehnung D ordnen wir eine Größe d zu, und zwar sagen wir

$$d_1 = d_2,$$

wenn die zugehörigen Dehnungen D_1 und D_2 durch Transformation mit einer Schiebung auseinander hervorgehen, wenn also

$$D_2 = S^{-1}D_1S$$

ist. Es ist darnach $d_1 = d_2$, wenn für irgend ein S die Beziehung $D_1^{-1}SD_1 = D_2^{-1}SD_2$ gilt. Denn es ist

$$D_2^{-1}SD_2 = S_1^{-1}D_2^{-1}S_1SS_1^{-1}D_2S_1,$$

und wir können S_1 so wählen, daß durch die Transformation mit S_1 die Dehnung D_2 in eine Dehnung D_2' übergeht, die dasselbe Zentrum wie D_1 hat. Aus der Beziehung $D_1^{-1}SD_1 = D_2'^{-1}SD_2'$ folgt aber, wenn D_1 und D_2' dasselbe Zentrum haben, $D_1 = D_2'$. Folglich sind die zu D_1 oder D_2' und D_2 gehörenden Dehnungsgrößen gleich. Die zu einer ausgearteten Dehnung $D_{C,P \to C}$ gehörende Größe bezeichnen wir mit 0, die zu der Identität $D_{C,P \to P}$ gehörende Dehnungsgröße bezeichnen wir mit 1, die zur Spiegelung gehörende Dehnungsgröße mit -1, die zu D^{-1} gehörende Dehnungsgröße mit d^{-1}.

3. *Addition und Multiplikation von Dehnungsgrößen.*

a) *Multiplikation.* Wir bezeichnen $d = d_1d_2$ als Produkt von d_1 und d_2, wenn die zu der Dehnung D_1D_2 gehörende Dehnungsgröße gleich d ist. Nach 2. folgt aus $d_1 = d_1'$ und $d_2 = d_2'$ auch $d_1d_2 = d_1'd_2'$.

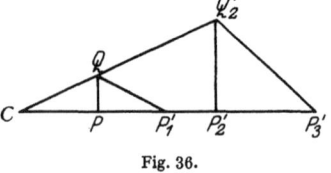

Fig. 36.

Es ist d dann und nur dann $= dd_1$ oder $= d_1d$, wenn $d_1 = 1$ ist. Es ist dd dann und nur dann $= 1$, wenn $d = 1$ oder $= -1$ ist. Es ist d_1d_2 dann und nur dann $= d_1d_3$, wenn $d_2 = d_3$ oder $d_1 = 0$ ist.

Es ist $0d = d0 = 0$. Nehmen wir für D_1 und D_2 dasselbe Zentrum C, dann erhalten wir die in der Figur 36 dargestellte Konstruktion; wo

$$D_{C,P \to P_3'} = D_{C,P \to P_1'}D_{C,P \to P_2'}$$

§ 2. Gliederung der grundlegenden Sätze in der projektiven Geometrie. 223

ist, wenn C, Q_2 und Q_2' auf einer Geraden liegen und $PQ \parallel P_2'Q_2'$ und $P_1'Q \parallel P_3'Q_2'$ ist.

b) *Addition.* Wir bezeichnen d als Summe von d_1 und d_2, $d = d_1 + d_2$, wenn für irgendein S (also nach 1. für jedes S) $D_1^{-1}SD_1 D_2^{-1}SD_2 = D^{-1}SD$ ist. Aus $d_1 = d_1'$ und $d_2 = d_2'$ folgt $d_1 + d_2 = d_1' + d_2'$.

Eine Konstruktion dieser Addition liefert Fig. 33, eine zweite Konstruktion mit $S = S_{C \to P}$, $D_1 = D_{C, P \to P_1'}$, $D_2 = D_{C, P \to P_2'}$ und $D = D_{C, P \to P_3'}$ die Figur 37, wo $QR \parallel CP, CQ \parallel P_2'R$ und $P_1'Q \parallel P_3'R$ ist. Man sieht, daß $D_1^{-1}S_{C \to P} D_1 = S_{C \to P_1'}, D_2^{-1}S_{C \to P} D_2 = S_{C \to P_2'} = S_{Q \to R}$ und $S_{C \to P_1'} S_{C \to P_2'} = S_{C \to P_3'} = D^{-1}SD$ ist.

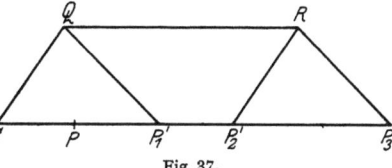

Fig. 37.

Es ist $0 + d = d + 0$ und $d_1 + d_2$ dann und nur dann gleich $d_1 + d_3$, wenn $d_2 = d_3$ ist.

Ist $d = d_1 + d_2$, dann schreiben wir $d - d_2 = d_1$.

4. *Rechnungsregeln:*

a) Kommutativität der Addition
$$d_1 + d_2 = d_2 + d_1.$$

Dies folgt sofort daraus, daß nach 1. die Schiebungen miteinander vertauschbar sind.

b) erstes distributives Gesetz:
$$(d_1 + d_2) d_3 = d_1 d_3 + d_2 d_3.$$
Setzen wir $d = d_1 + d_2$, also
$$D^{-1}SD = D_1^{-1}SD_1 D_2^{-1}SD_2,$$
dann folgt:
$$D_3^{-1}D^{-1}SDD_3 = (D_1D_3)^{-1}SD_1D_3(D_2D_3)^{-1}SD_2D_3,$$
das heißt aber:
$$dd_3 = d_1d_3 + d_2d_3,$$
was unsere Behauptung ist.

Das Gesetz der Kommutativität der Multiplikation erfordert besondere Hilfsmittel der Beweisführung (s. Nr. 6). Wir behandeln deswegen zunächst

c) das zweite distributive Gesetz:
$$d_3(d_1 + d_2) = d_3d_1 + d_3d_2.$$
Es ist, indem wir wie bei b) bezeichnen, die Beziehung
$$D^{-1}SD = D_1^{-1}SD_1 D_2^{-1}SD_2$$
unabhängig von S. Setzen wir jetzt an Stelle von S die Schiebung $D_3^{-1}SD_3$, so erhalten wir:
$$D^{-1}D_3^{-1}SD_3D = D_1^{-1}D_3^{-1}SD_3D_1 D_2^{-1}D_3^{-1}SD_3D_2,$$
das heißt:
$$d_3d = d_3d_1 + d_3d_2,$$
was unsere Behauptung ist.

5. *Analytische Geometrie*:

a) *Koordinatensystem*: Wir machen die Konstruktion genau wie oben § 2 I a.

Wir nehmen (s. Fig. 38) zwei Geraden durch O, die x- und die y-Achse, und auf jeder Achse einen Punkt E_x resp. E_y. Wir ziehen durch irgendeinen Punkt P Parallelen zu den Achsen, die die x-Achse in P_x, die y-Achse in P_y schneiden. Dann nennen wir *Koordinaten* von P die Dehnungsgrößen x und y, die zu den Dehnungen $D_{O,\,E_x \to P_x}$ resp. $D_{O,\,E_y \to P_y}$ gehören.

b) *Gleichung der Geraden*: Es möge die Gerade nicht durch O gehen (s. Fig. 38) und die x-Achse in A, die y-Achse in B schneiden und es seien x und y die Koordinaten eines Punktes auf der Geraden; dann ist

$$d_{O,\,A \to E_x} x + d_{O,\,B \to E_y} y = 1.$$

Hierbei bedeutet $d_{O,\,A \to E_x}$ die Dehnungsgröße, die zu der Dehnung $D_{O,\,A \to E_x}$ gehört. Zum Beweis beachte man, daß $d_{O,\,A \to E_x} x = d_{O,\,A \to P_x}$ ist und daß die Transformation mit der Dehnung $D_{O,\,A \to P_x}$ die Schiebung $S_{A \to B}$ in die Schiebung $S_{P \to B}$ verwandelt. Analoges gilt für $d_{O,\,B \to E_y} y$. Die Summe der transformierten Schiebungen gibt wieder die ursprüngliche Schiebung $S_{A \to B}$. Umgekehrt: wenn die Koordinaten x und y eines Punktes P der obigen Beziehung genügen, dann liegt, wie man leicht erkennt, P auf der Geraden AB. Wir nennen diese Beziehung die *Gleichung der Geraden AB*.

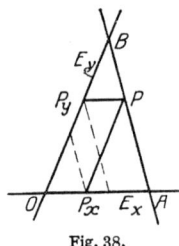

Fig. 38.

Für die Geraden, die durch O gehen und für die Parallelen zur x- und y-Achse können wir ebenfalls ganz leicht die Gleichungen ableiten und erhalten so die Gleichung jeder Geraden in der Form:

$$ax + by = c.$$

Bis jetzt haben wir zur Begründung der ebenen projektiven Geometrie nur den Desarguesschen Satz und die Grundsätze: zwei Geraden schneiden sich stets in einem Punkt, zwei Punkte bestimmen eine und nur eine Gerade, benutzt, und diese geometrischen Tatsachen sind auch vollkommen algebraisch dargestellt. Denn z. B. aus zwei linearen Gleichungen zwischen x und y von der Form

$$g_1 \equiv a_1 x + b_1 y - 1 = 0$$

und

$$g_2 \equiv a_2 x + b_2 y - 1 = 0$$

läßt sich, wenn auch nur ein Koeffizient von 0 verschieden ist (etwa a_1) eine Variable eliminieren: wir erhalten

$$a_2 a_1^{-1} g_1 - g_2 \equiv (a_2 a_1^{-1} b_1 - b_2) y - (a_2 a_1^{-1} - 1) = 0,$$

wenn nun

$$a_2 a_1^{-1} b_1 - b_2 \neq 0$$

§ 2. Gliederung der grundlegenden Sätze in der projektiven Geometrie. 225

ist, dann ist für
$$y = (a_2 a_1^{-1} b_1 - b_2)^{-1} (a_2 a_1^{-1} - 1) \quad \text{sicher} \quad a_2 a_1^{-1} g_1 - g_2 = 0.$$

Setzen wir diesen Wert von y in g_1 ein, dann können wir wegen $a_1 \neq 0$ g_1 durch geeignete Wahl von x zu Null machen. Dann verschwindet also für die angenommenen Werte von x und y sowohl g_1 wie $a_2 a_1^{-1} g_1 - g_2$, also auch g_2. Wir sehen: zwei lineare Gleichungen zwischen x und y haben *auf Grund unserer Rechnungsregeln*, falls sie nicht Bilder von parallelen, sich auf u schneidenden Geraden sind (d. i. $a_2 a_1^{-1} b_1 - b_2 \neq 0$) stets eine und nur eine Lösung. Der Satz: zwei nichtparallele Geraden einer Ebene haben stets einen und nur einen Schnittpunkt, ist also jetzt nur auf Grund unserer Rechnungsregeln und aus der Tatsache abgeleitet, daß die Geraden durch lineare Gleichungen mit vorangestellten Koeffizienten dargestellt werden. Ebenso kann auch der Grundsatz rein algebraisch abgeleitet werden, daß durch zwei Punkte stets eine und nur eine Gerade geht. Auch den *Desargues*schen Satz können wir nur auf Grund der Rechnungsregeln und der algebraischen Darstellung der Geraden ableiten. Endlich können wir ohne Schwierigkeit nachweisen, daß die allgemeinste projektive Transformation der Punkte auf der x-Achse, die durch fortgesetztes Projizieren erzeugte Abbildung der Geraden auf sich selbst, durch die Formel dargestellt wird:
$$x' = (x\gamma + \delta)^{-1} (x\alpha + \beta).$$

Aber dennoch sind wir mit der Begründung der projektiven Geometrie durchaus nicht fertig. Denn wir können nicht entscheiden, ob irgendeine solche lineare Transformation auch umgekehrt eine projektive Transformation darstellt, d. i. die Darstellung einer durch fortgesetztes Projizieren erzeugten Abbildung ist. Damit hängt zusammen, daß wir die lineare Transformation nicht durch einander zugeordnete Punkte bestimmen können. Daß eine lineare Transformation, soweit wir bisher die projektive Geometrie entwickelt haben, nicht durch zwei entsprechende Punkttripel bestimmt ist, ergibt sich schon dadurch, daß in der obigen Transformationsformel vier Koeffizienten auftreten, von denen keiner durch Division wegzuschaffen ist. Dadurch, daß wir einander zugeordnete Punkte x_i und x_i' geben, erhalten wir lineare Gleichungen für die Koeffizienten. So ergibt sich aus der obenstehenden Formel für die lineare Transformation:
$$(x_i \gamma + \delta) x_i' = x_i \alpha + \beta.$$

Aus drei solchen Gleichungen lassen sich α und β eliminieren, die resultierende Gleichung hat die Form $u_{11} \gamma u_{12} + u_{21} \gamma u_{22} + u_{31} \gamma u_{32} + u_{41} \gamma u_{42} + v_{11} \delta v_{12} + v_{21} \delta v_{22} = 0$, aber auch durch noch so viel Gleichungen von dieser Form lassen sich allein auf Grund unserer Rechnungsregeln γ und δ nicht bestimmen.

Wie wir aus diesen Betrachtungen sehen, brauchen wir noch weitere Sätze, um eine brauchbare projektive Geometrie zu erhalten. Wir

Pasch-Dehn, Vorlesungen. 2. Aufl. 15

erkennen, daß die der Erreichung dieses Zieles entgegenstehenden Schwierigkeiten sofort verschwinden, wenn wir auch noch die Kommutativität für die Multiplikation der Dehnungsgrößen einführen. Ob dieses radikale Mittel notwendig ist, ob es also auch „nicht kommutative" Systeme von Dehnungen gibt, in denen man die projektive Geometrie vollständig entwickeln kann, bleibe dahingestellt.

6. *Kommutativität der Multiplikation*: $d_1 d_2 = d_2 d_1$.

Nehmen wir etwa die Darstellung der zu d_1 und d_2 gehörenden Dehnungen wie in Figur 37, so erhalten wir die Figur 39 und es muß, damit unsere Behauptung erwiesen ist, auch $D_1 D_2 = D_2 D_1$ sein, weil zwei Dehnungsgrößen d_1 und d_2, die zu Dehnungen D_1 und D_2 mit demselben Zentrum gehören, nur dann gleich sind, wenn auch die Dehnungen selbst gleich sind.

Voraussetzung: $QP \parallel Q_1'P_1' \parallel Q_2'P_2'$, $\quad QP_1' \parallel Q_1'P_3'$
Behauptung: $\quad QP_2' \parallel Q_1'P_3'$
Beweis: Die Behauptung ist gleichbedeutend mit
$$D_{C,\ P \to P_1'}\, D_{C,\ P \to P_2'} (= D_{C,\ P \to P_3'}) = D_{C,\ P \to P_2'}\, D_{C,\ P \to P_1'}.$$

Dieser Beziehung entspricht die *Pascalsche Konfiguration*, d. i. die Figur eines Sechsecks, dessen Ecken abwechselnd auf zwei Geraden liegen und von dem der sogenannte *Pascalsche Satz* aussagt, daß je zwei gegenüberliegende Seiten sich auf Punkten einer Geraden schneiden, daß also, wenn zwei Paare von gegenüberliegenden Seiten parallel sind, auch das dritte Seitenpaar aus parallelen Geraden besteht. Es ergibt sich also:

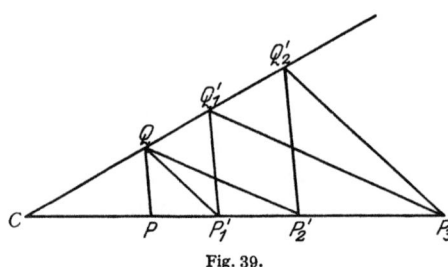

Fig. 39.

Der Pascalsche Satz ist gleichbedeutend mit der Aussage, daß das kommutative Gesetz für die Multiplikation der Dehnungsgröße resp. für die Zusammensetzung von Dehnungen mit demselben Zentrum erfüllt ist.

Jetzt gelten für die Dehnungsgrößen alle gewöhnlichen Rechnungsregeln und es ist in der Tat die projektive Geometrie der Ebene vollständig algebraisch dargestellt, insbesondere läßt sich rein algebraisch beweisen, daß die projektive Beziehung einer Geraden auf sich selbst durch drei einander entsprechende Punktepaare eindeutig festgelegt ist. Auch die geometrischen Tatsachen über die Anordnung der Punkte und Geraden in der Ebene sind vollständig algebraisch ausdrückbar, wenn wir noch entsprechend der geometrischen Bedeutung die Anordnung der Dehnungsgrößen in eine einfache Reihe definieren. Dann können wir z. B. auch leicht die Teilung der Punkte einer Ebene durch eine Gerade algebraisch durchführen.

§ 2. Gliederung der grundlegenden Sätze in der projektiven Geometrie. 227

Zusammenfassung: Die Sätze von Desargues und Pascal genügen, um die projektive Geometrie zu algebraisieren.

Bemerkung: Wenn wir von vornherein den *Pascal*schen Satz vorausgesetzt hätten, dann wäre unsere Ableitung durch den Fortfall des Beweises für das zweite distributive Gesetz erheblich vereinfacht worden.

7. *Die Sätze von Desargues und Pascal sind direkte Folgerungen aus dem Fundamentalsatz der projektiven Geometrie.*

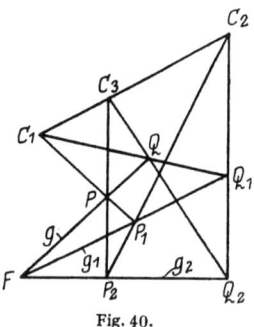

Fig. 40.

a) Satz von *Desargues* (s. Figur 40): Durch Projektion von g aus C_1 auf g_1 und von g_1 aus C_2 auf g_2 werden $PQFU$ nach $P_2Q_2FU_2$ projiziert, wo U der Schnittpunkt von PQ, U_2 der Schnittpunkt von P_2Q_2 mit C_1C_2 und F der gemeinsame Punkt von g, g_1 und g_2 ist. Projizieren wir direkt vom Schnittpunkt C_3 von PP_2 und QQ_2 aus g nach g_2, so muß, da hierbei auch PQF in P_2Q_2F übergehen, nach dem Fundamentalsatz der projektiven Geometrie auch U in U_2 übergehen, d. i. C_1, C_2, C_3 liegen auf einer Geraden.

b) Satz von *Pascal*: Zum Beweise aus dem Fundamentalsatz der projektiven Geometrie braucht man nur den üblichen Beweis des *Pascal*schen Satzes für Kegelschnitte[1]) auf unseren Fall zu übertragen, wo die 6 Ecken abwechselnd auf zwei Geraden liegen. Also *auch der Fundamentalsatz genügt zur Algebraisierung der projektiven Geometrie.*

8. *Der Desarguessche Satz ist eine direkte Folge des Pascalschen Satzes* [Hessenberg[2])].
Wir geben hier nur den besonders einfachen Beweis mit Hilfe des Parallelenpostulats (Fig. 41).

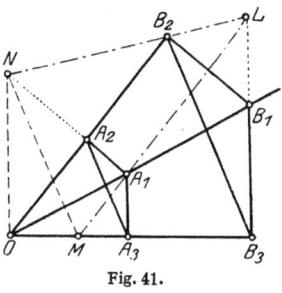

Fig. 41.

Voraussetzung: O, A_i, B_i ($i = 1, 2, 3$) liegen je auf einer Geraden; $A_1A_2 \parallel B_1B_2$ und $A_1A_3 \parallel B_1B_3$. Wir schneiden die Parallele zu OA_2 durch A_1 mit B_3B_1 in L. LB_2 trifft A_1A_2 in N. Nun ist $ONA_1LB_1B_2$ ein *Pascal*sches Sechseck. Folglich ist wegen Voraussetzung und Konstruktion $ON \parallel LB_1 \parallel A_1A_3$. Auch $NMA_1A_3A_2O$ ist ein *Pascal*sches Sechseck. Folglich ist $NM \parallel A_2A_3$. Endlich ist auch $ONMLB_3B_2$ ein *Pascal*sches Sechseck. Folglich ist, weil nach dem Vorhergehenden $ON \parallel B_3B_1$ und $ML \parallel OB_2$ ist, auch $NM \parallel B_2B_3$. Also nach der vorher erwiesenen Parallelität auch $A_2A_3 \parallel B_2B_3$, was zu beweisen war.

---

[1]) S. z. B. *Enriques* (Fleischer): Vorles. über proj. Geometrie. Leipzig 1903.
[2]) Math. Ann. Bd. 61. 1905.

228   II. Grundlegung der projektiven Geometrie.

Die Kommutativität der Schiebungen auf einer Geraden folgt aus dem *Desargues*schen Satz, nämlich aus den einfachsten Eigenschaften der zentralen Kollineationen, wie wir oben mit Hilfe der Zerlegung einer Schiebung in zwei Schiebungen erkannten. Am klarsten erkennt man die Ableitung aus dem *Desargues*schen Satz, wenn man die Figur für die Kommutativität dieser Schiebungen direkt betrachtet (s. Fig. 42). Hier ist folgendes vorausgesetzt: $S_1 = S_{P \to P_1} = S_{Q \to Q_1} = S_{P_2 \to P_3}$, $S_2 = S_{P \to P_2} = S_{Q \to Q_2}$. Also $S_2 S_1 = S_{P_1 \to P_3}$. Es wird behauptet, daß $S_2 = S_{P_1 \to P_3}$ ist. Schneiden sich QP_2 und Q_1P_1 in L, Q_2P_2 und Q_1P_3 in M, dann sind sowohl die Dreiecke QLQ_1 und P_3MP_2 wie die Dreiecke Q_1MQ_2 und P_2LP_1 jeweils perspektiv. Also schneiden sich QP_3, LM, Q_1P_2, Q_2P_1 in einem Punkte O. Folglich sind die Dreiecke QLP_1 und P_3MQ_2 perspektiv und $QP_1 \parallel Q_2P_3$, also auch $S_{P \to P_2} = S_{Q \to Q_2} = S_{P_1 \to P_3}$, wie behauptet wurde.

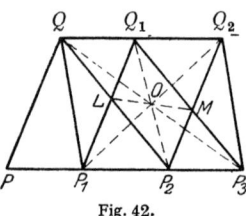

Fig. 42.

Der *Desargues*sche Satz wird also dreimal bei dem Beweise angewandt, aber diese Figur besteht auch in einer speziellen *Pascal*schen Figur, nämlich derjenigen, bei welcher die Gerade, auf der sich die drei Paare der gegenüberliegenden Seiten des Sechsecks schneiden, durch den Schnittpunkt der beiden Geraden hindurch geht, auf welchen die Ecken des Sechsecks liegen. Also folgt aus dem *Pascal*schen sofort diese einfache Folgerung aus dem *Desargues*schen Satz. Aber auch der *Desargues*sche Satz selbst folgt, wie wir jetzt gesehen haben, aus dem *Pascal*schen Satz, der bei dem obigen Beweise wiederum dreimal angewandt wird.

Aus dem *Pascal*schen Satz oder aus dem Fundamentalsatz der projektiven Geometrie folgt die Algebraisierung der ebenen projektiven Geometrie unter Benutzung der Grundsätze der Verknüpfung. Der *Pascal*sche Satz ist aber vom systematischen Standpunkt aus sehr viel einfacher als der Fundamentalsatz, jedenfalls in dessen allgemeinster Form: jede projektive Beziehung der Punkte einer Geraden auf sich selbst ist durch zwei entsprechende Punkttripel festgelegt. Denn bei dem Beweise müssen wir die Anzahl der die projektive Beziehung erzeugenden Projektionen als beliebig annehmen und benutzen notwendigerweise das Verfahren der vollständigen Induktion, das, wie wir später sehen werden, das wesentliche Merkmal einer „höheren" Mathematik ist. Für die Ableitung des *Pascal*schen und *Desargues*schen Satzes brauchen wir freilich den Fundamentalsatz nur in speziellerer Form, etwa für durch 3 Projektionen erzeugte Projektivitäten.

In nachstehendem Schema werden die Resultate dieses Paragraphen veranschaulicht[1]).

---

[1]) Die Bedeutung des Fundamentalsatzes ist wohl zuerst von *v. Staudt* (s. o Anm.[2]) S. 209) klar ausgesprochen. Die Bedeutung des *Desargues*schen und *Pascal*schen

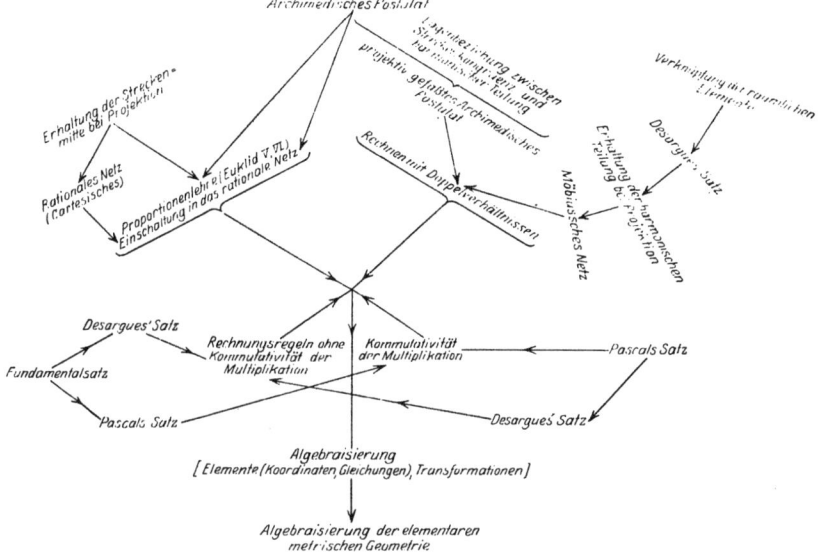

Fig. 43.

§ 3. Beweis der grundlegenden Sätze der projektiven Geometrie.

Der *Desargues*sche Satz über perspektive Dreiecke folgt in einfacher Weise durch Projektion aus dem Raum (s. S. 74). Eine Folge des *Desargues*schen Satzes sind weiter die Sätze über die Konstruktion des vierten harmonischen Punktes durch das vollständige Vierseit.

Für die durchaus der heutigen Mathematik angehörenden Begründung der projektiven Geometrie und durch diese der Geometrie überhaupt (nach § 1 dieses Kap.), wie wir sie im vorigen Paragraphen entwickelt haben, genügt aber der *Desargues*sche Satz nicht. Es muß deswegen etwa der *Pascal*sche Satz bewiesen werden, und zwar *ohne Stetigkeitsvoraussetzungen*. Denn *mit* Stetigkeitsvoraussetzungen gibt ja die Konstruktion des *Möbius*schen Netzes und die Einschaltung der irrationalen Punkte den weitaus bequemsten und natürlichsten Weg zur Begründung der projektiven Geometrie. *Der Beweis des Pascalschen Satzes ohne Stetigkeit* wurde zuerst von *F. Schur* auf Grund der Voraussetzungen über das beschränkte Raumstück (also ohne Parallelenpostulat) ge-

---

Satzes ist zuerst in dem Vortrag von *H. Wiener* (1891, Jahresber. d. deutsch. Math. Ver. 1892) formuliert worden. Die Streckenrechnung auf Grund des *Desargues*schen Satzes ist von *Hilbert*, Grundl. d. Geom., 1899 (5. Aufl. 1922) entwickelt worden, vereinfacht von *Hessenberg*, Acta Math. Bd. 29. Die den Konstruktionen im Text zugrunde liegende Idee, mit den „isomorphen" Abbildungen der Gruppe der Parallelverschiebungen auf sich durch Dehnungen zu operieren, stammt von *Schwan*, Math. Zeitschr. Bd. 3. Den konsequent gruppentheoretischen Standpunkt von *Schwan* konnten wir hier aus didaktischen Gründen nicht einnehmen.

230   II. Grundlegung der projektiven Geometrie.

geben (1898)[1]). Dieser Beweis beruht auf einer schönen und einfachen Idee von *Dandelin*[2]), die in derselben Arbeit dargestellt wird, in der auch die berühmte Ableitung der Brennpunkte von Kegelschnitten durch die dem Kegel oder dem einschaligen Hyperboloid einbeschriebenen Kugeln veröffentlicht wurde (1824/25). *Dandelin* leitet zunächst die Eigenschaften der Geraden auf einem einschaligen Hyperboloid ab, das durch Rotation einer Geraden um eine zu ihr windschiefe Achse entsteht. Die Geraden auf dem Hyperboloid zerfallen in zwei Scharen, durch jeden Flächenpunkt geht eine Gerade der einen und eine Gerade der andern Schar. Zwei Geraden derselben Schar sind windschief. Je zwei Geraden, die verschiedenen Scharen angehören, schneiden sich. Dann betrachtet *Dandelin* eine geradliniges, räumliches Sechseck auf dem Hyperboloid, dessen Seiten abwechselnd der einen und der anderen Schar angehören. Er nennt ein solches Sechseck nach dem Vorgang von *Pascal* „Hexagramme mystique". Von diesem zeigt er folgendes: Seien die Seiten, wie sie auf dem Sechseck aufeinander folgen, mit $a_1 b_3 a_2 b_1 a_3 b_2$ bezeichnet. Es gehören also die a_i der einen Schar, die b_i der anderen Schar an. Gegenüberliegende Seiten, etwa a_1 und b_1, liegen in einer Ebene, ebenso a_2 und b_2. Diese Ebenen (a_1, b_1) und (a_2, b_2)

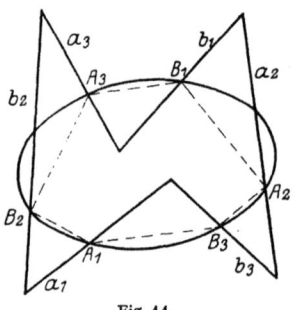

Fig. 44.

schneiden sich auf einer Hauptdiagonalen des Sechsecks, ebenso die Ebenen (a_2, b_2) und (a_3, b_3). Die beiden Diagonalen schneiden sich in einem Punkt C, der der gemeinsame Punkt der Ebenen (a_1, b_1) und (a_2, b_2) und (a_3, b_3) ist. Durch C muß auch die dritte Diagonale gehen, die alle gemeinsamen Punkte der Ebenen (a_3, b_3) und (a_1, b_1) enthält. Anders ausgedrückt: Die Hauptdiagonalen (Verbindungslinien gegenüberliegender Punkte) sind die Kanten der räumlichen Ecke, die von den drei Ebenen (a_1, b_1), (a_2, b_2) und (a_3, b_3) gebildet wird. Vollkommen entsprechend (räumlich dual) gilt: Die Schnittlinien „gegenüberliegender Ebenen", nämlich (a_1, b_3) und (b_1, a_3) sowie (a_2, b_1) und (b_2, a_1), endlich $(a_3 b_2)$ und (b_3, a_2), sind die Seiten des Dreiecks, das von den drei Schnittpunkten gegenüberliegender Seiten gebildet wird, und liegen also in einer Ebene γ. Hat man nun irgendeine Schnittkurve des Hyperboloids mit einer Ebene ε und sechs Punkte auf ihr (Fig. 44), $A_1 B_3 A_2 B_1 A_3 B_2$, dann konstruieren wir durch die Punkte A_i Geraden a_i der einen Schar und durch die Punkte B_i Geraden b_i der anderen Schar. Dadurch erhalten wir ein dem ebenen Sechseck umbeschriebenes hexagramme mystique. Die Schnittlinie der Ebenen (a_1, b_3) und (b_1, a_3) geht durch den

---

[1]) Math. Ann. Bd. 51. 1899.   [2]) Annales de Gergonne Bd. 15.

§ 3. Beweis der grundlegenden Sätze der projektiven Geometrie.

Schnittpunkt von A_1B_3 und B_1A_3. Dieser liegt also auf der Schnittlinie g von γ und ε. Auf g schneiden sich ebenso auch A_2B_1 und B_2A_1 sowie auch A_3B_2 und B_3A_2: *Liegen die Ecken eines ebenen Sechsecks auf einem einschaligen Hyperboloid, dann schneiden sich gegenüberliegende Seiten auf einer Geraden* (d. i. im wesentlichen der *allgemeine Pascal*sche Satz). Für den Fall, daß ε das Hyperboloid in einem Paar von Geraden a und b, je einer Geraden der beiden Scharen von Erzeugenden, schneidet, haben wir noch eine besondere Bedingung für das Sechseck, damit keine von den Sechsecksseiten mit a oder b zusammenfällt, nämlich die Ecken müssen abwechselnd auf den beiden Geraden liegen, etwa die Ecken A_i auf der Geraden b, die Ecken B_i auf der Geraden a. Im übrigen ist der Beweis genau derselbe.

Damit haben wir den *Pascal*schen Satz ähnlich wie bei dem bekannten Beweis des *Desargues*schen Satzes aus einer räumlichen Konstruktion gewonnen. Wir sehen aus dem *Dandelin*schen Beweis, daß der *Pascal*sche Satz eine unmittelbare Folge des Satzes ist: Gegeben zwei sich schneidende Geraden a und b, auf b die Punkte $A_1A_2A_3$ und auf a die Punkte $B_1B_2B_3$. Dann kann man drei Geraden a_i durch die Punkte A_i und drei Geraden b_k durch die Punkte B_k so legen, daß jedes a_i jedes b_k schneidet, dagegen keine Gerade a_i eine Gerade a_k oder a, ebenso keine Gerade b_k eine Gerade b_i oder b.

F. Schur hat nun gezeigt, daß in der Tat jedes Geradenpaar solchen Systemen von acht Geraden angehört, wenn wir für den Raum die üblichen Voraussetzungen über die Eigenschaften der Bewegungen machen. Wir machen folgende Überlegungen:

1. Zwei einander schneidende Geraden a und b gehen durch eine Spiegelung an einer Ebene (der „Medianebene") in sich über und zwei durch Spiegelung ineinander übergehende Geraden schneiden sich (in einem eigentlichen oder uneigentlichen Punkt). 2. Geht die Gerade b aus der Geraden a durch Drehung um d hervor, und schneiden a und b d nicht, liegen auch nicht in einer zu d senkrechten Ebene, dann sind a und b windschief. In der Tat: bei der Drehung um d gehen alle und nur die Punkte von d in sich über, ferner gehen alle und nur die zu d senkrechten Ebenen in sich über. Also geht unter unseren Voraussetzungen kein Punkt P von a in sich oder einen andern Punkt Q von a über. Denn im ersten Fall würde der Punkt P von a auf d liegen, im letzteren Falle die Gerade PQ oder a auf einer zu d senkrechten Ebene liegen. 3. Eine ungerade Anzahl aufeinander folgender Spiegelungen an Ebenen durch eine feste Achse d ergibt wieder eine Spiegelung an einer Ebene durch d. Eine gerade Anzahl von solchen Spiegelungen ergibt eine Drehung um d. 4. Auf der Medianebene der sich schneidenden Geraden a und b nehmen wir eine Gerade d, die nicht durch den Schnittpunkt von a und b geht, noch auf dieser Ebene senkrecht steht. Sind dann $A_1A_2A_3$ drei Punkte auf b, $B_1B_2B_3$ drei Punkte auf a, dann konstruieren

wir die Geraden a_i durch Spiegelung von b an der Ebene durch A_i und d, die Geraden b_k durch Spiegelung von a an der Ebene durch B_k und d. Zwei Geraden a_i oder a gehen dann nach 3. aus einander durch Drehung um d hervor, ebenso zwei Geraden b_i oder b. Dagegen geht eine Gerade a_i aus b_k durch Spiegelung an einer Ebene durch d hervor. Aus unseren Konstruktionsvoraussetzungen folgt, daß a_i und b_k einen Punkt gemeinsam haben, dagegen die sämtlichen Geraden a_i und a sowie die sämtlichen Geraden b_k und b je ein System windschiefer Geraden bilden. Damit ist die Grundlage für den *Dandelin*schen Beweis des *Pascal*schen Satzes als vorhanden nachgewiesen (s. Fig. 45, in der das *Dandelin*sche hexagramme mystique besonders hervorgehoben ist).

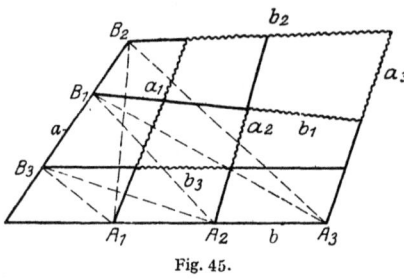

Fig. 45.

Durch diese Betrachtungen wurde zum erstenmal die analytische Geometrie unabhängig von der Stetigkeit und sogar auch unabhängig vom Parallelenpostulat begründet. Jetzt könnte man wirklich sagen, „Euclides ab omni naevo vindicatus", wie einst *Saccheri* sein Buch, mit dem ein Anfang für diese ganze Entwicklung gemacht wurde, betitelte. Die beiden „Flecken auf dem herrlichen Leib der Geometrie", von denen schon der englische Mathematiker *H. Savile* 1621 gesprochen hatte, die Benutzung des Parallelenpostulats bereits am Anfang der Begründung der Geometrie, die Benutzung der Stetigkeit für die Begründung der Proportionenlehre sind getilgt. Aber welch ein Weg: Zuerst Erweiterung des Raumes durch die idealen Elemente (§ 1 bis § 8 des Hauptteiles), dann Entwicklung der einfachsten Folgerungen aus den Voraussetzungen über Bewegungen in der Ebene, wie im ersten Buche *Euklids*, und über räumliche Dinge, wie im 11. Buche *Euklids*; dann Beweis des *Pascal*schen Satzes sowie des *Desargues*schen Satzes aus ersterem oder direkt; dann nach § 2 II die Entwicklung der projektiven Geometrie mit erheblicher Vereinfachung dadurch, daß bei Voranstellung des *Pascal*schen Satzes von vornherein die Kommutativität für die Multiplikation der Dehnungsgrößen benutzt werden kann; dann endlich wie in § 1 die Einordnung der allgemeinen metrischen Geometrie in die projektive Geometrie. Man sieht bei Betrachtung dieses langen Weges, welche Macht die Voraussetzung der Stetigkeit etwa in der Form des Archimedischen Postulats wie in § 2 I, sowie auch die Voraussetzung des Parallelenpostulats für die Verkürzung des Weges besitzen. Denn mit dem Parallelenpostulat läßt sich § 2 II und auch § 1 sehr viel einfacher gestalten und auch der Beweis des *Pascal*schen Satzes kann in einfacher Weise gleich in der Ebene geführt werden. Da dies für die Begründung der gewöhnlichen Geome-

§ 3. Beweis der grundlegenden Sätze der projektiven Geometrie. 233

trie von großer Wichtigkeit ist, geben wir hierfür im folgenden zwei verschiedene Beweisanordnungen.

Der erste Beweis ist den Grundlagen von *Hilbert* (Kap. II, § 14) entnommen, der zweite schließt sich den Betrachtungen von *Kupffer*[1]) an, der zuerst den Versuch gemacht hat, die Proportionenlehre unabhängig vom Parallelenpostulat zu begründen. Der erste Beweis erledigt den *Pascal*schen Satz mit einem Schlag. Der zweite Beweis ist so gegliedert, daß jeder Schritt einfach erscheint. Beide Beweise benutzen wesentlich den Satz vom Peripheriewinkel (oder, was dasselbe ist, den Satz über die Winkel im Kreisviereck), während ein einfacher Beweis von *Schur*[2]) den Satz vom Schnittpunkt der Dreieckshöhen benutzt. Der Peripheriewinkelsatz ist eine einfache Folgerung aus dem Satz, daß der Außenwinkel gleich der Summe der nicht anliegenden Winkel ist und dem Satz über das gleichschenklige Dreieck. Beide Beweise behandeln nur die Figur, bei der die gegenüberliegenden Seiten parallel sind, woraus die allgemeine Figur durch Perspektive (zentrale Kollineation) erzeugt werden kann.

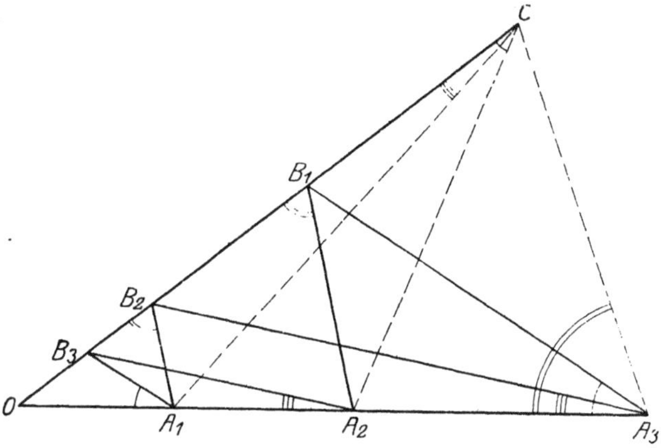

Fig. 46.

Erster Beweis (Fig. 46): *Voraussetzung*: $A_1B_3 \parallel A_3B_1$, $A_2B_3 \parallel A_3B_2$, wo die Punkte $A_1A_2A_3$ sowie die Punkte $B_1B_2B_3$ je auf einer Geraden durch O liegen. *Behauptung*: $A_2B_1 \parallel A_1B_2$. Zum *Beweise* konstruieren wir auf OB_i den Punkt C so, daß $\sphericalangle OCA_2 = \sphericalangle OA_3B_1$ ist. Dann liegen $A_2A_3CB_1$ auf einem Kreis, also ist $\sphericalangle OA_3C = \sphericalangle OB_1A_2$. Andererseits ist nach Voraussetzung auch $\sphericalangle OA_1B_3 = \sphericalangle OA_3B_1 = \sphericalangle OCA_2$, also liegen $A_1A_2CB_3$ auf einem Kreis und es ist $\sphericalangle OCA_1 = \sphericalangle OA_2B_3 =$ (nach Voraussetzung) $\sphericalangle OA_3B_2$. Also liegen auch $A_1A_3CB_2$ auf einem Kreis. Es ist demnach $\sphericalangle OB_2A_1 = \sphericalangle OA_3C =$ (nach dem Obigen) $\sphericalangle OB_1A_2$. Also ist, wie zu beweisen war, $A_1B_2 \parallel A_2B_1$.

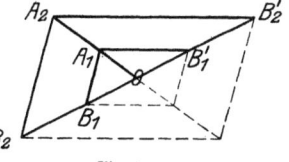

Fig. 47.

Zweiter Beweis: 1. (Fig. 47) Liegen A_1 und A_2 auf dem einen Schenkel eines Winkels mit dem Scheitel O, B_1

---
[1]) Sitzungsber. d. Dorpater Naturforscherges. 1893, S. 376ff.
[2]) Math. Ann. Bd. 57. 1903.

und B_2 auf dem anderen Schenkel und ist $A_1B_1 \parallel A_2B_2$, dann ist auch $A_1B_1' \parallel A_2B_2'$, wo B_1' und B_2' auf der Verlängerung von OB_1B_2 über O hinaus liegen und $OB_1' = OB_1$ und $OB_2' = OB_2$ ist.

Dieser Satz folgt, wie man der Figur entnimmt, unmittelbar aus den bekannten Sätzen über die Diagonalen im Parallelogramm.

2. Spezialisierter *Pascal*scher Satz (Vertauschung der inneren Glieder einer Proportion) (s. Fig 48). Die Voraussetzungen sind dieselben wie beim ersten Beweis, aber außerdem $OA_1 = OB_3$ und also auch $OA_3 = OB_1$, d. i. eine Seitenrichtung ist senkrecht zu einer Symmetrielinie des Geradenpaares.

Auf der Verlängerung von OA_1 über O tragen wir $OB_3 = OB_3$ ab, auf der Verlängerung von OB_3 tragen wir $OA_2 = OA_2$ ab.

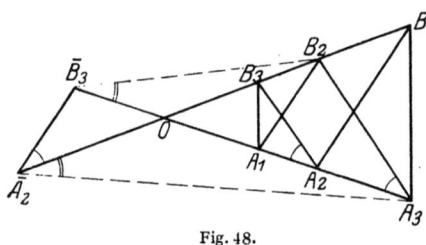

Fig. 48.

Aus der Kongruenz der Dreiecke OA_2B_3 und OA_2B_3 folgt, daß $\sphericalangle OA_2B_3 = \sphericalangle OA_2B_3 =$ (nach Voraussetzung) $\sphericalangle OA_3B_2$ ist. Also liegen $A_2B_3B_2A_3$ auf einem Kreis und der Winkel OB_3B_2 ist gleich dem Winkel OA_2A_3. Trägt man also auf einem Schenkel des zum Winkel A_2OA_3 gehörenden Nebenwinkels A_1OB_1 die Strecken $OB_3 = OA_1$ und $OA_2 = OA_2$, auf dem andern Schenkel die Strecken OB_2 und $OA_3 = OB_1$ ab, dann sind (nach 1.) die Verbindungslinien A_1B_2 und A_2B_1 parallel, was bewiesen werden sollte.

3. Durch Perspektivität (speziell Affinität d. i. zentrale Kollineation mit unendlich fernem Zentrum) geht die allgemeine, in *Hilberts* Beweis behandelte Figur des *Pascal*schen Satzes in die spezielle in 2. behandelte über. (Man nehme etwa OA_i als Achse und B_3B_3' als entsprechendes Punktepaar der Affinität, wo $OA_1 = OB_3'$ ist.) Daß bei einer Affinität parallele Geraden wieder in parallele Geraden übergehen, ist eine einfache Folge aus dem *Desargues*schen Satz.

Ein Nachteil des zweiten Beweises ist die Benutzung des *Desargues*schen Satzes für die Erledigung des allgemeinen Falles. Um diesen einfach abzuleiten, braucht man räumliche Betrachtungen. Eine vollständig befriedigende Begründung der Proportionenlehre für den Schulunterricht scheint bisher nicht gegeben zu sein[1]).

Mit Hilfe des *Pascal*schen Satzes begründet *Hilbert* die analytische Geometrie in der Euklidischen Ebene ohne Zuhilfenahme des Raumes. Dies benutzte *Dehn*[2]) zu einer neuen Begründung der *Bolyai*-

---

[1]) Eine recht einfache Ableitung gibt *A. Kneser*: Arch. f. Math. 3. Reihe, Bd. 2; ferner *Mollerup*: Math. Ann. Bd. 56.

[2]) Math. Ann. Bd. 53. 1900.

§ 3. Beweis der grundlegenden Sätze der projektiven Geometrie.

*Lobatschewskij*schen Geometrie, indem er in der allgemeinen Geometrie die Euklidische Geometrie als Bildgeometrie („Pseudogeometrie") konstruierte. Mit deren Hilfe konnte dann nach *Hilbert* die analytische projektive Geometrie begründet werden, in die sich dann die Nichteuklidische Geometrie „einordnen" läßt (s. o. S. 212).

Im weiteren bemühte man sich, bei der Begründung der ebenen Geometrie nicht nur das Parallelenpostulat, sondern auch alle räumlichen Betrachtungen auszuschalten. Das gelang zunächst nur unter Voraussetzungen über die Gesamtebene. *Hilbert*[1]) begründet die *Bolyai-Lobatschewskij*sche Geometrie, indem er den Satz: Durch jeden Punkt P der Ebene außerhalb einer Geraden a gehen zwei Geraden a_1 und a_2, die die a schneidenden Geraden durch P und die a nicht schneidenden Geraden durch P voneinander trennen (also die Existenz der *Bolyai-Lobatschewskij*schen „Parallelen" s. S. 195), als gültig voraussetzt. Diese Voraussetzung hat dadurch eine besondere Bedeutung, daß sie die Existenz von Geraden bedeutet, deren Gleichung in bezug auf ein rationales Netz Koeffizienten besitzt, die ihrerseits quadratischen Gleichungen genügen. Weiterhin begründete *Hessenberg*[2]) die vollständige *Riemann*sche Geometrie, indem er voraussetzte, daß je zwei Geraden einen und nur einen Punkt gemeinsam haben, oder die Geometrie auf der Kugel mit Hilfe entsprechender Voraussetzungen. Endlich gelang es *Hjelmslev*[3]), die allgemeine ebene Geometrie ohne irgendwelche besondere Voraussetzungen über die Gesamtebene zu begründen.

Die Schwierigkeit bei all diesen Begründungen beruht darauf, daß bei Voraussetzung des Raumes ohne weiteres der *Desargues*sche Satz gilt: wir haben ja gesehen, welche große Rolle dieser Satz für die Entwicklung der Rechnung mit Streckenverhältnissen spielt. Aber er hat, wie wir im ersten Paragraphen sahen, noch die besondere Rolle, unmittelbar die Einführung der uneigentlichen Punkte und Geraden zu ermöglichen. *Die Gültigkeit des Desarguesschen Satzes in der Ebene ist die notwendige und hinreichende Bedingung dafür, daß die Ebene als Teil des Raumes aufgefaßt werden kann*[4]). In der Tat, die Notwendigkeit ergibt sich schon daraus, daß der *Desargues*sche Satz aus der Gültigkeit der räumlichen Grundsätze der Verknüpfung von Punkten, Ebenen und Geraden für die Ebene folgt. Daß die Bedingung auch hinreichend ist, folgt so: nachdem wir auf Grund des *Desargues*schen Satzes in der Ebene die uneigentlichen Punkte und Geraden eingeführt haben, konstruieren wir nach der Methode des vorigen Paragraphen eine ebene analytische Geometrie, in der für die Koordinaten die Rechnungsregeln mit Ausnahme des kommutativen Gesetzes der Multiplikation gültig

---

[1]) Math. Ann. Bd. 57. 1903. Grundl. d. Geom. Anhang III.
[2]) Math. Ann. Bd. 61. 1905.   [3]) Math. Ann. Bd. 64. 1907.
[4]) *Hilbert:* Grundl. Kap. V, § 30.

sind und die Gleichung einer Geraden eine lineare Gleichung zwischen den Koordinaten ist. Denken wir uns nun einem Punkt P mit den Koordinaten x und y noch eine weitere dritte Dehnungsgröße z zugeordnet, so wollen wir die aus $P(x, y)$ und z bestehende Gesamtheit als das Bild eines Raumpunktes bezeichnen. Eine lineare Beziehung zwischen den Koordinaten x, y und der „Raumkoordinate" („Kote") z nennen wir eine Ebene. Wir sagen: die Raumpunkte liegen auf einer Geraden, wenn ihre Koordinaten zwei voneinander linear unabhängigen Gleichungen genügen. Mit Hilfe der Rechnungsregeln erkennt man dann leicht, daß in diesem Bilde (einer Art darstellender Geometrie, Höhenschichtkarte) alle Verknüpfungsregeln für die Raumelemente, Punkte, Ebenen und Geraden erfüllt sind. Auch die Anordnungsgrundsätze lassen sich leicht durch geeignete Definitionen befriedigen. Auf der Ebene $z = 0$ erhalten wir wieder unsere ursprüngliche Geometrie. Also ist in der Tat wegen der Gültigkeit des *Desargues*schen Satzes möglich, die ebene Geometrie zu einer Raumgeometrie zu erweitern.

Die Nichtbenutzung des Raumes bei der Begründung ist zunächst wegerschwerend, weil die uneigentlichen Punkte nicht ohne weiteres eingeführt werden können. Diese Schwierigkeit wird gemildert durch *Hilbert*s Voraussetzung über die Parallelenexistenz und ganz fortgeschafft durch *Hessenberg*s Annahme, daß alle Punkte eigentliche Punkte sind, daß je zwei Geraden sich in einem (resp. in zwei) Punkten schneiden. *Hjelmslev* kommt ohne irgendwelche solche Voraussetzung aus. Eine zweite sehr wesentliche Schwierigkeit ist die, daß der *Desargues*sche Satz nicht direkt abgeleitet werden kann. Diese Schwierigkeit wird sehr erleichtert durch *Hessenberg*s Entdeckung, daß der *Desargues*sche Satz eine unmittelbare Folge des *Pascal*schen ist (s. o. S. **227**).

Mit dem *Hjelmslev*schen Resultat haben wir den höchsten Punkt bezeichnet, den die moderne Mathematik über *Euklid* hinausgehend in der Begründung der Elementargeometrie erreicht hat: in der Ebene, mit Voraussetzungen nur über einen beschränkten Teil der Ebene, ohne Stetigkeit ist die analytische Geometrie zu begründen. Freilich ist die Begründung recht umständlich, so daß wir die *Hjelmslev*sche Entwicklung hier nicht darstellen wollen. Es ist zu hoffen, daß man auch bei diesem Teil der Begründung der projektiven Geometrie wenigstens so weit klar die Zusammenfügung der Voraussetzungen wird erkennen können, wie etwa bei der Ableitung der Rechnung mit Dehnungsgrößen im vorigen Paragraphen.

Es muß aber bemerkt werden, daß alle diese Beweise nur durch eine etwas willkürliche Festsetzung sich vollständig in der ebenen Geometrie bewegen. Denn sie machen den ausgiebigsten Gebrauch von den Spiegelungen an einer Geraden. Diese Spiegelung an einer Geraden ist aber nur durch eine *räumliche* Bewegung, Drehung der Ebene um die Achse um einen gestreckten Winkel geometrisch zu realisieren.

Daß diese Voraussetzung sehr wichtig ist, ergibt sich aus einer eindringenden Untersuchung von *Hilbert* über die Stellung des Satzes vom gleichschenkligen Dreieck im Aufbau der ebenen Geometrie[1]).

§ 4. Die Form der Sätze der projektiven Geometrie. Das Dualitätstheorem.

Wenn wir, wie im § 3, die geometrischen Verknüpfungen durch algebraische Verknüpfungen dargestellt haben, so entspricht jedem geometrischen Satz eine algebraische Beziehung. Umgekehrt stellt aber auch jede algebraische Beziehung einen geometrischen Satz dar, wenn wir die in den algebraischen Beziehungen vorkommenden Symbole als Dehnungsgrößen, die algebraischen Verknüpfungen als geometrische Verknüpfungen dieser Dehnungsgrößen auffassen. Da bei der Definition und Verknüpfung von Dehnungsgrößen nur die Operationen des Verbindens von Punkten und Schneidens von Geraden benutzt werden, so stellt ein jeder *solcher Satz* einen *Schnittpunktssatz* dar. Mit Hilfe unserer Koordinateneinführung können wir einem solchen Satz noch eine besonders einfache Form geben: Die Koeffizienten a und b in der Gleichung einer Geraden
$$ax + by = 1$$
genügen der Beziehung
$$aa_1 + bb_1 = 1,$$
falls die Gerade durch den Punkt (a_1, b_1) hindurchgeht und umgekehrt geht die Gerade durch den Punkt (a_1, b_1) hindurch, falls diese Bedingung erfüllt ist. Daraus folgt, daß wir dem allgemeinsten Schnittpunktssatz die Form geben können: Aus dem System von Beziehungen zwischen den Paaren von Dehnungsgrößen $a_1, b_1; a_2, b_2; \ldots$
$$A: \{a_{n_i} a_{n'_i} + b_{n_i} b_{n'_i} = 1\}, \quad i = 1, 2 \ldots s$$
folgen die Beziehungen:
$$\{B: a_{m_k} a_{m'_k} + b_{m_k} b_{m'_k} = 1\} \quad k = 1, 2 \ldots t$$

In A und B kommen gerade soviel verschiedene Größen a_l und gerade soviel verschiedene Größen b_l vor, wie die Gesamtanzahl von Geraden und Punkten beträgt, die in dem Schnittpunktssatz vorkommen. Die Anzahl der Beziehungen in A und B ist gleich der Anzahl der in dem Satz vorkommenden Geraden, jede so oft gezählt, wie Punkte auf ihr liegen (oder, was dasselbe ist, gleich der Anzahl der Punkte jeder so oft gezählt, als Geraden durch ihn hindurchgehen). Z. B. kommen im *Desargues*schen Satz 10 Punkte und 10 Gerade vor, auf

---

[1]) Proceed. Lond. math. Soc. Bd. 35 = Grundl. Anhang II.

jeder Geraden liegen 3 Punkte. In der algebraischen Darstellung folgt also aus 29 Beziehungen zwischen 20 Größen a_i und 20 Größen b_i die 30. Beziehung. Beim *Pascal*schen Satz folgt aus 26 Beziehungen zwischen 18 Größen a_i und 18 Größen b_i die 27. Beziehung. Beide Sätze zeigen eine sehr merkwürdige Struktur: Wenn man in ihren Aussagen für die Verknüpfung von Punkt und Gerade das Wort „vereinigte Lage" gebraucht, dann gehen diese Sätze durch Vertauschung der Worte „Punkt" und „Gerade" in sich über, d. i., die Reihenfolge der Worte in der Aussage wird verändert, ohne daß der Sinn der Aussage eine Änderung erfährt. Man sagt: der *Desargues*sche und der *Pascal*sche Satz sind mit sich selbst *reziprok*. Die Sätze der projektiven Geometrie haben im allgemeinen *nicht* diese Form. So z. B. ist der spezielle *Pascal*sche Satz, der gleichbedeutend mit der Kommutativität der Addition von Dehnungsgrößen ist, nicht mit sich selbst reziprok.

Den speziellen *Pascal*schen Satz erkannten wir oben als Folge aus dem *Desargues*schen Satz. Aber auch der zu ihm reziproke Satz ist mit Hilfe des *Desargues*schen Satzes zu beweisen. Das kann man ohne weiteres so einsehen: alle Sätze, die wir zum Beweise des speziellen *Pascal*schen Satzes brauchten — *Desargues*scher Satz und die Verknüpfungssätze in der Ebene — gehen bei jener Vertauschung Punkt — Gerade in sich über. Also muß mit denselben Hilfsmitteln auch der zum speziellen *Pascal*schen Satz reziproke Satz bewiesen werden können. Denselben Schluß können wir bei jedem Satz der projektiven Geometrie machen; denn zu seinem Beweis brauchen wir ja, wie wir oben sahen, nur den *Desargues*schen und *Pascal*schen Satz, die beide mit sich selbst reziprok sind. Wir haben damit das *Dualitätstheorem* für die Ebene bewiesen: Jeder Satz der ebenen, projektiven Geometrie, in dem nur von Punkten und Geraden und ihrer vereinigten Lage die Rede ist, bleibt bei Vertauschung der Worte „Punkt" und „Gerade" richtig[1]).

Das Dualitätstheorem ist zuerst von *Poncelet* ausgesprochen. Unser Beweis entspricht dem Gedankengang von *Gergonne*[2]), dessen Darstellung freilich durchaus unvollkommen ist, weil in ihr die Hilfsmittel bei den Beweisen in der projektiven Geometrie nicht klar zum Ausdruck kommen. *Poncelet* hat das Dualitätstheorem auf Grund einer eindeutigen Zuordnung der Punkte und Geraden der Ebene zueinander, bei der die vereinigte Lage erhalten bleibt, bewiesen. Eine solche Zuordnung bot sich *Poncelet* naturgemäß in der involutorischen Zuordnung im *Polarsystem*. Durch diese Konstruktion wird das *Dualitätstheorem in umfassenderer Form* bewiesen. Denn jetzt können wir es so aussprechen: Zu jeder aus Geraden und Punkten bestehenden Figur gibt es eine reziproke. Damit ist mehr als vorher bewiesen. Denn es ist denkbar, daß

---

[1]) Vgl. Hauptteil, § 18.
[2]) Vgl. *Poncelet:* Traité. 2. Aufl. 1865/1866. Anhang.

§ 4. Die Form der Sätze der projektiven Geometrie. Das Dualitätstheorem. 239

es Schnittpunktssätze oder spezielle Figuren gibt, deren Existenz nicht auf Grund der Voraussetzungen abgeleitet werden kann[1]).

Ein Polarsystem erhalten wir leicht mit Hilfe unseres Koordinatensystems: wir ordnen den Punkt mit den Koordinaten a und b und die Gerade $ax+by=1$ einander zu, den Nullpunkt und die unendlich ferne Gerade, den unendlich fernen Punkt auf der Geraden $ax+by=0$ und die Gerade $-bx+ay=0$. Wir untersuchen jetzt die Wirkung der Zuordnung auf die vereinigte Lage: Es möge der Punkt $P_i=(a_i, b_i)$ auf der Geraden g mit der Gleichung $ax+by=1$ liegen, d. i., es möge die Beziehung $aa_i+bb_i=1$ gelten. Dann geht die P_i entsprechende Gerade p_i mit der Gleichung $a_i x+b_i y=1$ durch den der Geraden g entsprechende Punkt (a, b), falls $a_i a+b_i b=1$ ist. Das ist eine Folge der angenommenen Beziehung zwischen der Größe a, b, a_i, b_i, falls das Gesetz der Kommutativität der Multiplikation gilt: Die Existenz eines Polarsystems und damit das erweiterte *Gesetz der Dualität ist eine direkte Folge des Gesetzes der Kommutativität für die Multiplikation der Dehnungsgrößen.*

Es bleibt zu untersuchen: 1. folgt umgekehrt die Kommutativität der Multiplikation aus der Existenz eines Polarsystems oder 2., wenn das nicht der Fall ist, folgt die Existenz des Polarsystems oder des Dualitätstheorems schon auf Grund des *Desargues*schen Satzes?[2])

Aus der Form der Gleichung der Geraden in unserem Koordinatensystem folgt leicht, daß wir das Dualitätstheorem auch so aussprechen können: Jede identische Beziehung zwischen Dehnungsgrößen gilt auch dann, wenn sie statt von links nach rechts, von rechts nach links gelesen wird.

Drittes Kapitel.
Die Stetigkeit.
§ 1.

Die Bedeutung der Stetigkeitsvoraussetzungen, speziell des Archimedischen Postulats, für die Begründung der Geometrie haben wir, besonders im vorigen Kapitel, mehrfach erkannt. Daß diese Voraussetzungen aus den übrigen grundlegenden Voraussetzungen folgen sollten, ist wohl bewußt von keinem Mathematiker jemals angenommen. Denn das Archimedische Postulat z. B. ist ja von ganz anderem Charakter wie die übrigen Voraussetzungen, in ihm kommt die unbestimmte ganze Zahl n vor, die Forderung, daß ein Prozeß nach einer endlichen Anzahl von Wiederholungen zum Ziele führt, etwa das Erschöpfen einer Länge durch eine andere Länge. Man wird deswegen nicht erwarten, daß dieses Postulat eine Folge der übrigen Voraussetzungen sei. Wenn man also

---
[1]) Das kommt in Nichtarchimedischen Geometrien tatsächlich vor. Vgl. *Dehn:* Math. Ann. Bd. 85. 1922.
[2]) Vgl. *Dehn:* a. a. O.

im Anschluß an *von Staudt*s Begründung der projektiven Geometrie etwa den Fundamentalsatz oder die Einschaltung in das rationale Netz (Kap. 2, § 2) ohne ausdrückliche Formulierung des Stetigkeitspostulats abzuleiten versuchte, so geschah das nur, weil man die Empfindung hatte, daß eine solche Voraussetzung aus der „logischen Analyse" des Begriffes vom Kontinuum sich mit Notwendigkeit ergäbe. *Euklid* nimmt hier eine mittlere Stellung ein. Zwar benutzt er im fünften Buch bei der Ableitung der Rechnungsregeln für die Verhältnisse (und zwar gerade für die Kommutativität der Multiplikation), daß die ins Verhältnis gesetzten Größen durcheinander meßbar sind (s. o. S. 217). Aber nachher im sechsten Buch bei der Anwendung auf die Streckenverhältnisse macht er nicht ausdrücklich die Voraussetzung, daß die Strecken und auch die Dreiecksinhalte das Archimedische Postulat erfüllen.

Wir haben oben den Euklidischen Wortlaut angegeben. Hier wollen wir noch die Meßbarkeitsvoraussetzung, wie sie bei *Archimedes*[1]) gegeben wird, anführen:

„Τῶν ἀνίσων χωρίων τὰν ὑπεροχὰν, ᾇ ὑπερέχει τὸ μεῖζον τοῦ ἐλάσσονος, δυνατὸν εἶμεν αὐτὰν ἑαυτᾷ συντιθεμέναν παντὸς ὑπερέχειν τοῦ προτεθέντος πεπερασμένου χωρίου".

„Es soll möglich sein, den Überschuß des größeren von (zwei) ungleichen Stücken über das kleinere durch Zusammensetzen mit sich selbst größer zu machen als jedes vorgegebene begrenzte Stück."

Archimedes betont ausdrücklich, daß er dieses Postulat voraussetzt (daher hat es wohl auch seinen Namen bekommen) und er verteidigt die Benutzung damit, daß durch Hilfe dieses Postulates so wichtige Resultate erreicht seien, wie z. B. das vom Pyramideninhalt, Resultate, die ebenso richtig erschienen wie diejenigen, die ohne Benutzung dieses Postulates abgeleitet seien. Die gewöhnliche Proportionenlehre erwähnt er nicht, vielleicht weil die Hauptresultate ihrer Anwendung in den ersten Büchern von *Euklid* ohne Proportionslehre abgeleitet sind. So kommt es, daß das Archimedische Postulat bei der Begründung der Lehre von den Streckenverhältnissen (resp. der projektiven Geometrie) vielleicht zum erstenmal ausdrücklich von *Pasch* vorausgesetzt wird. Die Euklidische *Definition der Gleichheit* von Verhältnissen (s. o. S. 217) ist wohl vielen Mathematikern kaum gegenwärtig gewesen, als *Dedekind* sie für seine Begründung der Theorie der Irrationalzahlen bei der Definition des „Schnittes" zugrunde legte.

§ 2. Nichtarchimedische Geometrien.

Wenn man die Form der Meßbarkeitsdefinition bei *Euklid* (s. o. S. 217) betrachtet, könnte man zunächst daran denken, daß *Euklid* hierbei

---

[1]) In der Vorrede zur „Quadratur der Parabel" und ähnlich in der Vorrede zu den „Spirallinien".

§ 2. Nichtarchimedische Geometrien.

nur an die Homogenitätseigenschaft dachte, also daran, daß man mit einer Strecke eine andere Strecke, aber keinen Dreiecksinhalt erschöpfen kann, u. ä. Aber wenn man beachtet, daß *Euklid* (s. o. S. 187) ausdrücklich hervorhebt, daß es durch einander nicht meßbare Winkel gibt, dann wird man doch glauben müssen, daß für *Euklid* die Eigenschaft der gegenseitigen Meßbarkeit auch für Größen gleicher Art, z. B. Strecken, nicht selbstverständlich ist.

Das Winkelsystem liefert uns in der Tat eine besonders einfache, Nichtarchimedische, d. i. das Archimedische Postulat nicht erfüllende, eindimensionale Geometrie. Wir betrachten alle Kurven mit endlicher Krümmung ϱ durch einen Punkt, ihre Tangentenrichtung sei durch den Winkel α bestimmt. α und ϱ zusammen bezeichnen wir als Individuum unserer eindimensionalen Geometrie, also etwa als Punkt $\omega = (\alpha, \varrho)$. Zwei solche Individuen sollen dann und nur dann gleich sein, wenn sie sowohl in der Richtung α wie in der Krümmung ϱ übereinstimmen. Es ist also (α, ϱ) dann und nur dann gleich (α', ϱ'), wenn $\varrho = \varrho'$ ist und α und α' sich nur um Vielfache von 2π unterscheiden. $(\alpha + \alpha_1, \varrho + \varrho_1)$ bezeichnen wir als Summe $\omega + \omega_1$ von $\omega = (\alpha, \varrho)$ und $\omega_1 = (\alpha_1, \varrho_1)$. Eine Drehung (Schiebung) soll durch die Formel $\omega' = \omega + \omega_1$ gegeben sein.

Wenn wir aber eine zweidimensionale Nichtarchimedische Geometrie konstruieren wollen, so genügt es, wie wir wissen, nicht, nur die Addition zu definieren, wir brauchen vielmehr ein komplizierteres Zahlsystem, in dem wir mindestens alle rationalen Operationen ausführen können. Dabei tritt nun eine neue Ideenbildung auf, die durch das Vorhergehende erst vorbereitet war. Die Bilder der Nichteuklidischen Geometrie (z. B. *Cayley*sche Maßbestimmung) waren stets geometrisch, waren in der gewöhnlichen Geometrie konstruiert. Wir haben aber immer wieder betont, daß das Ziel der geometrischen Analyse ist, diese selbst unnötig zu machen und ein vollständig algebraisches Äquivalent für die geometrischen Beziehungen zu schaffen, die Geometrie zu algebraisieren. Das ist ein Problem, das uns im vorigen Kapitel ausführlich beschäftigt hat. Es gelang uns, ein Zahlensystem zu finden, das alle geometrischen Voraussetzungen repräsentierte, d. i. ein Punkt war ein Paar von Größen x und y, für deren Verknüpfung die gewöhnlichen Rechnungsregeln galten, eine gerade Linie wurde repräsentiert durch eine lineare Beziehung zwischen diesen Größen und die Bewegungen durch lineare Transformationen, die eine gewisse quadratische Form bis auf einen Faktor reproduzieren (resp. im Falle der Euklidischen Geometrie eine Untergruppe dieser Gruppe). Jetzt werden wir umgekehrt vorgehen. Wir wollen die Algebra geometrisieren, d. i. wir werden algebraischen Gebilden einen geometrischen Sinn geben. Auch dafür haben wir im vorigen Kapitel schon einen Anfang gemacht, als wir die räumliche Geometrie über die ebene Geometrie aufbauten, indem wir jedem Punkt noch eine dritte Größe gleichsam als Cote zuordneten. Jetzt wollen wir diese Konstruktion ganz frei von einer geometrischen Form des Bildes machen, also ganz „unanschaulich". Diese Idee, daß ein System von Dingen mit gewissen Verknüpfungen eine „Geometrie" darstellen kann, hat sich erst im 19. Jahrhundert entwickelt. Der Keim dieser Idee ist gewiß in dem entgegengesetzten Prozeß zu finden, eben der Algebraisierung der Geometrie, die mit *Descartes* in ein entscheidendes Stadium trat. Bei *Graßmann*[1]) kommt diese Idee klar zum Ausdruck. Solche Zahlsystem-Geometrien werden, wie sich auch im Folgenden zeigen wird, häufig unanschaulich, weil sie den Anschauungen widersprechen, die wir durch die Verknüpfung der unmittelbar räumlichen Erfahrungen gewöhnlich erhalten. Geschichtliche Tatsachen beweisen, daß die Menschen sich auch an Anschauungen gewöhnen können, die ihrer ursprünglichen Anschaung durchaus widersprechen. Ob das für jede einzelne Zahlsystem-Geometrie möglich wäre, ist fraglich. Für die Tatsache, daß solche Geometrien keinen inneren Widerspruch haben, und für die hieraus gezogene Folgerung, daß die in ihnen auftretenden Erscheinungen auch in ihrer geometrischen Repräsentation miteinander verträglich sind, ist diese Frage ohne Bedeutung.

Zur Konstruktion dieser Geometrien benutzen wir „Zahlsysteme", d. i. Gesamtheiten von Dingen, die auf zwei Weisen (Addition und Multiplikation) miteinander verknüpft und in einfacher Weise angeordnet sind. Sind dann für diese Dinge und ihre Verknüpfungen zufolge der Verknüpfungsdefinitionen alle Rechenregeln befriedigt (kommutative, assoziative und distributive Gesetze) sowie auch die Gesetze der Anordnung (s. z. B. *Hilbert*: Grundlagen Kap. III § 13), dann kann man mit Hilfe dieser Zahlsysteme die projektive Geometrie vollständig aufbauen. Ob das Zahlsystem auch dazu dienen kann, die metrische Geometrie darzustellen, hängt davon ab, ob in dieser projektiven Geometrie die entsprechende Beweglichkeit realisiert werden kann. In diesem Falle wollen wir das Zahlsystem ein *metrisches* nennen. Z. B. ist das System der rationalen Zahlen *projektiv*, d. i. es ist möglich, mit ihm ein projektive Geometrie aufzubauen; denn wir können mit ihm das *Möbius*sche Netz konstruieren (s. o. S. 217). Aber es wird erst metrisch nach Hinzufügung der Wurzel gewisser quadratischer Gleichungen (s. o. S. 216). Diese Hinzufügung kann auf verschiedene Weise, durch Grenzprozesse oder durch ein rein algebraisches Verfahren im Sinne der Theorie der Moduln erfolgen. Wir gehen darauf als auf ein den Grundlagen der Algebra angehörendes Problem nicht weiter ein.

a) Ein Nichtarchimedisches Zahlensystem: Beweis, daß das Archimedische Postulat nicht auf Grund der übrigen Voraussetzungen bewiesen werden kann[2]).

---

[1]) Ausdehnungslehre, Leipzig 1844 und Ges. Werke. Bd. I. Leipzig 1894.
[2]) *Hilbert*: Grundl. Kap. II, § 12. Vorher hatte *Veronese* in den Fundamenti di geometria, Padova 1891, deutsch von *Schepp*: Grundzüge der Geometrie, Leipzig

§ 2. Nichtarchimedische Geometrien.

Wir betrachten den Körper aller derjenigen reellen Zahlen, die aus den rationalen Zahlen durch eine endliche Reihe von Quadratwurzel-Ausziehungen aus einer Summe von Quadraten entstehen; d. i. wenn a und b solche Zahlen sind, so sollen auch $-a$, (wenn $a \neq 0$ ist) $\frac{1}{a}$, $a+b$, ab, $\sqrt{a^2+b^2}$ in den Zahlen des Körpers enthalten sein. Wir betrachten jetzt formale Potenzreihen in t mit endlich vielen negativen Gliedern von der Form $\alpha = \sum_{-n}^{\infty} a_i t^i$, wo die a_i rationale Zahlen sind und t ein Parameter, und bestimmen zunächst die Anordnung: Es sei $\alpha = \sum_{-n}^{\infty} a_i t^i$ dann und nur dann $= \beta = \sum_{-n}^{\infty} b_i t^i$, wenn die a_i und b_i für jedes i gleich sind. Es sei a_i der Koeffizient mit kleinstem Index in der Reihe für α, der verschieden ist von den Koeffizienten b_i mit gleichem Index in der Reihe für β, dann ist $\alpha \gtreqless \beta$ je nachdem $a_i \gtreqless b_i$ ist. Die niedrigsten Glieder bestimmen also die Anordnung der Zahlen.

Wir bestimmen ferner die Verknüpfung, indem wir die formalen Regeln des Rechnens mit Potenzreihen zur Anwendung bringen. Auf diese Weise kommen wir immer wieder zu Reihen, die nach Potenzen von t fortschreiten mit einer endlichen Anzahl von Gliedern mit negativen Exponenten von t. (Wenn wir Quadratwurzelziehen aus beliebigen Ausdrücken zulassen, so müssen wir auch Reihen von der Form $\sum_{-n}^{\infty} a_i t^{\frac{i}{2^m}}$ zulassen, wo m eine für die Reihe feste ganze Zahl ist.)

Da, wie leicht zu sehen, in unserem Zahlsystem alle Rechnungsregeln erfüllt sind, das Zahlsystem auch die nötige „Beweglichkeit" besitzt (wegen der Möglichkeit, gewisse Quadratwurzeln zu ziehen), so ist das Zahlsystem metrisch und liefert z. B. eine ebene Euklidische Geometrie, wenn ein Paar (α, β) von Zahlen als Punkt, eine lineare Gleichung zwischen zwei veränderlichen Zahlen als Gerade und die bekannten Transformationsformeln als Repräsentation der Parallelverschiebungen resp. Drehungen angesehen werden. Die so konstruierte Geometrie ist aber Nichtarchimedisch, denn die Strecke $(0, 0)$, $(t, 0)$ bleibt beliebig oft vervielfacht kleiner als die Strecke $(0, 0)$, $(1, 0)$. Ebenso können wir natürlich auch eine räumliche Nichtarchimedische Geometrie mit den bekannten Formeln für die räumlichen Bewegungen konstruieren.

b) *Ein nicht projektives Zahlsystem.*

Daß aus dem Archimedischen Postulat und den übrigen Rechnungs- und Anordnungsregeln das kommutative Gesetz der Multiplikation folgt, ist leicht daraus zu sehen, daß man mit Hilfe dieses Postulates jede Zahl

---

1894, die Erscheinungen in der allgemeinen Nichtarchimedischen Geometrie untersucht.

III. Die Stetigkeit.

durch rationale Zahlen beliebig genau annähern kann. In der Tat folgt zunächst, daß zu jeder Zahl a eine Zahl n so gefunden werden kann, daß $\frac{a}{n}$ kleiner ist als irgendeine vorgegebene, etwa rationale Zahl δ. Durch Anwendung des Schlußverfahrens der vollständigen Induktion erhalten wir dann eine solche Zahl n, daß $\frac{a}{n} \geq \delta \gtreqless \frac{a}{n+1}$ ist, woraus $n\delta \leq a \leq (n+1)\delta$ folgt. Wir können also, wie behauptet, a zwischen zwei rationale Zahlen r_1 und r_2 einschließen, deren Differenz kleiner als irgendeine vorgegebene (rationale) Zahl ist. Die Benutzung der vollständigen Induktion an dieser Stelle ist notwendig, auch *Euklid* benutzt diese zusammen mit dem Archimedischen Postulat im Buch V zum Beweis des entscheidenden Satzes 8. Seine Entwicklung ist so angelegt, daß er diese beiden Beweismittel nur dieses eine Mal anzuwenden braucht. — Sind nun a und b zwei beliebige Zahlen unseres Archimedischen Zahlensystems und es sei etwa $ba - ab > 0$, dann können wir den Ungleichungen genügen:

$$r_1 \leq a \gtreqless r_2 \qquad r_2 - r_1 < \varepsilon$$
$$s_1 \leq b \gtreqless s_2 \qquad s_2 - s_1 < \varepsilon$$

wo r_1, r_2, s_1 und s_2 rationale Zahlen sind, für die das Gesetz der Kommutativität der Multiplikation direkt (mit Hilfe der vollständigen Induktion) abgeleitet werden kann. Dann folgt durch Multiplikation:

$$ba - ab < r_2 s_2 - s_1 r_1 = r_2 s_2 - r_1 s_1$$

und

$$r_2 s_2 < (\varepsilon + r_1)(\varepsilon + s_1),$$

also

$$ba - ab < \varepsilon^2 + \varepsilon(r_1 + s_1).$$

Da nun r_1 und r_2 unter einer festen Zahl liegen, ε aber beliebig klein gewählt werden kann, kann auch $\varepsilon^2 + \varepsilon(r_1 + s_1)$ beliebig klein gemacht werden. Folglich kann $ba - ab$ nicht von Null verschieden sein.

In § 2 des vorigen Kapitels haben wir auf Grund des *Desargues*schen Satzes, der eine Folge der Verknüpfungsvoraussetzungen für den Raum ist, eine Rechnung mit Streckenverhältnissen entwickelt, in der alle Rechnungsregeln außer dem kommutativen Gesetz der Multiplikation gelten. Die vollständige projektive Geometrie entsteht daraus, wenn noch die Kommutativität der Multiplikation zu den Regeln hinzugenommen wird. Umgekehrt enthalten jene Regeln über das Rechnen mit den Streckenverhältnissen alle Voraussetzungen über Verknüpfung und Anordnung der räumlichen Elemente, wenn wir diese geeignet durch das Zahlsystem repräsentieren (s. o. S. 224). Wenn wir also ein Zahlsystem finden können, mit allen jenen Eigenschaften, in dem aber das kommutative Gesetz

§ 2. Nichtarchimedische Geometrien.

der Multiplikation nicht erfüllt ist, das also nach dem eben Bewiesenen Nichtarchimedisch ist, so haben wir den Beweis geliefert, daß die projektive Geometrie nicht allein auf Grund der Voraussetzungen über Verknüpfung und Anordnung der räumlichen Elemente abgeleitet werden kann. Man könnte ein solches System vielleicht ein „nicht projektives Zahlsystem" nennen. *Hilbert* nennt es ein *Desarguessches*, weil in der mit ihm aufgebauten Geometrie der *Desarguessche* Satz gilt, und gleichzeitig ein *Nichtpascalsches*, weil in dieser Geometrie der *Pascalsche* Satz, der ja gleichbedeutend mit der Kommutativität der Multiplikation für die Streckenverhältnisse ist, nicht gilt. Ein solches System wurde von *Hilbert*[1]) folgendermaßen konstruiert:

Wir legen den Körper aller rationalen Zahlen zugrunde und benutzen jetzt zur Konstruktion unserer Zahlen zwei Parameter t und u. Wir betrachten alle analog wie oben gebildeten Ausdrücke von der Form $\alpha = \sum_{-n}^{\infty} a_i t^i$, wo die a_i rationale Zahlen sind und weiter Ausdrücke von der Form $A = \sum_{-n}^{\infty} \alpha_i u^i$, wo die α_i von t abhängige Ausdrücke von der eben hingeschriebenen Form sind. Wir legen wieder zunächst die Anordnung fest: Es sei $\alpha_i \gtreqless \beta_i$ genau nach den Regeln unter *a*. Ferner sei $A = B = \sum_{-n}^{\infty} \beta_i u^i$ dann und nur dann, wenn für jedes i die Beziehung $\alpha_i = \beta_i$ gilt. Endlich sei α_i der Koeffizient mit dem kleinsten Index in dem Ausdruck für A, der verschieden ist von dem Koeffizienten β_i in dem Ausdruck für B, dann ist $A \lessgtr B$, je nachdem $\alpha_i \lessgtr \beta_i$ ist. Die Regeln der Verknüpfung für die α_i sollen dieselben sein wie unter *a*). Für die Addition der A gilt analog die Vorschrift:

$$\Sigma \alpha_i u^i + \Sigma \beta_i u^i = \Sigma (\alpha_i + \beta_i) u^i.$$

Für ihre Multiplikation setzen wir die Regeln fest:

$$au = ua, \quad ut = 2tu.$$

Auf Grund dieser Vorschrift können wir jeden Ausdruck, der durch sukzessive Multiplikation aus t, u und rationalen Zahlen entsteht, auf die Form $a\, u^n t^m$ bringen. Also können wir auch das Produkt AB, das wir formal nach den Regeln der Multiplikation von Potenzreihen bilden, wieder auf die Form $\sum_{-m}^{\infty} \gamma_i u^i$, die alle unsere Zahlen haben sollen, bringen. Endlich bestimmen wir noch den reziproken Wert A^{-1} mit Hilfe der Methode der unbestimmten Koeffizienten aus der Beziehung:

$$A^{-1} A = 1 \quad \text{oder} \quad \sum_{m}^{\infty} \beta_i u^i \cdot \sum_{-n}^{\infty} \alpha_i u^i = 1.$$

---

[1]) Grundl. Kap. VI, § 33.

Es folgt zunächst $m = n$ und
$$\beta_n \alpha_{-n} = 1 \quad \text{oder} \quad \sum_r^\infty b_i t^i \sum_{-l}^\infty a_i t^i = 1 \, .$$

Daraus ergibt sich $r = l$ und $b_l = \dfrac{1}{a_{-l}}$, ferner $b_{l+1} a_{-l} + b_l a_{-l+1} = 0$, woraus b_{l+1} sich eindeutig ergibt, und so werden sukzessive die Koeffizienten von β_n, dann die von β_{n+1} usw. bestimmt. Es ist, wie aus der Konstruktion ersichtlich, auch $A A^{-1} = 1$. Durch unsere Festsetzungen ist demnach erreicht, daß das Zahlsystem alle Rechnungsregeln mit Ausnahme der über die Kommutativität der Multiplikation erfüllt. Denn es ist ja
$$ut = 2 tu \, .$$

Wir können also mit ihm eine Geometrie aufbauen, in der alle Postulate der Verknüpfung und Anordnung von räumlichen Elementen erfüllt sind (durch geeignete Festsetzung auch das Parallelenpostulat und die Postulate über Strecken- und Winkelkongruenz, aber keinesfalls der erste Kongruenzsatz), aber zwei Streckungen mit demselben Zentrum sind in dieser Geometrie nicht vertauschbar, denn dann würde für das zugeordnete Zahlsystem die Kommutativität der Multiplikation gelten, was für unser System nicht der Fall ist.

Zur Begründung der projektiven Geometrie braucht man also entweder die Voraussetzung über die Stetigkeit oder die Existenz einer besonderen Gruppe von Kollineationen, nämlich der Bewegungen. Dieses Resultat von *Hilbert* bildet einen gewissen Abschluß in den Untersuchungen über die Begründung der projektiven Geometrie.

c) *Nichtarchimedische Raumformen.* Wir haben in Kapitel 1 die Formen des Gesamtraumes (oder vielmehr der Gesamtebenen) betrachtet, wenn für die Geometrie die Euklidische oder Nichteuklidische Maßbestimmung gilt. So erhielten wir für die zweidimensionale Euklidische Maßbestimmung nur drei verschiedene Formen, die Euklidische Ebene, den Zylinder und die Ringfläche und für die Geometrie mit positiver Krümmung (elliptischer Maßbestimmung) nur zwei Raumformen, die Kugel und die projektive Ebene. Wenn das Archimedische Postulat nicht gilt, erhalten wir noch andere Formen, und zwar sogar „isotrope" (s. o. S. 209), die sich leicht mit Hilfe des in *a*) konstruierten Nichtarchimedischen Zahlsystems darstellen lassen:

1. *Eine Euklidische Nichtarchimedische Raumform*[1]): Wir nehmen als eigentliche Punkte der Geometrie nur diejenigen, für die beide Koordinaten x und y kleiner sind als irgendeine ganze positive Zahl und größer sind als irgendeine ganze negative Zahl. Wenn x und y beide kleiner sind als irgendeine positive Zahl und größer als irgendeine ganze negative Zahl, so sind auch ihre Summe, ihre Differenz, ihr Produkt, und, falls sie von 0 verschieden sind, auch die zu ihnen reziproken Zahlen kleiner

---

[1]) *Dehn:* Math. Ann. Bd. 53. S. 436 ff.

als eine positive ganze Zahl und größer als eine negative ganze Zahl. Das gleiche gilt für $\sqrt{1+x^2}$. Also kommen wir weder durch Parallelverschiebung des Nullpunktes nach einem Punkt mit den beschränkten Koordinaten noch durch Drehung um den Nullpunkt aus dem Bereich heraus. Damit haben wir eine ebene Euklidische Geometrie konstruiert, oder vielmehr eine Geometrie mit Euklidischer Maßbestimmung, in der die Euklidischen Bewegungsformeln gelten, in der die Winkelsumme zwei Rechte beträgt usw., in der aber durch jeden Punkt P außerhalb einer Geraden a unendlich viele Geraden gehen, die a nicht schneiden. Es gibt aber keine Parallelen im Sinne von *Bolyai-Lobatschewskij*. Denn zu jeder a nicht schneidenden Geraden a' durch P gibt es Geraden a'' durch P, die a ebenfalls nicht schneiden und mit dem Lot von P auf a einen kleineren Winkel bilden als a'. In der Tat folgt aus der Existenz der zwei Parallelen die *Bolyai-Lobatschewskij*sche Maßbestimmung[1]).

2. *Eine Nichtarchimedische Raumform mit sphärischer (elliptischer) Maßbestimmung.* Wir führen eine Nichteuklidische Maßbestimmung in dem in a) konstruierten Nichtarchimedischen Koordinatensystem ein unter Zugrundelegung einer definiten quadratischen Form. Ohne Schwierigkeit gelingt es auch hier[2]), einen solchen Bereich für die Koordinaten abzugrenzen, daß man durch die Bewegungen im Sinne dieser Maßbestimmung nicht aus dem Bereich herauskommt. Wir haben dann eine Raumform mit elliptischer Maßbestimmung, in der also die sphärische Trigonometrie gilt, die Winkelsumme größer als zwei Rechte ist usw. und doch durch jeden Punkt P außerhalb einer Geraden a unendlich viele Geraden gehen, die a nicht schneiden.

Beide Raumformen sind homogen und erfüllen die Euklidische Voraussetzung, daß die Gerade eine offene Linie ist.

d) Archimedisches Postulat und Euklidisches (Parallelen-) Postulat. In c) 1. haben wir gesehen, daß aus der Voraussetzung, in der Ebene gelte die Euklidische Maßbestimmung (es sei z. B. die Winkelsumme im Dreieck gleich zwei Rechten), zusammen mit den übrigen Euklidischen Voraussetzungen noch nicht das Parallelenpostulat folgt, wenn man nicht eine Stetigkeitsvoraussetzung macht, etwa die Gültigkeit des Archimedischen Postulates. Das Archimedische Postulat muß also gleichsam etwas gemeinsam haben mit dem Parallelenpostulat.

Diese so zutage tretende Verflechtung der beiden seit dem Altertum in ihrer überragenden Bedeutung erkannten Axiome, des Euklidischen und des Archimedischen, kann man benutzen, um die beiden durch folgende drei zu ersetzen:

1. Es ist die Euklidische Maßbestimmung gültig (es genügt die Vor-

---

[1]) Das geht aus dem Resultat der auf S. 235 Anm. 2 zitierten *Hilbert*schen Arbeit hervor.
[2]) S. *Dehn:* a. a. O. S. 431 ff.

aussetzung: die Winkelsumme im Dreieck beträgt zwei Rechte, oder: es gibt einander ähnliche Figuren).

2. Es ist nicht möglich, die Geometrie durch Hinzufügung uneigentlicher Punkte (Mittelpunkte von Büscheln sich nicht schneidender Geraden) und uneigentlicher Geraden (Verbindungsgeraden uneigentlicher Punkte) so zu erweitern, daß auch in der erweiterten Geometrie die allgemeinen Voraussetzungen über die Beweglichkeit der Figuren gelten.

3. Es gibt Strecken, die, genügend oft verdoppelt, größer werden als jede gegebene Strecke.

1. und 2. geben zusammen das Euklidische, 2. und 3. zusammen das Archimedische Postulat (unter der Voraussetzung, daß es keine größte Strecke gibt, also daß die Gerade eine offene Linie ist). Keine von den drei Voraussetzungen folgt aus den beiden anderen und den übrigen Euklidischen Voraussetzungen. Das beweisen von uns früher konstruierte Geometrien: eine Geometrie, in der 1. und 2., aber nicht 3. gilt, ist die Nichtarchimedische Geometrie, die wir oben in *a*) entwickelt haben. Eine Geometrie in der 1. und 3., aber nicht 2. gilt, ist die oben unter *c*) 1. dargestellte Euklidische Raumform. In der Tat ist in ihr nach Konstruktion jede Strecke kleiner als eine ganze positive Zahl und die Strecke von der Länge 1 kommt in ihr vor. Eine Geometrie, in der die Voraussetzungen 2. und 3. befriedigt sind, aber nicht 1., ist die gewöhnliche, stetige *Bolyai-Lobatschewskij*sche Geometrie.

Diese Untersuchung der beiden klassischen Postulate ist ein einfaches Beispiel für die feinere Analyse der Grundvoraussetzungen.

Viertes Kapitel.

Systeme von Postulaten (Axiomen).

Wir gebrauchen im folgenden die Bezeichnung Postulat und Axiom, ohne uns auf eine evtl. zu konstatierende feinere Unterscheidung einzulassen[1]), in gleichem Sinne für Grundvoraussetzungen (Kernsätze s. o. S. 4). Wir haben überall im vorhergehenden Gebrauch gemacht von dem als bekannt angenommenen System der gesamten ausdrücklich und stillschweigend benutzten Voraussetzungen von *Euklid*. Wir haben die eine oder die andere von diesen Voraussetzungen in ihrer Bedeutung für den Aufbau untersucht, aber wir haben uns noch nicht mit dem Gesamtbau der Voraussetzungen beschäftigt. Es gibt natürlich verschiedene Möglichkeiten, um ein solches System von Postulaten aufzustellen, und wir wollen die wichtigsten kennen lernen.

---

[1]) S. hierzu besonders *Vailati*: Heidelberger Math.-Kongreß 1904, S. 575 ff., ferner Enzykl. III A B 1 (*Enriques*) S. 7 und *Bonola-Liebmann*, S. 16 ff.

§ 1. Die Postulate in Euklids Elementen.

In *Euklids* Elementen ist die Betrachtungsweise, trotz der mathematischen Strenge, noch ganz eng mit der Wirklichkeit verbunden. Dies kommt zunächst bei der dreiteiligen Fundamentierung zum Vorschein. Überall wird im Gegensatz zu modernen Bestrebungen die Gemeinverständlichkeit gewisser Erscheinungen benutzt, aber mit stark betonter logischer Architektonik; so in den Definitionen (ὅροι). Hier werden die geometrischen Dinge durch gemeinverständliche Merkmale, natürlich nicht vollständig, charakterisiert, andererseits zuweilen die Einfachheit der Definition zugunsten der Symmetrie im Aufbau geopfert, wie etwa bei der Definition der Ebene.

Einen zweiten Teil der Fundamente bilden die κοιναὶ ἔννοιαι, Grundsätze, die „Gemeinverständlichkeiten". Hier werden vor allem durch den Satz: „zur Deckung zu bringende Figuren (σχήματα ἐφαρμόζοντα) sind gleich" die für den Begriff „gleich" selbstverständlichen Eigenschaften zur Ermittlung inhaltsgleicher Figuren benutzbar (s. Kap. V § 3). Die Beweglichkeit der Figuren ist *Euklid* noch nicht so bewußt geworden, daß er sie in einen Grundsatz formuliert hätte, obwohl er sie natürlich benutzt, z. B. bei dem Beweise des ersten Kongruenzsatzes (I 4). Das darf uns nicht wundern, denn die abstrahierende Vorstellung, in welcher die Figuren zunächst als an ihren Ort gebunden angesehen werden, ist für *Euklid* undenkbar. Ja, diese Auffassung, die heute jedem Physiker geläufig ist, die aber erst durch die Konstruktion der analytischen Geometrie herbeigeführt wurde, ist z. B. noch *Legendre* ganz fremd. Sogar *Lobatschewskij* hat noch nicht diese Schärfe der Analyse. Er bemerkt z. B. nicht[1]), daß der Satz „Kugelflächen mit gleichem Halbmesser sind immer kongruent" die Beweglichkeit der Kugelfläche voraussetzt. Die Bedeutung der Beweglichkeitspostulate betonte wohl zuerst *Helmholtz*[2]).

Der dritte Teil der Fundamente des Euklidischen Lehrbuches wird durch die αἰτήματα gebildet, über die wir bereits in Kapitel I, § 1 gesprochen haben. Es sind, wie a. a. O. gesagt, wesentlich Konstruktionspostulate, z. B.: „Zu zwei Punkten kann immer die Verbindungsgerade konstruiert werden", usw. Alles, von dem gehandelt wird, soll konstruierbar sein, was man wohl wieder als für die Wirklichkeitsverbindung in den Elementen bezeichnend ansehen darf.

Wie oben bemerkt, gehört wahrscheinlich das Euklidische Parallelenpostulat auch zu diesem Abschnitt. Das Archimedische Postulat wird nicht ausdrücklich als für Strecken oder Flächeninhalte gültig vorausgesetzt (s. o. S. 240).

---

[1]) „Neue Anfangsgründe", in der *Engel*schen Ausgabe (siehe Anm. 1 S. 195), Kap. I, § 14.

[2]) Außer an den in Anm. 1 S. 199 angeführten Stellen besonders eindringlich in dem Heidelberger Vortrag 1870: Über den Ursprung und die Bedeutung der geometrischen Axiome, gedr. in pop. wissensch. Abhandl. Bd. II.

IV. Systeme von Postulaten (Axiomen).

Die Formulierung der topologischen Voraussetzungen fehlt bei *Euklid* vollständig, vor allem derjenigen, die man heute als Anordnungsaxiome bezeichnet (s. u. § 2). Es wird weiter auch stillschweigend benutzt, daß ein Kreis mit gleichem Radius wie ein zweiter, dessen Mittelpunkt auf der Peripherie dieses Kreises liegt, mit dem zweiten Kreis einen Punkt gemeinsam hat. Alle diese Sätze sind ganz unbewußt angewandt oder doch als ebenso denknotwendig empfunden, wie die sogenannte logische Schlußweise. Deswegen sind sie auch von dieser nicht getrennt worden. Es ist ja bis zur Entdeckung der Nichteuklidischen Geometrie eigentlich die ganze Grundlage der Geometrie als denknotwendig empfunden worden. Erst die moderne Axiomatik versucht die spezifisch geometrischen von den logischen Voraussetzungen vollständig zu trennen und in Axiomen zu formulieren. Sie ist jetzt dabei, immer mehr Bestandteile des ursprünglich als logisch Empfundenen zu axiomatisieren.

§ 2. Vollständige Axiomsysteme.

Eine Reihe von Systemen von Voraussetzungen für die Geometrie schließen sich an *Euklid* an. Zu diesen gehört vor allen das in dem vorliegenden Buch auseinandergesetzte, in dem wir das erste vom elementargeometrischen Standpunkt vollständige System von empirisch direkt gegebenen Postulaten erblicken können. Die wichtigen, bei *Euklid* stillschweigend benutzten Voraussetzungen, sowohl über die Beweglichkeit wie über die Anordnung auf der Geraden, in der Ebene und dem Raum sind hier zuerst formuliert. Dementsprechend wird der besonders charakteristische „Kernsatz" IV (S. 20) über das Zusammentreffen einer Geraden und eines Dreieckes das „Axiom von Pasch" genannt. In anderer Hinsicht ist diese Grundlegung von der Euklidischen weiter entfernt, weil in ihr ebenso wie z. B. in der von *Schur*[1]) nur mit Postulaten im beschränkten Raumstück operiert wird. Deswegen muß das System von *Hilbert*[2]) als dasjenige vollständige Axiomsystem bezeichnet werden, das sich am engsten an *Euklid* anschließt. *Hilbert* teilt die Axiome in fünf Gruppen ein.

I. *Axiome der Verknüpfung* von Punkten, Geraden und Ebenen („Grundlagen" Kap. I § 2).

II. *Axiome der Anordnung:* einfache Anordnung der Punkte auf einer Geraden, Teilung der Ebene durch eine Gerade („Grundlagen" Kap. I § 3). Die Anordnung der Punkte des Raumes in bezug auf eine Ebene folgt dann mit Hinzunahme der Axiome der Verknüpfung

An diesen Axiomen kann man natürlich, je nachdem man Wert auf Einfachheit der Darstellung oder auf Anschluß an die wirklichen Beobachtungen legt, Änderungen vornehmen. Auch der Standpunkt,

---

[1]) Grundlagen d. Geometrie, Leipzig 1909. [2]) Grundl. Kap. I. (1899).

§ 2. Vollständige Axiomsysteme. 251

daß möglichst wenig in jedem einzelnen Postulat gefordert werden soll, d. i. die Zerlegung der Postulate in möglichst viele Teile, ist zweifellos berechtigt. Bei *Hilbert* ist die ganze Gerade ein Grundelement. Die Punkte auf ihr bestimmen Strecken. Bei *Euklid* (und ebenso bei *Pasch* und bei *Schur*) ist die Strecke mit ihren Endpunkten das Grundelement. Ihre Verlängerung wird durch verschiedene Axiome (bei *Euklid* einfach durch ein Konstruktionspostulat) eingeführt. Im Zusammenhang damit sind bei *Pasch* und *Schur* die Verknüpfungs- und Anordnungsaxiome nicht getrennt. In diesen beiden Grundlegungen sind die Axiome gültig für alle Euklidischen und Nichteuklidischen Raumformen, während die *Hilbert*schen Axiome (ebenso wie die Euklidischen Voraussetzungen) nur auf die Euklidische und die *Bolyai-Lobatschewskij*sche Geometrie passen.

Gegen die Einführung der Ebene als Grundelement ist oft Einspruch erhoben worden; denn man kann ja die Ebene konstruktiv etwa durch die Transversalen eines Dreiecks erzeugen. Natürlich braucht man dann ein Axiom über den Schnitt der Transversalen. Dieses Postulat[1] nämlich, daß zwei Transversalen eines Dreiecks, die von zwei verschiedenen Ecken ausgehen, einen Punkt gemeinsam haben, ist zugleich als Verknüpfungsaxiom von Gerade und Ebene wie als Anordnungsaxiom, das die Teilung der Ebene durch eine Gerade oder ein Dreieck postuliert, aufzufassen.

Man könnte diese Axiome als die projektiven Axiome bezeichnen. Denn im wesentlichen bleiben die Verknüpfungen und Anordnungen in den Figuren bei Projektion erhalten und alle Sätze der projektiven Geometrie beziehen sich auf solche Eigenschaften. Aber die projektive Geometrie kann nicht auf Grund der Axiome I und II abgeleitet werden (s. o. S. 246). Die natürlichste Ergänzung besteht in einem projektiv gefaßten Stetigkeitsaxiom (s. Gruppe V).

III. *Axiome der Kongruenz.* Bei *Hilbert* zerfallen sie in drei Untergruppen: a) Axiome der Streckenkongruenz. b) Axiome der Winkelkongruenz. c) Als Verbindung von beiden der erste Kongruenzsatz: Wenn in zwei Dreiecken je zwei Seiten und der von ihnen eingeschlossene Winkel bez. kongruent sind, dann sind auch die dritten Seiten und die übrigen Winkel bez. einander kongruent.

Mit diesen Axiomen vertritt *Hilbert* nach einer Seite den extremsten Standpunkt. In seinen Axiomen ist von Bewegung oder Beweglichkeit von Figuren überhaupt nicht die Rede. Nur über die Kongruenz von Strecken und über die Kongruenz von Winkeln wird etwas ausgesagt. Von Kongruenz von Kreisen zu reden, ist bei der *Hilbert*schen Begriffsbildung der Kongruenz nicht ohne weiteres möglich. Die allgemeine Kongruenz ist etwa durch Definition einzuführen, nachdem die Trans-

---

[1] *Peano:* Sui fondamenti della geometria. Riv. di mat. Bd. 4. 1894.

formationen aufgestellt sind, die Strecken und Winkel in kongruente überführen. Bei *Pasch* im § 13 des vorliegenden Buches werden sowohl spezielle Figuren wie Strecken und gleichschenklige Dreiecke als auch allgemeinere Figuren hinsichtlich ihrer Kongruenz betrachtet. Das bei *Pasch* allgemein gefaßte Postulat: Zwei Figuren, die einer dritten kongruent sind, sind auch untereinander kongruent (die Bewegungen bilden eine Gruppe), wird bei *Hilbert* in Postulate für Strecken und für Winkel aufgelöst.

Von der griechischen Auffassung entfernt man sich am meisten, wenn man wie z. B. *Schur* direkt die Eigenschaften der Bewegung durch Postulate festzulegen versucht, etwa durch die folgenden: Es gibt besondere Kollineationen, die Bewegungen genannt werden. Sie bilden eine Gruppe. Durch jede Bewegung kann eine beliebige Ebene ε_1 in eine beliebige Ebene ε_2 übergeführt werden, eine beliebige Gerade g_1 in ε_1 in eine beliebige Gerade g_2 in ε_2, ein beliebiger Punkt P_1 auf g_1 in einen beliebigen Punkt P_2 auf g_2, eine beliebige Seite von g_1 in ε_1 in eine beliebige Seite von g_2 in ε_2, eine beliebige Seite von P_1 auf g_1, in eine beliebige Seite von P_2 auf g_2. Durch diese Zuordnung ist die Bewegung (Kollineation) eindeutig bestimmt. Ferner: es gibt Bewegungen, die zwei Punkte und solche, die zwei sich schneidende Geraden miteinander vertauschen. — Es kann nicht geleugnet werden, daß durch diese Postulate die Grundlage der Geometrie einen „transzendenten" Charakter bekommt. Der Begriff der Transformation ist von ziemlich abstrakter Natur und deswegen auch erst in der Neuzeit allmählich entstanden. So z. B. kommt der Begriff der Zuordnung der Punkte der Geraden zueinander erst bei *Desargues* klar zum Vorschein. Etwas anderes ist es aber, solche Zuordnungen zu betrachten, wenn sie durch bestimmte einfache Konstruktionen gegeben sind, als wenn man Postulate über Zuordnungen oder Kollineationen, von denen noch nichts bekannt ist, der Geometrie zugrunde legt. Schon der Begriff Zuordnung: „Zu jedem Punkt P_1 gehört ein Punkt P_2 und durch die Gesamtheit dieser Beziehungen ist die Zuordnung bestimmt", hat etwas durchaus Unelementares. Die Bewegung einer einfachen starren Figur ist viel leichter vorzustellen als die Bewegung des Gesamtraumes.

IV. *Das Parallelenaxiom* s. Kap. I.

V. *Axiome der Stetigkeit*. Hier kann man statt des Archimedischen Postulats, das die Streckenverdoppelung, also einen Teil der Bewegungen voraussetzt, ein projektives Postulat (s. o. S. 218) einführen, etwa so: Sind $A_0 A_1 A_2 \ldots A_n\, U$ Punkte auf einer Geraden, $A_{m-1} U$ und $A_{m-2} A_m$ harmonische Punktepaare für jedes $m \leq n$, ferner P ein solcher Punkt auf der Geraden, daß A_0 und U durch A_1 und P nicht getrennt werden, dann gibt es stets eine ganze Zahl N so, daß, falls $n > N$ ist, A_n zwischen P und U liegt. Gegen dies projektiv gefaßte Archimedische Postulat ist nur einzuwenden, daß es nicht den Anspruch erheben kann, der unmittelbaren räumlichen Erfahrung zu entstammen.

Hilbert führt als letztes Postulat noch das „Vollständigkeitsaxiom" auf, das im wesentlichen die Bedeutung hat, jedem konvergenten Grenzprozeß auf der Geraden einen Punkt zuzuordnen, d. i. also ein dem arithmetischen Kontinuum entsprechendes Kontinuum auf der Geraden als wirklich existierend zu postulieren.

§ 3. Infinitesimal-geometrische Axiomsysteme.

Die Benutzung der Eigenschaften der Bewegungsgruppe spielt eine außerordentlich wichtige Rolle in den Untersuchungen, die, sich an die von *Riemann* in seinem Habilitationsvortrag niedergelegte Auffassung anschließend, bemüht sind, für die geometrischen Beziehungen ein möglichst konzentriertes analytisches Äquivalent zu geben, ohne Rücksicht auf die unmittelbare Anschaulichkeit[1]). Bei allen diesen Grundlegungen gibt es nur ein primäres geometrisches Gebilde, den Punkt. Die Punkte aber sind repräsentiert durch ein dreifach ausgedehntes Zahlen-Kontinuum (x_1, x_2, x_3). Dieses Zahlen-Kontinuum wird dadurch zum Bild einer Geometrie, daß man in ihm „Längen" messen kann. Für jeden Punkt (x_1, x_2, x_3) sind 6 Funktionen $E_{ik} = E_{ki}$ ($i, k = 1, 2, 3$) der drei Veränderlichen gegeben, von der Art, daß die Länge s auf einer Kurve $x_i = \varphi_i(t)$ zwischen den Punkten t_1 und t_2 gegeben ist durch die Beziehung $s = \int_{t_1}^{t_2} \sqrt{\Sigma E_{ik} \varphi_i' \varphi_k'}\, dt$. Die 6 Funktionen E_{ik} geben die „Maßbestimmung" für den Raum. Die Aufgabe des Geometers ist nun, wenn diese sechs Funktionen einmal gegeben sind, diejenigen Eigenschaften der Geometrie herauszufinden, die ganz unabhängig von der speziellen Zuordnung der Punkte zu dem Zahlen-Kontinuum sind. Solche von dieser Zuordnung unabhängige, nur von der Maßbestimmung, d. i. der Bogenlänge der Kurven abhängige Eigenschaften erhalten wir z. B., wenn wir die Kurven bestimmen, die zwischen zwei festen Punkten für das obige Integral ein Minimum ergeben, die sog. geodätischen Linien. Bei irgendwelchen Transformationen $\xi_i = f_i(x_1, x_2, x_3)$ gehen die durch einen Punkt laufenden geodätischen Linien für das x_1, x_2, x_3-Kontinuum in die geodätischen Linien für das mit einer entsprechenden Maßbestimmung behaftete ξ_1, ξ_2, ξ_3-Kontinuum durch den entsprechenden Punkt über. Wenn wir nun das Verfahren, das wir oben (s. S. 197) für Gerade (und „Kreis") angewandt haben, für die geodätischen Linien (und „Kugel") anwenden, kommen wir zu für jeden Punkt charakteristischen Zahlen, z. B. zu

---

[1]) Bei *Helmholtz* (s. Anm. 1 S. 199), kommt der Begriff der Gruppe noch nicht explizit vor, dagegen steht er bei den *Lie*schen Untersuchungen (Theorie der Transformationsgruppen 3. Abschnitt, Leipzig 1893) im Mittelpunkt. Die Einsicht in die Bedeutung des Gruppenbegriffs für die Geometrie verdankt man *Kleins* „Erlanger Programm" (1872), abgedr. Math. Ann. Bd. 43 und Ges. math. Abh. Bd. I.

einer dem *Gauß*schen Krümmungsmaß entsprechenden Zahl. Der Geometer hat die Aufgabe, ein vollständiges System von solchen charakteristischen Zahlen (Invarianten) aufzustellen, d. i. aus den gegebenen Funktionen E_{ik} solche Funktionen K_1, K_2 ... zu bestimmen, deren Übereinstimmung bei zwei Geometrien genügt, um die beiden Geometrien durch eine geeignete Transformation der Bezugskoordinaten unter Erhaltung der Bogenlängen auf entsprechenden Kurven ineinander überzuführen.

Die gewöhnlichen Geometrien, also die Geometrien mit Beweglichkeit der Figuren, zeichnen sich dadurch aus, daß es eine Gruppe von solchen „längentreuen" Abbildungen der Geometrie auf sich selbst gibt, d. i. die der gegebenen Maßbestimmung entsprechenden Bogenlängen für einander bei diesen Abbildungen zugeordnete Kurvenstücke sind gleich. Verlangt man nun die nötige Freiheit für diese Transformationen, d. i. die nötige Beweglichkeit, dann erhalten wir leicht die analytische Darstellung der Räume mit konstanter Krümmung (s. o. S. 197). Die geodätischen Linien in den Räumen sind die Geraden dieser Geometrien.

Merkwürdigerweise ist es nun möglich, ganz ohne den Begriff der Bogenlänge auszukommen. Die Eigenschaften der Gruppe der Transformationen, die die Bewegungen darstellen, allein genügen vollständig, um die Geometrie zu begründen. In der Tat kann man ja das geometrischen Gebilde, eine Gerade, die wir eben mit Hilfe des Begriffes der Bogenlänge als kürzeste charakterisiert haben, auch als Verbindungslinie zweier Punkte P_1 und P_2 durch eine räumliche Bewegung direkt charakterisieren, nämlich als die Gesamtheit aller derjenigen Punkte, die bei einer Bewegung gleichzeitig mit P_1 und P_2 in sich übergeführt werden. Es ist nun *Hilbert*[1]) gelungen, unter Voraussetzung überraschend einfacher Eigenschaften der Gruppe der ebenen Bewegungen, die ebene Geometrie zu begründen. Er braucht nämlich nur die Voraussetzungen: 1. Die Bewegungen bilden eine Gruppe von ein-eindeutigen, den Umlaufsinn der geschlossenen Kurven erhaltenden Transformationen. 2. Durch Bewegungen, die einen Punkt N in sich überführen, kann ein anderer Punkt A noch in unendlich viele verschiedene Lagen gebracht werden. (Jeder Kreis besteht aus unendlich vielen Punkten.) 3. Wenn es eine Bewegung gibt, durch welche Punktetripel in beliebiger Nähe des Punktetripels $A_1 B_1 C_1$ in beliebige Nähe des Punktetripels $A_2 B_2 C_2$ übergeführt werden können, so gibt es stets auch eine Bewegung, durch welche das Punktetripel $A_1 B_1 C_1$ genau in das Punktetripel $A_2 B_2 C_2$ übergeht. (Die Bewegungen bilden ein abgeschlossenes System von Transformationen.) *Hilbert* kann dann nachweisen, daß die Darstellung dieser Transformationen in einem geeigneten Koordinatensystem die bekannten Formeln für die Euklidische resp. die *Bolyai-Lobatschewski*schen Be-

---

[1]) Über die Grundlagen der Geometrie. Math. Ann. Bd. 56, 1902 = Grundl. Anh. IV. Vgl. auch *Suess*: Jap. Journ. of Math. Vol. II, 1926.

wegungen ergeben. Seine Beweismethode ist diejenige, die man in der Theorie der reellen Funktionen seit der Mitte des vorigen Jahrhunderts ausgebildet hat. So werden z. B. zunächst die Kreise als sogenannte *Jordan*sche Kurven (stetige Bilder der Kurve $x^2 + y^2 = 1$ im Cartesischen Koordinatensystem) erkannt. Durch sich berührende Kreise wird die Mitte einer Strecke bestimmt. Die Gerade durch zwei Punkte erhält man, indem man dieses Verfahren der Mittenbestimmung fortgesetzt wiederholt, „Halbdrehungen" ausführt und die Häufungsstellen aller so erhaltenen Punkte hinzufügt; die Halbdrehung um M ist eine Bewegung, die M festhält und zweimal ausgeführt die Identität ergibt.

Es ist ein langer mühsamer Weg, der zu dem schönen Resultat führt. Man macht sich einen Begriff von den Schwierigkeiten, die hierbei auftreten müssen, wenn man bedenkt, wie viele Mühe schon der Beweis des sogenannten *Jordan*schen Satzes macht, daß eine *Jordan*sche Kurve die Ebene in zwei Teile teilt. Das, was *Hilbert* abzuleiten hat, ist ein ganzer Bau von solchen Sätzen, unter denen dieser ein zwar wichtiger, aber ganz an den Anfang gehörender Satz ist.

§ 4. Beziehung der Axiome untereinander.

Wir haben in den vorigen Kapiteln häufig die Beziehung von geometrischen Sätzen zueinander untersucht, ihre Unabhängigkeit und auch die Art ihrer Verflechtung. Die hierbei auftretenden Fragen waren vielleicht einfach zu stellen in dem Falle, daß es sich um so durchsichtige Verknüpfungssätze handelte, wie es die projektiven Sätze, die sogenannten Schnittpunktssätze, sind. Hier sind die Probleme ähnlich wie bei der Untersuchung der Abhängigkeit zweier Gleichungen voneinander zu stellen und zu lösen. Etwas komplizierter waren schon die Verflechtungen des Euklidischen und Archimedischen Postulates darzustellen. Sehr viel größere Schwierigkeiten treten auf, wenn wir an das Gesamtsystem der Axiome herangehen. Hier stützt sich ja ein Postulat auf das andere. So stützt sich das Archimedische Postulat in seiner gewöhnlichen Form auf die Streckenabtragung, und wenn das Postulat nicht gleichzeitig schon die Möglichkeit der Streckenabtragung, also ein anderes (früheres) Postulat mit enthalten soll, muß man ihm die künstliche Form geben: „Wenn die Streckenabtragung überhaupt möglich ist, dann kann man auch durch Abtragung einer Strecke eine andere erschöpfen." Je mehr wir die Postulate auflösen, desto größer werden die Schwierigkeiten dieser Art. Am reinlichsten voneinander geschieden sind gewiß die Postulate, die man auf Grund der infinitesimal-geometrischen Betrachtungen aufstellt, etwa die drei *Hilbert*schen Postulate (s. die vorhergehende Seite). Aber sie sind zweifellos gleichzeitig auch diejenigen Postulate, die am schwersten aus der unmittelbaren Beobachtung hergeleitet werden können.

Wir wollen drei besondere Arten von Beziehungen der Axiome untereinander erörtern:

1. Die Unabhängigkeit der Axiome voneinander. Der Beweis, daß das Parallelenaxiom von den übrigen Postulaten unabhängig, d. i. auf Grund der übrigen Postulate nicht beweisbar ist, ist einer der wichtigsten Teile in den Untersuchungen über die Grundlagen der Geometrie. Wir haben diesen Beweis ausführlich (Kapitel I, § 3) behandelt. Aber er ist jetzt erst wirklich zum Abschluß zu bringen, nachdem wir ein vollständiges Axiomsystem kennengelernt haben. In der Tat mußten wir den Beweis der Unbeweisbarkeit darauf stützen, daß die *Cayley*sche Maßgeometrie alle ausgesprochenen und stillschweigenden Voraussetzungen von *Euklid* befriedigt. Erst in diesem Kapitel, in dem wir vollständige Axiomsysteme für die Elementargeometrie kennengelernt haben, haben wir die Möglichkeit, uns wirklich zu überzeugen, daß alle diese Voraussetzungen in der *Cayley*schen Maßgeometrie erfüllt sind. Wir sehen leicht, daß das in der Tat der Fall ist.

Man wird natürlich überhaupt das Bestreben haben, die Postulate möglichst so einzurichten, daß kein neues bereits aus den übrigen folgt. Eine völlige Unabhängigkeit jedes Postulates von den übrigen wird man freilich wegen der oben angedeuteten Verflechtung der Postulate schwerlich erreichen können. Wir betrachten noch folgende Beispiele:

a) Unabhängigkeit der räumlichen Verknüpfungsaxiome von allen übrigen Axiomen mit Ausnahme des ersten Kongruenzsatzes (resp. der Beweglichkeit der Figuren). Wir wissen, daß der *Desargues*sche Satz eine Folge aller Axiome I und II von § 2 ist, daß umgekehrt (s. o. S. 236), wenn der *Desargues*sche Satz in der Ebene gültig ist, die ebene Geometrie stets als ein Ausschnitt aus einer räumlichen Geometrie aufgefaßt werden kann. Wir werden deswegen, um die Unabhängigkeit der räumlichen Verknüpfungsaxiome nachzuweisen, eine ebene Geometrie konstruieren müssen, in der alle ebenen Axiome mit Ausnahme des ersten Kongruenzsatzes gültig sind, aber der *Desargues*sche Satz nicht gilt; dann und nur dann kann diese Geometrie nicht zu einer räumlichen erweitert werden, in der die räumlichen Verknüpfungsaxiome gelten. In diesem Sinn wollen wir die Unabhängigkeit der räumlichen Axiome hier auffassen und beweisen.

Dieser Beweis kann in mannigfaltiger Weise ohne Schwierigkeit geführt werden, etwa so[1]): wir betrachten die Euklidische Ebene mit einem gewöhnlichen rechtwinkligen Koordinatensystem; als Punkte des Bildes unserer „Nicht-Desarguesschen" Geometrie gelten alle Punkte der Ebene, als Geraden 1. alle Geraden, in deren Gleichung $ax + by + c = 0$ und $ab \geq 0$ ist und 2. die aus zwei Halbgeraden zusammengesetzten

---

[1]) Das Beispiel stammt nach *Schur*, Grundlagen, S. 20 von *Moulton*.

§ 4. Beziehung der Axiome untereinander. 257

Geraden, für die bei positivem y die Gleichung $ax + by + c = 0$ mit $ab \leq 0$ und $a \neq 0$ gilt und bei negativem y die Gleichung $ax + 2by + c = 0$. Die beiden Halbgeraden haben einen gemeinsamen Punkt auf der x-Achse. Drei Halbgeraden der oberen Halbebene g_1, h_1, k_1, deren Euklidische Fortsetzungen in der unteren Halbebene in einem Punkt zusammenlaufen, werden in der bildgeometrischen Fortsetzung im allgemeinen nicht in einem Punkt zusammentreffen. Z. B. die drei Geraden $x = 0$, $x + y + 1 = 0$, $-x + y + 1 = 0$, die sich in dem Punkte $(0, -1)$ treffen, werden in unserer Bildgeometrie in der unteren Halbebene durch drei Halbgeraden fortgesetzt, die den Gleichungen genügen: $x = 0$, $x + y + 1 = 0$, $-x + 2y + 1 = 0$. Diese drei Halbgeraden gehen aber nicht durch einen Punkt. Wir konstruieren nun in der oberen Halbebene zwei Dreiecke, deren Ecken auf g_1, h_1 und k_1 liegen, dann können wir es leicht so einrichten, daß entsprechende Seiten sich auf der oberen Halbebene schneiden. Weil in der Euklidischen Geometrie der *Desargues*sche Satz gilt, werden die Schnittpunkte entsprechender Seiten auf einer Geraden liegen, da ja die Verlängerung von g_1, h_1 und k_1 in der Euklidischen Ebene durch einen Punkt gehen. Aber in der Bildgeometrie gehen die drei Verlängerungen von g_1, h_1 und k_1 nicht durch einen Punkt, obwohl die Seiten der Dreiecke sich auf einer Geraden schneiden. Folglich gilt in der Bildgeometrie nicht der *Desargues*sche Satz. Es ist aber leicht zu sehen, daß sämtliche ebenen Axiome mit Ausnahme des ersten Kongruenzsatzes für unsere Bildgeometrie erfüllt sind, wenn wir in geeigneter Weise noch die Strecken- und Winkelkongruenz einführen. Etwa so: Strecken auf Bildgeraden (gewöhnlichen Geraden oder Halbgeradenpaaren) sollen im Euklidischen Sinne gemessen werden. Winkel, deren Scheitel nicht auf der x-Achse liegt, sollen euklidisch gemessen werden, bei Winkeln, deren Scheitel auf der x-Achse liegt, sollen die Schenkel, soweit sie der unteren Halbebene angehören, durch die euklidischen Verlängerungen der entsprechenden der oberen Halbebene angehörenden Halbgeraden ersetzt werden, worauf die Winkel wieder euklidisch gemessen werden sollen. Damit haben wir den gewünschten Nachweis der Unabhängigkeit der räumlichen Verknüpfungsaxiome geführt.

b) *Unabhängigkeit des Kongruenzpostulates für Dreiecke (des ersten Kongruenzsatzes) resp. des Postulats von der Beweglichkeit der Figuren von allen übrigen Postulaten (im besonderen von den Strecken- und Winkelkongruenz-Postulaten).* Wir müssen eine Geometrie konstruieren, in der wir auf jeder Geraden eine beliebige Strecke abtragen, an jeder Geraden einen beliebigen Winkel antragen können. Aber zweidimensionale Figuren, z. B. ein Dreieck, sollen nicht beweglich sein. Wir können also wohl die Strecke A_2B_2 auf einer beliebigen Geraden mit der gegebenen Strecke A_1B_1 kongruent machen, den Winkel $B_2A_2C_2$ kongruent mit dem gegebenen Winkel $B_1A_1C_1$, endlich die

258   IV. Systeme von Postulaten (Axiomen).

Strecke A_2C_2 kongruent mit der Strecke A_1C_1 machen. Aber es soll im allgemeinen nicht möglich sein, das *Dreieck* $A_2B_2C_2$ kongruent mit dem Dreieck $A_1B_1C_1$ zu machen, d. i. mit den obigen Kongruenzen gleichzeitig auch beispielsweise die Kongruenz $B_2C_2 \equiv B_1C_1$ zu erfüllen; das *Dreieck* $A_1B_1C_1$ soll im allgemeinen nicht beweglich sein. Eine Geometrie, die ein Bild dieser Verhältnisse gibt, ist überaus leicht zu finden. Wir haben ja schon unter a) eine solche ebene Geometrie kennen gelernt, aber sie ist nicht räumlich zu erweitern. Jede Landkarte gibt dagegen eine solche Geometrie, die unmittelbar auch dreidimensional verallgemeinert werden kann: die Punkte und Geraden auf der Karte sollen die Punkte und Geraden unserer Bildgeometrie sein. Wir können auch sagen, die Vertikalschnitte der durch die Karte dargestellten Landschaft sind die Geraden unserer Geometrie. Die Winkel der Bildgeometrie sollen den Winkeln auf der Landkarte gleichgesetzt sein, d. i. den Winkel zweier Vertikalschnitte wollen wir messen durch den Winkel, den die zugehörigen Vertikalebenen miteinander bilden. Aber die Strecken in unserer durch die Landkarte dargestellten Bildgeometrie sollen gemessen werden durch die wirkliche Entfernung im Terrain auf dem zugehörigen Vertikalschnitt. Das ist auch analytisch sehr leicht darstellbar. Wir wollen es gleich dreidimensional machen. Sei $f(x_1, x_2, x_3)$ eine überall stetige differenzierbare Funktion von x_1, x_2 und x_3. Dann setzen wir als Punkt unserer Geometrie das Wertequadrupel $x_1, x_2, x_3, x_4 = f(x_1, x_2, x_3)$ fest, als Gerade die Gesamtheit der Punkte, für die

$$x_i = a_i t + b_i \qquad i = 1, 2, 3$$

und

$$x_4 = f(x_1, x_2, x_3)$$

ist, als Entfernung auf einer Geraden den Wert von

$$\int_{t_1}^{t_2} \sqrt{\sum_i a_i^2 + \sum_{i,k} \frac{\partial f}{\partial x_i} \frac{\partial f}{\partial x_k} a_i a_k}\, dt. \qquad i, k = 1, 2, 3$$

Es ist ohne weiteres klar, daß in diesen Geometrien alle Strecken- und Winkelkongruenz-Postulate erfüllt sind, daß es aber nicht möglich ist, ein Dreieck zu bewegen; denn die Entfernung der Punkte B_2 und C_2 (s. o.) hängt ganz ab von der Gestalt der Landschaft in dem sie verbindenden Vertikalschnitt, d. i. von der Funktion f. Diese einfache Betrachtung kann nützlich sein, wenn man sich den üblichen Fehlschluß bei einem Beweise des ersten Kongruenzsatzes klar machen will.

Schwieriger ist es zu zeigen, daß die einzelnen Teile der Beweglichkeitsforderung, also etwa Drehbarkeit der Ebene (eines Dreiecks) um einen Punkt und Verschiebbarkeit der Ebene längs einer Geraden voneinander unabhängig sind. Nach den *Hilbert*schen Untersuchungen (s. o. S. 254) folgt ja mit der Hinzunahme der Stetigkeitsvoraussetzung aus der Dreh-

§ 4. Beziehung der Axiome untereinander.

barkeit auch die Verschiebbarkeit der Ebene. Man müßte also eine Nichtarchimedische Geometrie konstruieren, um die Unabhängigkeit der Verschiebbarkeit von der Drehbarkeit zu beweisen. Die Unabhängigkeit der Drehbarkeit von der Verschiebbarkeit ist auch in einer stetigen Geometrie vorhanden. Das wird leicht bewiesen durch das Beispiel einer ebenen Geometrie, in der die Längenmessung auf einer Kurve nur von der Richtung der Kurventangenten abhängt, also etwa durch den Ausdruck

$$\int \sqrt[4]{dx^4 + dy^4}$$

gegeben ist.

Ferner ist es leicht, Geometrien mit unvollständiger Drehbeweglichkeit und gleichzeitig unvollständiger Schiebungsbeweglichkeit zu konstruieren. Die *Cayley*sche Maßgeometrie im Äußeren eines Kreises liefert ein solches Beispiel.

Daß das Archimedische Postulat von den übrigen Postulaten unabhängig ist, beweist jedes der oben Kap. III, § 2 gegebenen Beispiele Nichtarchimedischer Geometrien.

2. *Gültigkeit von Postulaten vermittels Konstruktion.* Die einzelnen Postulate haben eine ganz verschiedene Bedeutung für den Aufbau der Geometrie. Durch gewisse Axiome werden Beziehungen zwischen den geometrischen Grundelementen postuliert, die man schon auf Grund der übrigen Postulate durch Konstruktion verwirklichen kann. Das einfachste Beispiel für dieses Vorkommen liefert uns die im vorhergehenden oft besprochene Einordnung der metrischen Geometrie in die projektive. Wenn wir die Axiome der Verknüpfung und Anordnung, sowie das Archimedische Postulat als gültig voraussetzen, dann können wir die projektive Geometrie vollständig entwickeln. Wir können Kollineationsgruppen konstruieren, die genau dieselben Eigenschaften haben, wie die Bewegungsgruppen für irgendeine Euklidische oder Nichteuklidische Geometrie. Wir können dann den Postulaten der Kongruenz (oder Bewegung) die Fassung geben: eine solche Gruppe von Kollineationen, wie wir sie konstruiert und untersucht haben, ist die Gruppe derjenigen Transformationen, die man aus den Beobachtungen als „Bewegungen" kennt. Dies Postulat ist demnach kein solches, das die Existenz von geometrischen Gebilden fordert, es hat also gewissermaßen nur für die praktische Anwendung Wert, nicht für den Mathematiker. Der „reine" Mathematiker hat von diesem Standpunkt keinen Anlaß, die Bewegungen als etwas anders anzusehen als wie eine Gruppe von Kollineationen, die eine quadratische Form in sich überführen, hat nicht mehr Anlaß hierzu als etwa dazu, die Strecke des Normalmeters vor allen anderen Strecken auszuzeichnen.

3. *Widerspruchslosigkeit der Axiome.* Für die logische Betrachtung des Axiomsystems ist die eben besprochene Erscheinung von großer

Bedeutung: Wir glauben rein logisch aus der Verbindung der Postulate zu allen unseren geometrischen Sätzen gelangen zu können. (Auf die Berechtigung dieses Glaubens werden wir noch später etwas eingehen.) Aber diese Postulate haben wir aus der Erfahrung entnommen, und zwar stellen sie starke Extrapolationen aus der Erfahrung dar. Es ist also möglich, daß sie miteinander in Widerspruch sind, d. i. daß wir mit Hilfe jener rein logischen Schlüsse zu einander widersprechenden Resultaten gelangen können. *Worauf gründet sich unser Glaube an die Widerspruchslosigkeit der geometrischen Postulate?* Ich finde dieses Problem zum ersten Male aufgestellt in einem Aufsatz von *H. Poincaré*[1]). Er meint, wir wissen, daß die Postulate widerspruchslos sind, weil sie in einer reinen Zahlsystemgeometrie (oder etwa in einer „kontinuierlichen Gruppe") realisiert werden können. Der Glaube an die Widerspruchslosigkeit gründet sich hier also auf das Vertrauen zu dem arithmetischen Kontinuum. Das unbedingte Vertrauen in dieses Gebilde ist in der letzten Zeit etwas erschüttert worden. Man versucht die Widerspruchslosigkeit dieses Kontinuums auf die Widerspruchslosigkeit logisch viel einfacherer Systeme zurückzuführen. Der Weg dazu wird uns durch die unter 2. besprochenen Erscheinungen gewiesen: Das Ziel ist, die Geometrie und also auch die Arithmetik bloß durch Konstruktionspostulate, nicht durch Existenzpostulate (oder Nichtexistenzpostulate) aufzubauen. Wiederum ist es die Gruppentheorie, die uns bei der Lösung dieser Aufgabe zu Hilfe kommt, indem sie uns wenigstens Beispiele für derartig aufgebaute mathematische Disziplinen liefert. Wir wollen das für ein spezielles Beispiel ausführen:

Es seien a, b, a^{-1}, b^{-1} vier Symbole („Buchstaben"). Wir bilden aus ihnen geordnete Zusammenstellungen („Worte") wie etwa $aba^{-1}bb^{-1}a^{-1}b$ usw. Dann bestimmen wir Regeln, nach denen man die Worte verwandeln kann, von folgender Art: gewisse Worte, Verwandlungsworte, kann man zwischen zwei Buchstaben einführen oder weglassen, z. B. $aa^{-1}, bb^{-1}, a^{-1}a, b^{-1}b, aa, bbb$. Ein solches Schema, bestehend aus einer Anzahl von Symbolen und einer Anzahl von Verwandlungsworten, wollen wir ein Verwandlungsschema nennen.

In unserem, als Beispiel angeführten Schema kann speziell das oben angegebene Wort $ab\,a^{-1}\,bb^{-1}\,a^{-1}\,b$ der Reihe nach verwandelt werden in $aba^{-1}a^{-1}b$ (Weglassung von bb^{-1}), in $ab\,aa\,a^{-1}a^{-1}b$ (Hinzufügung von aa), in abb (zweimalige Weglassung von aa^{-1}), $abbbb^{-1}$ (Hinzufügung von bb^{-1}), ab^{-1} (Weglassung von bbb).

Wegen der ersten 4 Verwandlungsworte $(aa^{-1},\ bb^{-1},\ a^{-1}a,\ bb^{-1})$ definiert unser Schema eine *Gruppe*, denn zu jedem Wort A gibt es ein („reziprokes") Wort $\bar{A}$ von der Art, daß alle Symbole in dem Wort $A\bar{A}$ mit Hilfe dieser 4 Verwandlungsworte weggeschafft werden können

---

[1]) The Monist. Vol. 9, S. 38. 1898.

§ 4. Beziehung der Axiome untereinander. 261

Wegen der übrigen beiden Verwandlungsworte (aa und bbb) definiert unser Verwandlungsschema die aus der Geometrie und Algebra wohlbekannte Modulgruppe.

Mit einem solchen Verwandlungsschema können wir viele verschiedene Operationen anstellen. Wir können z. B. fragen, ob zwei bestimmte Worte ineinander auf Grund der Verwandlungsregeln verwandelbar sind, ob man vielleicht eine bestimmte Anzahl Worte finden kann, in die alle Worte verwandelbar sind usw. Ein Widerspruch kann bei diesen Operationen nicht auftreten. Wir haben ja in unserem Verwandlungsschema nur konstruiert, nichts behauptet. Nur wenn wir behaupten, daß in dem Verwandlungsschema gewisse Erscheinungen auftreten, können Widersprüche entstehen. Diese sind dann aber nicht durch die Grundlage, sondern allein durch die Art, wie wir durch Schlüsse zu diesen Behauptungen gekommen sind, verursacht.

Das Ziel moderner Bestrebungen[1]) ist es, weitere Gebiete der Mathematik, die Lehre von den ganzen Zahlen, die Geometrie, auf diese Weise zu „formalisieren". Dieses Ziel ist noch nicht erreicht. Man wird zu diesem Zweck den Begriff des Verwandlungsschemas noch verallgemeinern, z. B. „konditionale" Verwandlungen einführen, also bestimmte Verwandlungen nur zulassen, wenn gewisse Bedingungen für das zu verwandelnde Wort erfüllt sind, ferner eine neue Art von Verwandlungen, nämlich „Transformationen" einführen: an Stelle jedes a soll das Wort A gesetzt werden, an Stelle jedes b das Wort B usw.

Wenn die Erreichung dieses Zieles für die Lehre von den ganzen Zahlen zunächst möglich erscheint, so erkennt man doch bald eine große Schwierigkeit, die scheinbar im Schlußverfahren, also in dem liegt, was den Mathematiker nicht angeht, in Wirklichkeit aber ein typisch mathematisches Problem ist: das ist *das Verfahren der vollständigen Induktion*, das übrigens auch schon bei der Entwicklung der Gruppentheorie gebraucht wird. In der Tat ist die Begründung für die Anwendung des Verfahrens eine axiomatische. Denn das Wesen des eigentlich Axiomatischen besteht nach dem, was wir oben auseinandergesetzt haben, darin, uns Schwierigkeiten dadurch wegzuräumen, daß wir den Axiomen zufolge gewisse Erscheinungen als existierend annehmen dürfen, obwohl wir gar nicht wissen, daß diese Annahme nicht zu Widersprüchen führen kann. Unser Ziel ist aber gerade, dies „eigentlich Axiomatische" aus der Mathematik zu entfernen. Der Schluß der vollständigen Induktion lautet: Wenn in einer Aussage eine ganze Zahl n vorkommt, wenn zweitens die Aussage für $n = 1$ gilt und drittens die Aussage als für die Zahl $n + 1$ gültig bewiesen werden kann, falls sie als für n gültig angenommen wird, dann ist die Annahme für jedes n richtig. Dies ist

---

[1]) S. hierzu besonders die Vorträge von *Hilbert:* Abhandl. aus dem math. Sem. der Hamb. Univ. Bd. 1, Math. Ann. Bd. 88, Math. Ann. Bd. 95.

in der Tat ein Axiom in dem obigen Sinne, es gründet sich auf gewisse Vorstellungen von der Reihe der ganzen Zahlen. Obendrein ist es noch ein sehr mangelhaft formuliertes Axiom, weil das Wort „Aussage" für mathematische Operationen viel zu unbestimmt ist. Es scheint, daß dieses Axiom für einige Teile der Mathematik nicht nötig ist. So kommt der Schluß der vollständigen Induktion in der Elementargeometrie zunächst nicht vor (er würde aber wohl sicher hineinkommen, wenn man versuchen wollte, die Elementargeometrie zu formalisieren) und erst mit der Inhaltslehre stellt er sich schon in den einfachsten Fällen mit Notwendigkeit ein (s. u. S. 270); ebenso erfordert der Beweis jedes grundlegenden Satzes der elementaren Zahlentheorie die Benutzung dieses Schlußverfahrens. Es ist schwer zu glauben, daß man das Verfahren der vollständigen Induktion in seiner weitesten Bedeutung wird vollständig formalisieren können. Wenn dies aber doch einmal geleistet wird, so ist damit das höchste Ziel erreicht, das die Methodik der Mathematik sich stellen kann. Es würde damit die Möglichkeit gezeigt sein, die ganze Mathematik „elementar" zu behandeln.

Fünftes Kapitel.

Inhaltslehre.

§ 1. Postulate der Inhaltslehre.

Mit den Axiomsystemen des vorigen Kapitels sind die geometrischen Erscheinungen des Zusammentreffens von Geraden und Ebenen sowie der Bewegung vollständig beschrieben. Aber damit sind doch nicht alle geometrischen Erscheinungen erschöpft.

Wir haben in Kapitel II das Streckenverhältnis unabhängig von der Messung der einen Strecke durch die andere Strecke erklären und behandeln können. Bei Hinzunahme des Archimedischen Postulats führen wir es auf Messung der einen Strecke durch die andere und deren rationale Teile zurück. Aber wir haben auch ganz unabhängig von der Streckenkongruenz eine Vorstellung von der Länge etwa eines Kreisbogens und überhaupt des Bogens irgendeiner algebraischen Kurve. Durch welche Postulate sollen wir diese Länge mit der Länge irgendeiner Strecke vergleichen? *Archimedes*[1]) hat dafür das folgende Postulat gewählt: Von zwei konvexen sich nicht schneidenden Kurvenbögen über derselben Sehne ist der umschließende Bogen größer als der eingeschlossene Bogen, und jeder Bogen ist länger als die Sehne. Mit Hilfe dieses Postulates kann man die Kreismessung durch Berechnung umbeschriebener und einbeschriebener Polygone vollständig befriedigend erledigen, indem man zeigt, daß bei genügend großer Seitenzahl der Um-

---

[1]) Über Kugel und Zylinder, 2. Annahme.

fang des einbeschriebenen und der Umfang des umbeschriebenen regulären Polygons sich beliebig wenig voneinander unterscheiden. In ähnlicher Weise kann man versuchen, die Oberflächengröße von krummen Flächen axiomatisch zu begründen. Aber hier tritt die Schwierigkeit auf, daß es sehr einfache überall nichtkonvexe Oberflächen gibt, z. B. das einschalige Hyperboloid, während man ja jede „vernünftige" Kurve in Stücke von in bezug auf die Sehne konvexen Kurven zerlegen kann. Die moderne Theorie führt den Flächeninhalt krummer Oberflächenstücke in ganz anderer Weise auf den Flächeninhalt ebener Figuren zurück.

Wir wollen nun zunächst für die Vergleichung der Größe von Strekken, von ebenen Flächenstücken und von Raumstücken ein System von Postulaten aufstellen:

1. **Das Postulat der Inhaltsgleichheit in 4 Formen:**

1 a) Zwei Stücke R und R' sind inhaltsgleich, wenn sie kongruent sind (Euklid, 8. Grundsatz).

1 b) Zwei Stücke R und R' sind inhaltsgleich (zerlegungsgleich), wenn sie in respektiv kongruente Stücke zerlegbar sind (Gleichheit durch Zerlegung).

1 c) Zwei Stücke R und R' sind inhaltsgleich (endlichgleich), wenn sie durch Hinzufügung von zerlegungsgleichen Stücken zerlegungsgleich werden (Gleichheit durch Ergänzung und Zerlegung) (Euklid 2., 3. und 8. Grundsatz).

1 d) Zwei Stücke R und R' sind inhaltsgleich, wenn sie in resp. kongruente Teile zerlegt werden können, bis auf Restteile, die zerlegungsgleich sind mit einem Teil eines beliebigen (beliebig kleinen) Stückes (Gleichheit durch Zerlegung und Abschätzung, „Exhaustion").

2. **Das Postulat von der Inhaltsanordnung in 3 Formen:**

2 a) R hat größeren Inhalt als R', wenn R ein dem Stück R' kongruentes Stück umschließt (Übertreffen durch Umschließen).

2 b) R hat größeren Inhalt als R', wenn R ein dem R' zerlegungsgleiches Stück umschließt (Übertreffen durch Umschließen nach Zerlegung).

2 c) R hat größeren Inhalt als R', wenn R ein dem R' endlichgleiches Stück umschließt (Übertreffen durch Umschließen nach Ergänzung und Zerlegung).

3. **Das Postulat von der Eindeutigkeit der Anordnung:**

3. Wenn R größer ist als R', dann ist nicht gleichzeitig R' größer als R oder R gleich R' (dies Postulat entspricht dem *9. Grundsatz von Euklid:* καὶ τὸ ὅλον τοῦ μέρους μεῖζόν ἐστιν).

4. **Postulat von der Möglichkeit der Anordnung:**

4. Auf Grund der Gleichheits- resp. Anordnungskriterien ist entweder R größer als R' oder R' ist größer als R oder R ist gleich R'.

Die Postulate 1. und 2. stellen die „Einordnung" der Inhaltslehre in die metrische Geometrie dar. Sie können demgemäß als Definitionen aufgefaßt werden (s. o. S. 259). Sie können keine Widersprüche herbeiführen. Die Postulate 1. und 2. in der Form 1 a) und 2 a) sind nur brauchbar für die eindimensionale Geometrie, sie sind nur der systematischen Vollständigkeit halber angeführt.

Die Postulate 3. und 4. stellen „Behauptungen" dar (s. o. S. 261) und können deshalb Widersprüche veranlassen. Man wird deswegen versuchen sie zu beweisen. Im folgenden geben wir eine Zusammenstellung ihrer Beweisbarkeit resp. Nichtbeweisbarkeit bei verschiedener Wahl der übrigen Voraussetzungen.

1. Für *nicht geradlinig begrenzte Stücke der Ebene* muß man, um Widersprüche zu vermeiden, das Postulat 1. in der Form 1 d) nehmen und das Archimedische Postulat als gültig voraussetzen. Wir wollen darauf nicht näher eingehen, sondern nur die Inhaltspostulate für den Bereich der Polygone und Polyeder genauer untersuchen.

2. *Polygone:* α) *Ohne Archimedisches Postulat folgt aus den Postulaten 1 b) (Gleichheit durch Zerlegung) und 2 b) das Postulat 3.* (der Euklidische Grundsatz 9.) *aber nicht das Postulat 4.* (die Vergleichbarkeit). Die erste Behauptung werden wir in § 2 durch Einführung des „Inhaltsmaßes" ausführlich beweisen. Die zweite Behauptung wollen wir durch ein Beispiel als richtig nachweisen, und zwar werden wir sogar noch mehr beweisen, indem wir 1 c) durch 1 d) (Gleichheit durch Abschätzung) ersetzen, das weniger für die Gleichheit verlangt als 1 b). In der Tat kann man *in jeder Nichtarchimedischen Geometrie* zwei Dreiecke angeben, die weder in resp. kongruente Teile zerlegt werden können bis auf Reste, die in ein beliebig vorgegebenes Stück untergebracht werden können, noch so zerlegt werden können, daß die Teile des einen insgesamt von dem anderen umschlossen werden können. Wir nehmen z. B. folgende zwei rechtwinkligen Dreiecke: Sei b unmeßbar größer als a, d. i. es gibt keine Zahl n, so daß $na > b$ ist, sei ferner b' unmeßbar kleiner als a, dann konstruieren wir ein gleichschenklig-rechtwinkliges Dreieck mit der Kathete a und ein rechtwinkliges Dreieck mit den Katheten b und b'. Diese beiden Dreiecke besitzen die oben angegebenen Eigenschaften. Andererseits *folgt unter Voraussetzung des Archimedischen Postulates aus dem Postulat 1 b) und 2 b) das Postulat 4*, wie man durch Wiederholung des Euklidischen Verwandlungsverfahrens unschwer nachweisen kann[1]). Berücksichtigen wir nun, daß sich jene zwei Dreiecke, wie bereits gesagt, in jeder Nichtarchimedischen Geometrie konstruieren lassen, so erkennen wir das Archimedische Postulat als Folge der Voraussetzung der Gültigkeit der Postulate 1 b), 2 b) und 4. Wir können etwa sagen:

---

[1]) *Schur:* Sitzungsb. d. Dorp. Naturf.-Ges. 1893. — *Rausenberger:* Math. Ann. Bd. 42.

§ 1. Postulate der Inhaltslehre.

Aus der Voraussetzung, daß die Inhalte zweier Polygone sich durch bloße Zerlegung vergleichen lassen, folgt die Meßbarkeit jeder Strecke durch jede andere.

β) *Ohne Archimedisches Postulat folgt aus den Postulaten 1 c)* (Gleichheit durch Ergänzung und Zerlegung) *und 2 c) das Postulat 3. und 4.* Die erste Behauptung wird genau so wie die entsprechende in α) bewiesen (s. § 2). Die Vergleichbarkeit, das Postulat 4., folgt sofort aus dem Euklidischen Satz, daß man jedes Polygon in ein endlichgleiches Rechteck mit gegebener Seite „verwandeln" kann. Doch stützt sich *Euklid* bei dem Beweis auf allgemeine Größensätze, nämlich die Grundsätze 1 und 6, „Zwei Größen, die einer dritten gleich sind, sind selbst gleich" und „Zwei Größen, die beide die Hälfte einer Größe sind, sind selbst gleich". Diese Grundsätze haben wir nicht unter die Postulate aufgenommen. Sie folgen für die Inhaltsgleichheit unmittelbar aus dem Postulate 1, indem man die in Betracht kommenden Ergänzungen und Zerlegungen übereinander lagert.

3. *Polyeder*: α) Ohne Archimedisches Postulat folgt aus dem Postulat 1 b) oder 1 c) und 2 b) das Postulat 3 aber nicht das Postulat 4. (die Vergleichbarkeit). Der Beweis für die erste Behauptung ist wieder durch Einführung des Inhaltsmaßes zu führen (s. § 2). Der Beweis für die zweite Behauptung durch ein einfaches Beispiel[1]). Daß im Gegensatz zu der Ebene hier auch 1 c) nicht zur Vergleichung genügt, liegt daran, daß die einfachen Verwandlungssätze nicht auf den Raum übertragbar sind.

β) *Auch mit dem Archimedischen Postulat folgt aus 1 b) oder 1 c) und 2 b) oder 2 c) nicht das Postulat 4. (der Vergleichbarkeit).* Diese Behauptung wird dadurch bewiesen, daß man Beispiele für (auf Grund von 1 d) im gewöhnlichen Sinne inhaltsgleiche Polyeder angibt, die nicht endlichgleich sind[2]). *Damit zwei Tetraeder endlichgleich sind, müssen besondere arithmetische Beziehungen zwischen den Kanten der beiden Tetraeder bestehen.*

γ) Mit dem Archimedischen Postulat folgt aus 1 d) und 2 c) das Postulat 4, und zwar nicht nur für Polyeder, sondern ganz allgemein für algebraisch begrenzte Raumstücke.

Es ist dagegen fraglich, ob die Postulierung der Erfüllung von 3. und 4. für jede *Jordan*sche Kurve oder Fläche (für das stetige Abbild einer Kugel) nicht zu Widersprüchen führt. Von großer Wichtigkeit ist der Satz, daß für jedes von algebraischen Kurvenstücken (s. o. S. 216) begrenzte Ebenenstück ein Quadrat mit rationaler Seite angegeben werden kann, das, vergrößert um ein gegebenes Quadrat nach dem Postulat 2 b) größer ist als das gegebene Ebenenstück, verkleinert um dieses Quadrat aber kleiner als das gegebene Ebenenstück ist, d. i., der In-

---
[1]) *Süß*: Dtsch. Math.-Vg. 1922.
[2]) *Dehn*: Über den Rauminhalt. Math. Ann. Bd. 55. 1902.

halt des Flächenstückes kann durch rationale Operationen zwischen zwei beliebig wenig voneinander verschiedene Quadratinhalte „eingeschlossen" werden.

Auf Grund unserer Inhaltslehre können wir jetzt auch leicht die Begriffe Kurvenlänge und Oberflächeninhalt behandeln. Wir wollen das für den letzteren kurz angeben: Sei O ein Oberflächenstück und O' ein ebenes Flächenstück, das durch *orthogonale* Projektion von O auf eine Ebene entsteht. Wir wollen dann sagen, die Oberfläche O kann das Stück O' bedecken.

Wir sprechen jetzt das Postulat aus: zwei Oberflächenstücke O und Ω sind inhaltsgleich, wenn zu irgendeiner Zerlegung von O in Teile O_i eine Zerlegung von Ω in Teile Ω_i gefunden werden kann, so daß die Stücke O_i nur beliebig wenig mehr von einer Ebene bedecken können als die Teile Ω_i und umgekehrt.

Wir wollen hier nur ohne Beweis angeben, daß dieses Postulat zusammen mit Postulaten, die den obigen Postulaten 2., 3. und 4. entsprechen, wenigstens für algebraische Flächen ein ebenso widerspruchsloses System bildet, wie etwa das System der Inhaltsaxiome.

Wir wollen jetzt noch kurz die sich anschließenden Erweiterungen der Geometrie betrachten. Die Messung der Bogenlänge algebraischer Kurven führt wieder auf Inhaltsbestimmungen algebraisch begrenzter Ebenenstücke. Mit dem Begriff der Bogenlänge kann man auch die kinematischen Erscheinungen erklären. Die Tangentenkonstruktion führt zunächst nicht über algebraische Konstruktionen heraus (s. o. S. 216). Das „umgekehrte Tangentenproblem", die Bestimmung von Kurven mit algebraisch bestimmten Tangenteneigenschaften, führt nur im einfachsten Fall wieder zu einer Inhaltsmessung. Im allgemeinen Fall haben wir zu diesem Zwecke die durch Differentialgleichungen bestimmten Richtungsfelder zu untersuchen. Das wichtigste Ergebnis ist, daß man unter gewissen sehr allgemeinen Bedingungen in genügend beschränkten Bereichen Polygonzüge finden kann, die beliebig genau die betreffende Tangenteneigenschaft besitzen, und daß man alle Polygonzüge oder Kurven, die „noch genauer" die Tangentenbedingung befriedigen, zwischen zwei solchen Polygonzügen einschließen kann.

So können wir zu immer neuen analytischen Problemen kommen. Aber niemals darf man die geometrische Bedeutung ganz aus dem Auge verlieren. Denn nur das feste Vertrauen auf die Realisierbarkeit der geometrischen Postulate resp. der Postulate der elementaren Arithmetik kann uns das Vertrauen geben, daß unsere mathematische Arbeit nicht zwecklos ist, weil ihre Ergebnisse zu Widersprüchen führen. Solange die Widerspruchslosigkeit der vollständigen Arithmetik noch nicht nachgewiesen ist (s. o. S. 262), dürfen wir die Verbindung mit dem geometrischen Boden nicht verlieren, auf dem ja auch die Begründer der modernen Analysis (besonders *Newton*) ihr Gebäude aufgerichtet haben.

§ 2. Die Lehre vom Polygoninhalt.

Dieser Teil der Inhaltslehre läßt sich zwar nicht ohne vollständige Induktion, also eigentlich nicht elementar, aber doch ohne Stetigkeitsvoraussetzungen behandeln. Eine wichtige Rolle spielt in der Inhaltslehre naturgemäß das Studium der Zerlegung eines Raumstückes, also hier eines Stückes der Ebene. Die allgemeinen, für unseren Zweck durchaus notwendigen Sätze über Zerlegung gehören in einen Teil der Geometrie, den wir bisher gar nicht behandelt haben, in das Gebiet der *Topologie*. In dieser beschäftigt man sich mit den allgemeinsten Erscheinungen, die solche Zerlegungen betreffen, und zwar nicht nur Zerlegungen in geradlinig begrenzte Stücke. Alle Eigenschaften, die die gerade Strecke vor anderen Kurvenbögen auszeichnen, spielen hier gar keine Rolle. Um die Topologie in unser geometrisches System hineinzupassen, müßten wir *mit den topologischen Postulaten beginnen*, d. i. Eigenschaften der Kurvenbögen, Flächenstücke usw. postulieren. Ob wir dann die projektive Geometrie (und damit auch die metrische Geometrie) in die rein topologische Geometrie „einordnen" können, hängt natürlich von der Wahl der topologischen Postulate

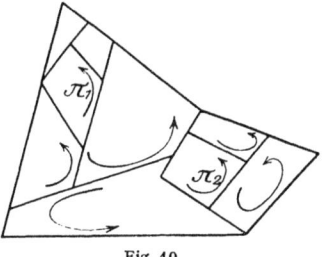

Fig. 49.

ab. Ein solcher Plan für den Aufbau der Geometrie zeigt die stärkste Abweichung gegen das Euklidische System.

Wir müssen uns hier, ohne auf das Systematische weiter einzugehen[1]), auf die Zerlegung in geradlinig begrenzte Stücke beschränken. Hierbei gelten nun folgende wichtige Sätze: Zerlegt man ein Polygon der Euklidischen Ebene irgendwie in Teilpolygone, dann kann man (auf zwei Weisen) jedem Polygon einen „Umlaufssinn" so zuordnen, daß die Zerlegungsstrecken von den beiden an sie grenzenden Polygonen her entgegengesetzten Umlaufssinn erhalten (s. Fig. 49). Haben wir dabei für die beiden Teilpolygone Π_1 und Π_2 einen bestimmten Umlaufssinn erhalten, so bekommt Π_2 bei jeder Zerlegung, in der Π_1 und Π_2 auftreten, denselben Umlaufssinn, falls Π_1 denselben Umlaufssinn bekommen hat. So können wir bei zwei Polygonen, die sich nicht schneiden, den Umlaufssinn von dem einen Polygon auf das andere übertragen. Durch Vergleichung zweier Polygone mit einem dritten, beide nicht schneidenden Polygon können wir den Umlaufssinn von jedem Polygon auf jedes andere übertragen. Der Beweis dieser Sätze kann natürlich nicht ohne vollständige Induktion geschehen. Wir wollen von jetzt an unter Π *ein mit Umlaufssinn versehenes Polygon* verstehen, unter $-\Pi$ dasselbe Polygon mit umgekehrtem Umlaufssinn. Wir sagen ferner, Π ist die

---
[1]) Vgl. *Pascals* Repertorium, 2. Aufl., Kap. IV.

Summe der Polygone Π_i, wenn in den Π_i jede nicht auf Π liegende Strecke gerade so oft in dem einen Sinn wie in dem anderen Sinn durchlaufen wird und die auf Π liegenden Strecken einmal mehr in demselben Sinne wie bei Π als in dem umgekehrten Sinne durchlaufen werden.

Nach diesen topologischen Vorbereitungen gehen wir zur Inhaltslehre selbst über. Unser Hauptsatz ist: *Auf Grund der Postulate 1 c) und 2 c) können die Postulate 3 und 4 der Inhaltslehre ohne Benutzung von Stetigkeitsvoraussetzungen als gültig nachgewiesen werden*[1]).

Aus 1 b) folgt zunächst nach den bekannten Euklidischen Sätzen (Buch 1 und 2), daß jedes Polygon inhaltsgleich ist mit einem Dreieck, von dem eine Seite und ein anliegender Winkel gegeben ist. Um aber die Postulate 3 und 4 abzuleiten, brauchen wir den Nachweis, daß dem Inhalt eines Polygons Größencharakter zukommt. Zu diesem Zwecke führen wir das *Inhaltsmaß*[2]) ein. Das gelingt vielleicht am einfachsten in folgender Weise: Wir führen gewöhnliche rechtwinklige Koordinaten x und y ein, und wollen die Determinante

$$\begin{vmatrix} x_1 & y_1 & 1 \\ x_2 & y_2 & 1 \\ x_3 & y_3 & 1 \end{vmatrix}$$

das Inhaltsmaß des Dreiecks mit den Ecken (x_1, y_1), (x_2, y_2), (x_3, y_3) und dem durch diese Reihenfolge bestimmten Umlaufsinn nennen. Bezeichnen wir das Dreieck mit Δ und das Inhaltsmaß des Dreiecks mit $J(\Delta)$, dann ist $J(-\Delta) = -J(\Delta)$, wie sich unmittelbar aus Betrachtung der Determinante ergibt. Es ist $J(\Delta)$ dann und nur dann Null, wenn die 3 Punkte auf einer Geraden liegen.

a) Das Inhaltsmaß bleibt bei Bewegung unverändert. Denn bei Parallelverschiebung ist dies der Fall, weil

$$\begin{vmatrix} x_1+a & y_1+b & 1 \\ x_2+a & y_2+b & 1 \\ x_3+a & y_3+b & 1 \end{vmatrix} = \begin{vmatrix} x_1 & y_1 & 1 \\ x_2 & y_2 & 1 \\ x_3 & y_3 & 1 \end{vmatrix}$$

ist, und für Drehung um den Nullpunkt ergibt sich dasselbe, weil hierbei die Determinanten

$$\begin{vmatrix} x_i & y_i \\ x_k & y_k \end{vmatrix}$$

unverändert bleiben.

b) Es sei
$$\Delta = \Delta_1 + \Delta_2 + \Delta_3,$$

---

[1]) Zuerst bei *Hilbert:* Grundl. Kap. IV.
[2]) Schon bei *Schur* (s. Anm. 1 S. 264), aber da *Schur* sich auf das Postulat 1 b) (*Zerlegungs*gleichheit) und 2 b) stützt, muß er das Archimedische Postulat benutzen.

§ 2. Die Lehre vom Polygoninhalt. 269

wo die Δ_i alle die Ecke (x, y) haben (zentrale Zerlegung). Dann ist
weil
$$J(\Delta) = J(\Delta_1) + J(\Delta_2) + J(\Delta)_3,$$

$$\begin{vmatrix} x_1 & y_1 & 1 \\ x_2 & y_2 & 1 \\ x_3 & y_3 & 1 \end{vmatrix} = \begin{vmatrix} x & y & 1 \\ x_2 & y_2 & 1 \\ x_3 & y_3 & 1 \end{vmatrix} + \begin{vmatrix} x_1 & y_1 & 1 \\ x & y & 1 \\ x_3 & y_3 & 1 \end{vmatrix} + \begin{vmatrix} x_1 & y_1 & 1 \\ x_2 & y_2 & 1 \\ x & y & 1 \end{vmatrix} \text{ ist.}$$

c) Spezieller Fall: Sei Δ „transversal" (durch Transversalen von einer Ecke) zerlegt in $\Delta_1, \Delta_2, \ldots, \Delta_n$, dann ist

$$J(\Delta) = \sum_{1}^{n} J(\Delta_i).$$

d) Allgemein: Ist $\Delta = \sum_{1}^{n} \Delta_i$, dann ist

$$J(\Delta) = \sum_{1}^{n} J(\Delta_i).$$

Beweis: Betrachten wir die Seiten der Δ_i, dann werden sie, soweit sie nicht auf den Seiten von Δ liegen, sich zu Strecken zusammensetzen, die bei den Δ_i eben so oft in dem einen Sinne wie in dem anderen Sinne durchlaufen werden. Zerlegen wir nun vom Punkte O aus die Dreiecke Δ_i nach b) in drei Dreiecke $\Delta_{i1}, \Delta_{i2}, \Delta_{i3}$, dann fallen in der Summe $\Sigma J(\Delta_i)$ $= \Sigma (J(\Delta_{i1}) + J(\Delta_{i2}) + J(\Delta_{i3}))$ diejenigen $J(\Delta_{ik})$, die sich auf Dreiecksseiten beziehen, die nicht auf den Seiten von Δ liegen, nach c) gegeneinander weg. Dagegen ist die Summe der Inhaltsmaße derjenigen Dreiecke Δ_{ik}, deren Grundlinie auf einer Seite von Δ liegt, gleich dem Inhaltsmaß von Δ, womit wir unsere Behauptung erwiesen haben.

Daraus folgen unmittelbar die Postulate 3. und 4. Denn wenn Δ_1 und Δ_2 inhaltsgleich sind, dann müssen nach 1 b) und dem eben Bewiesenen auch $J(\Delta_1)$ und $J(\Delta_2)$ gleich sein. Wenn Δ_1 endlichgleich ist mit einem Teil von Δ_2, dann ist nach dem Obigen notwendigerweise $J(\Delta_1) < J(\Delta_2)$. Denn es ist $J(\Delta_2) = J(\Delta_1) + J(P)$, wo $P = \sum \Delta_\varrho$ der von den Teilen von Δ_1 nicht ausgefüllte Rest von Δ_2 und $J(P) = \Sigma J(\Delta_\varrho)$ ist, und es ist $J(P) \neq 0$. Also: Das Ganze kann nicht einem Teile gleich sein; das ist das Postulat 3. Nach den oben angeführten Euklidischen Sätzen kann jedes Polygon in ein Dreieck verwandelt werden, das ein gegebenes Dreieck entweder einschließt oder umschließt oder mit ihm zusammenfällt. Daraus folgt nach obigem und 2 b: Jedes Polygon hat entweder größeren oder kleineren oder gleichen Inhalt wie ein anderes Polygon, d. i. das Postulat 4.

Wir können im Raum in derselben Weise das Inhaltsmaß einführen wie in der Ebene. Es treten dabei gar keine neuen Schwierigkeiten auf. Wir brauchen nur die topologischen Betrachtungen auf den Raum zu erweitern, die vierreihige Determinante für das Inhaltsmaß des Tetraeders einzuführen und endlich die benötigten einfachen Eigenschaften dieser Determinante nachzuweisen. Wir können also hier auf Grund von 1c) die Gültigkeit des Euklidischen Grundsatzes, des Postulates 3. nachweisen, aber wir können ohne Benutzung des Archimedischen Postulats nicht nachweisen, daß jedes Polyeder in ein Polyeder verwandelt werden kann, das ein gegebenes Tetraeder einschließt oder von ihm eingeschlossen wird oder mit ihm zusammenfällt. Das Euklidische Verwandlungsverfahren existiert für den Raum nicht (s. o. S. 265). Wir sind also gezwungen, um die räumliche Inhaltslehre auch nur für ebenflächig begrenzte Raumstücke (Polyeder) zu entwickeln, oder genauer, um das Postulat von der Möglichkeit der Vergleichung einführen zu können, das Archimedische Postulat als gültig anzunehmen. Das ist schon in der Ebene natürlich für die Lehre vom Kreisinhalt nötig. Wir sehen also, daß nur ein bescheidener Teil der Inhaltslehre allenfalls noch zur Elementargeometrie gerechnet werden kann. Ihrem Wesen nach ist die Inhaltslehre nicht elementar (s. auch o. S. 262).

§ 3. Die Rechnung mit Inhaltsgrößen im Vergleich zu der Rechnung mit Streckenverhältnissen.

In den Elementen von *Euklid* finden wir drei verschiedene Rechnungsarten behandelt. Im Buch II wird das Rechnen mit Inhaltsgrößen (zunächst nur mit Rechtecksgrößen) dargestellt. Im Buch V wird das Rechnen mit Größenverhältnissen entwickelt, das nachher auf Streckenverhältnisse und Inhaltsverhältnisse angewandt wird. Im Buch VII endlich wird das Rechnen mit rationalen Zahlen begründet. Das Buch VII ist dadurch charakterisiert, daß in ihm der sogenannte *Euklidische Algorithmus* (sukzessive Teilung und Restbestimmung) die wichtigste Rolle spielt. Das Buch V benutzt an entscheidender Stelle die Gültigkeit des *Archimedischen Postulats* für Größen (s. o. S. 217). Im Buch II wird die Inhaltslehre benutzt, um einen Kalkül zu entwickeln, und zwar so: Das Produkt zweier Strecken a und b wird gleich dem Rechteck mit den Seiten a und b gesetzt. Zwei Produkte $a_1 b_1$ und $a_2 b_2$ sind gleich, wenn die entsprechenden Rechtecke gleich sind. Zwei Produkte werden addiert, indem nach den Regeln der Flächenanlegung die Gesamtheit der beiden Rechtecke $a_1 b_1$ und $a_2 b_2$ in ein flächengleiches Rechteck ab verwandelt wird. Es folgt unmittelbar das distributive Gesetz und hieraus einfache Formeln, wie z. B. $(a + b)(a + b) = aa + 2ab + bb$, die *Euklid* benutzt, um ein Problem zu lösen, das im modernen Sinne als die Frage nach der Lösung einer quadratischen Gleichung bezeichnet werden muß. Dieses Problem wird im Buch VI auf Grund der Rechnung mit Streckenverhältnissen noch einmal gelöst, wie überhaupt fast alles, was sich auf die Inhaltslehre stützt, noch einmal mit Hilfe der Proportionenlehre abgeleitet wird.

Diesen Euklidischen Inhaltskalkül kann man natürlich zu einer Streckenrechnung ausbilden, indem man das Rechteck ab verwandelt

§ 3. Rechnung mit Inhaltsgrößen im Vergleich zur Rechnung mit Streckengrößen. 271

in ein inhaltsgleiches Rechteck mit einer festen Seite (der Einheitsstrecke) e, die wir mit 1 bezeichnen. Ist dann $ab = ec = ce$, dann schreiben wir $ab = c \cdot 1 = 1 \cdot c = c$ und können danach Produkte aus drei und mehr Faktoren bilden. Welche von den Rechnungsregeln sind dann für diesen Kalkül erfüllt? Gerade die, welche uns bei der Entwicklung der Rechnung mit Dehnungsgrößen (Streckenverhältnissen) Schwierigkeit gemacht haben, gelten hier ohne weiteres, vor allem das kommutative Gesetz der Multiplikation. Aber auch das kommutative Gesetz der Addition und die distributiven Gesetze sind hier trivial. Was jedoch damals so einfach war, daß es kaum einer Erwähnung wert schien, ist hier schwierig: 1. Das assoziative Gesetz der Multiplikation $a(bc) = (ab)c$, das früher einfach daraus folgte, daß die Dehnungsgrößen durch Transformationen der Ebene erklärt waren, für die das assoziative Gesetz selbstverständlich ist, folgt hier erst auf Grund eines, allerdings mit Hilfe des *Desargues*schen Satzes unschwer zu beweisenden Schnittpunktsatzes. 2. Das Gesetz: Es gibt zu jeder Größe a nur eine zu ihr reziproke Größe a^{-1}, so daß $a^{-1}a = a\,a^{-1} = 1$ ist, war in der Streckenverhältnisrechnung selbstverständlich, weil die Streckenverhältnisse durch eineindeutige Transformationen erklärt waren. Dieses Gesetz folgt hier nur auf Grund des Grundsatzes 9 von *Euklid*: Das Ganze ist größer als sein Teil. In der Tat, wir müssen, um dieses Gesetz nachzuweisen, zeigen können, daß aus $ab = ac$, wenn a ungleich 0 ist, $b = c$ folgt, das ist aber gleichbedeutend mit dem Satz: Wenn zwei inhaltsgleiche Rechtecke in einer Seite übereinstimmen, dann stimmen sie auch in der anderen Seite überein. Und dieser Satz ist eine unmittelbare Folge des Euklidischen Grundsatzes 9. Wir können also in Analogie zu dem, was wir oben über die anderen Rechnungsarten sagten, den Satz, *das Ganze ist größer als sein Teil*, als charakterisierend für den auf *Euklid* Buch II aufgebauten Inhaltskalkül bezeichnen.

Dieser Grundsatz ist bisher entweder mit dem Archimedischen Postulat bewiesen worden, oder er ist, mit Hilfe des Begriffes vom Inhaltsmaße, als Folge der Rechnung mit Streckenverhältnissen erkannt worden. Um also eine neue, independente Begründung einer Rechnungsart auf Grund der Inhaltslehre zu erhalten, müßte man versuchen, diesen Grundsatz direkt nachzuweisen. Das kann nur dadurch geschehen, daß man die Figurenzerlegung viel genauer studiert, als es bisher geschehen ist.

Der Flächenkalkül benutzt wesentlich die Eigenschaften der Euklidischen Geometrie, indem er mit Rechtecken operiert. Vielleicht ist es möglich, auch einen Nichteuklidischen Flächenkalkül zu entwickeln, bei dem man den Vorteil hätte, daß der Euklidische Grundsatz 9 für die Nichteuklidische Geometrie sehr einfach aus den Sätzen über die Winkelsumme folgt. Diese Sätze können direkt ohne Entwicklung der Rechnung mit Streckenverhältnissen und ohne Benutzung der Archimedischen Postulate abgeleitet werden (S. o. S. 192).

Sachverzeichnis.

I. Vorlesungen über neuere Geometrie.

Abbildungen (Figuren), Rolle der A. bei Beweisen 42—45, 50, 56f., 91.
Absoluter Punkt 133; a. Gerade 141; a. Ebene 146; a. Involution 133, 138, 143; a. Pol 134; a. Polare 138, 145f.; a. Polarsystem 142, 145—147.
Äquivalenz 110—112, 120, 149f.
Aneinanderliegen (Inzidenz) 67.
Angenäherte Darstellung durch Koordinaten 172f., 182—184.
Anharmonisches Verhältnis (Doppelverhältnis) 156f.
Archimedisches Axiom 97.
Aufeinanderliegen (vereinigte Lage) 118, 132.
Ausgeschlossenes Element, s. Zwischen.
Axiome, s. Kernsätze, Stammsätze.

Bewegung 93—101, s. auch Drehung, Verschiebung.
Beweisverfahren in der Mathematik 2, 4f., 15f., 19, 43—45, 90—92.

Deduktion, s. Beweisverfahren.
Definieren 15; erste Definitionen 3—7, 14; explizite und implizite D. 7.
Deskriptiv 69.
Diagonalen am vollständigen Vierseit 80.
Dimension 92.
Direkte Kongruenz 133, 137, 144; als Äquivalenz 149f.
Doppelelement 119, 181.
Doppelverhältnis 156f.
Drehung 140, 145.
Dreieck, Winkelsumme 148, 184.
Dual, Dualität, s. Reziprok, Reziprozitätsgesetze.
Durchschnitt, perspektiver 71, 125.

Ebene: Begrenzte ebene Fläche (Platte) 19, 26, 100; Übergang zur (unbegrenzten) Ebene 21; erweiterter Begriff 54; mathematische Ebene 174; absolute Ebene 146.
Ebenenbündel, Ebenenbüschel 31; erweiterter Begriff 40, 47, 55.
Einheitselement im Koordinatensystem 160, 163, 164, 166, 168.
Einheitspaar im Netz 150.
Elemente (Punkt, Gerade, Ebene) 67; E. im Netz 149, 158.
Elliptische Geometrie 148, 184.
Entsprechend gemein (sich selbst homolog) 70, 117; s. auch Doppelelement.
Euklidische (parabolische) Geometrie 134, 140, 146—150, 156, 184.
Explizite Definition 7.

Fester Körper, s. Starrer Körper.
Figur 23, 92; Planfigur, zentrische Figur 64; s. auch Abbildungen.
Fundamentalelemente im Koordinatensystem 160, 163, 164, 166, 168.
Fundamentalsatz der projektiven Geometrie 115.

Gebilde (Grundgebilde) erster Stufe (einförmige) 117; zweiter Stufe 123.
Geometrie der Lage (projektive, graphische) 69, 86, 88, 116, 127; Euklidische (parabolische) Geometrie 134, 140, 146—150, 156, 184; Nichteuklidische 134, 141, 146—148; hyperbolische 148, 184; elliptische 148, 184; mathematische und physikalische G. 174.
Gerade Strecke (Stab) 4, 14; Übergang zur (unbegrenzten) geraden Linie (Geraden) 7; uneigentliche Gerade 48; mathematische G. 175; absolute G. 141.
Gestreckter Winkel 148.
Getrennt, s. Trennung.
Graphische (auf Lage bezügliche, projektive) Begriffe und Sätze 69, 80,

86—91, 114, 125—127, 177; s. auch Projektive Gebilde.
Grenzelement, s. Zwischen; Grenzelement eines Netzes 108; einer Äquivalenz 110, 120.
Größere und kleinere Strecke 107.
Grundbegriffe 4.
Grundgebilde, s. Gebilde.
Grundsätze 4.

Harmonikale 84f.
Harmonische Gebilde 79—81; Index dafür 151; Doppelverhältnis 157, 177.
Homogene Koordinaten, h. Veränderliche, h. Komponenten 160—168.
Homologe (entsprechende, zugeordnete) Elemente und Figuren 67, 72, 102 bis 104.
Hyperbolische Geometrie 148, 184.

Implizite Definitionen 7, 21, 40, 48, 54.
Index im Netz 96, 154, 177.
Inverse Kongruenz 132, 137, 144.
Involution, involutorisch 118; absolute I. 133, 138, 143.
Inzidenz 67.
Irrationale Zahlen in der Geometrie 174, 181.

Kern 18, 179.
Kernbegriffe, Kernsätze 4, 19, 94.
Kleinere und größere Strecke 107.
Kollinear, Kollineation 123; Kongruenz als Kollineation 127.
Kollinear-perspektiv 124.
Komponenten 161—168.
Kongruenz 18, 94, 183; Kongruenz als Kollineation 127; direkte und inverse Kongruenz 133, 137, 144; direkte Kongruenz als Äquivalenz 150.
Konjugierte Elemente 79, 118.
Koordinaten, Koordinatensysteme 160ff.

Linie, begrenzte 11; geschlossene 12, 17.
Links und rechts 101.

Mathematische Geometrie, m. Punkt, m. Gerade, m. Ebene 174f.
Messen 96, 148.
Mitte 105.

Nebenseiten am vollständigen Vierseit 80.

Netz 108—110; Element im N. 149, 158; Index im N. 96, 154, 177; Einheitspaar des N. 150; Koordinaten im N. (auf der ersten, zweiten, dritten Stufe) 160ff.
Nichteuklidische Geometrie 134, 141, 146—148.
Nullelement eines Netzes 108; eines Koordinatensystems 160.
Nullsystem 128.

Parabolische Geometrie, s. Euklidische G.
Parallelen: Vorwort zur ersten Auflage; s. auch S. 184.
Pascalscher Satz 76.
Perspektiv, Perspektivität 67ff.; perspektiver Durchschnitt 71, 125; perspektive Dreiecke 73; s. auch Kollinear-perspektiv.
Platte (ebene Fläche) 19, 26, 42, 94.
Pol und Polare für Tripel und Quadrupel 84f.; Pol, Polare, Polarreziprozität, Polarsystem 130—132; s. auch Absolut.
Postulate, s. Kernsätze.
Projektive Begriffe und Sätze, s. Graphische B. und S.
Projektive Gebilde, Projektivität 116, 125, 131; s. auch Kollineation, Reziprozität.
Projizieren 71.
Punkt 3; uneigentlicher P. 40; mathematischer 115, 174; absoluter 133.
Punktreihe 68.

Raum 92.
Rechts und links 101.
Reziprok, Reziprozität (dual, Dualität). Reziprozitätsgesetze 86—91, 116, 129 bis 132, 177.

Schenkel 27, 31.
Schnitt einer zentrischen Figur 67.
Seite von einem Punkt in einer Geraden 9; von einer Geraden in einer Ebene 27, 30.
Senkrecht 135, 142.
Stab (gerade Strecke) 19, 26, 42.
Stamm 179.
Stamm, Stammbegriffe, Stammsätze der projektiven Geometrie 90f., 116 122f., 179.

Starrer Körper 92—95.
Stetige Zahlenreihe 171—184.
Strahl 28.
Strahlenbündel, Strahlenbüschel 27; Mittelpunkt (Scheitel) 28; erweiterter Begriff 34, 48.
Strecke, gerade 4, 179.
Streckenverhältnis 150.
Stufe, s. Gebilde, Zahlen.

Teilungsverhältnis in der Geraden 156.
Träger (einer Figur) 71.
Trennung von Paaren in der Punktreihe 12, 14; im Strahlenbüschel 29; im Ebenenbüschel 32; bei uneigentlichen Elementen 51, 58; als graphischer Begriff 63; Verhalten gegen Reziprozität 86, 88f., gegen Kongruenz 102f.; entsprechendes Doppelverhältnis 158, 177; harmonische Trennung 79.

Unendlichkeitselement im Koordinatensystem 160.

Ungenauigkeit der geometrischen Begriffe 172—184.

Veränderliche, homogene 160—168.
Vereinigte Lage (Aufeinanderliegen) 118, 132.
Verhältnis von Strecken 148; Teilungsverhältnis, Doppelverhältnis 156f.
Verknüpfte Punkte der Geraden 133.
Verschiebung 140, 144.
Viereck, Vierseit, vollständiges 74, 80.

Widerspruchsfreiheit 19, 179.
Winkel 97, 101; gestreckter W. 148; Winkelsumme im Dreieck 148, 184.
Winkelmesser 98.

Zahlen erster, zweiter, dritter Stufe 164, 168.
Zirkel 93.
Zwischen 4, 9, 28, 31; erweiterter Begriff für ein ausgeschlossenes Element (Grenzelement) 11—14, 29, 32, 51, 58, 61, 62, 64, 88, 179.

II. Die Grundlegung der Geometrie in historischer Entwicklung.

Axiom (Postulat, Kernsatz)
  der Parallelen (Euklidisches) 187, 189f., Unbeweisbarkeit 199ff., 256.
  der Stetigkeit (Archimedisches) 217, 218, 240, 252, Unbeweisbarkeit 242f.
  der vollständigen Induktion 261f.
  der Beweglichkeit (Kongruenz) 251f.; Unbeweisbarkeit 257ff.
  der Dreidimensionalität 256, Unbeweisbarkeit 256f.
Axiomsysteme
  1. vollständige
     elementargeometrische 188, 250ff.
     differentialgeometrische 197, 253f.
  2. für die projektive Geometrie 246.
  3. für die Inhaltslehre 262f.
Sätze
  Desarguesscher Satz 218, 227f., Beweis 229.
  Pascalscher Satz 226ff. Beweise 229—234.
  Fundamentalsatz d. projektiven Geometrie 227.

Sätze
  Dualitätstheorem 238.
  Sätze über Kreis- und Abstandslinie 191f.
  Sätze über die Winkelsumme im Dreieck (Homogenitätssätze) 192
  Satz vom gleichschenkligen Dreieck (Existenz d. Spiegelung) 237.
Satzsysteme
  Aufbau der vollständigen Geometrie ohne Parallelenaxiom 193ff.
  Projektive Geometrie Kap. II.
  Proportionenlehre 217, 234.
  Streckenrechnung (Rechnung mit Dehnungsgrößen) 218ff.
  Inhaltslehre Kap. V.

Von der Euklidischen Geometrie verschiedene Satzsysteme.
  1. Nichteuklidische Geometrie
     Geometrie auf den Flächen konstanter Krümmung 199f.
     Cayleysche Maßgeometrie 201ff.
     Nichteuklidische Raumformen 207ff., 246ff.

Sachverzeichnis.

2. Nichtarchimedische Geometrie, einfachste 241 f.
Nichtpascalsche (nichtprojektive) 242 ff.
3. Nichtdesarguessche Geometrie (ebene, nicht räumlich zu erweiternde Geometrie) 256 f.
4. Systeme ohne oder mit beschränkter Beweglichkeit 257 f.

Gruppen
Definition 194.
Axiome, in denen der Gruppenbegriff von Bedeutung ist 252, 253 f.
Grundlage der Gruppentheorie 260.

Zahlen:
Stufenweises Auftreten in der Geometrie 215 f.

Zahlen:
Einführung der Dehnungsgröße 222.

Zahlsysteme:
Projektive 242.
Metrische 242.
Nichtarchimedische 242 ff.

Analytische Darstellung
der Euklidischen Geometrie 194.
der Nichteuklidischen Geometrie 195 f.
der projektiven Geometrie 224, 226.

Logik
Bedeutung für den Aufbau der Geometrie 185, 188, 260 f.

MIX
Papier aus verantwortungsvollen Quellen
Paper from responsible sources
FSC® C105338

If you have any concerns about our products,
you can contact us on
ProductSafety@springernature.com

In case Publisher is established outside the EU,
the EU authorized representative is:
**Springer Nature Customer Service Center GmbH
Europaplatz 3, 69115 Heidelberg, Germany**

Printed by Libri Plureos GmbH
in Hamburg, Germany